退耕还林综合效益监测国家报告

■ 国家林业和草原局 著

图书在版编目（CIP）数据

退耕还林综合效益监测国家报告. 2020 / 国家林业和草原局著. —北京：中国林业出版社，2022.6

ISBN 978-7-5219-1444-3

Ⅰ. ①退… Ⅱ. ①国… Ⅲ. ①退耕还林－经济效益－监测－研究报告－中国－2020 Ⅳ. ①F326.2

中国版本图书馆CIP数据核字（2020）第256961号

审图号：GS（2021）8873号

中国林业出版社·自然保护分社

策划编辑 刘家玲 甄美子

责任编辑 甄美子

出版发行 中国林业出版社（100009 北京市西城区德内大街刘海胡同7号）

电话：(010)83143616

http://www.forestry.gov.cn/lycb.html

制　版 北京美光设计制版有限公司

印　刷 河北京平诚乾印刷有限公司

版　次 2022年6月第1版

印　次 2022年6月第1次

开　本 889mm×1194mm 1/16

印　张 19.25

印　数 1～2500册

字　数 570千字

定　价 160.00元

《退耕还林综合效益监测国家报告（2020）》编辑委员会

社会经济效益监测项目组

社会经济效益监测评估组负责人：段　昆　陈应发　宋露露　王砚峰　郭希的　张　升　董加云

成　员：（按照姓氏拼音为序）

曹　阳　陈本文　陈凯莉　陈晓妮　范应龙　房鸿雁　付　鹏　傅一敏　韩晓红　韩中海　何思怡　洪光宇　江期川　孔祥锋　李吉玫　李杰军　林　涵　林　琰　刘冬晴　刘年元　刘志炜　卢　伟　罗　佳　马　岩　马宝莲　马雪琳　孟祥楠　米　雪　苗婷婷　聂纪元　任海燕　师贺雄　苏宝铭　索　涛　唐肖彬　王　玲　吴建新　吴俊超　许才万　许奇聪　轩娅萍　杨　卫　杨永艳　杨佐忠　张　坤　张方林　张立新　赵　实　赵远潮　周丽娜　周莹莹　朱　凯

项目名称：

退耕还林综合效益监测国家报告（2020）

项目主管单位：

国家林业和草原局生态建设工程管理中心

项目实施单位：

中国林业科学研究院森林生态环境与自然保护研究所
国家林业和草原局经济发展研究中心
南京林业大学

支持机构与项目基金：

中国森林生态系统定位观测研究网络（CFERN）
国家林业和草原局“退耕还林工程生态效益监测与评估”专项资金
国家林业和草原局项目“中国森林资源核算研究”
江西大岗山森林生态系统国家野外科学观测研究站
典型林业生态工程效益监测评估国家创新联盟

前 言

退耕还林还草是党中央、国务院着眼中华民族长远发展和国家生态安全作出的重大决策，是“绿水青山就是金山银山”理念的生动实践。1999年开始试点退耕还林，2002年开始全面实施退耕还林，2014年启动实施新一轮退耕还林还草。截至2019年年底，累计实施退耕还林还草5.15亿亩，其中，退耕地还林还草2.06亿亩、宜林荒山荒地造林2.63亿亩、封山育林0.46亿亩，中央财政累计投入5174亿元，工程涉及全国25个省（自治区、直辖市）和新疆生产建设兵团的287个地市（含地级单位）2435个县（含县级单位），完成造林面积占同期全国重点生态工程造林总面积的40.5%，工程区森林覆盖率平均提高4个多百分点，其成林面积占全球增绿面积的比重在4%以上，4100万农户1.58亿农民直接受益。

退耕还林还草工程的实施，改变了我国延续几千年的“毁林开荒”的局面，极大地推进了国土绿化、生态修复进程，对改善生态环境、打赢脱贫攻坚战、振兴乡村经济、拓宽农民就业增收渠道等发挥了显著作用。一是生态效益突出。20年来，退耕还林还草完成造林面积占同期全国林业重点生态工程造林总面积的40.5%，工程区生态修复明显加快，短时期内林草植被大幅度增加，森林覆盖率平均提高4个多百分点，一些地区提高十几个甚至几十个百分点，林草植被得到恢复，生态状况显著改善。二是经济效益明显。退耕还林还草不仅让退耕农户直接获取国家财政补助，而且发展了大量用材林、经济林、牧草等生态资源，促进了产业结构调整，推动了地方经济发展，拓宽了农民就业渠道，对农户增收、脱贫攻坚、乡村振兴提供了重要支撑和保障。三是社会效益显现。退耕还林还草增强了全民生态意识，普及了生态保护修复技能，为推动形成“产业兴旺、生态宜居、乡风文明、治理有效、生活富裕”的社会主义新农村格局产生了重要作用。四是国际影响良好。退耕还林还草彰显了我国党和政府重视生态保护建设、积极履行全球生态保护与治理国际义务的良好形象。据美国国家航空航天局2019年研究结果，2000—2017年我国绿色净增长面积占全球净增长总面积的25%，其中，植树造林占到42%，而退耕还林还草占同期营造林的40.5%，为世界增绿、增加森林碳汇、应对气候变化作出了巨大贡献。20年来的实践证明，退耕还林还草是“最合民意的德政工程，国内外广泛关注的社会工程，影响深远的生态工程”。

为全面掌握和科学评估全国退耕还林还草生态效益及动态变化，更好地服务党中央、国务院和主管部门决策，促进退耕还林还草成果巩固，推动退耕还林还草高质量发展，组织开展退耕还林还草综合效益监测评估具有十分重要的意义。全国退耕还林还草综合效益监测评价就是要通过“拿数据说话”，评估工程建设成效、总结发现经验、查找工程建设管理工作中的薄弱环节，是贯彻落实习近平总书记关于坚持不懈开展退耕还林还草的重要指示精神、推进退耕还林工程建设管理水平和能力现代化的基础工作。退耕还林生态效益监测2012年正式启动；2013年对河北、辽宁、湖北、湖南、云南、甘肃6个重点工程省开展监测试点；2014年对长江、黄河中上游地区的13个工程省进行了退耕还林工程生态效益评估；2015年对北方10个工程省和新疆生产建设兵团开展北方沙化区退耕还林工程生态效益监测评估；2016年首次全口径地评估了全国所有工程省退耕还林工程的整体生态效益；2017年对集中连片贫困地区14个片区退耕还林还草生态效益进行了监测评估。经过多年探索和不断积累经验，退耕还林效益监测工作获得了长足的发展，取得了丰富的监测成果，出台了一系列技术标准，建立了务实的工作机制，培养了稳定的监测队伍。

本报告是第一个对2019年全国25个工程省和新疆生产建设兵团的退耕还林还草生态、经济和社会三大效益进行的评估，结果表明：2019年退耕还林还草形成的三大效益总价值24050.46亿元。一是生态价值。全国退耕还林还草每年产生的生态效益总价值量为14168.64亿元，其中，保育土壤1298.51亿元，林木养分固持186.17亿元，涵养水源4630.22亿元，固碳释氧2230.17亿元，净化大气环境3101.75亿元，森林防护654.35亿元，生物多样性2067.47亿元。与2016年相比，每年产生的生态效益价值量增加了344.15亿元，增幅为2.49%。二是经济价值。退耕还林还草2019年形成的经济效益总价值量为2554.86亿元，其中，第一产业价值量为1483.05亿元，占总经济效益价值量的58.05%；第二产业价值量为654.53亿元，占总经济效益价值量的25.62%；第三产业价值量为417.28亿元，占总经济效益价值量的16.33%。三是社会价值。退耕还林还草2019年形成的社会效益总价值量为7326.96亿元，其中，发展社会事业价值量为4474.20亿元，占总社会效益价值量的61.07%；优化社会结构价值量为2479.59亿元，占总社会效益价值量的33.84%；完善社会服务功能价值量为62.26亿元，占总社会效益价值量的0.85%；促进社会组织发展价值量为310.91亿元，占总社会效益价值量的4.24%。

本报告在评估过程中得到了国家林业和草原局有关领导的大力支持，相关司局、有关省份及技术支撑单位全力配合，确保了报告科学准确出版，在此一并表示感谢。本报告可为从事退耕还林还草工作的各级管理人员、技术人员等提供决策和管理参考，也可供大专院校、科研机构以及战略研究、乡村发展、“三农”问题等专家参考借鉴。由于本报告编写时间仓促，编者水平有限，难免有错漏、重复、交叉等不足之处，加之退耕还林还草监测工作涉及面广、指标繁多、数据要求高，技术标准也不够完善，恳请各界人士、各位读者批评指正，并提出宝贵意见。

编辑委员会

2021年5月

目录

第三章 退耕还林还草经济效益监测评估

第四章　退耕还林还草社会效益监测评估

第五章　综合效益评估结果分析

第一章

退耕还林还草工程概况

退耕还林还草是党中央、国务院在世纪之交着眼中华民族长远发展和国家生态安全作出的重大决策，是“两山”理念的生动实践。工程建设取得了显著的综合效益，促进了生态改善、农民增收、农业增效和农村发展，有效推动了工程区产业结构调整和脱贫致富奔小康。退耕还林还草工程已成为我国乃至世界上资金投入最多、建设规模最大、政策性最强、群众参与程度最高的重大生态工程，取得了巨大的综合效益。

1.1 退耕还林还草工程实施的背景

20世纪末，党中央、国务院站在民族生存和发展的战略高度，着眼于经济社会可持续发展的大局，做出了实施退耕还林工程的重大战略举措。20年来的实践证明，退耕还林工程决策英明、政策深得人心、管理规范、进展顺利、成效显著、经验宝贵、影响深远。1999年，四川、陕西、甘肃3省率先开展了退耕还林试点，由此揭开了我国退耕还林的序幕。

1.1.1 历史背景

旧石器时期生产方式革新后，人类便开始步入农耕时代，由此受影响的不仅是生产力的进步，更开启了一条人类进军大自然、开发自然生态资源的发展之路。由于耕地匮乏，为了提高产量，早期的农耕往往需要大面积开荒，垦荒种粮成了人类早期满足自身生存需求的首选方式。开荒种粮的方式在中国一直延续了几千年。民以食为天，粮食问题一直困扰着中国近代的发展，不论是森林、草场或是滩涂、湿地，只要能开垦成为耕地，就是为民生问题的解决做出了贡献。然而，自然灾害、人口数量增长、乱砍滥伐、垦荒种粮等自然和人为因素导致生态环境恶化情况逐步加剧，经济社会发展受到严重制约。

1949—1998年的50年间，中国人口增长7.1亿人，耕地面积增加4.7亿亩[①]。据第一次

① 1亩=1/15公顷，下同。

全国土地资源调查，全国19.5亿亩耕地中，15～25度坡耕地1.87亿亩，25度以上坡耕地9105万亩，绝大部分分布在西部地区。大面积毁林开荒造成土壤侵蚀量增加，水土流失加剧，土地退化严重，旱涝灾害不断，生态环境急剧恶化。改善生态环境，是西部地区开发建设必须首先研究和解决的一个重大课题。如果不努力使生态环境有一个明显的改善，在西部地区实现可持续发展的战略就会落空。根据全国第二次水土流失遥感调查结果，我国水土流失面积达356万平方千米，占国土面积的37.1%，每年流失土壤总量50亿吨左右。特别是长江、黄河中上游地区因为毁林毁草开荒、坡地耕种，成为世界上水土流失最严重的地区之一，每年流入长江、黄河的泥沙量达20多亿吨，其中2/3来自坡耕地。根据第二次全国荒漠化沙化土地监测结果，我国有荒漠化土地267.4万平方千米、沙化土地174.3万平方千米，分别占国土总面积的27.9%和18.2%，并分别以年均1.04万平方千米和3436平方千米的速度扩展。审时度势，党和国家领导人很早就认识到，应当保护森林植被，减少开荒种地，有条件的地方应当退耕还林还草。

新中国成立前夕，晋西北行政公署发布的《保护与发展林木业暂行条例（草案）》就规定，已开垦而又荒芜了的林地应该还林。森林附近已开林地，如易于造林，应停止耕种而造林，林中小块耕地应停耕还林。

新中国成立后，由周恩来总理签发的《关于发动群众继续开展防旱抗旱运动并大力推行水土保持工作的指示》要求，由于过去山林长期遭受破坏和无计划的陡坡开荒，使很多山区失去涵养雨水的能力，应在山区丘陵和高原地带有计划地封山、造林、种草和禁开陡坡，以涵蓄水流和巩固表土。1963年，国务院发布的《关于黄河中游地区水土保持工作的决定》要求："陡坡开荒，毁林开荒，破坏水土极为严重，必须坚决制止，无论个人、集体或者是机关生产和国营农场开垦的陡坡荒地，都要严肃处理，停止耕种。毁林开荒，还要由开荒单位和个人负责植树造林，并且保证其成活。"

改革开放以来，我国逐步重视退耕还林还草工作。1984年3月，中共中央、国务院《关于深入扎实地开展绿化祖国运动的指示》要求："在宜林地区，要调整粮食的征购、供销政策，处理好农业和林业的矛盾，有计划有步骤地退耕还林还草。"1985年1月，中共中央、国务院《关于进一步活跃农村经济的十项政策》规定："山区25度以上的坡耕地要有计划有步骤地退耕还林还草还牧，以发挥地利优势。"1991年实施的《水土保持法》明确禁止开垦陡坡地。1997年，党中央发出了"再造一个山川秀美的西北地区"的伟大号召。在此期间，以四川省、甘肃省、内蒙古自治区乌兰察布盟、云南省会泽县和路南县、宁夏回族自治区西吉县等为代表的西部一些地区开展了退耕还林还草的探索和实践。但是，由于全国粮食比较紧缺，退耕还林还草的设想始终难以大规模实施，我国生态环境恶化的趋势并未得到根本遏制，各种自然灾害频繁发生。

1998年，长江、松花江、嫩江流域发生历史罕见的特大洪涝灾害，受灾面积21.2万平方千米，受灾人口2.33亿人，因灾死亡3004人，造成各地直接经济损失2551亿元，当年国民经济增速降低2%。党中央国务院审时度势，果断决策，决定1999年在四川、陕西、甘肃3省率先开展试点，正式拉开了中国退耕还林还草工程建设的序幕。

1.1.2 生态背景

（1）无序开垦导致本就脆弱的黄土高原水土流失日趋严重。我国是世界上水土流失最为严重的国家之一，全国水土流失面积已经达到了惊人的356万平方千米，37.1%的国土正在因为水土流失而变得日益贫瘠。据统计，20世纪90年代，黄河流域水土流失面积已由60年代的28万平方千米扩展到56万平方千米，其中，严重流失面积27.6万平方千米，有50%的侵蚀量超过5000吨/平方千米，有些地方达到1万～3万吨/平方千米。其流域内的黄土高原因水土流失而闻名于世。将坡耕地和严重沙化耕地等退耕还林还草，减少水土流失和风沙危害，已经成为中华民族无法回避的历史抉择。

（2）受气候等多方面因素影响，我国洪灾危害连年不断。以长江为例，近500年来，长江流域就发生过53次大的洪水。20世纪90年代每年在三峡段淤积泥沙近6亿吨，个别地段因泥沙淤积，河床已高出地面10多米，成为名副其实的“地上悬河”。近几十年来，全国洪涝灾害发生频率呈加速态势，几乎每三年就发生一次大涝。尤其是20世纪80年代以来，洪涝灾害更是愈演愈烈，我国长江、黄河、珠江、淮河等七大江河的水灾面积和成灾率都比60年代和70年代有所增加。我国平均每年受洪涝灾害的耕地面积达1.5亿亩，成灾面积1.2亿亩，粮食损失约100亿千克，受灾人口以百万计，造成的经济损失达150亿～200亿元。

（3）干旱缺水愈演愈烈是我国现阶段面临的主要灾害之一。西北地区是我国旱情最为严重的地区之一，其河川径流在20世纪50年代丰，60年代平，70年代以后枯，呈逐渐递减的趋势。黄河于1972年发生第一次断流，1985年后年年断流，断流天数逐渐增多：1995年断流122天，1996年断流133天，1997年断流226天。越来越多的江河断流，湖泊干涸，雪线上移，地下水位下降，造成全国有400多座城市缺水，5000万农村人口和3000万头牲畜饮水困难，损失工业产值2300亿元，农作物减产125亿千克。

（4）土地荒漠化与石漠化不断扩大。我国是受荒漠化危害最严重的国家之一。截至1999年，我国有荒漠化土地267.4万平方千米、沙化土地174.3万平方千米，分别占国土总面积的27.9%和18.2%；并以年平均1.04万平方千米和3436平方千米的速度在扩展。据资料记载，我国北方地区20世纪50年代发生沙尘暴5次，60年代8次，70年代13次，80年代19次，90年代则发展到23次。

我国石漠化地区主要集中在西南地区。西南岩溶山区以贵州为中心，包括贵州大部及广西、云南、四川、重庆、湖北、湖南等省（自治区、直辖市）的部分地区，面积达50多万平方千米，是全球三大岩溶集中连片区中面积最大、岩溶发育最强烈的典型生态脆弱区。这里居住着1亿多人口，且以农业为主，人地矛盾突出，水土流失和石漠化极为严重，部分地区的石漠化面积已接近或超过所在地区总面积的10%。

（5）**湿地面积不断萎缩的状况日趋严重。**据不完全统计，20世纪50～90年代，全国湿地开垦面积达1.5亿亩，全国沿海滩涂面积已削减过半，56%以上的红树林丧失。中国天然湖泊已从历史上的2800个减少到1800多个，湖泊总面积减少了36%。昔日"八百里洞庭"的洞庭湖已从20世纪40年代末期的645万亩，减少到目前的360万亩，水面缩小40%，蓄水量减少34%。鄱阳湖20世纪50～70年代每年减少湖泊面积逾6万亩。三江平原是中国最大的平原沼泽分布区，据统计，1975年其自然沼泽面积为3660万亩，占平原面积的48%；到1990年沼泽面积仅剩1695万亩，仅占平原面积的22%。

（6）**生物多样性急剧下降使种质资源的传承面临巨大挑战。**我国本是世界上动植物种类最多的国家之一。但20世纪90年代末以前，由于森林植被遭破坏、草原退化和环境恶化，我国野生动物栖息地日益缩小，生存空间遭到严重破坏，动植物种类逐渐减少，许多珍贵的稀有动植物都处于濒危状态。20世纪50～90年代，我国有近200个特有物种消失；有300多种陆栖脊椎动物和13类400多种野生植物处于濒危状态；在97种国家一级重点保护野生动物中，有20余种正濒于灭绝。20世纪90年代，我国15%～20%的动植物物种处于濒危状态，高于10%～15%的世界平均值。在《濒危野生动植物种国际贸易公约》列出的640个世界性濒危物种中，我国占156种，约占其总数的24.4%。

（7）**温室效应越发凸显。**温室效应致使气候变暖，其主要原因是大气中产生的二氧化碳等温室气体增加，这也日益成为全世界最为关注的环境问题。森林能吸收二氧化碳并释放出氧气，每亩森林可生产0.67吨干物质、吸收1.07吨二氧化碳、释放0.8吨氧气。破坏森林则意味着释放二氧化碳。20世纪90年代，我国由于森林破坏造成的碳排放量居第二位，仅次于矿物燃烧造成的碳排放。

在全球变暖的大背景下，我们不仅要面临恶劣气候变化下的自然灾害，更加需要意识到，人为过度开垦和放牧所造成的影响将会加剧灾害等极端天气的发生，生态系统是一个动态变迁的整体，山、水、林、田、湖、草处于这个整体中，并为人类所利用。人类在利用和开发自然的时候不能超过当地环境承载力，排放污染物的时候同样需要考虑环境容纳量。退耕还林还草符合当前生态环境保护的主流思想，也是解决所面临的灾害问题的可行方法。

1.1.3 现实背景

从世界范围来看，工业革命以来，全球性生态问题日趋严重，森林破坏、土地退化、环境污染、气候变暖、生物多样性减少等突出问题，直接影响到人类生存和经济社会发展。大力保护和修复生态，促进可持续发展，已成为全人类的共识。1992年，联合国环境与发展大会通过《21世纪议程》，中国政府做出了履行《21世纪议程》等文件的庄严承诺。1994年3月，中国政府制订了《中国21世纪议程》，提出了人口、经济、社会、资源和环境相互协调、可持续发展的总体战略、对策和行动方案。

从国内形势来看，改革开放以后，我国的社会经济建设取得巨大成就。1999年，我国经济总量居世界第七位，人均国内生产总值、农村居民家庭人均纯收入分别是1980年的20.5倍、13.1倍。此外，我国还积极地参与国际经济与合作，外贸进出口总额由1978年的206亿美元增加到1999年的3607亿美元，增长16.5倍，其中，外贸出口达到1949亿美元，增长16.9倍。我国在世界贸易中的位次，由第三十二位上升到第九位。外汇储备1999年末达到1547亿美元，居世界第二位，比1978年的15亿美元增长102倍。1999年国内生产总值为82054亿元，比1998年增长7.1%，国家财政收入首次突破万亿元，达到11377亿元。强大的国力和财力为国家实施退耕还林还草、从根本上治理生态环境恶化奠定了坚实的经济基础。20世纪90年代中后期，我国粮食连年丰收，粮食产量稳步增长，粮食库存水平较高，粮食供应出现阶段性、结构性供大于求。综合国力的提高、财政收入的增长、农业科技的进步和粮食生产供应形势的变化，为集中一部分财力、物力实施退耕还林还草奠定了坚实的经济基础。

1998年，国际金融危机爆发，党中央提出要在相当一段时间内实施扩大内需的政策。拉动内需必须首先增加贫困农民的收入，而我国西部地区蕴藏着巨大的市场潜力和发展潜力，“西部大开发”应运而生。实施退耕还林还草，开仓济贫，进一步增加农民收入，有效拉动内需，促进国民经济的快速增长，这和西部大开发战略的目的不谋而合。退耕还林还草工程由此迎来发展契机，也迎来了难得的历史机遇。

人民群众的迫切期盼，生态修复技术经验的进一步丰富，为开展退耕还林还草创造了良好条件。长期以来，人们在经济落后、农业生产力低下的情况下，盲目开荒种田，一直成为难以遏制的现象，同时造成水土严重流失，沙进人退，形成了生态环境恶化与生活贫困的恶性循环。基层广大干部群众通过自己的亲身体验，深切感受到生态环境恶化是导致他们贫困的主要根源之一，再不能走那种“越穷越垦，越垦越穷”的老路，热切期盼通过生态环境改善来促进经济发展。1981年12月，根据邓小平同志的倡议，第五届全国人大第四次会议通过了《关于开展全民义务植树运动的决议》。1982年2月，国务院又颁布了《关于开展全民义务植树运动的实施办法》。之后，全民义务植树运动不断向纵深发展，植树造林、绿化祖国作为治理山河、改善生态、造福当代、荫及子孙的重大战略措施，已经成为亿万民众的共同心愿和实际行动。退耕还林还草，已成为全社会的普遍共识，成为广大基层干部群众的迫切要求。大规模实施退耕还林还草的时机已经成熟。退耕还林还草成为中华民族顺应历史、顺应自然的必然选择。

退耕还林还草是党中央、国务院站在中华民族长远发展的战略高度，着眼于经济社会可持续发展全局，审时度势，为改善生态环境、建设生态文明做出的重大决策。党的十八大做出了大力推进生态文明建设和建设美丽中国的重大战略部署，把生态文明建设纳入了中国特色社会主义事业“五位一体”的总体布局。习近平总书记深刻指出：“生态文明是工业文明发展到一定阶段的产物，是实现人与自然和谐的新要求。建设生态文明，关系人民福祉，关乎民族未来。”“生态兴则文明兴，生态衰则文明衰。”“保护生态环境就是保护生产力，改善生态环境就是发展生产力。良好生态环境是最公平的公共产品，是最普惠的民生福祉。”“中国环境问题具有明显的集中性、结构性、复杂性，只能走一条新的道路：既要金山银山，又要绿水青山。宁可要绿水青山，不要金山银山。因为绿水青山就是金山银山。我们要为子孙后代留下绿水青山的美好家园。”全面推进生态文明建设，必须优化国土空间开发格局、全面促进资源节约、加大自然生态系统和环境保护力度以及加强生态文明制度建设；建设美丽中国，实现真正的国富民强，必须守住青山绿水，着力推进绿色发展、循环发展、低碳发展。国土是生态文明建设的空间载体，只有国土安全才能建设好生态文明，才能创建美丽中国。多年的实践证明，退耕还林还草工程是“最合民意的德政工程，最牵动人心的社会工程，影响最深远的生态工程”，它扭住了我国生态建设的“牛鼻子”，对优化国土空间开发格局、全面促进资源节约、保护自然生态系统、维护国土生态安全发挥了不可替代的重要作用。继续实施退耕还林还草，坚持巩固成果与稳步推进并举，改善生态与改善民生兼顾，对推进生态文明建设和建设美丽中国意义重大。

党的十九大报告指出，中国特色社会主义已经进入了新时代，中国社会主要矛盾已经转化为人民日益增长的美好生活需要同不平衡不充分的发展之间的矛盾。从日益增长的物质文化需要到日益增长的美好生活的需要，这说明人们所关注的不仅仅是物质文化，而是更加关注有没有更稳定的工作、更可观的收入、更舒适的生活环境、更可靠的社会保障、更高水平的社会医疗卫生服务等。其中，更舒适的生活环境需求下，我们不能只是单纯的重视经济发展的速度，更需要坚持走可持续发展道路，保障经济发展的质量。退耕还林还草政策在促进生态与经济协同发展上符合时代发展主流，是生态文明建设过程中重要的一环。

1.2 退耕还林还草工程实施的历程

退耕还林还草是党中央、国务院在世纪之交着眼中华民族长远发展和国家生态安全作出的重大决策。退耕还林还草工程经历了4个发展阶段：1999年开始退耕还林试点、2002年在全国范围内全面启动、2008年实施巩固成果项目、2014年启动实施新一轮退耕还林还草。

1.2.1 试点先行，探索退耕还林还草基本政策

1999年，朱镕基总理在陕西省考察治理水土流失、改善生态环境和黄河防汛工作，提出了“退耕还林（草）、封山绿化、个体承包、以粮代赈”的政策。当年，四川、陕西、甘肃三省率先启动了退耕还林还草试点，完成退耕地还林572.2万亩、宜林荒山荒地造林99.7万亩。

2000年1月，中共中央、国务院《关于转发国家发展计划委员会〈关于实施西部大开发战略初步设想的汇报〉的通知》和国务院西部地区开发领导小组第一次会议将退耕还林还草列入西部大开发的重要内容。2000年3月，国家林业局、国家计划委员会、财政部联合下发《关于开展2000年长江上游、黄河上中游地区退耕还林（草）试点示范工作的通知》并确定试点示范实施方案，在长江上游的云南、四川、贵州、重庆、湖北和黄河上中游的陕西、甘肃、青海、宁夏、内蒙古、山西、河南、新疆13个省（自治区、直辖市）和新疆生产建设兵团的174个县（团、场）开展退耕还林还草试点。2000年7月，国务院在京召开中西部地区退耕还林还草试点工作座谈会，研究积极稳妥、健康有序地做好试点和示范工作。为推动退耕还林还草试点工作的健康发展，2000年9月，国务院下发《关于进一步做好退耕还林还草试点工作的若干意见》，明确了实行省级政府负总责、完善退耕还林还草政策、健全种苗生产供应机制、合理确定林草种植机构和植被恢复方式、加强建设管理和严格检查监督等方面的规定。

2001年《政府工作报告》强调，有步骤因地制宜推进天然林资源保护、退耕还林还草以及防沙治沙、草原保护等重点工程建设，并要求西部大开发“十五”期间要突出重点，搞好开局，着重加强基础设施和生态环境建设，力争五到十年内取得突破性进展。同年，退耕还林还草被列入《中华人民共和国国民经济和社会发展第十个五年计划纲要》。2001年8月，经国务院同意，中央机构编制委员会办公室批准国家林业局成立退耕还林（草）工程管理中心。

至2001年底，21个省（自治区、直辖市）和新疆生产建设兵团参与退耕还林还草试点，3年共完成试点任务3455.1万亩，其中，退耕地还林还草1809.1万亩、宜林荒山荒地造林1646万亩。

1.2.2 全面实施，依法推进工程建设

2001年10月到2002年1月，国务院西部地区开发领导小组第二次会议、中央经济工作会议、中央农村工作会议先后召开，提出将退耕还林还草作为拉动内需、增加农民收入的一项重要举措，进一步扩大退耕还林还草规模。

2002年1月，国务院西部开发办、国家林业局召开全国退耕还林还草电视电话会议，宣布全面启动退耕还林还草工程，当年分2批安排25个省（自治区、直辖市）和新疆生产建设兵团退耕地还林还草3970万亩、宜林荒山荒地造林4623万亩。2002年4月，国务院下发《关于进一步完善退耕还林还草政策措施的若干意见》，进一步明确退耕还林还草必须遵循的原则和有关政策措施，要求切实把握"林权是核心，给粮是关键，种苗要先行，干部是保证"等主要环节，把退耕还林还草工作扎实、稳妥、健康地向前推进。

2002年12月，经国务院第66次常务会议审议通过，国务院颁布《退耕还林还草条例》（以下简称《条例》），于2003年1月20日起施行，2016年2月国务院令第666号《国务院关于修改部分行政法规的决定》修改了部分条款。《条例》分为总则，规划和计划，造林、管护与检查验收，资金和粮食补助，其他保障措施，法律责任，附则，共七章六十五条。主要规定有：各级人民政府应当严格执行"退耕还林还草、封山绿化、以粮代赈、个体承包"的政策措施。退耕还林还草必须坚持生态优先。退耕还林还草遵循的原则为：统筹规划、分步实施、突出重点、注重实效；政策引导和农民自愿退耕相结合，谁退耕、谁造林、谁经营、谁受益；遵循自然规律，因地制宜，宜林则林，宜草则草，综合治理；建设与保护并重，防止边治理边破坏；逐步改善退耕还林还草者的生活条件。禁止在退耕还林还草项目实施范围内复耕和从事滥采、乱挖等破坏地表植被的活动。国家对退耕还林还草实行省、自治区、直辖市人民政府负责制，并实行目标责任制。江河源头及其两侧、湖库周围的陡坡耕地以及水土流失和风沙危害严重等生态地位重要区域的耕地，应当在退耕还林还草规划中优先安排。国家按照核定的退耕还林还草实际面积，向土地承包经营权人提供补助粮食、种苗造林补助费和生活补助费。建立退耕还林还草公示制度，将退耕还林还草者的退耕还林还草面积、造林树种、成活率以及资金和粮食补助发放等情况进行公示。国家保护退耕还林还草者享有退耕土地上的林木（草）所有权。《退耕还林还草条例》的颁布实施，为实施退耕还林还草提供了有力法律保障，规范了退耕还林还草活动，保护了退耕还林还草者的合法权益，巩固了退耕还林还草成果。

2003年，全国共实施退耕地还林还草5050万亩、宜林荒山荒地造林5650万亩，总任务达1.07亿亩。2004年，根据宏观经济形势和全国粮食供求关系的变化，国家对退耕还林还草年度任务进行了结构性、适应性调整。2004年4月，国务院办公厅下发《关于完善退耕还林还草粮食补助办法的通知》，原则上将补助粮食实物改为补助现金。2005年4月，

国务院办公厅下发《关于切实搞好“五个结合”进一步巩固退耕还林还草成果的通知》，要求在继续推进重点区域退耕还林还草的同时，把工作重点转到解决好农民当前生计和长远发展问题上来。2005年退耕还林还草计划任务重点解决2004年超计划实施的遗留问题，2006年进一步调减了退耕还林还草计划任务。

2002—2006年，25个省（自治区、直辖市）和新疆生产建设兵团共实施退耕还林还草3.3亿亩，其中，退耕地还林还草1.21亿亩、宜林荒山荒地造林1.89亿亩、封山育林0.2亿亩。

1.2.3 完善政策，巩固退耕还林还草成果

根据宏观经济形势和全国粮食供求关系的变化，从2004年开始，国家对退耕还林还草年度任务进行了结构性调整，调减了退耕地造林任务，增加了荒山荒地造林所占比重。

在工程实施中，国家实行资金和粮食补助制度，按照核定的退耕地还林面积，在一定期限内无偿向退耕还林还草者提供适当的补助粮食、种苗造林费和现金（生活费）补助。针对有些退耕农户余粮过多、出现将国家补助粮卖掉换取现金的现象，经国务院西部地区开发工作会议讨论后，国务院办公厅下发通知，要求从2004年起原则上将向退耕户补助的粮食实物改为现金。中央按每千克（公斤）粮食（原粮）1.40元计算，包干给参加工程建设的各省（自治区、直辖市）。

2007年8月9日，国务院下发《关于完善退耕还林还草政策的通知》，明确了今后一个时期的工作方向和目标，提出了巩固和发展退耕还林还草成果的主要政策措施。补助标准为：长江流域及南方地区每亩退耕地每年补助现金105元；黄河流域及北方地区每亩退耕地每年补助现金70元。原每亩退耕地每年20元生活补助费继续直接补助给退耕农户，并与管护任务挂钩。补助期为：还生态林补助8年，还经济林补助5年，还草补助2年；中央财政按照退耕地还林面积核定各省（自治区、直辖市）巩固退耕还林还草成果专项资金总量，并从2008年起按8年集中安排，逐年下达，包干到省。巩固退耕还林还草成果专项资金主要用于西部地区、京津风沙源治理区和享受西部地区政策的中部地区退耕农户的基本口粮田建设，沼气、节柴灶、太阳灶等农村能源建设，生态移民，补植补造，地方特色优势产业的基地建设，退耕农民就业创业、劳动力转移、技能培训等，以及高寒少数民族地区退耕农户直接补助。

为集中力量解决影响退耕农户长远生计的突出问题，从2008年起，中央财政按8年集中安排巩固退耕还林成果专项资金958.65亿元，主要用于西部地区、京津风沙源治理区和享受西部地区政策的中部地区退耕农户的基本口粮田建设、农村能源建设、生态移民、后续产业发展和退耕农民就业创业转移技能培训以及补植补造，并向特殊困难地区倾斜。

2009年8月，经国务院批复同意，建立由国家发展和改革委员会牵头，监察部、财政部、国土资源部、水利部、农业部、审计署、国家统计局、国家林业局、国家粮食局等部门参加的巩固退耕还林成果部际联席会议制度。2012年9月，国务院第217次常务会议决定，自2013年起，适当提高巩固退耕还林成果部分项目的补助标准，并根据第二次全国土地调查结果，适当安排“十二五”时期重点生态脆弱区退耕还林任务。

1.2.4 再次启动，实施新一轮退耕还林还草

党的十八大以来，党中央、国务院高度重视退耕还林还草工作。习近平总书记强调，要扩大退耕还林、退牧还草，有序实现耕地、河湖休养生息，让河流恢复生命、流域重现生机。李克强总理要求，要下决心实施退耕还林还草，使生态得保护，农民得实惠；这件事一举多得，务必抓好。《国民经济和社会发展第十二个五年规划纲要》和国务院印发的《关于切实加强中小河流治理和山洪地质灾害防治的若干意见》等都提出，巩固和发展退耕还林还草成果，在重点生态脆弱区和重要生态区位，结合扶贫开发和库区移民，适当增加退耕还林还草任务，重点治理25度以上坡耕地。党的十八大将生态文明建设纳入“五位一体”总体布局，十八届三中全会将“稳定和扩大退耕还林还草、退牧还草范围”作为全面深化改革重点任务之一。2014年以后的多个中央文件和《政府工作报告》都要求巩固退耕还林还草成果，并扩大退耕还林还草规模，加快实施进度。

2014年8月，经国务院同意，国家发展和改革委员会、财政部、国家林业局、农业部、国土资源部联合向各省级人民政府印发《关于印发新一轮退耕还林还草总体方案的通知》，提出到2020年将全国具备条件的坡耕地和严重沙化耕地约4240万亩退耕还林还草。2015年中共中央、国务院印发的《生态文明体制改革总体方案》提出：“编制耕地、草原、河湖休养生息规划，调整严重污染和地下水严重超采地区的耕地用途，逐步将25度以上不适宜耕种且有损生态的陡坡地退出基本农田。建立巩固退耕还林还草、退牧还草成果长效机制。”2015年12月，财政部等8部门联合下发《关于扩大新一轮退耕还林还草规模的通知》，要求将确需退耕还林还草的陡坡耕地基本农田调整为非基本农田，并认真研究在陡坡耕地梯田、重要水源地15～25度坡耕地以及严重污染耕地退耕还林还草的需求。2017年国务院批准核减17个省（自治区、直辖市）3700万亩陡坡基本农田用于扩大退耕还林还草规模。2018年中共中央、国务院印发的《关于打赢脱贫攻坚战三年行动的指导意见》要求：“加大贫困地区新一轮退耕还林还草支持力度，将新增退耕还林还草任务向贫困地区倾斜，在确保省级耕地保有量和基本农田保护任务前提下，将25度以上坡耕地、重要水源地15～25度坡耕地、陡坡梯田、严重石漠化耕地、严重污染耕地、移民搬迁撂荒耕地纳入新一轮退耕还林还草工程范围，对符合退耕政策的贫困村、贫困户实现全覆

盖。”2019年国务院又批准扩大山西等11个省（自治区、直辖市）贫困地区陡坡耕地、陡坡梯田、重要水源地15～25度坡耕地、严重沙化耕地、严重污染耕地退耕还林还草规模2070万亩。新一轮退耕还林还草的总规模超过1亿亩。

2014—2019年，22个工程省份和新疆生产建设兵团共实施新一轮退耕还林还草6783.8万亩（其中，还林6150.6万亩、还草533.2万亩、宜林荒山荒地造林100万亩），中央已投入749.2亿元。

1.3 退耕还林还草任务投资概况

退耕还林还草自1999年试点至2019年底，累计实施退耕还林还草5.15亿亩，其中，退耕地还林还草2.06亿亩、宜林荒山荒地造林2.63亿亩、封山育林0.46亿亩，中央财政累计投入5174亿元，工程涉及全国25个省（自治区、直辖市）和新疆生产建设兵团的287个地市（含地级单位）2435个县（含县级单位）。

1.3.1 退耕还林还草2019年任务投资概况

2019年退耕还林还草面积共计1205.15万亩，其中，退耕还林面积1153.68万亩，覆盖14个省（自治区、直辖市），占总面积的95.73%；退耕还草面积51.47万亩，覆盖6个省（自治区），占总面积的4.27%（表1-1）。退耕还林还草面积最多的是贵州，为328.06万亩；其次是云南，为284.06万亩；贵州和云南2019年退耕还林还草面积占总面积的50.79%。分项看，2019退耕还林面积最多的是贵州，为328.06万亩；其次是云南，为275.00万亩；贵州、云南两省2019年退耕还林面积之和占当年退耕还林总面积的52.27%；重庆、山西、新疆、陕西、内蒙古的2019年退耕还林面积依次位于50万～150万亩，其余均低于30万亩。2019年退耕还草面积最多的是内蒙古，为24.40万亩，占总面积的47.41%；其后依次是新疆、云南，分别为10.90万亩和9.06万亩，分别占2019年退耕还草面积的21.18%和17.60%；剩余三个有退耕还草的是甘肃、四川、西藏。

表1-1　2019年退耕还林还草面积

单位：万亩

省级区域	退耕还林	退耕还草	合计
山西	115.00	0.00	115.00
内蒙古	64.27	24.40	88.67
黑龙江	0.21	0.00	0.21
湖北	11.18	0.00	11.18
湖南	1.82	0.00	1.82
重庆	136.50	0.00	136.50
四川	26.63	2.50	29.13
贵州	328.06	0.00	328.06
云南	275.00	9.06	284.06
西藏	9.68	1.61	11.29
陕西	66.30	0.00	66.30
甘肃	26.11	3.00	29.11
宁夏	0.52	0.00	0.52
新疆	92.40	10.90	103.30
总计	1153.68	51.47	1205.15

2019年退耕还林还草总投资为212.23亿元，其中，种苗费46.92亿元，占总投资的22.11%；现金补助135.52亿元，占总投资的63.86%；完善政策补助29.79亿元，占总投资的14.04%（表1-2）。2019年退耕还林还草投资最多的是贵州，为48.05亿元；其次是云南，为39.64亿元，贵州、云南2019年退耕还林还草投资之和占总投资的41.32%。分项看，2019年种苗费、现金补助最多的也是贵州，分别为13.12亿元和33.30亿元；其次均是云南，分别为11.14亿元和27.26亿元；贵州、云南2019年种苗费之和与现金补助之和分别占2019种苗费总投资和现金补助总投资的51.71%和44.69%。2019年完善政策补助最多的是内蒙古，为3.83亿元；其后依次为河北、陕西、甘肃，分别为2.97亿元、2.44亿元和2.31亿元；内蒙古、河北、陕西、甘肃2019年现金补助之和占2019年现金补助总投资的38.77%。整体看，无论是2019年退耕还林还草投资额、种苗费、现金补助都与2019年退耕还林还草面积大小相关；2019年完善政策补助则主要决定于上一轮退耕还林还草的面积。

表1-2　2019年退耕还林还草工程投资

单位：万元

省级区域	合计	种苗费	现金补助	完善政策补助
北京	850.00	—	—	850.00
天津	49.00	—	—	49.00
河北	31724.00	0.00	2000.00	29724.00
山西	166139.00	46000.00	109120.00	11019.00
内蒙古	163283.00	29368.00	95615.00	38300.00
辽宁	8605.00	0.00	2000.00	6605.00
吉林	7752.00	0.00	240.00	7512.00
黑龙江	9997.00	84.00	105.00	9808.00
安徽	3620.00	0.00	0.00	3620.00
江西	4795.00	0.00	1200.00	3595.00
河南	8484.00	0.00	1500.00	6984.00
湖北	44269.00	4472.00	28490.00	11307.00
湖南	23859.00	728.00	6910.00	16221.00
广西	23443.00	0.00	14900.00	8543.00
海南	0.00	—	—	0.00
重庆	194470.00	54600.00	123750.00	16120.00
四川	80878.00	11027.00	49940.00	19911.00
贵州	480487.00	131222.00	333028.00	16237.00
云南	396359.00	111359.00	272577.00	12423.00
西藏	17904.00	4114.00	13165.00	625.00
陕西	131431.00	26520.00	80550.00	24361.00
甘肃	115857.00	10894.00	81885.00	23078.00
青海	15675.00	0.00	12000.00	3675.00
宁夏	27733.00	208.00	9160.00	18365.00
新疆	154399.00	38595.00	110105.00	5699.00
新疆兵团①	10220.00	0.00	7000.00	3220.00
总计	2122282.00	469191.00	1355240.00	297851.00

①新疆兵团：新疆生产建设兵团，下同。

1.3.2 退耕还林还草历年任务投资概况

1999—2019年累计退耕还林还草任务总面积达51512.50万亩，其中：退耕地还林还草20580.05万亩，占总面积的39.95%；荒山造林26282.45万亩，占总面积的51.02%；封山育林4650.00万亩，占总面积的9.03%（表1-3）。累计退耕地还林还草面积最多的是贵州，为2052.06万亩；陕西、内蒙古、云南、甘肃、四川、重庆、山西的累计退耕地还林还草面积依次位于1000万～2000万亩，其余均低于1000万亩。累计荒山造林面积最多的是内蒙古，为2550.33万亩，陕西、甘肃、河北、山西、四川、部队、湖南、贵州、重庆、辽宁、河南、云南的荒山造林面积依次位于1000万～2000万亩，其余均低于1000万亩；累计封山育林面积最多的也是内蒙古，为331.00万亩；其次是黑龙江，为303.50万亩，辽宁、吉林、河北、陕西、新疆、甘肃、贵州、湖南、云南、四川累计封山育林面积依次位于200万～300万亩，其余均低于200万亩。整体看，累计退耕还林还草、荒山造林和封山育林与2019当年情况相比，分布都更加均匀。

表1-3　1999—2019年退耕还林还草面积

单位：万亩

省级区域	累计	退耕地还林还草	荒山造林	封山育林
北京	87.00	46.00	41.00	0.00
天津	14.00	7.00	7.00	0.00
河北	2805.00	952.00	1605.00	248.00
山西	2845.30	1188.80	1483.50	173.00
内蒙古	4709.60	1828.27	2550.33	331.00
辽宁	1709.80	376.30	1067.50	266.00
吉林	1567.90	355.60	958.30	254.00
黑龙江	1710.71	425.21	982.00	303.50
安徽	992.00	333.00	504.50	154.50
江西	1138.00	303.00	653.00	182.00
河南	1648.60	385.10	1067.00	196.50
湖北	1789.41	664.58	946.33	178.50
湖南	2161.49	790.82	1149.17	221.50
广西	1536.67	402.00	975.67	159.00
海南	270.00	60.00	195.00	15.00
重庆	2531.80	1269.30	1068.50	194.00
四川	3274.86	1628.53	1428.83	217.50

（续）

省级区域	累计	退耕地还林草	荒山造林	封山育林
贵州	3408.39	2052.06	1133.33	223.00
云南	3107.99	1827.16	1060.33	220.50
西藏	216.09	72.59.00	112.50	31.00
陕西	4106.00	1933.80	1932.70	239.50
甘肃	3541.54	1690.21	1614.83	236.50
青海	1154.50	334.00	636.50	184.00
宁夏	1352.92	518.42	751.50	83.00
新疆	1956.93	920.70	796.73	239.50
新疆兵团	472.70	215.60	218.10	39.00
部队	1403.30	0.00	1343.30	60.00
总计	51512.50	20580.05	26282.45	4650.00

1999—2019年全国退耕还林还草累计总投资[①]4213.38亿元。其中：种苗费511.14亿元，占总投资的12.13%；现金补助2578.92亿元，占总投资的61.21%；完善政策补助1123.32亿元，占总投资的26.66%（表1-4）。1999—2019年退耕还林还草累计投资最多的是四川，为421.04亿元；其次是陕西，为400.69亿元；贵州、内蒙古、云南、甘肃、重庆、湖南、河北的退耕还林还草累计投资依次位于200亿～400亿元，其余均低于200亿元。分项看，1999—2019年累计种苗费最多的是贵州，为61.47亿元；其次是云南，为56.86亿元；甘肃、内蒙古、陕西、重庆、山西、新疆、四川的累计种苗费依次位于20亿～40亿元，其余均低于20亿元。1999—2019年累计现金补助最多的是四川，为265.15亿元；其后依次为陕西、贵州、内蒙古，分别为240.06亿元、228.86亿元、209.31亿元；云南、甘肃、重庆、湖南、河北、山西、湖北的1999—2019年累计现金补助依次位于100亿～200亿元，其余均低于100亿元。1999—2019年累计完善政策补助最多的是四川，为128.04亿元；其次为陕西，为123.94亿元；内蒙古、甘肃、湖南、河北、贵州、重庆、云南的2000—2019年累计完善政策补助依次位于50亿～100亿元，其余都低于50亿元。相较于2019年退耕还林还草投资较为集中的情况，1999—2019年退耕还林还草累计投资不论是总投资还是分项投资都较为均匀。

① 说明：此处累计总投资额是指种苗费、现金补助、完善政策补助三项投资额之和，不包含工作经费、巩固成果专项经费、前期工作和科技支撑经费。

表1-4 1999—2019年退耕还林还草工程累计投资统计

单位：万元

省级区域	种苗费	现金补助	完善政策补助	总投资
北京	4350.00	54202.00	30572.00	89124.00
天津	700.00	7955.00	4013.00	12668.00
河北	169310.00	1192617.00	643679.00	2005606.00
山西	340095.00	1168595.00	475243.00	1983933.00
内蒙古	375288.00	2093066.60	962863.00	3431217.60
辽宁	114090.00	435609.00	230921.00	780620.00
吉林	99850.00	447089.00	247669.00	794608.00
黑龙江	113329.00	533036.25	280740.00	927105.25
安徽	61765.00	593402.00	320392.00	975559.00
江西	82890.00	536525.00	285584.00	904999.00
河南	113025.00	583252.00	314742.00	1011019.00
湖北	164132.00	1041453.00	469576.00	1675161.00
湖南	146953.00	1366168.00	709530.00	2222651.00
广西	120330.00	665879.00	328170.00	1114379.00
海南	17450.00	105223.00	57136.00	179809.00
重庆	343100.00	1629567.00	618919.00	2591586.00
四川	278562.00	2651492.00	1280385.00	4210439.00
贵州	614681.00	2288596.00	629088.00	3532365.00
云南	568599.00	1910125.00	514895.00	2993619.00
西藏	30104.00	77276.00	23496.00	130876.00
陕西	366840.00	2400585.00	1239430.00	4006855.00
甘肃	389104.00	1870126.75	722584.00	2981814.75
青海	77980.00	398516.00	192722.00	669218.00
宁夏	88224.00	645212.00	321727.00	1055163.00
新疆	281390.00	837228.00	212502.00	1331120.00
新疆兵团	38250.00	256402.00	116601.00	411253.00
部队	111000.00	0.00	0.00	111000.00
总计	5111391.00	25789197.60	11233179.00	42133767.60

1.4　退耕还林还草植被恢复情况

1.4.1 退耕还林工程不同植被模式恢复的空间格局

截至2019年底，全国退耕还林面积达到3193.84万公顷，其中，退耕地还林面积1312.97万公顷，宜林荒山荒地造林面积1575.30万公顷，封山育林面积305.57万公顷（表1-5）。全国各工程省退耕还林植被恢复的空间分布格局见图1-1，黄河和长江流域是退耕还林还草实施的重点区域，其流经省份的植被恢复面积较大，占全国退耕还林植被恢复总面积的43.03%。

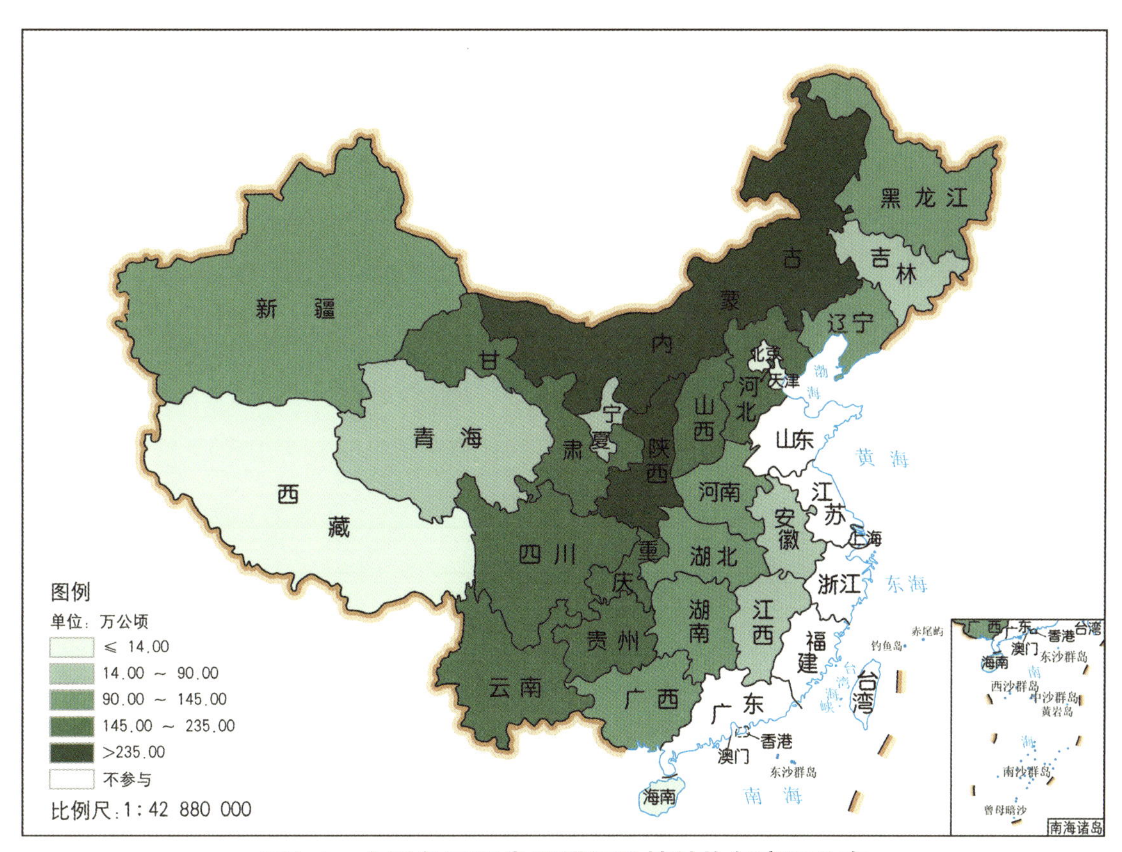

图1-1　全国各工程省退耕还林植被恢复空间分布

全国各工程省退耕还林三种植被恢复模式的空间分布不同，退耕地还林模式植被恢复面积最高的工程省为陕西、贵州、云南和内蒙古（图1-2），荒山荒地造林为内蒙古、陕西和甘肃（图1-3），封山育林为河北、内蒙古和黑龙江（图1-4）。此外，不同省级区域三种植被恢复模式的面积比例存在明显差异（图1-5），退耕地还林模式占比最高的工程省依次为西藏、新疆生产建设兵团、云南和重庆，均大于50%；宜林荒山荒地造林模式占比最高的工程省依次为海南、河南、广西和辽宁，均大于60%；封山育林模式占比最高的

表1-5　截至2019年底全国退耕还林工程实施情况

省级区域	总面积（万公顷）	三种植被恢复模式			三个林种		
		退耕地还林（万公顷）	宜林荒山荒地造林（万公顷）	封山育林（万公顷）	生态林（万公顷）	经济林（万公顷）	灌木林（万公顷）
北京	5.34	2.61	2.73	0.00	3.59	1.75	0.00
天津	0.78	0.32	0.00	0.47	0.72	0.07	0.00
河北	186.26	63.27	92.09	30.90	142.78	13.43	30.05
山西	186.47	76.93	98.02	11.52	105.01	25.50	55.97
内蒙古	303.04	112.10	168.64	22.30	99.49	6.03	197.52
辽宁	112.23	23.59	70.91	17.73	99.01	6.68	6.54
吉林	64.81	21.34	28.09	15.37	58.66	0.52	5.62
黑龙江	112.11	28.03	64.10	19.99	110.05	1.16	0.90
安徽	60.20	21.85	28.21	10.14	54.92	4.92	0.36
江西	75.73	20.24	43.52	11.96	68.30	5.12	2.32
河南	109.91	25.67	71.46	12.77	85.30	23.20	1.41
湖北	116.37	47.59	65.74	3.04	94.97	18.34	3.06
湖南	143.96	52.66	76.65	14.65	130.18	11.93	1.86
广西	99.87	26.11	63.44	10.32	79.54	13.05	7.27
海南	13.16	3.41	8.84	0.90	10.99	2.16	0.00

（续）

省级区域	总面积（万公顷）	三种植被恢复模式			三个林种		
		退耕地还林（万公顷）	宜林荒山荒地造林（万公顷）	封山育林（万公顷）	生态林（万公顷）	经济林（万公顷）	灌木林（万公顷）
重庆	161.32	83.19	65.16	12.97	119.53	39.78	2.00
四川	217.85	107.82	95.47	14.56	161.27	42.71	13.87
贵州	218.98	122.52	80.36	16.10	142.48	56.67	19.82
云南	197.17	112.54	69.93	14.70	109.05	73.64	14.48
西藏	3.80	2.58	0.72	0.49	2.42	0.32	1.05
陕西	273.03	128.55	128.59	15.88	157.28	54.98	60.77
甘肃	231.99	108.59	107.64	15.77	152.72	24.81	54.47
青海	74.77	20.28	42.23	12.27	7.25	0.00	67.52
宁夏	89.51	33.88	51.10	4.53	19.85	0.39	69.28
新疆	112.06	52.93	44.17	14.96	24.06	37.78	50.23
新疆兵团	23.12	14.38	7.47	1.27	6.33	6.07	10.72
总计	3193.84	1312.97	1575.30	305.57	2045.74	471.02	677.08

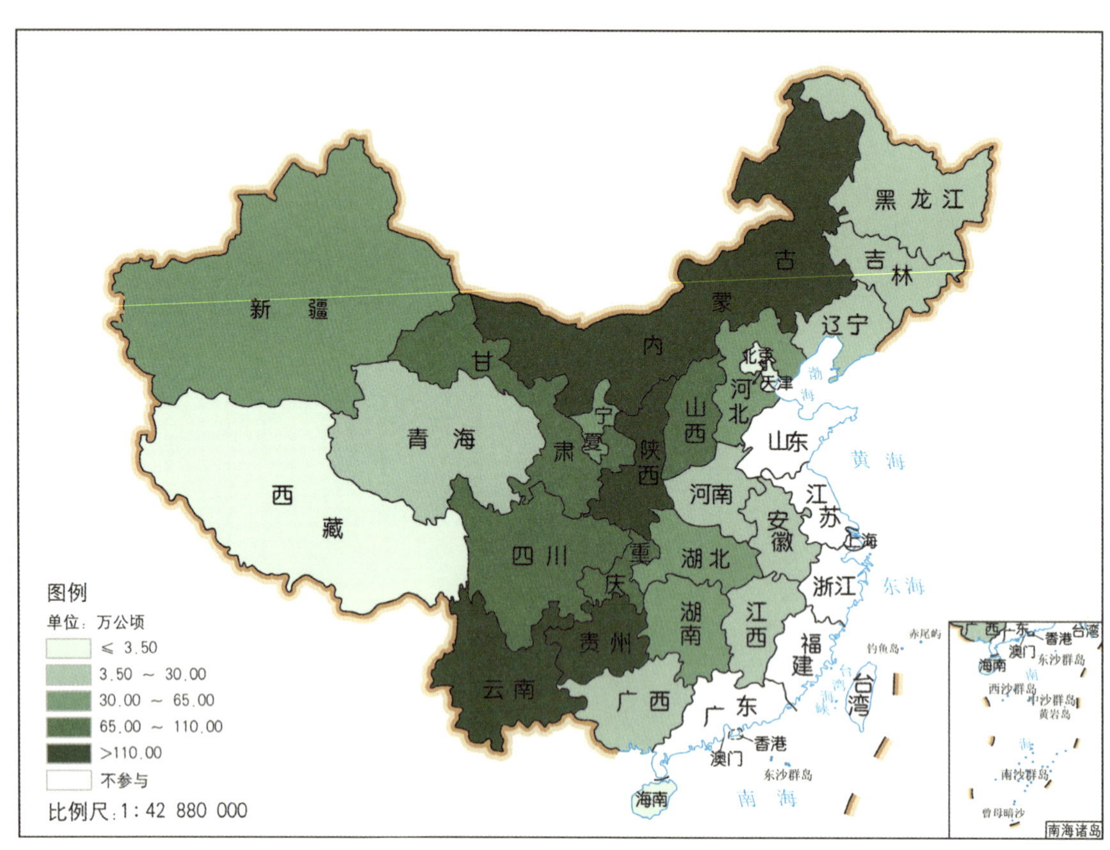

图1-2　全国退耕还林工程退耕地还林恢复空间分布

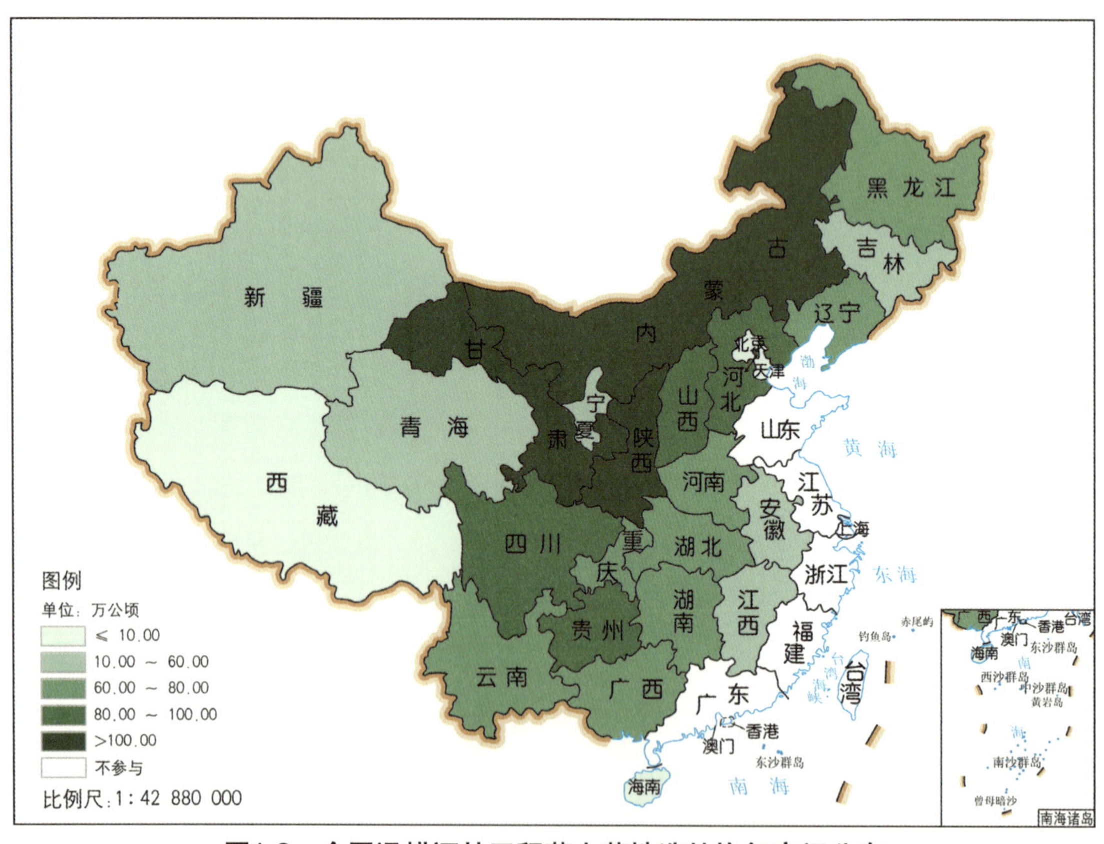

图1-3　全国退耕还林工程荒山荒地造林恢复空间分布

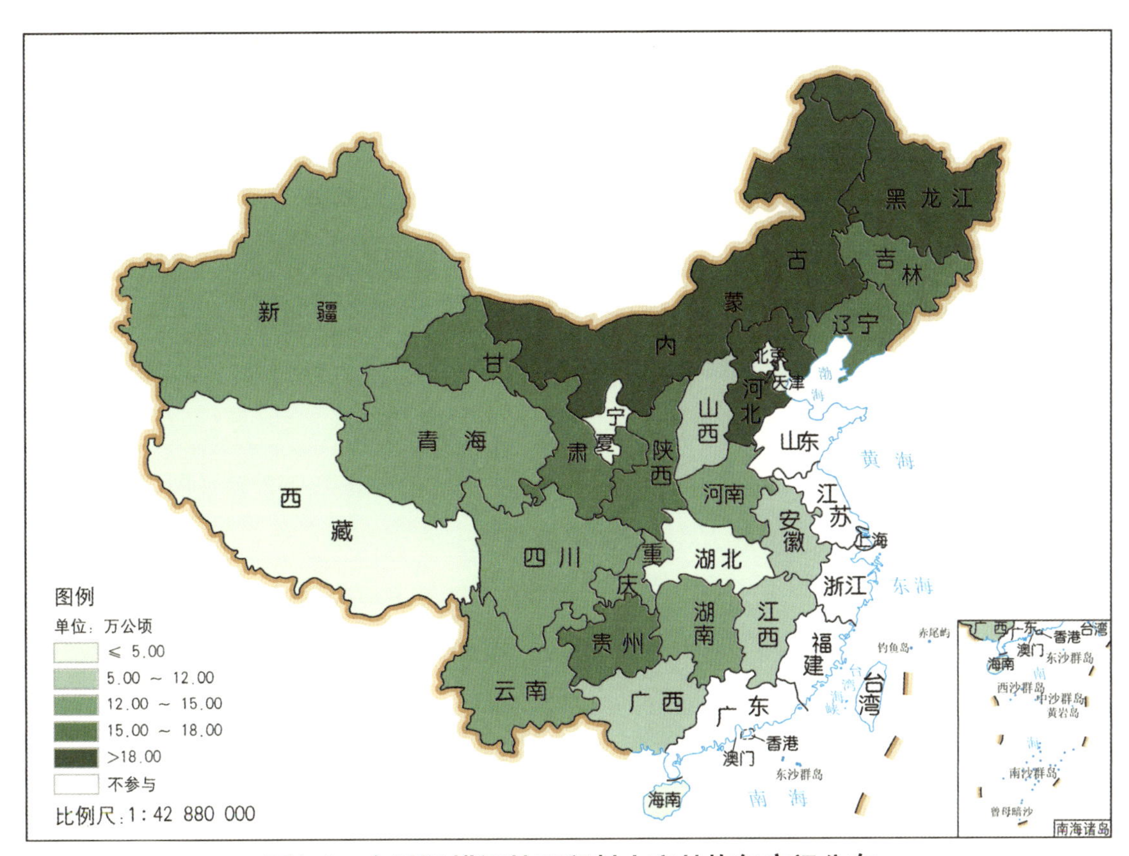

图1-4 全国退耕还林工程封山育林恢复空间分布

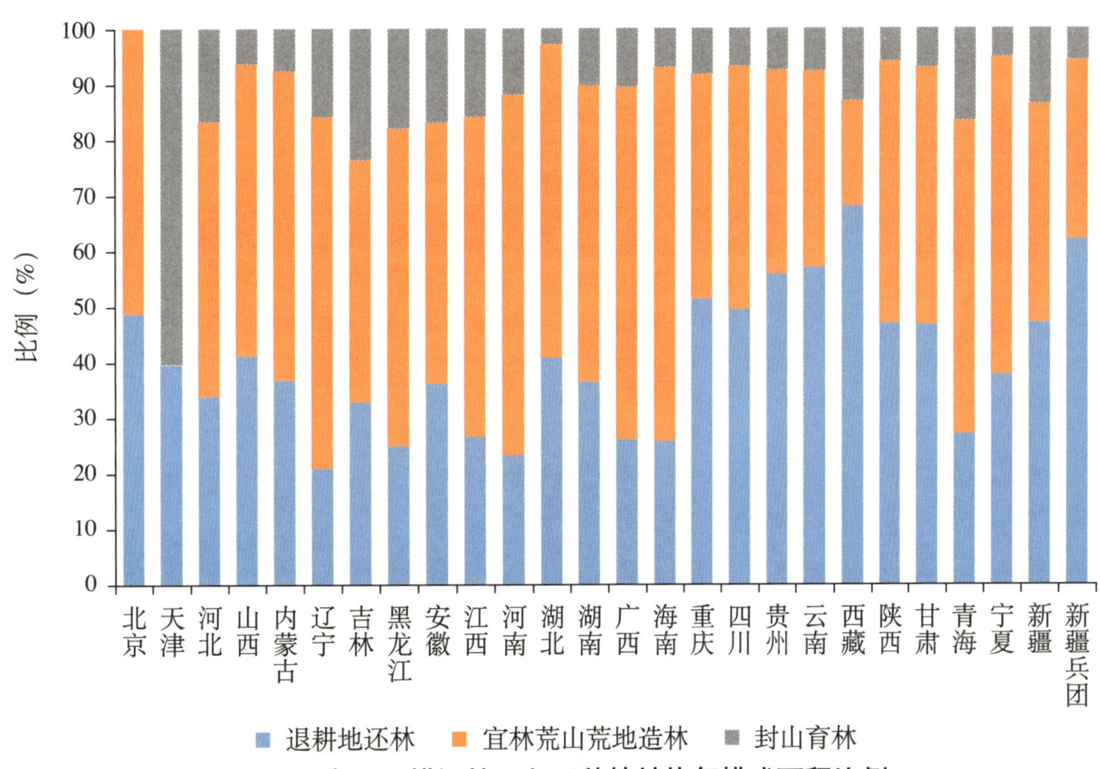

图1-5 全国退耕还林工程三种植被恢复模式面积比例

为天津，为60.26%，其余工程省占比均小于25%。

1.4.2 退耕还林工程不同林种恢复的空间格局

截至2019年底，全国退耕还林工程生态林面积2045.74万公顷，经济林面积471.02万公顷，灌木林面积677.08万公顷，全国退耕还林工程不同林种恢复的空间格局具有明显差异。生态林恢复面积最高的工程省依次为四川、陕西、甘肃、河北和贵州（图1-6），经济林为云南、贵州、陕西、四川、重庆和新疆（图1-7），灌木林为内蒙古、宁夏、青海和陕西（图1-8）。

此外，不同退耕还林工程省的三个林种恢复面积比例存在明显差异（图1-9）。这是由于各工程省的立地条件差异较大，而退耕还林工程是根据当地自然条件，宜乔则乔、宜灌则灌、宜草则草。例如，北方干旱半干旱土地沙化区和青藏高原江河源区植被恢复以灌草为主，实行灌木防风林带与种草相合；在重庆、四川等水资源条件较好的地方，适当种植乔木；在黄土高原水土流失区，实行乔灌草相结合。

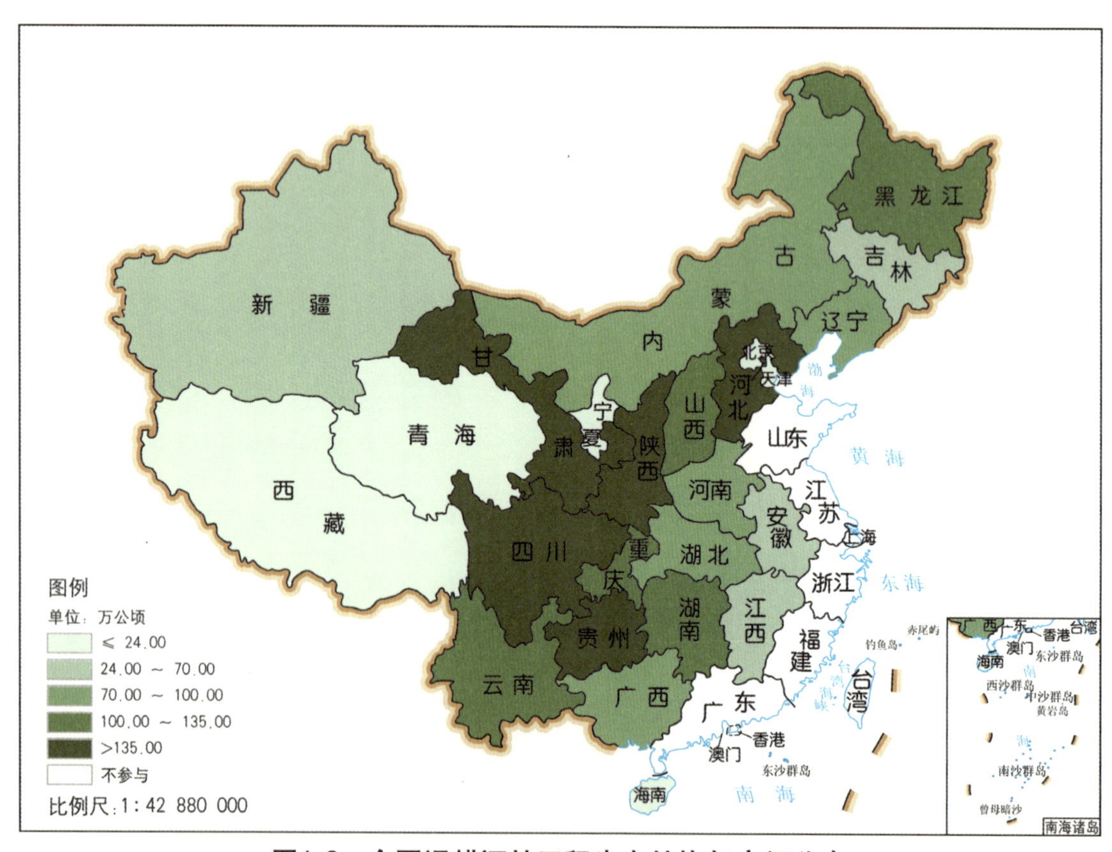

图1-6　全国退耕还林工程生态林恢复空间分布

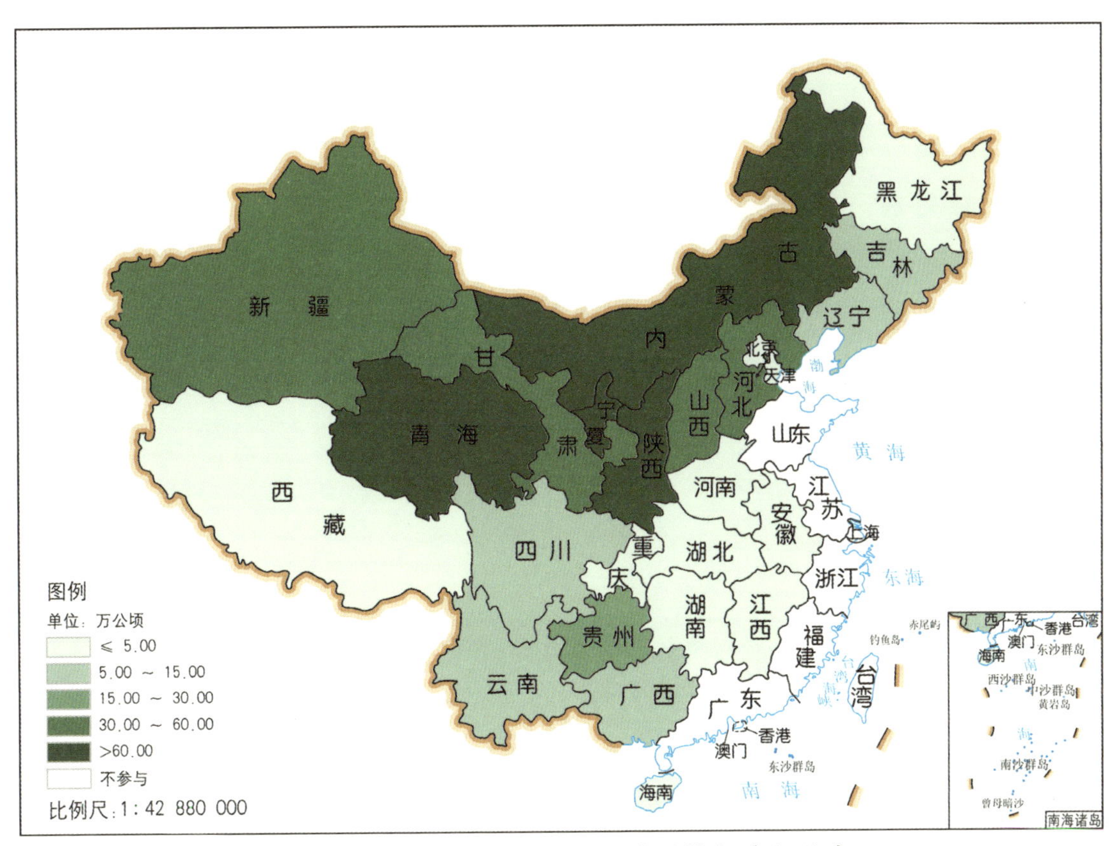

图1-7　全国退耕还林工程经济林恢复空间分布

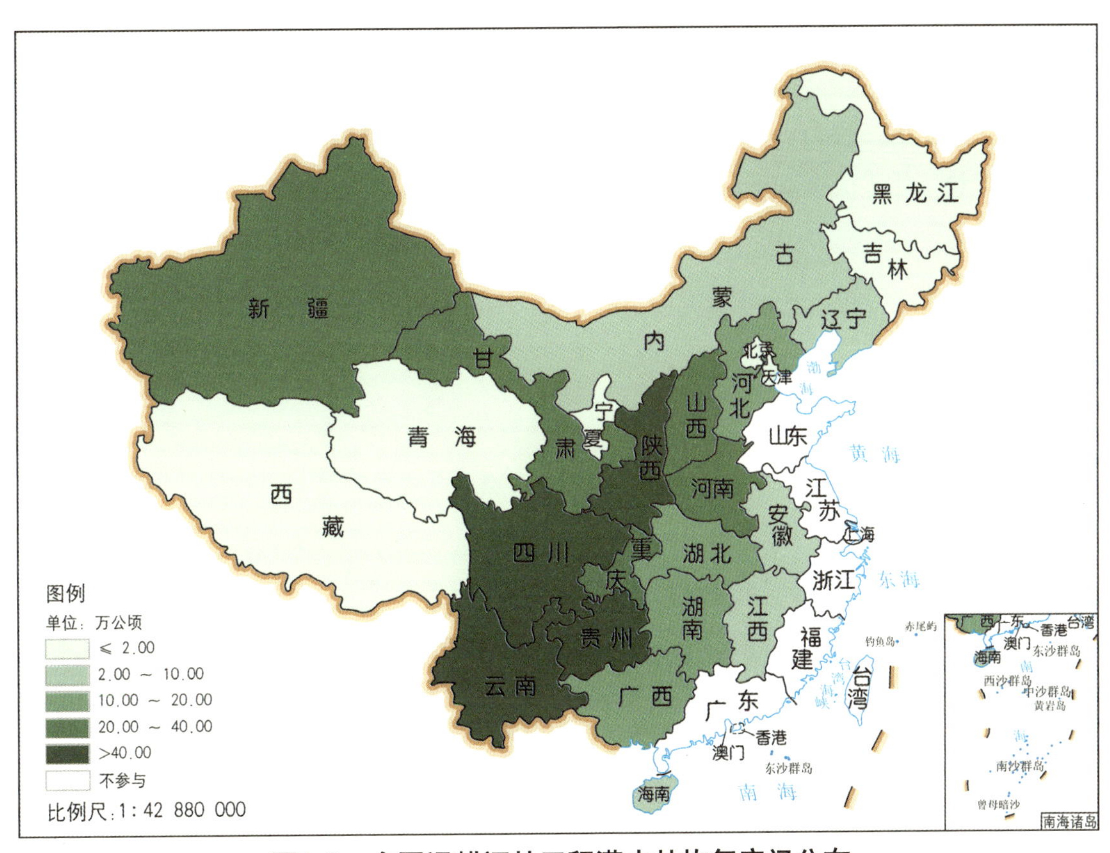

图1-8　全国退耕还林工程灌木林恢复空间分布

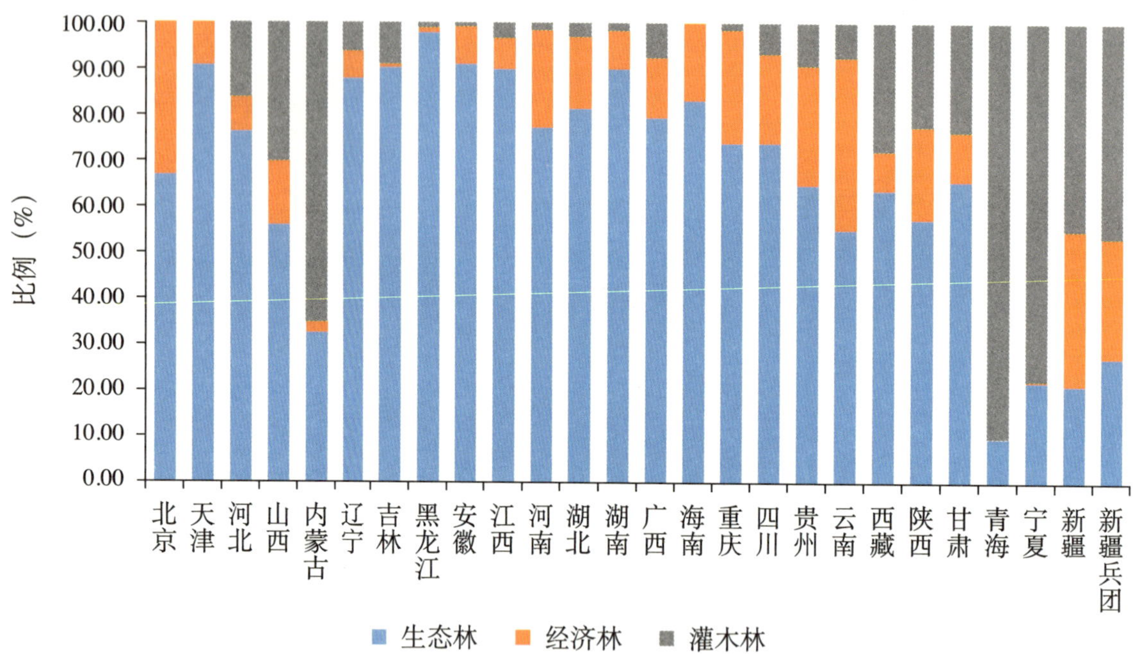

图1-9　全国退耕还林工程三个林种类型面积比例

总体而言，退耕还林工程是以植被恢复为主体的人工生态工程，其修复对象是人为严重干扰和破坏的脆弱生态系统，在遵循生态恢复自然规律的同时还兼顾考虑工程实施区的社会经济发展条件，因地制宜恢复林草植被，达到控制和减轻重点地区的水土流失和风沙危害、优化国土利用结构、提高生产力、增加农民收入的目标。退耕还林工程实施以来，不仅大大加快了水土流失和土地沙化治理步伐，改善生态环境、提高农民生活质量，还带来了农村产业结构调整及地方生态经济协调发展等利民惠民的成效，由此可见实施退耕还林工程的重要性。

第二章

退耕还林还草生态效益监测评估

退耕还林还草是我国乃至世界上投资最大、政策性最强、涉及面最广、群众参与程度最高的一项重大生态工程。全国退耕还林还草生态效益通过保育土壤、林木养分固持、涵养水源、固碳释氧、净化大气环境、森林防护和生物多样性保护7类功能23项指标进行评估，综合反映了退耕还林区域森林生态系统所发挥的支持服务、调节服务和供给服务。目前，国家林业局（现国家林业和草原局）已针对重点退耕监测省份（《退耕还林工程生态效益监测国家报告（2013）》）、长江和黄河流域中上游（《退耕还林工程生态效益监测国家报告（2014）》）、北方沙化地区（《退耕还林工程生态效益监测国家报告（2015）》）、全国前一轮退耕区（《退耕还林工程生态效益监测国家报告（2016）》）以及集中连片特困地区（《退耕还林工程生态效益监测国家报告（2017）》）进行了退耕还林工程生态效益的评估，评估结果生动诠释了习近平生态文明思想和“绿水青山就是金山银山”的发展理念，评估过程有利于“绿水青山”的价值化实现路径设计研究，并为向“金山银山”转化提供可复制可推广的范式。

本章依据国家林业和草原局《退耕还林工程生态效益监测评估技术标准与管理规范》（办退字〔2013〕116号）和《森林生态系统服务功能评估规范》（GB/T 38582—2020），在省级行政区尺度，采用分布式测算方法，从物质量和价值量两个方面对全国25个工程省和新疆生产建设兵团的退耕还林工程开展生态效益评估，探讨各工程省的退耕还林工程生态效益特征。

2.1 生态效益监测评估指标体系

2.1.1 监测评估依据

（1）《退耕还林条例》；

（2）国务院《关于进一步做好退耕还林还草试点工作的若干意见》（国发〔2000〕24号）；

（3）国务院《关于进一步完善退耕还林政策措施的若干意见》（国发〔2002〕

10号）；

（4）国务院办公厅《关于切实搞好“五个结合”进一步巩固退耕还林成果的通知》（国办发〔2005〕25号）；

（5）国家发展和改革委员会、财政部、国家林业局、农业部、国土资源部《关于印发新一轮退耕还林还草总体方案的通知》（发改西部〔2014〕1772号）；

（6）《关于进一步落实责任加快推进新一轮退耕还林还草工作的通知》（发改办西部〔2017〕220号）；

（7）《关于扩大贫困地区退耕还林还草规模的通知》（发改办农经〔2019〕954号）；

（8）《森林生态系统长期定位观测方法》（GB/T 33027—2016）；

（9）《森林生态系统长期定位观测指标体系》（GB/T 35377—2017）；

（10）《森林生态系统功能评估规范》（GB/T 38582—2020）；

（11）《退耕还林工程生态效益监测与评估规范》（LY/T 2573—2016）；

（12）《退耕还林工程社会经济效益监测与评价指标》（LY/T 1757—2008）；

（13）《退耕还林生态林与经济林认定技术规范》（LY/T 1761—2008）。

2.1.2 监测评估指标体系

退耕还林还草生态效益监测评价，就是要利用退耕还林还草工程区资源清查数据、生态连清数据，全面、科学、合理评估退耕还林还草工程所发挥的生态功能、产生的生态效益。指标体系在满足规范性、全面性以及代表性等原则的基础上，通过总结前期已发布的退耕还林工程生态效益监测评估报告及近年来的工作和研究结果，突出为社会和自然提供支持服务、调节服务、供给服务等三大服务功能，指标体系涵盖保育土壤、林木养分固持、涵养水源、固碳释氧、净化大气、森林防护、生物多样性保护等7类具体功能23项指标（图2-1）。

2.1.2.1 保育土壤

保育土壤指森林中活地被物和凋落物层层截留降水，降低水滴对表土的冲击和地表径流的侵蚀作用；同时，林木根系固持土壤，防止土壤崩塌泻溜，减少土壤肥力损失以及改善土壤结构的功能。主要指标有：固土、减少氮流失、减少磷流失、减少钾流失、减少有机质流失。

2.1.2.2 林木养分固持

林木养分固持指森林植物通过生化反应，在大气、土壤和降水中吸收氮、磷、钾等营养物质并贮存在体内各器官的功能。森林植被积累营养物质功能对降低下游面源污染及水体富营养化有重要作用。主要指标有：氮固持、磷固持、钾固持。

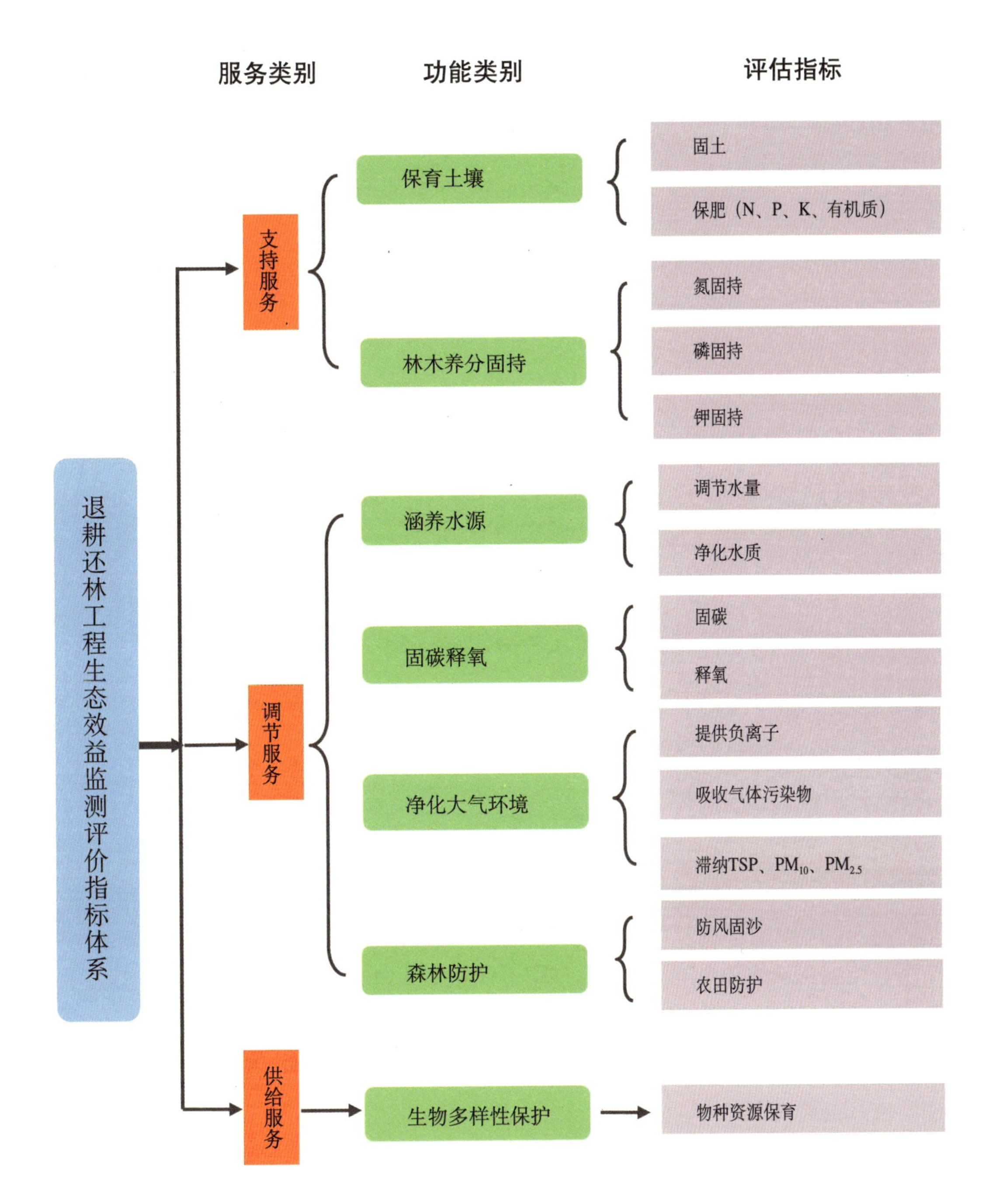

图2-1　退耕还林工程生态效益监测评价指标体系

2.1.2.3 **涵养水源**

涵养水源指森林对降水的截留、吸收和贮存，将地表水转为地表径流或地下水的作用。主要功能表现在增加可利用水资源、净化水质和调节径流三个方面。主要指标有：调节水量、净化水质。

2.1.2.4 **固碳释氧**

固碳释氧指森林生态系统通过森林植被、土壤动物和微生物固定碳素、释放氧气的功能。主要指标有：植被固碳、土壤固碳、释氧。

2.1.2.5 **净化大气环境**

净化大气环境指森林生态系统对大气污染物（如二氧化硫、氟化物、氮氧化物、粉尘、重金属等）的吸收、过滤、阻隔和分解，以及降低噪音、提供负离子和萜烯类（如芬多精）物质等功能。主要指标有：提供负离子、吸收二氧化硫、吸收氟化物、吸收氮氧化物、滞纳TSP、滞纳PM_{10}、滞纳$PM_{2.5}$。

2.1.2.6 **森林防护**

森林防护指防风固沙林、农田牧场防护林、护岸林、护路林等防护林降低风沙、干旱、洪水、台风、盐碱、霜冻、沙压等自然灾害危害的功能。主要指标有：防风固沙、农田防护。

2.1.2.7 **生物多样性保护**

生物多样性保护指森林生态系统为生物物种提供生存与繁衍的场所，从而对其起到保育作用的功能（王兵和宋庆丰，2012）。主要指标有物种资源保育。

2.2 生态效益监测评估方法

2.2.1 全国退耕还林还草工程生态功能监测网络

科学规划、合理布局、管理规范、运行科学、协同高效的退耕还林还草工程生态功能监测网络是研究退耕还林还草工程区森林生态学特征、监测退耕还林工程区森林生态系统动态变化，建立起退耕还林还草效益监测长效机制，评估退耕还林还草生态效益的重要基础，为工程生态效益监测提供技术保障平台（Niu et al.，2013），在促进退耕还林还草成果巩固，推动退耕还林还草高质量发展的同时为国家生态文明建设、社会可持续发展及重大科技问题的解决提供决策依据，为生态补偿、生态审计、绿色GDP核算以及国家外交和国际履约提供数据支撑。

退耕还林还草工程覆盖全国25个省（自治区、直辖市）和新疆生产建设兵团，从北到南横跨寒温带、中温带、暖温带、亚热带和热带等多个气候带，从西到东广泛分布于青藏高原区、干旱半干旱地区、低山丘陵区等多个地形区，而气候带、地形以及主导生态功能的差异是影响退耕还林还草生态效益的重要因素之一。因此，退耕还林还草生态功能监测网络必须以可以充分体现退耕还林还草气候带、地形差异和典型生态区的退耕还林还草生态功能监测区划为基础。

退耕还林还草生态功能监测网络布局是基于退耕还林还草生态功能监测区划，以“典型抽样”为指导思想，选择具有典型性、代表性、主导生态功能明显的区域布局退耕还林还草生态效益监测站（王兵等，2004；郭慧，2014；）。首先，选取气候指标（郑度，2008）、中国森林分区指标（吴征镒，1980；吴中伦，1997）、退耕还林还草实施范围指标和反映区域主导生态功能的典型生态区指标（全国重要生态系统保护和修复重大工程、全国生态脆弱区、国家生态屏障区、国家重点生态功能区）构建指标体系，利用GIS空间分析技术，完成退耕还林还草生态功能监测区划。其次，基于退耕还林还草生态功能区划，遵循森林生态系统长期生态站布局特点和布局体系原则，根据退耕还林还草监测需求，统筹考虑退耕还林还草生态功能区划生态分区中退耕还林还草规模、已建生态站的空间分布、典型生态区和监测站布局密度，选择典型的、具有代表性的区域布设退耕还林还草监测站，完成退耕还林还草生态功能监测网络布局（图2-2）。

通过退耕还林还草工程生态功能监测网络，可以满足退耕还林还草工程生态效益监测和科学研究需求。

2.2.2 全国退耕还林还草工程生态连清体系

全国退耕还林还草工程生态效益监测评估采用全国退耕还林还草工程生态连清体系（图2-3），该体系是全国退耕还林还草工程生态效益全指标体系连续观测与清查体系的简称，指以退耕还林还草生态功能监测区划为单位，依托国家林业和草原局现有森林生态系统定位观测研究站（简称“森林生态站”）、全国退耕还林工程生态效益监测站和辅助观测点，采用长期定位观测技术和分布式测算方法，定期对全国退耕还林还草工程生态效益进行全指标体系观测和清查，它与全国退耕还林还草工程资源连续清查相耦合，评估一定时期和范围内全国退耕还林还草工程生态效益，进一步了解该地区退耕还林还草工程生态效益动态变化（王兵，2015）。

2.2.3 分布式测算方法

退耕还林还草生态效益监测评估基于分布式测算方法进行，分布式测算体系是退耕还林还草工程生态连清体系的精度保证体系，可以解决森林生态系统结构复杂、森林类型较多、森林生态状况测算难度大、观测指标体系不统一和尺度转化困难的问题（Niu & Wang，2013）。退耕还林还草生态效益分布式测算评估体系构成，一是全国退耕还林还草工程生态功能监测分区为一级测算单元；二是按照生态功能监测分区，将工程省（自治区、直辖市）和新疆生产建设兵团划分为二级测算单元；三是二级测算单元按照市（地、自治州、盟和师）划分为三级测算单元；四是三级测算单元按照县（县级市、区、特区、

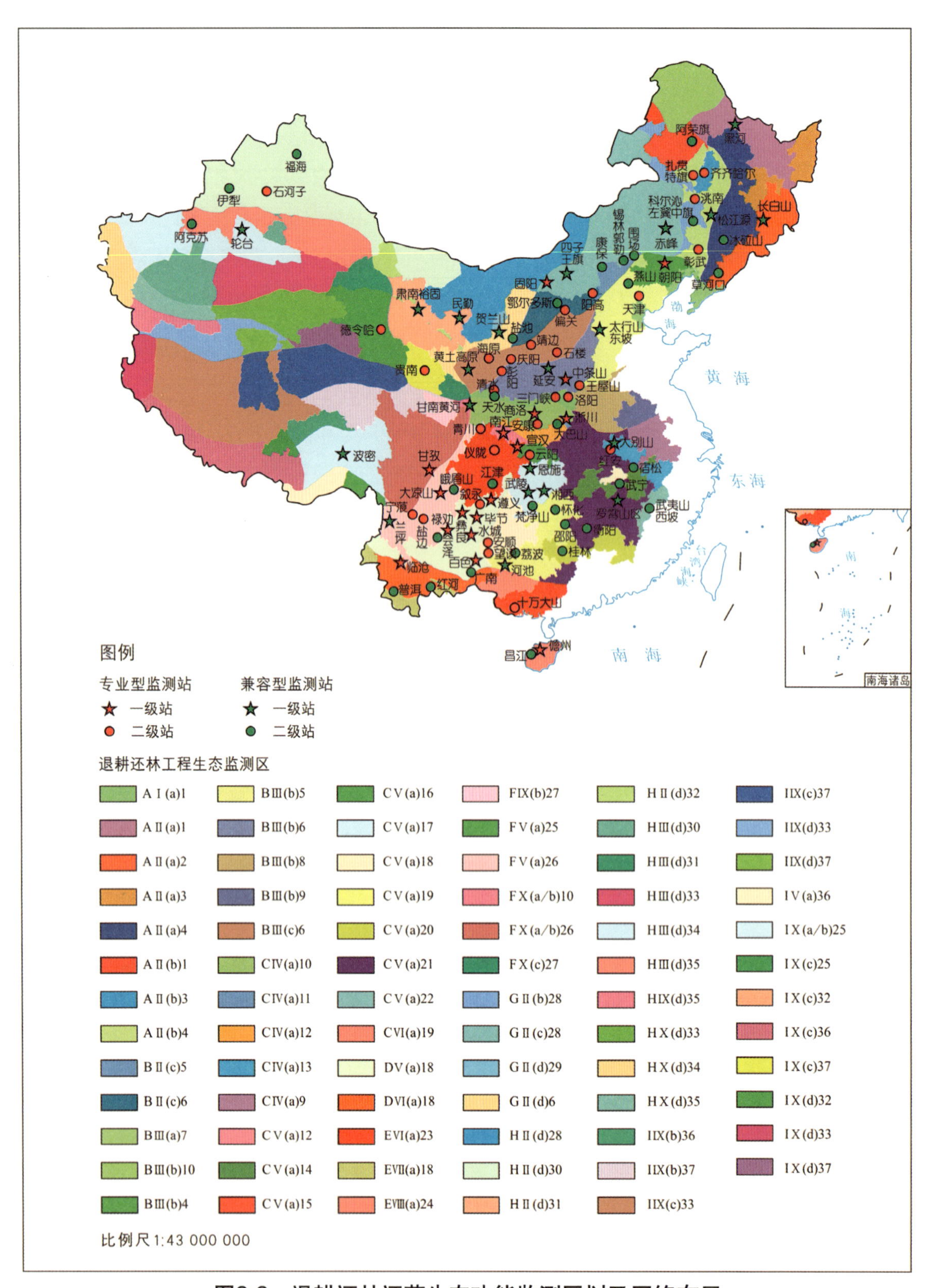

图2-2 退耕还林还草生态功能监测区划及网络布局

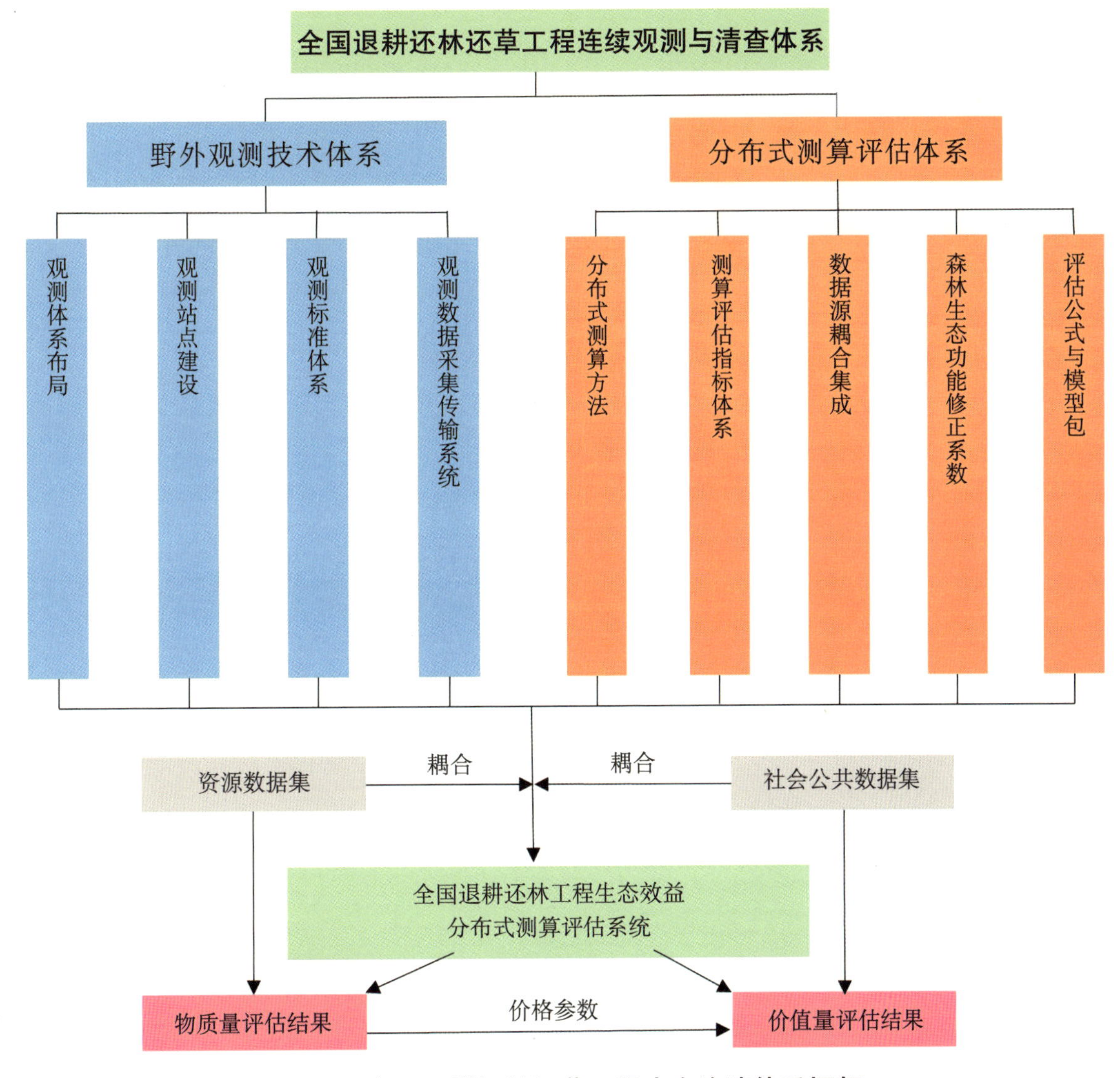

图2-3　全国退耕还林还草工程生态连清体系框架

团、农场、自治县、办事处和行委）划分为四级测算单元；五是四级测算单元按照不同退耕还林还草工程植被恢复模式分为退耕地还林、宜林荒山荒地造林和封山育林五级测算单元；六是按照退耕还林还草林种将每个五级测算单元再分成生态林、经济林、灌木林和竹林4个六级测算单元，为了方便与前几次退耕还林工程生态效益监测评估报告的评估结果进行比较，将竹林测算结果合并到生态林测算结果中；七是将六级测算单元按照森林资源清查优势树种（组）划分类型，确定优势树种（组）为七级测算单元；八是将七级测算单元按照林龄组，分为幼龄林、中龄林、近熟林、成熟林和过熟林5个八级测算单元；最后，结合不同立地条件的对比分析，确定相对均质化的生态效益评估单元（图2-4）。

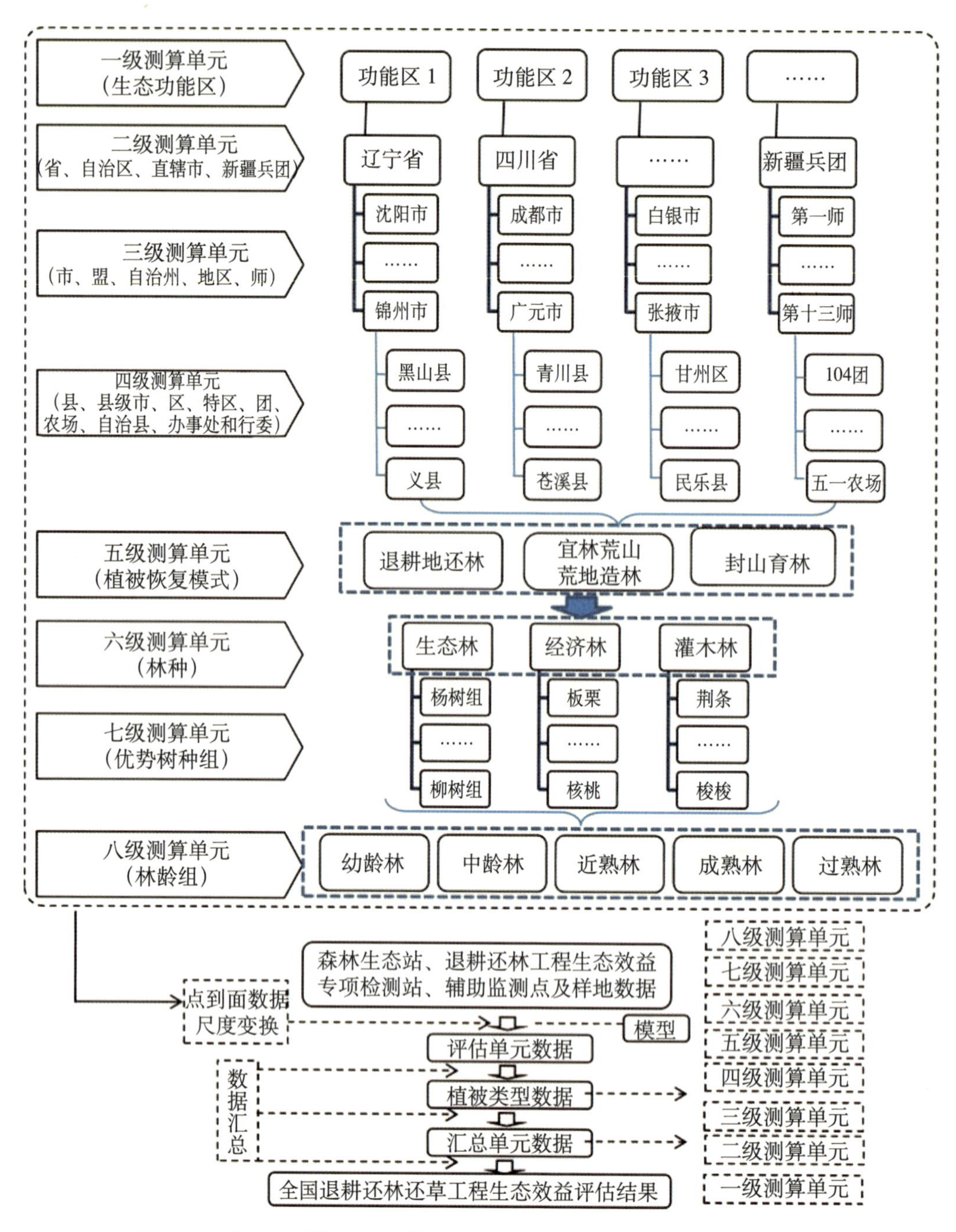

图2-4　全国退耕还林还草工程生态效益分布式测算评估体系

2.2.4 生态效益评估模型

依据国家标准规定各大功能评估模型，并利用生态功能修正系数修正评估模型，提高评估结果的可靠性，将贴现率耦合到价值量评估模型中，降低社会公共参数获取的难度。评估公式及模型如表2-1和表2-2所示。

表2-1 退耕还林还草工程生态效益物质量评估公式

服务类别	功能类别	指标类别	计算公式和参数说明
支持服务	保育土壤	固土	$G_{\text{固土}}=A\times(X_2-X_1)\times F$ $G_{\text{固土}}$为评估林分年固土量（吨/年）；X_1为退耕还林还草工程实施后土壤侵蚀模数［吨/（公顷·年）］；X_2为退耕还林还草工程实施前土壤侵蚀模数［吨/（公顷·年）］；A为林分面积（公顷）；F为森林生态功能修正系数（下同）
		减少氮流失	$G_N=A\times N\times(X_2-X_1)\times F$ 式中：G_N为退耕还林还草工程森林植被固持土壤而减少的氮流失量（吨/年）；X_1为退耕还林还草工程实施后土壤侵蚀模数［吨/（公顷·年）］；X_2为退耕还林还草工程实施前土壤侵蚀模数［吨/（公顷·年）］；N为退耕还林还草工程森林植被土壤平均含氮量（%）；A为林分面积（公顷）
		减少磷流失	$G_P=A\times P\times(X_2-X_1)\times F$ 式中：G_P为退耕还林还草工程森林植被固持土壤而减少的磷流失量（吨/年）；P为退耕还林还草工程森林植被土壤平均含磷量（%）
		减少钾流失	$G_K=A\times K\times(X_2-X_1)\times F$ 式中：G_K为退耕还林还草工程森林植被固持土壤而减少的钾流失量（吨/年）；K为退耕还林还草工程森林植被土壤平均含钾量（%）
		减少有机质流失	$G_{\text{有机质}}=A\times M\times(X_2-X_1)\times F$ 式中：$G_{\text{有机质}}$为退耕还林还草工程森林植被固持土壤而减少的有机质流失量（吨/年）；M为退耕还林还草工程森林植被土壤平均有机质含量（%）
	林木养分固持	氮固持	$G_{\text{氮}}=A\times N_{\text{营养}}\times B_{\text{年}}\times F$ 式中：$G_{\text{氮}}$为植被固氮量（吨/年）；$N_{\text{营养}}$为林木氮元素含量（%）；$B_{\text{年}}$为评估林分年净生产力［吨/（公顷·年）］；A为林分面积（公顷）；F为森林生态功能修正系数（下同）
		磷固持	$G_{\text{磷}}=A\times P_{\text{营养}}\times B_{\text{年}}\times F$ 式中：$G_{\text{磷}}$为植被固磷量（吨/年）；$P_{\text{营养}}$为林木磷元素含量（%）
		钾固持	$G_{\text{钾}}=A\times K_{\text{营养}}\times B_{\text{年}}\times F$ 式中：$G_{\text{钾}}$为植被固钾量（吨/年）；$K_{\text{营养}}$为林木钾元素含量（%）
调节服务	涵养水源	调节水量	$G_{\text{调}}=10A\times(P-E-C)\times F$ 式中：$G_{\text{调}}$为评估林分年调节水量（立方米/年）；P为评估林外降水量（毫米/年）；E为评估林分蒸散量（毫米/年）；C为评估地表快速径流量（毫米/年）；A为林分面积（公顷）；F为森林生态功能修正系数（下同）
		净化水质	$G_{\text{净}}=10A\times(P-E-C)\times F$ 式中：$G_{\text{净}}$为评估林分年净化水量（立方米/年）
	固碳释氧	植被固碳	$G_{\text{碳}}=G_{\text{植被固碳}}+G_{\text{土壤固碳}}$；$G_{\text{植被固碳}}=1.63R_{\text{碳}}\times A\times B_{\text{年}}\times F$ 式中：$G_{\text{碳}}$为评估年固碳量（吨/年）；$G_{\text{植被固碳}}$为评估林分年固碳量（吨/年）；$R_{\text{碳}}$为二氧化碳中碳的含量，为27.27%；A为林分面积（公顷）；$B_{\text{年}}$为评估林分年净生产力［吨/（公顷·年）］；F为森林生态功能修正系数（下同）
		土壤固碳	$G_{\text{土壤固碳}}=A\times S_{\text{土壤}}\times F$ 式中：$G_{\text{土壤固碳}}$为评估林分对应的土壤年固碳量（吨/年）；$S_{\text{土壤}}$为单位面积林分土壤年固碳量［吨/（公顷·年）］；A为林分面积（公顷）
		释氧	$G_{\text{氧气}}=1.19A\times B_{\text{年}}\times F$ 式中：$G_{\text{氧气}}$为评估林分年释氧量（吨/年）；$B_{\text{年}}$为评估林分年净生产力［吨/（公顷·年）］；A为林分面积（公顷）

（续）

服务类别	功能类别	指标类别	计算公式和参数说明
调节服务	净化大气	提供负离子	$G_{负离子}=5.256\times10^{15}\times Q_{负离子}\times A\times H\times F/L$ 式中：$G_{负离子}$为评估林分年提供负离子个数（个/年）；$Q_{负离子}$为评估林分负离子浓度（个/立方厘米）；H为林分高度（米）；L为负离子寿命（分钟）；A为林分面积（公顷，下同）；F为森林生态功能修正系数（下同）
		吸收二氧化硫	$G_{二氧化硫}=Q_{二氧化硫}\times A\times F/1000$ 式中：$G_{二氧化硫}$为评估林分年吸收二氧化硫量（吨/年）；$Q_{二氧化硫}$为单位面积评估林分年吸收二氧化硫量［千克/（公顷·年）］
		吸收氟化物	$G_{氟化物}=Q_{氟化物}\times A\times F/1000$ 式中：$G_{氟化物}$为评估林分年吸收氟化物量（吨/年）；$Q_{氟化物}$为单位面积评估林分年吸收氟化物量［千克/（公顷·年）］；A为林分面积（公顷）
		吸收氮氧化物	$G_{氮氧化物}=Q_{氮氧化物}\times A\times F/1000$ 式中：$G_{氮氧化物}$为评估林分年吸收氮氧化物量（吨/年）；$Q_{氮氧化物}$为单位面积评估林分年吸收氮氧化物量［千克/（公顷·年）］
		滞纳TSP	$G_{TSP}=Q_{TSP}\times A\times F/1000$ 式中：G_{TSP}为评估林分年滞纳TSP量（吨/年）；Q_{TSP}为单位面积评估林分年滞纳TSP量［千克/（公顷·年）］
		滞纳PM_{10}	$G_{PM_{10}}=10\times Q_{PM_{10}}\times A\times n\times F\times LAI$ 式中：G_{PM10}为评估林分年滞纳PM_{10}的量（千克/年）；Q_{PM10}为评估林分单位叶面积滞纳PM_{10}的量（克/平方米）；n为年洗脱次数（下同）；LAI为叶面积指数（下同）
		滞纳$PM_{2.5}$	$G_{PM_{2.5}}=10\times Q_{PM_{2.5}}\times A\times n\times F\times LAI$ 式中：$G_{PM2.5}$为评估林分年滞纳$PM_{2.5}$的量（千克/年）；$Q_{PM2.5}$为评估林分单位叶面积滞纳$PM_{2.5}$量（克/平方米）
	森林防护	防风固沙	$G_{防风固沙}=A_{防风固沙}\times(Y_2-Y_1)\times F$ 式中：$G_{防风固沙}$为森林防风固沙物质量（吨/年）；Y_1为退耕还林还草工程实施后林地风蚀模数［吨/（公顷·年）］，Y_2为退耕还林还草工程实施前林地风蚀模数［吨/（公顷·年）］；$A_{防风固沙}$为防风固沙林面积（公顷）；F为森林生态功能修正系数

表2-2　退耕还林还草工程生态效益价值量评估公式

服务类别	功能类别	指标类别	计算公式和参数说明
支持服务	保育土壤	固土	$U_{固土}=C_{土}\times G_{固土}/p$ 式中：$U_{固土}$为评估林分年固土价值（元/年）；$G_{固土}$为评估林分年固土量（吨/年）；p为土壤容重（克/立方厘米）；$C_{土}$为挖取和运输单位体积土方所需费用（元/立方米）

（续）

服务类别	功能类别	指标类别	计算公式和参数说明
支持服务	保育土壤	减少氮流失 减少磷流失 减少钾流失 减少有机质流失	$U_{\text{肥}}=G_N\times C_1/R_1+G_P\times C_1/R_2+G_K\times C_2/R_3+G_{\text{有机质}}\times C_3$ 式中：$U_{\text{肥}}$为评估林分年保肥价值（元/年）；G_N为评估林分固持土壤而减少的氮流失量（吨/年）；C_1为磷酸二铵化肥价格（元/吨）；R_1为磷酸二铵化肥含氮量（%）；G_P为评估林分固持土壤而减少的磷流失量（吨/年）；R_2为磷酸二铵化肥含磷量（%）；G_K为评估林分固持土壤而减少的钾流失量（吨/年）；C_2为氯化钾化肥价格（元/吨）；R_3为氯化钾化肥含钾量（%）；$G_{\text{有机质}}$为评估林分固持土壤而减少的有机质流失量（吨/年）；C_3为有机质价格（元/吨）
	养分固持	氮固持	$U_{\text{氮}}=G_{\text{氮}}\times C_1$ 式中：$U_{\text{氮}}$为评估年份氮固持价值（元/年）；$G_{\text{氮}}$为评估林分年氮固持量（吨/年）；C_1为磷酸二铵化肥价格（元/吨）
		磷固持	$U_{\text{磷}}=G_{\text{磷}}\times C_1$ 式中：$U_{\text{磷}}$为评估年份磷固持价值（元/年）；$G_{\text{磷}}$为评估林分年磷固持量（吨/年）；C_1为磷酸二铵化肥价格（元/吨）
		钾固持	$U_{\text{钾}}=G_{\text{钾}}\times C_2$ 式中：$U_{\text{钾}}$为评估年份钾固持价值（元/年）；$G_{\text{钾}}$为评估林分年钾固持量（吨/年）；C_2为氯化钾化肥价格（元/吨）
调节服务	涵养水源	调节水量	$U_{\text{调}}=G_{\text{调}}\times C_{\text{库}}$ 式中：$U_{\text{调}}$为评估森林年调节水量价值（元/年）；$G_{\text{调}}$为评估林分年调节水量（立方米/年）；$C_{\text{库}}$为水库库容造价（元/吨）
		净化水质	$U_{\text{净}}=G_{\text{净}}\times K_{\text{水}}$ 式中：$U_{\text{净}}$为评估森林年净化水质价值（元/年）；$G_{\text{净}}$为评估林分年调节水量（立方米/年）；$K_{\text{水}}$为水的净化费用（元/吨）
	固碳释氧	固碳	$U_{\text{碳}}=G_{\text{碳}}\times C_{\text{碳}}$ 式中：$U_{\text{碳}}$为评估林分年固碳价值（元/年）；$G_{\text{碳}}$为评估林分生态系统潜在年固碳量（吨/年）；$C_{\text{碳}}$为固碳价格（元/吨）
		释氧	$U_{\text{氧}}=G_{\text{氧}}\times C_{\text{氧}}$ 式中：$U_{\text{氧}}$为评估林分年释氧价值（元/年）；$G_{\text{氧}}$为评估林分年释氧量（吨/年）；$C_{\text{氧}}$为制造氧气的价格（元/吨）
		提供负离子	$U_{\text{负离子}}=5.256\times10^{15}A\times H\times K_{\text{负离子}}\times(Q_{\text{负离子}}-600)\times F/L$ 式中：$U_{\text{负离子}}$为评估林分年提供负离子价值（元/年）；$K_{\text{负离子}}$为负离子生产费用（元/个）；$Q_{\text{负离子}}$为评估林分负离子浓度（个/立方厘米）；L为负离子寿命（分钟）；H为林分高度（米）；A为林分面积（公顷）；F为森林生态功能修正系数
	净化大气	吸收二氧化硫	$U_{\text{二氧化硫}}=G_{\text{二氧化硫}}\times K_{\text{二氧化硫}}$ 式中：$U_{\text{二氧化硫}}$为评估林分年吸收二氧化硫价值（元/年）；$G_{\text{二氧化硫}}$为评估林分年吸收二氧化硫量（吨/年）；$K_{\text{二氧化硫}}$为二氧化硫的治理费用（元/千克）
		吸收氟化物	$U_{\text{氟化物}}=G_{\text{氟化物}}\times K_{\text{氟化物}}$ 式中：$U_{\text{氟化物}}$为评估森林年净化水质价值（元/年）；$G_{\text{氟化物}}$为评估林分年吸收氟化物量（吨/年）；$K_{\text{氟化物}}$为氟化物的治理费用（元/千克）
		吸收氮氧化物	$U_{\text{氮氧化物}}=G_{\text{氮氧化物}}\times K_{\text{氮氧化物}}$ 式中：$U_{\text{氮氧化物}}$为评估森林年净化水质价值（元/年）；$G_{\text{氮氧化物}}$为评估林分年吸收氮氧化物量（吨/年）；$K_{\text{氮氧化物}}$为氮氧化物的治理费用（元/千克）

（续）

服务类别	功能类别	指标类别	计算公式和参数说明
调节服务	净化大气	滞纳TSP	$U_{滞尘}=(G_{TSP}-G_{PM_{10}}-G_{PM_{2.5}})\times K_{TSP}+U_{PM_{10}}+U_{PM_{2.5}}$ 式中：$U_{滞尘}$为评估林分年潜在滞尘价值（元/年）；G_{TSP}为评估林分年滞纳TSP量（吨/年）；G_{PM10}为评估林分年滞纳PM_{10}的量（千克/年）；$G_{PM_{2.5}}$为评估林分年滞纳$PM_{2.5}$的量（千克/年）；$U_{PM_{10}}$为评估林分年滞纳PM_{10}的价值（元/年）；$U_{PM_{2.5}}$为评估林分年滞纳$PM_{2.5}$的价值（元/年）；K_{TSP}为降尘清理费用（元/千克）
		滞纳PM_{10}	$U_{PM_{10}}=G_{PM_{10}}\times C_{PM_{10}}$ 式中：$C_{PM_{10}}$为PM_{10}清理费用（元/千克）；$U_{PM_{10}}$为实测林分年滞纳PM_{10}价值（元/年）；$G_{PM_{10}}$为评估林分年滞纳PM_{10}的量（千克/年）
		滞纳$PM_{2.5}$	$U_{PM_{2.5}}=G_{PM_{2.5}}\times C_{PM_{2.5}}$ 式中：$C_{PM_{2.5}}$为$PM_{2.5}$清理费用（元/千克）；$U_{PM_{2.5}}$为实测林分年滞纳$PM_{2.5}$价值（元/年）；$G_{PM_{2.5}}$为评估林分滞纳$PM_{2.5}$的量（千克/年）
	森林防护	防风固沙	$U_{防风固沙}=G_{防风固沙}\times K_{防风固沙}$ 式中：$U_{防风固沙}$为评估林分防风固沙价值（元/年）；$K_{防风固沙}$为氮氧化物的治理费用（元/千克）；$G_{防风固沙}$为森林防风固沙物质量（吨/年）；
		农田防护	$U_{农田防护}=V_a\times M_a\times K_a\times A_{农}$ 式中：U_a为评估林分农田防护功能的价值量（元/年）；V_a为农作物、牧草的价格（元/千克）；M_a为农作物、牧草平均增产量（千克/公顷）；K_a为平均1公顷农田防护林能够实现农田防护面积为19公顷；$A_{农}$为农田防护林面积（公顷）
供给服务	生物多样性保护	物种资源保育	$U_{总}=(1+0.1\sum_{m=1}^{x}E_m+0.1\sum_{n=1}^{y}B_n+0.1\sum_{r=1}^{z}O_r)\times S_I\times A\ (i=1,2,\cdots,n)$ 式中：$U_{总}$为评估林分年生物多样性保护价值（元/年）；E_m为评估林分或区域内物种m的濒危分值；B_n为评估林分或区域内物种n的特有种；O_r为评估林分（或区域）内物种r的古树年龄指数；x为计算濒危指数物种数量；y为计算特有种指数物种数量；z为计算古树年龄指数物种数量；S_I为单位面积物种多样性保护价值量［元/（公顷·年）］；A为林分面积（公顷）

2.2.5 数据源耦合集成

全国退耕还林还草工程生态效益评估分为物质量和价值量两部分。物质量评估依托25个工程省（自治区、直辖市）和新疆生产建设兵团的退耕还林还草工程生态连清数据集和退耕还林还草工程森林资源连清数据集；价值量评估所需数据除以上两个数据集外还包括社会公共数据集。将上述三类数据源应用于一系列的评估公式中，获得全国退耕还林还草工程生态效益评估结果，即为数据源耦合集成（图2-5）。

（1）**退耕还林还草工程区资源连清数据集。**全国退耕还林还草工程区资源连清数据集来源于各工程省按退耕还林还草工程退耕地还林、宜林荒山荒地造林和封山育林三种植被恢复模式中不同优势树种（组）和林龄组等上报的资源清查数据，以各工程省历年退耕还林还草下达计划任务和检查验收结果为准。

（2）**退耕还林还草工程区生态连清数据集。**全国退耕还林还草工程区生态连清数据

森林资源连清数据集	• 林分面积、林分蓄积量、生长量、消耗量、资源结构等
森林生态连清数据集	• 年降水量、林分蒸散量、非林区降水量、无林地蒸发散、森林土壤侵蚀模数、无林地土壤侵蚀模数、土壤容重、土壤含氮量、土壤有机质含量、土层厚度、土壤含钾量、泥沙容重、生物多样性指数、蓄积/生物量、吸收二氧化硫能力、吸收氟化物能力、吸收氮氧化物能力、滞尘能力、木材密度、林分生产力、林分平均高、负离子浓度、生物多样性指数、濒危指数、特有种指数、古树年龄指数等
社会公共数据集	• 水库库容造价、水质净化费用、磷酸二胺含氮量、磷酸二胺含磷量、氯化钾含钾量、磷酸二铵价格、氯化钾价格、有机质价格、二氧化碳含碳比例、碳价格、氧气价格、二氧化硫治理费用、燃煤污染收费标准、大气污染收费标准、排污收费标准、草方格固沙成本、粮食和牧草价格等

图2-5　全国退耕还林还草工程数据源耦合集成

集来源于生态效益监测站、中国森林生态系统定位观测研究网络（CFERN）所属的森林生态站、辅助观测点以及样地，依据国家标准和林业行业标准获取的退耕还林还草工程区生态连清数据。

（3）**社会公共数据集。**全国退耕还林还草工程生态效益评估中所使用的社会公共数据主要采用我国权威机构公布的社会公共数据，分别来源于《关于加快建立完善城镇居民用水阶梯价格制度的指导意见》《中华人民共和国水利部水利建筑工程预算定额》《中华人民共和国环境保护税法（2018）》中的“环境保护税税目额表”和“应税污染物和当量值表”以及相关政府网站公布的权威统计数据等。

2.3 生态效益物质量评估结果

2.3.1 生态效益物质量评估总结果

2020年全国退耕还林还草生态效益物质量结果如表2-3所示，与2016年相比，各项生态功能的物质量均增加，其中涵养水源、固碳（释氧）、滞尘和防风固沙分别增加了54.81亿立方米/年、662.41（1575.93）万吨/年、6402.67万吨/年、12499.15万吨/年，增幅分别为14.23%、13.50%、13.45%和17.55%。由此可见，退耕还林工程在防止水土流失、增加碳汇、净化大气环境、森林防护等方面发挥着不可替代的作用。

全国25个退耕还林工程省和新疆生产建设兵团同一生态效益物质量评估指标表现出明显的地区差异，且不同省（自治区、直辖市）的生态效益主导功能不同。总体而言，各工程省退耕还林还草区域的森林生态系统重点发挥着涵养水源功能的“绿色水库”作用、固碳释氧功能的“绿色碳库”作用、净化大气环境功能的“森林氧吧库”作用和生物多样性保护的绿色基因库等生态功能，另外，防风固沙的森林防护功能是一些退耕工程省的重点生态功能，因此以上述重点生态功能为例分析中国退耕还林工程生态效益物质量特征。

2.3.1.1 **涵养水源功能**

全国退耕还林工程涵养水源物质量空间分布见图2-6，整体呈现出西南地区东部较高，西北地区西部和西南地区西部较低，其余地区中等的特征。其中，涵养水源物质量最高为四川（62.39亿立方米/年）；其次是重庆和云南，二者涵养水源物质量均大于40亿立方米/年；湖南、内蒙古、贵州、陕西和甘肃，其退耕地还林涵养水源物质量为24.00亿～50.00亿立方米/年，上述省份涵养水源物质量达到退耕还林涵养水源总物质量67.47%；其余省（自治区、直辖市）和新疆生产建设兵团涵养水源物质量均低于20.00亿立方米/年。这是由于森林涵养水源功能受降水量、退耕还林面积和林分类型等多种因素影响。一般而言，降水量越高，土壤蓄水能力越高，退耕还林面积大的区域涵养水源物质量越多；阔叶林和针阔混交林的涵养水源功能强于针叶林（秦伟春等，2019）。四川、重庆和云南大部分区域均属湿润气候，年均降水量高于1000毫米，适合林木生长，且林分类型多为阔叶林或针阔混交林，因而其涵养水源物质量较高；内蒙古、陕西和甘肃退耕还林面积排名位居前三，占比分别为9.49%、8.55%和7.26%，因而其涵养水源物质量较高。

2.3.1.2 **固碳释氧功能**

全国退耕还林工程固碳物质量空间分布见图2-7，呈现出西南地区东部较高，西北地区西部和西南地区西部较低，其余地区中等的特征。具体而言，四川固碳物质量最大，为572.94万吨/年，同时释氧1394.17万吨/年；其次为贵州、河北和陕西，固碳物质量均为400.00万～500.00万吨/年，释氧物质量均为1000.00万～1200.00万吨/年；其余省（自治区、直辖市）和新疆生产建设兵团固碳物质量不足400.00万吨/年，释氧物质量不足900.00万吨/年。不同工程省退耕还林固碳释氧功能存在较大差异，这与退耕三种模式和三个林种类型的面积比例、林龄结构、年净生产力、立地条件和人为干扰等因素极其相关。此外，单位面积固碳释氧物质量与年净生产力呈现出的规律一致，因而经济林的固碳释氧功能相对较强。四川、贵州和陕西的退耕地还林面积占比（分别为8.21%、9.33%和9.79%）和经济林面积占比（分别为9.07%、12.03%和11.67%）均位居前列，因而固碳释氧物质量较大。

表2-3　全国退耕还林工程生态效益物质量

省级区域	保育土壤					林木养分固持			涵养水源（亿立方米/年）	固碳释氧		净化大气环境						森林防护
	固土（万吨/年）	固氮（万吨/年）	固磷（万吨/年）	固钾（万吨/年）	固有机质（万吨/年）	氮（万吨/年）	磷（万吨/年）	钾（万吨/年）		固碳（万吨/年）	释氧（万吨/年）	负离子（$\times10^{22}$个/年）	吸收污染物（万吨/年）	滞尘量				固沙量（万吨/年）
														小计（万吨/年）	TSP（万吨/年）	PM_{10}（吨/年）	$PM_{2.5}$（吨/年）	
北京	132.28	0.82	0.33	2.41	0.13	0.15	0.02	0.09	0.54	6.91	16.17	33.80	0.39	93.58	74.87	191.62	56.73	1123.48
天津	46.98	0.04	0.03	0.33	0.03	0.03	0.02	0.02	0.04	0.91	2.14	3.59	0.05	21.32	17.06	13.60	2.95	139.42
河北	2239.79	6.13	1.41	36.82	181.17	1.03	0.19	0.50	8.12	485.52	1206.32	122.57	12.90	2088.51	1670.81	2990.66	1489.54	10435.54
山西	2964.66	7.97	1.16	49.57	30.07	3.48	0.18	0.82	16.10	214.11	494.13	370.29	20.67	2510.12	2008.11	2510127.15	1004050.86	1028.07
内蒙古	6268.41	5.90	2.35	103.79	42.39	8.01	0.59	6.57	32.94	390.73	899.24	495.89	32.78	3880.34	3104.23	3880322.13	1552128.83	5864.25
辽宁	2006.05	9.59	5.36	61.26	164.50	6.37	0.21	0.72	10.81	208.06	487.41	85.24	5.76	1943.29	1554.62	1699.51	613.59	1963.75
吉林	1199.90	5.89	3.30	37.61	98.88	3.91	0.13	0.44	6.62	124.67	293.39	50.79	3.54	1168.75	937.03	1014.42	373.26	1807.34
黑龙江	2982.49	9.36	4.49	43.05	95.49	4.38	0.82	1.12	11.45	162.53	386.35	161.16	9.10	3698.57	2958.86	2873.96	885.58	3381.20
安徽	1758.89	2.96	1.74	17.60	39.81	1.00	0.20	0.49	8.43	83.79	207.28	211.89	7.32	1155.95	924.76	2357.56	666.33	—
江西	3367.71	5.13	3.14	32.38	74.05	1.93	0.34	0.93	15.93	165.04	394.85	389.81	10.87	1713.48	1370.78	1713473.57	685389.43	—
河南	2688.16	3.72	0.65	2.75	41.74	3.82	1.32	1.66	13.89	217.63	522.15	393.13	12.06	1429.32	1142.65	1428313.89	571325.54	885.76
湖北	2524.45	4.26	3.15	14.19	59.68	3.75	0.52	2.11	19.39	263.03	637.19	662.77	13.18	1691.95	1353.55	1691937.66	676775.06	—
湖南	5617.76	6.17	7.97	51.85	121.86	2.77	0.25	1.52	34.35	281.47	663.85	732.47	22.50	3683.25	2946.28	3681978.76	1472791.51	—
广西	2741.17	2.95	3.79	24.80	57.04	1.33	0.12	0.74	16.47	134.14	330.25	370.93	11.32	1751.17	1398.15	24999.07	9278.90	—
海南	301.21	0.35	0.11	3.66	0.08	0.70	0.04	0.15	3.05	28.16	68.21	59.58	1.01	129.35	102.94	516.47	116.63	—

（续）

省级区域	保育土壤					林木养分固持			涵养水源（亿立方米/年）	固碳释氧		净化大气环境						森林防护
	固土（万吨/年）	固氮（万吨/年）	固磷（万吨/年）	固钾（万吨/年）	固有机质（万吨/年）	氮（万吨/年）	磷（万吨/年）	钾（万吨/年）		固碳（万吨/年）	释氧（万吨/年）	负离子（$\times10^{22}$个/年）	吸收污染物（万吨/年）	滞尘量				固沙量（万吨/年）
														小计（万吨/年）	TSP（万吨/年）	PM_{10}（吨/年）	$PM_{2.5}$（吨/年）	
重庆	4303.21	16.54	3.43	59.35	119.13	3.13	1.17	2.15	45.74	373.26	901.13	578.46	24.14	3370.89	2694.59	3368246.57	1347298.64	—
四川	7398.62	8.11	3.80	108.96	195.73	4.88	0.46	2.46	62.39	572.94	1394.17	895.18	32.50	4448.80	3555.75	4444688.65	1777875.47	—
贵州	4991.18	7.20	3.05	32.01	110.44	4.35	0.59	3.34	26.50	495.22	1197.32	877.09	36.14	5049.49	4039.47	5049688.67	2019875.47	—
云南	3044.43	37.47	2.67	0.60	20.65	2.33	0.45	1.18	45.43	386.13	924.13	717.97	21.88	2930.61	2342.93	2929092.58	1171637.03	—
西藏	287.09	0.40	0.57	4.19	0.04	0.03	0.01	0.01	0.31	6.13	14.47	5.39	0.29	104.11	83.30	99.46	26.73	223.78
陕西	4461.41	6.92	2.11	75.32	89.39	10.08	1.27	6.32	25.42	429.49	1006.63	1019.75	33.83	3755.75	3006.08	3755166.83	1501966.87	5910.96
甘肃	3791.93	19.83	4.06	55.30	83.36	2.53	0.58	2.45	24.13	280.07	640.35	534.06	27.95	3370.87	2696.79	3370888.73	1348555.46	4852.12
青海	2815.95	3.90	5.55	40.56	0.49	0.35	0.07	0.17	3.03	60.07	141.95	52.85	2.78	1021.41	817.14	975.62	262.25	2192.46
宁夏	1262.57	3.35	0.46	23.51	24.71	1.46	0.13	0.46	7.69	92.98	200.32	277.21	10.85	1158.06	926.46	1157816.42	463220.97	1968.84
新疆	514.47	3.96	1.95	43.50	32.83	1.38	0.33	0.83	0.84	83.79	184.92	613.89	6.90	1462.83	1170.26	3774.14	994.71	31146.53
新疆兵团	1232.78	0.83	0.90	19.68	14.68	0.51	0.10	0.29	0.44	23.48	52.50	107.18	2.65	387.32	309.85	1097.31	334.04	10801.50
总合计	70943.55	179.75	67.53	945.05	1698.37	73.69	10.11	37.54	440.05	5570.26	13266.82	9822.94	363.36	54019.09	43207.32	39024345.01	15607992.38	83725.00

注：吸收污染物为森林吸收二氧化硫、氟化物和氮氧化物的物质量，下同。

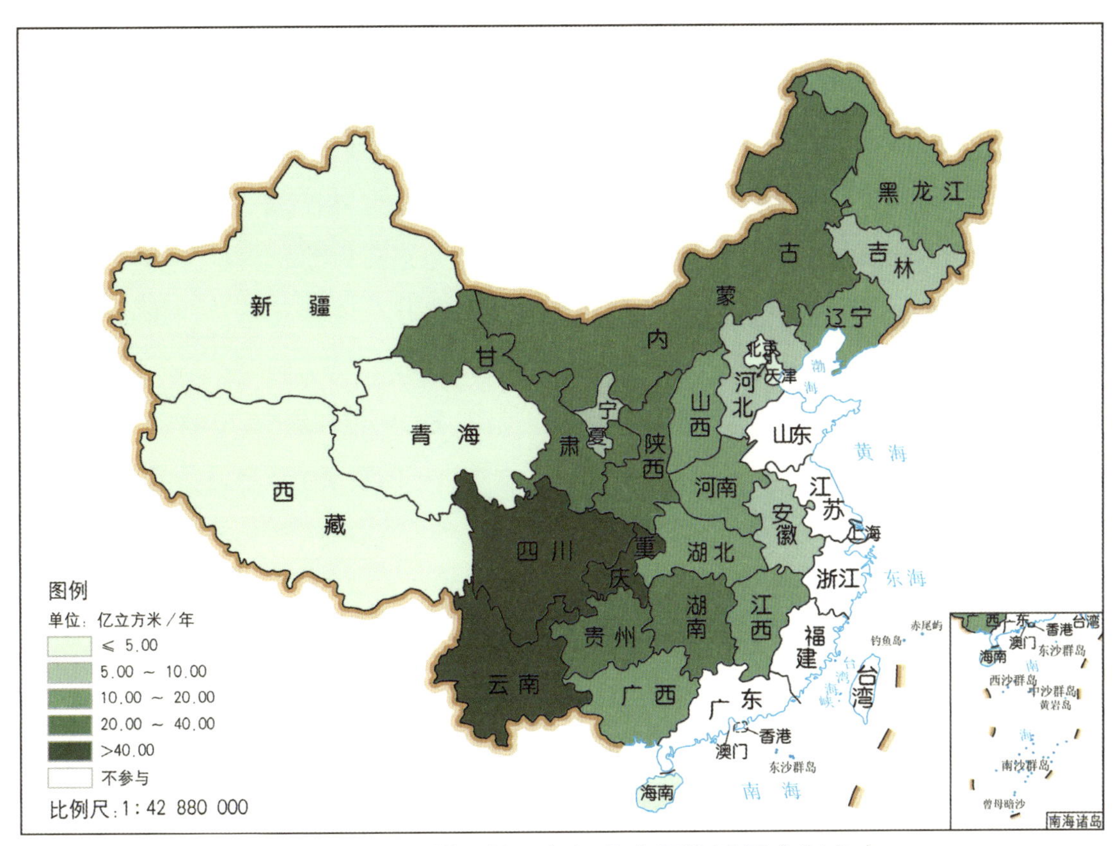

图2-6　全国退耕还林工程涵养水源物质量空间分布

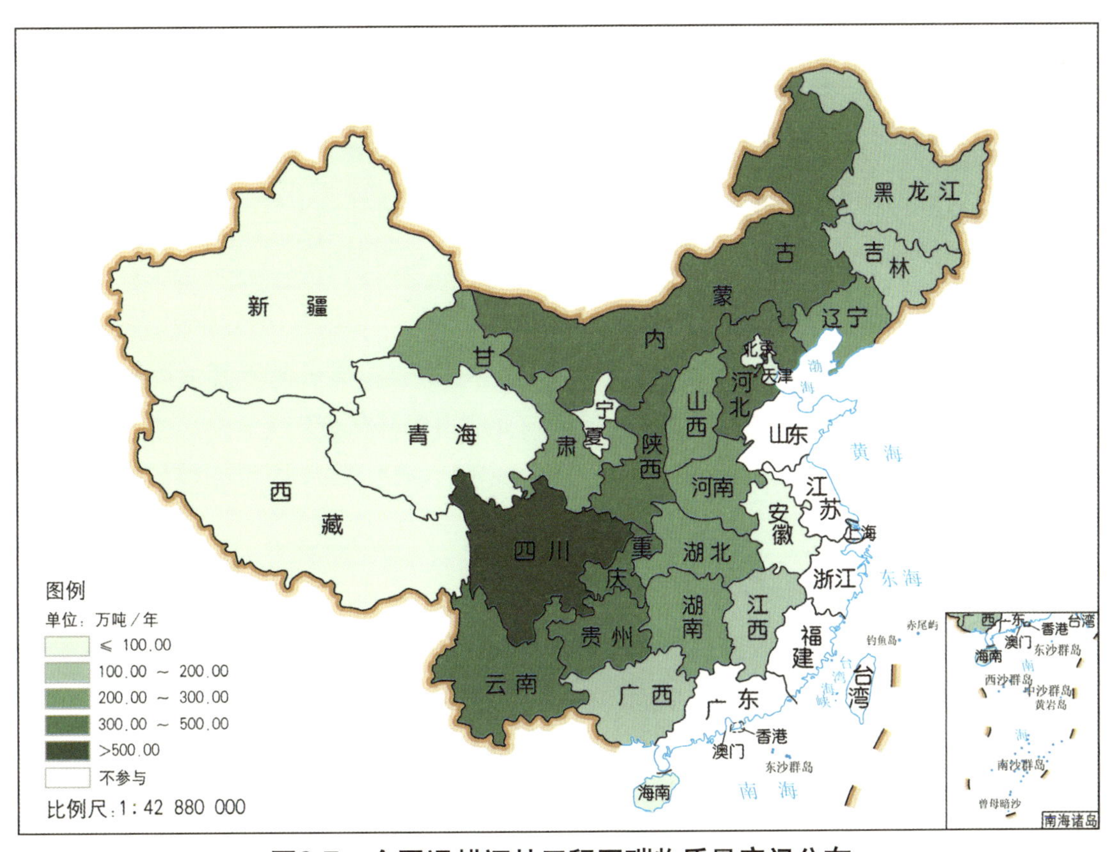

图2-7　全国退耕还林工程固碳物质量空间分布

2.3.1.3 净化大气环境功能

全国退耕还林工程提供负离子物质量见表2-3，最高为陕西（1019.75×10^{22}个/年），其次为四川、贵州、湖南、云南、湖北、新疆、重庆和甘肃，提供负离子物质量在$530.00\times10^{22}\sim900.00\times10^{22}$个/年，其余省（自治区、直辖市）和新疆生产建设兵团提供负离子物质量均小于500.00×10^{22}个/年。吸收污染物物质量最高为贵州（36.14万吨/年），其次为陕西、内蒙古和四川，吸收污染物物质量均在32.00万～34.00万吨/年，其余省（自治区、直辖市）和新疆生产建设兵团吸收污染物物质量均小于28.00万吨/年。各工程省滞尘和滞纳TSP物质量排序一样，滞尘物质量空间分布见图2-8，滞尘和滞纳TSP物质量最高均为贵州、四川、内蒙古和陕西，其余省（自治区、直辖市）和新疆生产建设兵团滞尘和滞纳TSP物质量分别小于3700.00万吨/年和3000.00万吨/年。各工程省滞纳PM_{10}和$PM_{2.5}$物质量排序表现一致，贵州滞纳PM_{10}和$PM_{2.5}$物质量最高，分别为5049688.67吨/年和2019875.47吨/年，其次为四川、内蒙古、陕西和湖南，滞纳PM_{10}和$PM_{2.5}$物质量分别在3500000.00吨/年和1400000.00吨/年之上，其余各省和新疆生产建设兵团滞纳PM_{10}物质量小于3400000.00吨/年，滞纳$PM_{2.5}$物质量小于1400000.00吨/年（表2-3）。总体而言，全国退耕还林工程净化大气环境功能较强的是四川、贵州、陕西和内蒙古等降水量丰富或退耕还林工程面积大的区域，这是由于降水量大会造成一年内雨水对植物叶片的清洗次数增加，退耕还林面积越大滞尘量越大，二者均会增强森林的滞尘功能。

2.3.1.4 森林防护功能

全国退耕还林工程森林防护生态效益物质量评估主要针对防风固沙林，防风固沙物质量见表2-3。我国中南部地区的云南、贵州、四川、重庆、湖北、湖南、江西、安徽、广西和海南的退耕还林工程中没有营造防风固沙林，故其退耕还林工程生态效益物质量评估中不包含防风固沙功能，其余15个中北部地区的工程省和新疆生产建设兵团中，防风固沙物质量最大的为新疆（31146.53万吨/年），其次是新疆生产建设兵团（10801.50万吨/年）和河北（10435.54万吨/年），以上3个区域防风固沙物质量显著高于其余退耕还林工程省。一方面是由于新疆、新疆生产建设兵团和河北防风固沙林面积大，另一方面也与当地风力侵蚀强度等因子有关。其余省（自治区、直辖市）防风固沙林的防风固沙物质量均小于6000.00万吨/年。

2.3.2 三种植被恢复模式生态效益物质量评估

退耕还林工程建设内容包括退耕地还林、宜林荒山荒地造林和封山育林三种植被恢复模式。本节在退耕还林生态效益物质量评估的基础之上，分别针对这三种植被恢复模式生态效益物质量进行评估。全国25个工程省和新疆生产建设兵团退耕地还林生态效益物质量

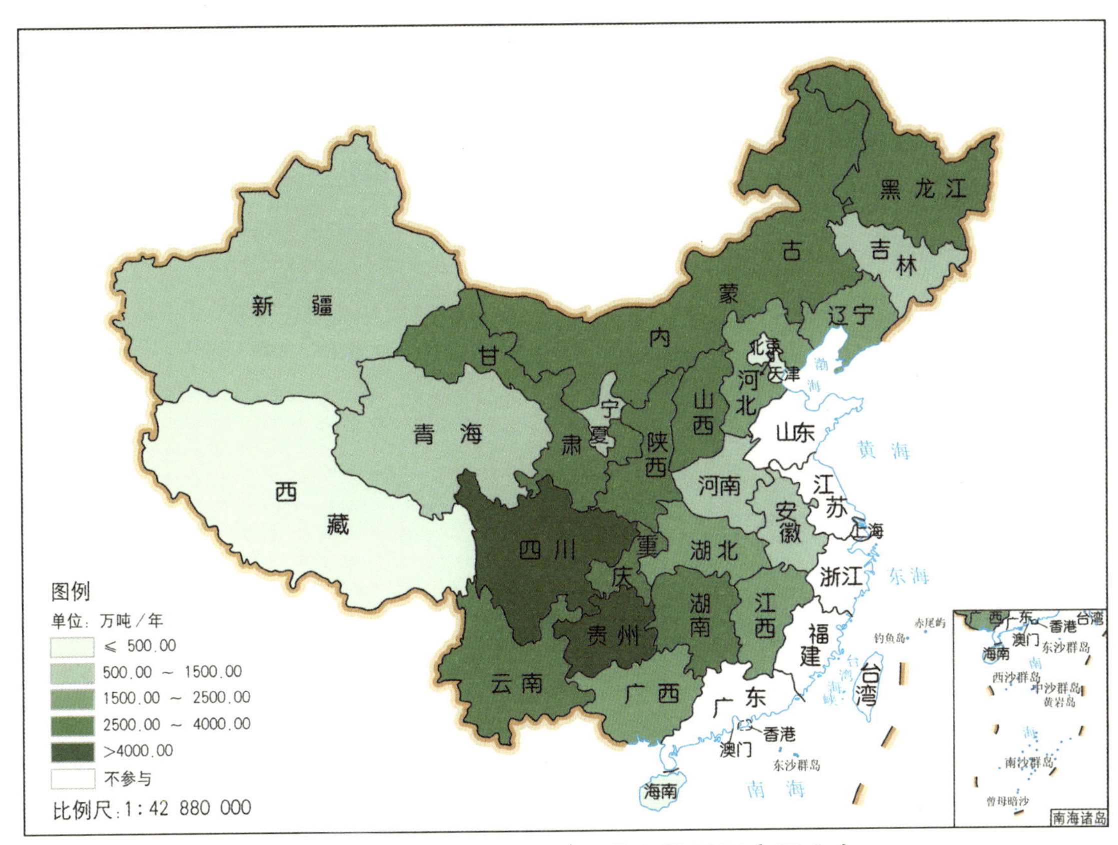

图2-8　全国退耕还林工程滞尘物质量空间分布

评估结果如表2-4所示。

2.3.2.1 **退耕地还林生态效益物质量评估**

（1）**涵养水源功能。**全国退耕还林工程退耕地还林涵养水源物质量空间分布见图2-9，涵养水源物质量较大的地区为西南地区、西北地区、华中地区和华北地区，涵养水源物质量达到退耕地还林涵养水源物质量90.70%。其中，涵养水源物质量最高为四川（30.72亿立方米/年）；其次是重庆和云南，二者退耕地还林涵养水源物质量均大于20亿立方米/年；陕西、贵州、湖南、内蒙古、甘肃、山西、湖北和广西，其退耕地还林涵养水源物质量在5.00亿～20.00亿立方米/年；其余省（自治区、直辖市）和新疆生产建设涵养水源物质量均低于5亿立方米/年。

（2）**固碳释氧功能。**全国退耕还林工程退耕地还林固碳物质量空间分布见图2-10，固碳和释氧物质量最大为四川，退耕地还林涵固碳物质量为277.09万吨/年，释氧物质量为673.36万吨/年；贵州、陕西和河北次之，退耕地还林固碳和释氧物质量均大于200.00万吨/年和500.00万吨/年；固碳和释氧物质量较大的地区为西南地区、华北地区、西北地区和华中地区，固碳和释氧物质量达到退耕地还林固碳和释氧物质量90.12%和90.06%。

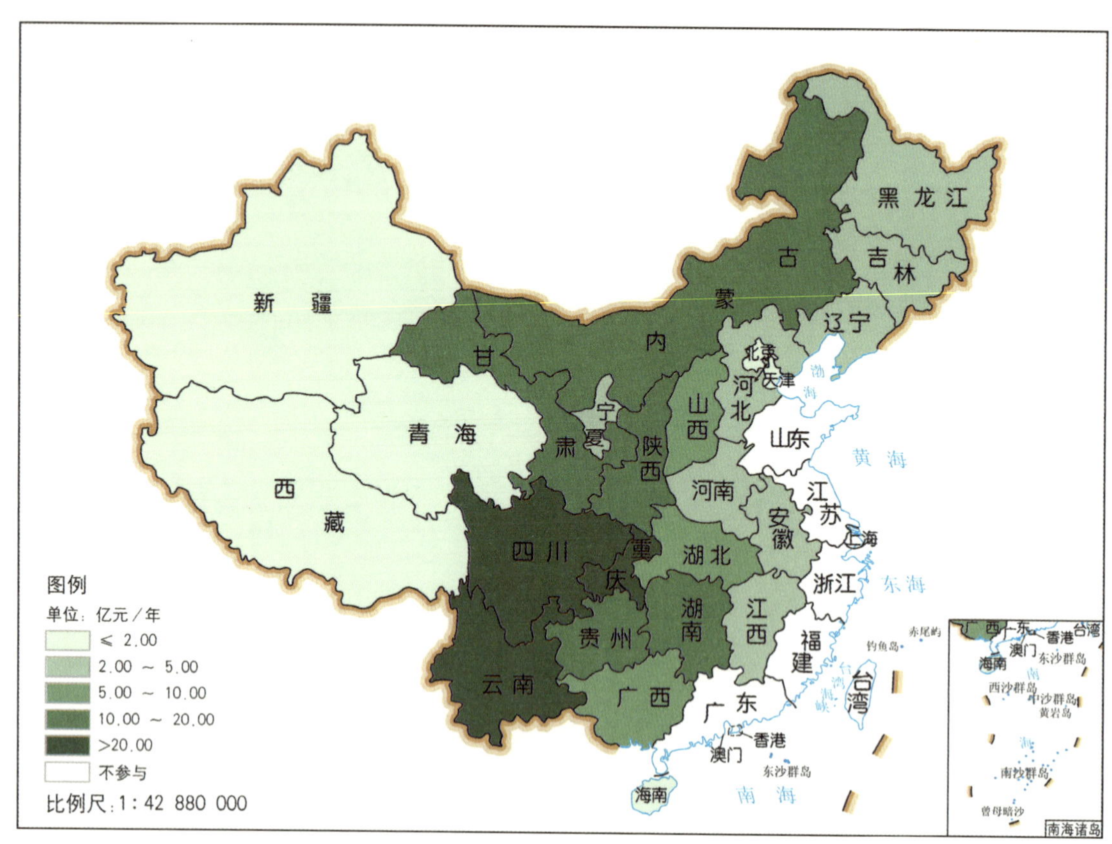

图2-9 全国退耕还林工程退耕地还林涵养水源物质量空间分布

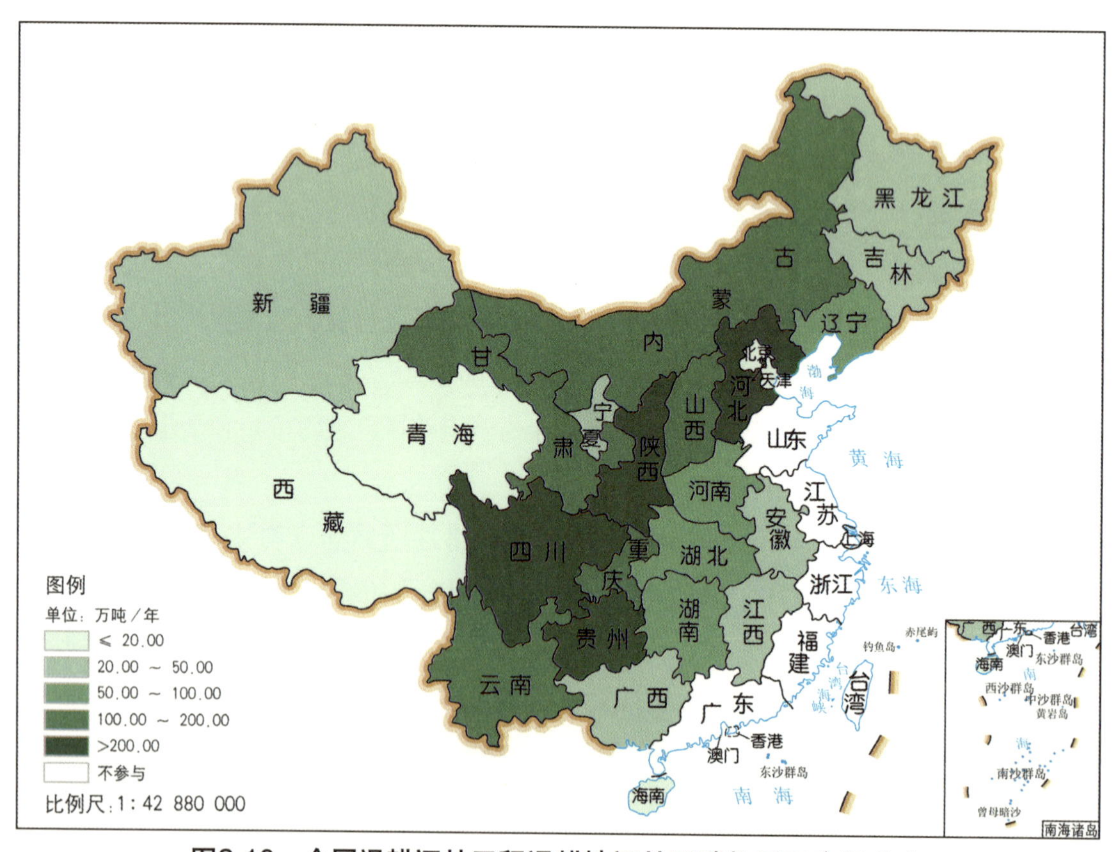

图2-10 全国退耕还林工程退耕地还林固碳物质量空间分布

表2-4　全国退耕还林工程各工程省级区域退耕地还林生态效益物质量

省级区域	保育土壤					林木养分固持			涵养水源（亿立方米/年）	固碳释氧		净化大气环境						森林防护固沙量（万吨/年）
	固土（万吨/年）	固氮（万吨/年）	固磷（万吨/年）	固钾（万吨/年）	固有机质（万吨/年）	氮（万吨/年）	磷（万吨/年）	钾（万吨/年）		固碳（万吨/年）	释氧（万吨/年）	负离子（$\times10^{22}$个/年）	吸收污染物（万吨/年）	滞尘量 小计（万吨/年）	滞尘量 TSP（万吨/年）	滞尘量 PM_{10}（吨/年）	滞尘量 $PM_{2.5}$（吨/年）	
北京	73.25	0.48	0.25	1.66	0.10	0.08	0.01	0.06	0.17	3.64	8.52	15.99	0.19	25.53	20.43	121.76	42.76	607.85
天津	21.66	0.02	0.01	0.15	0.01	0.01	0.01	0.01	0.02	0.44	1.03	1.01	0.02	11.45	9.16	3.47	0.93	67.55
河北	606.17	2.00	0.41	10.96	52.99	0.41	0.02	0.24	4.01	207.77	547.75	43.64	4.68	701.95	561.56	1254.61	734.18	3584.82
山西	1391.87	3.88	0.56	25.35	14.24	1.57	0.08	0.31	7.44	100.61	231.72	167.91	8.68	966.59	773.29	966596.65	386638.66	509.44
内蒙古	2249.17	2.14	0.85	37.29	15.15	2.84	0.22	2.33	12.27	138.75	318.86	163.64	11.82	1405.90	1124.70	1405893.52	562357.40	2216.89
辽宁	600.76	2.98	1.45	17.18	51.80	1.78	0.06	0.18	2.98	63.06	149.98	22.94	1.65	511.05	408.84	462.40	167.74	411.25
吉林	454.93	2.28	1.14	13.48	39.32	1.34	0.05	0.14	2.33	47.51	113.78	16.60	1.27	389.83	312.54	342.03	127.12	597.46
黑龙江	741.04	2.58	1.03	10.88	25.97	1.06	0.16	0.22	2.98	39.96	94.85	35.29	1.94	825.73	660.58	644.78	179.27	845.30
安徽	551.20	0.86	0.53	4.23	12.63	0.30	0.06	0.15	2.70	24.95	61.86	61.21	5.83	251.90	201.52	971.82	292.38	—
江西	864.53	1.24	0.76	8.23	19.38	0.75	0.10	0.26	4.24	44.19	105.99	101.68	2.33	333.49	266.79	333490.55	133395.98	—
河南	674.06	1.14	0.25	0.98	10.93	1.02	0.32	0.38	3.13	53.11	127.52	122.80	2.59	270.66	216.38	270477.18	108191.68	185.25
湖北	996.27	1.74	1.31	5.90	24.30	1.44	0.19	0.72	7.31	95.45	229.89	242.19	4.80	586.04	468.85	586033.59	234412.97	—
湖南	2135.70	2.50	2.81	18.53	46.72	1.03	0.08	0.53	12.73	96.64	225.08	283.46	9.58	1648.96	1319.04	1648404.47	659361.79	—
广西	1008.86	1.17	1.30	8.50	21.31	0.49	0.04	0.25	5.68	47.16	115.67	139.96	4.69	615.68	491.57	10891.76	3981.57	—
海南	62.79	0.09	0.03	0.48	0.02	0.14	0.01	0.04	0.72	5.60	13.50	16.04	0.21	25.74	20.49	102.04	23.32	—
重庆	2326.84	9.08	1.89	33.03	62.72	1.59	0.59	1.11	24.28	188.92	454.34	294.37	10.33	1398.42	1117.85	1397312.99	558925.20	—

（续）

省级区域	保育土壤					林木养分固持			涵养水源（亿立方米/年）	固碳释氧		净化大气环境						森林防护固沙量（万吨/年）
	固土（万吨/年）	固氮（万吨/年）	固磷（万吨/年）	固钾（万吨/年）	固有机质（万吨/年）	氮（万吨/年）	磷（万吨/年）	钾（万吨/年）		固碳（万吨/年）	释氧（万吨/年）	负离子（$\times10^{22}$个/年）	吸收污染物（万吨/年）	滞尘量				
														小计（万吨/年）	TSP（万吨/年）	PM_{10}（吨/年）	$PM_{2.5}$（吨/年）	
四川	3652.46	4.12	1.99	56.00	100.10	2.46	0.22	1.22	30.72	277.09	673.36	451.21	15.54	2108.77	1685.47	2106823.96	842729.51	—
贵州	2478.03	3.58	1.54	15.61	54.44	2.32	0.31	1.61	12.90	245.37	593.25	440.45	17.04	2349.15	1879.25	2349231.20	939693.16	—
云南	1533.66	19.27	1.28	0.31	10.55	1.27	0.22	0.61	21.90	192.90	461.18	369.73	10.94	1433.33	1145.91	1432592.21	573029.24	—
西藏	191.03	0.26	0.38	2.79	0.02	0.02	0.01	0.01	0.21	4.09	9.62	3.58	0.19	69.27	55.42	66.17	17.79	148.90
陕西	2246.64	3.60	1.20	38.38	44.89	5.17	0.62	2.98	13.09	214.51	502.09	472.49	15.41	1640.31	1312.89	1640059.81	655979.37	2704.33
甘肃	1663.66	8.54	1.93	22.92	35.29	1.05	0.22	0.96	10.26	116.51	264.35	231.70	11.33	1321.11	1056.93	1321113.47	528523.75	2255.14
青海	734.52	1.01	1.31	10.76	0.14	0.14	0.03	0.06	0.77	10.80	23.96	21.20	0.73	135.10	108.07	375.28	107.77	647.17
宁夏	627.36	1.66	0.23	11.62	12.21	0.73	0.06	0.23	3.73	46.36	99.99	138.24	5.40	576.38	461.11	576260.21	230551.58	979.18
新疆	236.85	1.81	0.90	20.02	15.12	0.63	0.16	0.38	0.38	38.58	85.12	282.62	3.16	673.46	538.77	1737.55	457.94	14339.23
新疆兵团	337.48	0.23	0.24	5.32	3.96	0.13	0.02	0.09	0.12	6.37	14.17	28.92	0.72	105.74	84.79	299.41	91.87	2946.92
总合计	28460.79	78.26	25.58	380.56	674.31	29.77	3.87	15.08	187.07	2310.34	5527.43	4168.87	151.07	20381.54	16302.20	16051562.89	6420014.93	33046.68

（3）**净化大气环境功能。**全国退耕还林工程退耕地还林提供负离子物质量见表2-4，最高为陕西，提供负离子物质量较高的地区为西南地区、西北地区和华中地区，占退耕地还林负离子总物质量的83.59%。退耕地还林吸收污染物物质量最高为贵州，吸收污染物物质量较高的地区为西南地区、西北地区、华北地区和华中地区，吸收污染物物质量达到退耕地还林吸收污染物物质量89.68%。退耕地还林滞尘和滞纳TSP物质量各省级区域排序一样，滞尘物质量空间分布见图2-11，滞尘和滞纳TSP物质量最高为贵州，滞尘和滞纳TSP物质量较高的地区为西南地区、西北地区、华北地区和华中地区，滞尘和滞纳TSP物质量之和均占退耕地还林滞尘和滞纳TSP物质量的87.15%。各地省级区域滞纳PM_{10}和$PM_{2.5}$物质量排序表现一致，贵州滞纳PM_{10}和$PM_{2.5}$物质量最高，其次为四川、湖南、陕西、云南、内蒙古、重庆和甘肃，滞纳PM_{10}和$PM_{2.5}$物质量分别在1300000吨/年和500000吨/年之上，其余各省和新疆生产建设兵团滞纳PM_{10}物质量小于1000000.00吨/年，滞纳$PM_{2.5}$物质量小于400000.00吨/年（表2-4）。

（4）**森林防护功能。**全国退耕还林工程退耕地还林防风固沙物质量最高为新疆，其次是河北和新疆生产建设兵团，以上3个区域防风固沙物质量显著高于其余退耕地还林工程省。防风固沙物质量较高地区为西北地区和华北地区，占防风固沙总物质量的93.38%；其余片区防风固沙林的防风固沙物质量小于1000.00万吨/年（表2-4）。

2.3.2.2 **宜林荒山荒地造林生态效益物质量评估**

全国宜林荒山荒地造林生态效益物质量评估结果如表2-5所示。

（1）**涵养水源功能。**全国退耕还林工程宜林荒山荒地造林涵养水源物质量空间分布见图2-12，宜林荒山荒地造林涵养水源物质量最高为四川，其物质量为27.39亿立方米/年，云南、内蒙古、湖南、重庆、甘肃、湖北、贵州和陕西位居其下，其涵养水源物质量均在10.00亿～20.00亿立方米/年，占涵养水源物质量的69.19%；广西、江西、河南、山西、黑龙江、辽宁、安徽、宁夏、河北、吉林、海南和青海，其涵养水源物质量均在1.00亿～10.00亿立方米/年；其余4个省级区域涵养水源物质量均小于1.00亿立方米/年。

（2）**固碳释氧功能。**全国退耕还林工程宜林荒山荒地造林的固碳物质量空间分布见图2-13，固碳和释氧物质量最高均为四川，固碳物质量为254.77万吨/年，释氧物质量为621.15万吨/年；其次为内蒙古、河北、贵州、陕西、湖南和湖北，固碳物质量在160.00万～230.00万吨/年，释氧物质量均在380.00万～520.00万吨/年；其余省（自治区、直辖市）和新疆生产建设兵团固碳物质量不足155.00万吨/年，释氧量物质量不足365.00万吨/年。

（3）**净化大气环境功能。**全国退耕还林工程宜林荒山荒地造林提供负离子物质量

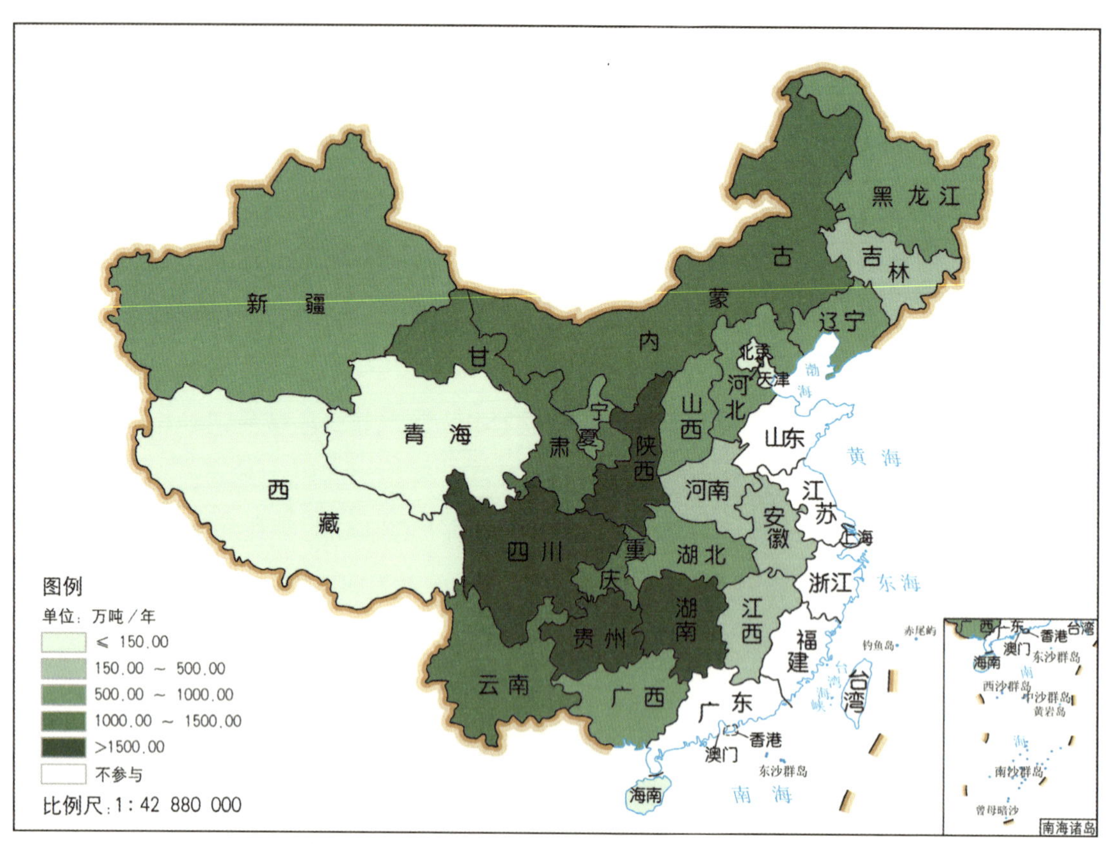

图2-11　全国退耕还林工程退耕地还林滞尘物质量空间分布

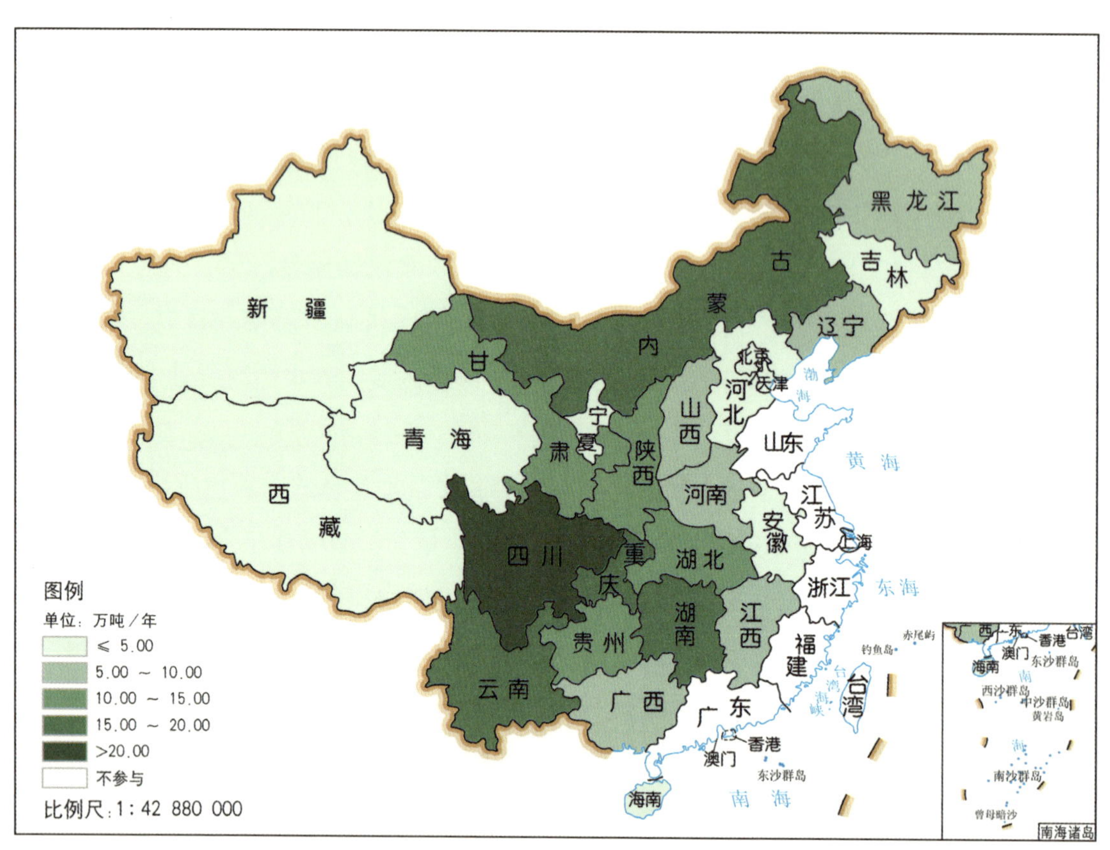

图2-12　全国退耕还林工程宜林荒山荒地造林涵养水源物质量空间分布

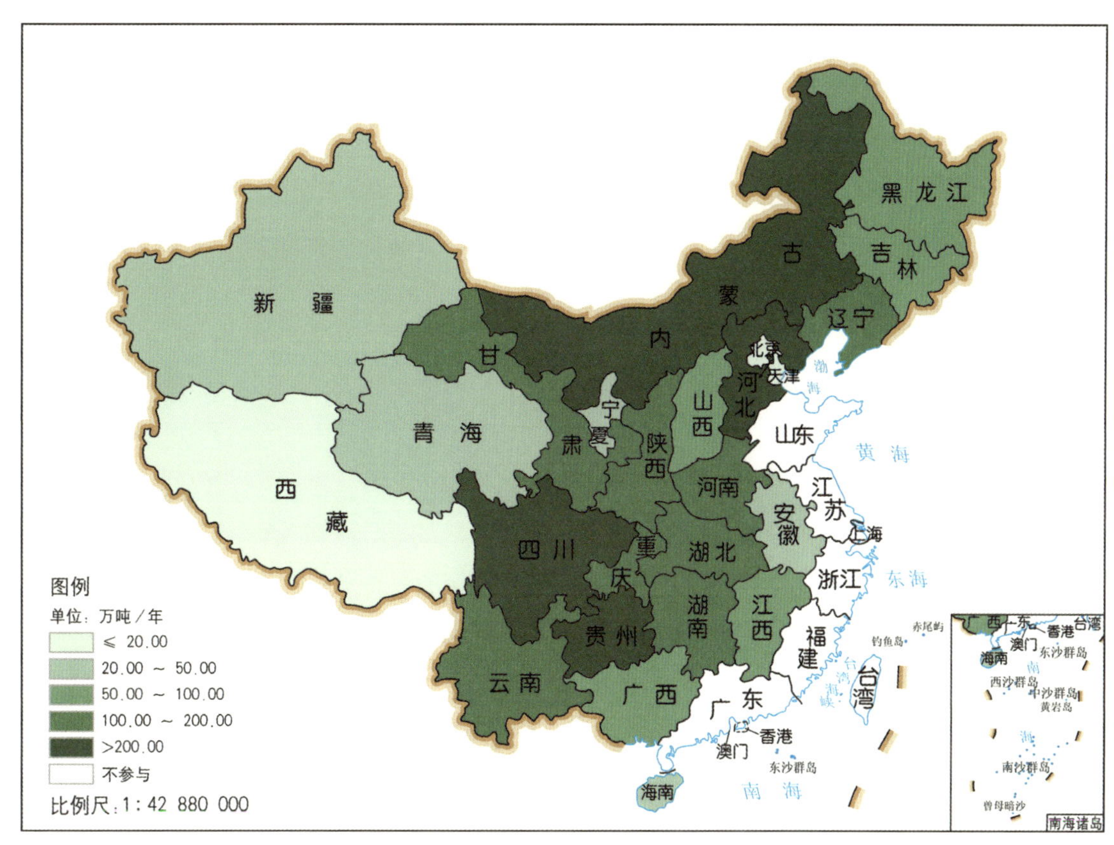

图2-13　全国退耕还林工程宜林荒山荒地造林固碳物质量空间分布

最高的省级区域为陕西（467.66×10^{22}个/年）；其次为湖北、四川、湖南、贵州和内蒙古，提供负离子物质量均在300.00×10^{22}～400.00×10^{22}个/年；其余省（自治区、直辖市）和新疆生产建设兵团提供负离子物质量均小于270.00×10^{22}个/年。吸收污染物物质量最高的省级区域为内蒙古（18.54万吨/年）、陕西（16.00万吨/年）和贵州（15.95万吨/年）；其次为甘肃、四川、重庆、湖南和山西，其吸收污染物物质量均在10.00万～15.00万吨/年；其余省（自治区、直辖市）和新疆生产建设兵团吸收污染物物质量均小于10.00万吨/年。各省级区域滞尘、滞纳TSP物质量排序表现一致，滞尘物质量空间分布见图2-14，均为贵州、内蒙古和四川最高，其余省（自治区、直辖市）和新疆生产建设兵团滞尘和滞纳TSP物质量分别小于1900.00万吨/年和1500.00万吨/年；各省级区域滞纳PM_{10}和滞纳$PM_{2.5}$物质量排序表现一致，贵州PM_{10}和$PM_{2.5}$物质量最高分别为2264006.59吨/年和905602.20吨/年，其次为内蒙古、四川、陕西、甘肃、湖南和重庆，滞纳PM_{10}物质量1500000～2200000吨/年，$PM_{2.5}$物质量在600000～900000吨/年，其余各片区滞纳PM_{10}物质量小于1300000.00吨/年，滞纳$PM_{2.5}$物质量小于600000.00吨/年（表2-5）。

（4）森林防护功能。退耕还林工程森林防护生态效益物质量评估是针对防风固沙林

表2-5 全国退耕还林工程宜林荒山荒地造林生态效益物质量

省级区域	保育土壤					林木养分固持			涵养水源（亿立方米/年）	固碳释氧		净化大气环境						森林防护固沙量（万吨/年）
														滞尘量				
	固土（万吨/年）	固氮（万吨/年）	固磷（万吨/年）	固钾（万吨/年）	固有机质（万吨/年）	氮（万吨/年）	磷（万吨/年）	钾（万吨/年）		固碳（万吨/年）	释氧（万吨/年）	负离子（$\times10^{22}$个/年）	吸收污染物（万吨/年）	小计（万吨/年）	TSP（万吨/年）	PM_{10}（吨/年）	$PM_{2.5}$（吨/年）	
北京	59.03	0.34	0.08	0.75	0.03	0.07	0.01	0.03	0.37	3.27	7.65	17.81	0.20	68.05	54.44	69.86	13.97	515.63
天津	—	—	—	—	—	—	—	—	—	—	—	—	—	—	—	—	—	—
河北	1271.82	3.09	0.72	19.83	101.26	0.46	0.13	0.16	3.14	216.32	517.85	61.43	6.11	947.20	757.76	1245.59	661.14	5163.82
山西	1352.12	3.52	0.51	20.84	13.52	1.59	0.08	0.42	7.45	97.49	225.36	172.86	10.12	1297.06	1037.65	1297055.30	518822.12	493.15
内蒙古	3535.14	3.26	1.28	58.32	23.85	4.57	0.33	3.70	18.08	224.22	517.49	302.41	18.54	2190.34	1752.27	2190334.06	876133.62	3247.19
辽宁	1094.60	4.95	3.01	34.56	88.70	3.17	0.10	0.40	6.02	110.96	261.68	40.58	3.14	1074.92	859.92	869.25	319.43	1240.53
吉林	496.79	2.27	1.41	16.25	40.34	1.44	0.04	0.19	2.81	50.10	118.98	17.60	1.47	491.41	393.98	385.35	145.08	775.47
黑龙江	1712.38	5.22	2.51	24.15	54.54	2.41	0.47	0.61	6.18	89.97	212.88	94.24	5.15	1785.72	1428.58	1734.03	548.88	1927.28
安徽	898.22	1.53	0.98	9.70	20.21	0.52	0.11	0.25	4.28	42.39	104.29	111.71	1.15	705.52	564.41	908.12	205.32	—
江西	1897.69	2.82	1.92	14.77	39.96	0.81	0.18	0.48	8.87	90.28	215.43	206.22	6.57	1076.08	860.86	1076067.60	430426.75	—
河南	1659.11	2.11	0.32	1.39	25.10	2.45	0.89	1.06	8.59	142.47	343.22	260.21	8.20	986.45	788.61	985756.00	394301.69	677.96
湖北	1437.98	2.34	1.73	7.90	33.03	2.19	0.31	1.33	11.51	160.64	390.73	399.40	7.95	1050.09	840.05	1050078.43	420032.13	—
湖南	2914.48	3.20	4.23	25.95	62.96	1.55	0.14	0.88	17.71	161.20	385.47	370.03	11.11	1791.76	1433.25	1791134.33	716453.74	—
广西	1470.85	1.57	2.07	12.98	30.22	0.76	0.07	0.44	8.99	73.13	180.36	191.15	5.69	957.56	764.52	11856.94	4420.78	—
海南	223.56	0.25	0.07	3.02	0.05	0.53	0.02	0.10	2.14	21.31	51.72	39.06	0.75	94.75	75.41	382.40	83.61	—

（续）

省级区域	保育土壤					林木养分固持			涵养水源（亿立方米/年）	固碳释氧		净化大气环境							森林防护固沙量（万吨/年）
	固土（万吨/年）	固氮（万吨/年）	固磷（万吨/年）	固钾（万吨/年）	固有机质（万吨/年）	氮（万吨/年）	磷（万吨/年）	钾（万吨/年）		固碳（万吨/年）	释氧（万吨/年）	负离子（$\times10^{22}$个/年）	吸收污染物（万吨/年）	滞尘量					
														小计（万吨/年）	TSP（万吨/年）	PM_{10}（吨/年）	$PM_{2.5}$（吨/年）		
重庆	1635.65	6.09	1.25	21.48	45.67	1.24	0.46	0.82	17.43	149.75	362.60	231.22	11.20	1599.54	1278.63	1598294.14	639317.67	—	
四川	3212.12	3.40	1.53	45.14	82.74	2.10	0.20	1.07	27.39	254.77	621.15	377.69	14.06	1918.37	1533.26	1916586.96	766633.27	—	
贵州	2066.24	3.01	1.27	13.51	45.40	1.69	0.24	1.45	10.97	209.48	507.79	365.41	15.95	2263.91	1811.09	2264006.59	905602.20	—	
云南	1191.87	14.07	1.07	0.22	7.71	0.87	0.18	0.44	18.33	150.40	359.35	262.28	8.54	1151.83	920.85	1151228.61	460494.19	—	
西藏	55.98	0.08	0.11	0.82	0.01	0.01	<0.01	<0.01	0.06	1.19	2.82	1.06	0.06	20.30	16.25	19.40	5.21	43.64	
陕西	1947.84	2.90	0.79	32.10	38.25	4.37	0.58	2.97	10.80	189.70	444.58	467.66	16.00	1868.11	1495.22	1867814.30	747078.40	2921.51	
甘肃	1821.43	9.73	1.80	27.28	40.65	1.24	0.33	1.33	12.39	145.87	337.30	256.18	14.68	1833.46	1466.82	1833472.24	733497.67	2168.14	
青海	1239.13	1.73	2.52	17.79	0.21	0.12	0.02	0.06	1.49	32.70	79.28	18.99	1.22	564.51	451.61	355.48	91.72	1091.77	
宁夏	574.28	1.52	0.21	10.64	11.18	0.67	0.06	0.20	3.42	42.45	91.53	126.55	4.94	527.62	422.10	527501.70	211044.15	896.33	
新疆	207.91	1.61	0.78	17.58	13.27	0.56	0.13	0.34	0.34	33.86	74.74	248.08	2.80	591.14	472.91	1525.17	401.98	12586.70	
新疆兵团	652.33	0.44	0.49	10.49	7.79	0.28	0.06	0.15	0.23	12.45	27.73	56.65	1.42	205.44	163.75	581.96	176.23	5717.39	
总合计	34628.55	81.05	32.66	447.46	826.65	35.67	5.14	18.88	208.99	2706.37	6441.98	4696.48	177.02	27061.14	21644.20	19569263.81	7826910.95	39466.51	

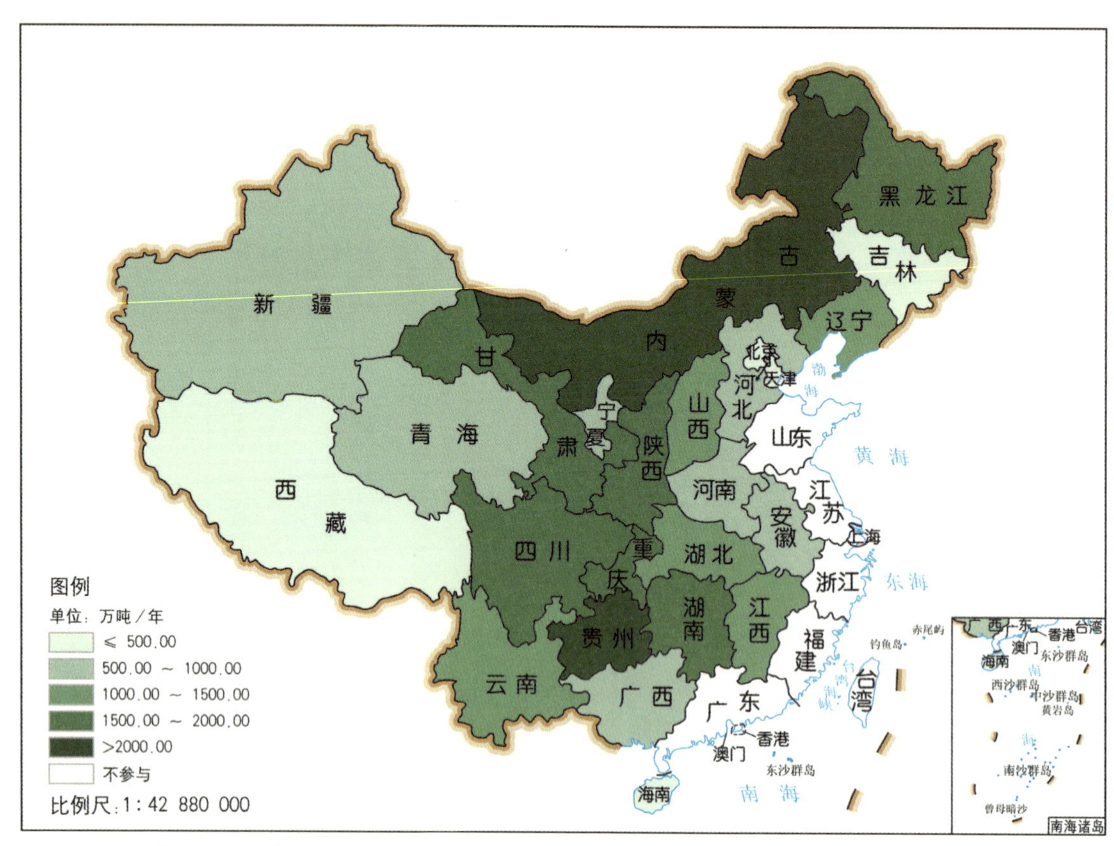

图2-14　全国退耕还林工程宜林荒山荒地造林滞尘物质量空间分布

进行的，我国中南部地区的云南、贵州、四川、重庆、湖北、湖南、江西、安徽、天津、广西和海南的退耕还林工程中没有营造防风固沙林，故其退耕还林工程生态效益物质量评估中不包含防风固沙功能。对于中北部地区，另外14个工程省和新疆生产建设兵团中，防风固沙物质量最高的为新疆（12586.70万吨/年），其次是新疆生产建设兵团（5717.39万吨/年）和河北（5163.82万吨/年），这3个区域防风固沙物质量占总物质量的59.46%（表2-5）。

2.3.2.3 **封山育林生态效益物质量评估**

全国24个工程省和新疆生产建设兵团（北京未涉及封山育林）封山育林生态效益物质量评估结果如表2-6所示。

（1）涵养水源功能。全国退耕还林工程封山育林涵养水源物质量空间分布见图2-15，封山育林涵养水源物质量最大为云南、四川和重庆，其物质量均大于4亿立方米/年；湖南、江西、贵州、内蒙古、黑龙江和河南位居其下，涵养水源物质量在2.00亿～4.00亿立方米/年；辽宁、广西、陕西、吉林、甘肃、安徽和山西的涵养水源物质量均在1.00亿～2.00亿立方米/年；其余9个省级区域涵养水源物质量均小于1.00亿立方米/年。

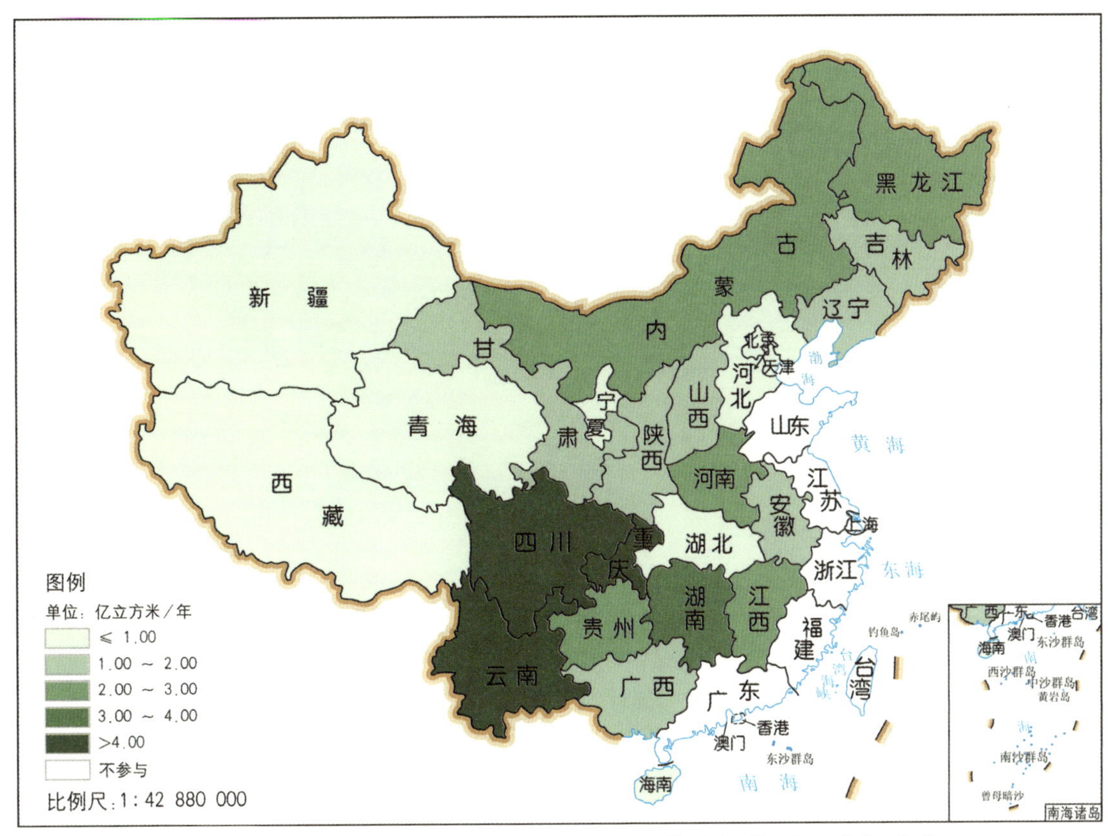

图2-15 全国退耕还林工程封山育林涵养水源物质量空间分布

（2）**固碳释氧功能。**全国退耕还林工程封山育林的固碳物质量空间分布见图2-16，固碳和释氧物质量最高的省级区域均为河北，固碳物质量为61.43万吨/年，释氧物质量为140.72万吨/年，这可能是由于河北封山育林面积占比（10.11%）远大于其他省级区域；其次为云南、四川、贵州、重庆、辽宁、黑龙江和江西，固碳物质量均在30.00万～45.00万吨/年，释氧物质量均在70.00万～105.00万吨/年；其余各省（自治区、直辖市）和新疆生产建设兵团固碳物质量不足30.00万吨/年，且释氧量物质量不足70.00万吨/年。

（3）**净化大气环境功能。**全国退耕还林工程封山育林提供负离子物质量最高的工程省为云南（85.96×10^{22}个/年）、新疆（83.19×10^{22}个/年）和江西（81.91×10^{22}个/年），其次为陕西、湖南、贵州、四川和重庆，提供负离子物质量均在50×10^{22}～80×10^{22}个/年；其余各省（自治区、直辖市）和新疆生产建设兵团提供负离子物质量小于50.00×10^{22}个/年。吸收污染物物质量最大的省级区域为贵州（3.15万吨/年），其次为吸收污染物的物质量在2.00万～3.00万吨/年的四川、重庆、陕西、内蒙古、云南、河北和黑龙江；其余各省（自治区、直辖市）和新疆生产建设兵团吸收污染物物质量均小于2.00万吨/年。各工

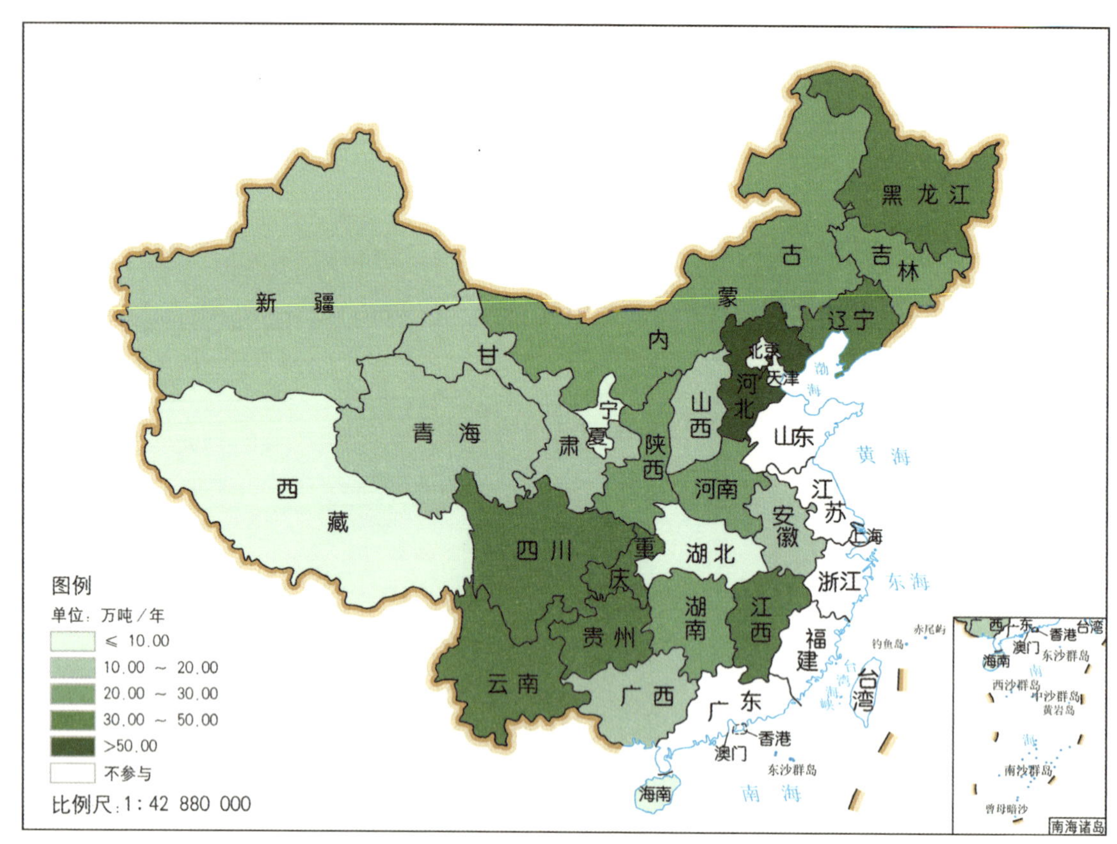

图2-16 全国退耕还林工程封山育林固碳物质量空间分布

程省滞尘、滞纳TSP物质量排序表现一致（图2-17），均为黑龙江省最高，滞尘物质量为1087.12万吨/年，滞纳TSP物质量为869.70万吨/年；其余各省（自治区、直辖市）和新疆生产建设兵团滞尘和滞纳TSP物质量分别小于440.00万吨/年和352.00万吨/年。各工程省滞纳PM_{10}和$PM_{2.5}$物质量排序表现一致，贵州和四川滞纳PM_{10}和$PM_{2.5}$物质量最大，均分别大于400000.00吨/年和160000.00吨/年；重庆、云南、江西、内蒙古、陕西、山西、湖南、甘肃和河南滞纳PM_{10}和$PM_{2.5}$物质量分别在170000.00～380000.00吨/年和68000.00～150000.00吨/年；其余各省（自治区、直辖市）和新疆生产建设兵团滞纳PM_{10}物质量小于56000.00吨/年，滞纳$PM_{2.5}$物质量小于23000.00吨/年（表2-6）。

（4）**森林防护功能。**全国封山育林森林防护生态效益物质量评估是针对防风固沙林进行的。我国中北部地区有防护林的退耕还林工程省和新疆生产建设兵团中，防风固沙物质量最高的为新疆（4220.60万吨/年），其次是新疆生产建设兵团（2137.19万吨/年）和河北（1686.90万吨/年），以上3个区域防风固沙物质量显著高于其余退耕还林工程省。其余省（自治区、直辖市）防风固沙物质量均小于610.00万吨/年（表2-6）。

表2-6　全国退耕还林工程封山育林生态效益物质量

省级区域	保育土壤					林木养分固持			涵养水源（亿立方米/年）	固碳释氧		净化大气环境							森林防护固沙量（万吨/年）
	固土（万吨/年）	固氮（万吨/年）	固磷（万吨/年）	固钾（万吨/年）	固有机质（万吨/年）	氮（万吨/年）	磷（万吨/年）	钾（万吨/年）		固碳（万吨/年）	释氧（万吨/年）	负离子（×10^{22}个/年）	吸收污染物（万吨/年）	滞尘量					
														小计（万吨/年）	TSP（万吨/年）	PM_{10}（吨/年）	$PM_{2.5}$（吨/年）		
北京	—	—	—	—	—	—	—	—	—	—	—	—	—	—	—	—	—	—	
天津	25.32	0.02	0.01	0.18	0.10	0.01	0.01	0.01	0.02	0.47	1.11	2.58	0.03	9.87	7.90	10.13	2.02	71.87	
河北	361.80	1.04	0.28	6.03	26.92	0.16	0.04	0.10	0.97	61.43	140.72	17.50	2.11	439.36	351.49	490.46	94.22	1686.90	
山西	220.67	0.57	0.09	3.38	2.31	0.32	0.02	0.09	1.21	16.01	37.05	29.52	1.87	246.47	197.17	246475.20	98590.08	25.48	
内蒙古	484.10	0.50	0.22	8.18	3.39	0.60	0.04	0.54	2.59	27.76	62.89	29.84	2.42	284.10	227.26	284094.55	113637.81	400.17	
辽宁	310.69	1.66	0.90	9.52	24.00	1.42	0.05	0.14	1.81	34.04	75.75	21.72	0.97	357.32	285.86	367.86	126.42	311.97	
吉林	248.18	1.34	0.75	7.88	19.22	1.13	0.04	0.11	1.48	27.06	60.63	16.59	0.80	287.51	230.51	287.04	101.06	434.41	
黑龙江	529.07	1.56	0.95	8.02	14.98	0.91	0.19	0.29	2.29	32.60	78.62	31.63	2.01	1087.12	869.70	495.15	157.43	608.62	
安徽	309.47	0.57	0.23	3.67	6.97	0.18	0.03	0.09	1.45	16.45	41.13	38.97	0.34	198.53	158.83	477.62	168.63	—	
江西	605.49	1.07	0.46	9.38	14.71	0.37	0.06	0.19	2.82	30.57	73.43	81.91	1.97	303.91	243.13	303915.42	121566.70	—	
河南	354.99	0.47	0.08	0.38	5.71	0.35	0.11	0.22	2.17	22.05	51.41	10.12	1.27	172.21	137.66	172080.71	68832.17	22.55	
湖北	90.20	0.18	0.11	0.39	2.35	0.12	0.02	0.06	0.57	6.94	16.57	21.18	0.43	55.82	44.65	55825.64	22329.96	—	
湖南	567.58	0.47	0.93	7.37	12.18	0.19	0.02	0.11	3.91	23.63	53.30	78.98	1.81	242.53	193.99	242439.96	96975.98	—	
广西	261.46	0.21	0.42	3.32	5.51	0.08	0.01	0.05	1.80	13.85	34.22	39.82	0.94	177.93	142.06	2250.37	876.55	—	

（续）

省级区域	保育土壤					林木养分固持			涵养水源（亿立方米/年）	固碳释氧		净化大气环境							森林防护固沙量（万吨/年）
	固土（万吨/年）	固氮（万吨/年）	固磷（万吨/年）	固钾（万吨/年）	固有机质（万吨/年）	氮（万吨/年）	磷（万吨/年）	钾（万吨/年）		固碳（万吨/年）	释氧（万吨/年）	负离子（×10^{22}个/年）	吸收污染物（万吨/年）	滞尘量					
														小计（万吨/年）	TSP（万吨/年）	PM_{10}（吨/年）	$PM_{2.5}$（吨/年）		
海南	14.86	0.01	0.01	0.16	0.01	0.03	0.01	0.01	0.19	1.25	2.99	4.48	0.05	8.86	7.04	32.03	9.70	—
重庆	340.72	1.37	0.29	4.84	10.74	0.30	0.12	0.22	4.03	34.59	84.19	52.87	2.61	372.93	298.11	372639.44	149055.77	—
四川	534.04	0.59	0.28	7.82	12.89	0.32	0.04	0.17	4.28	41.08	99.66	66.28	2.90	421.66	337.02	421277.73	168512.69	—
贵州	446.91	0.61	0.24	2.89	10.60	0.34	0.04	0.28	2.63	40.37	96.28	71.23	3.15	436.43	349.13	436450.88	174580.11	—
云南	318.90	4.13	0.32	0.07	2.39	0.19	0.05	0.13	5.20	42.83	103.60	85.96	2.40	345.45	276.17	345271.76	138113.60	—
西藏	40.08	0.06	0.08	0.58	0.01	0.01	0.01	0.01	0.04	0.85	2.03	0.75	0.04	14.54	11.63	13.89	3.73	31.24
陕西	266.93	0.42	0.12	4.84	6.25	0.54	0.07	0.37	1.53	25.28	59.96	79.60	2.42	247.33	197.97	247292.72	98909.10	285.12
甘肃	306.84	1.56	0.33	5.10	7.42	0.24	0.03	0.16	1.48	17.69	38.70	46.18	1.94	216.30	173.04	216303.02	86534.04	428.84
青海	842.30	1.16	1.72	12.01	0.14	0.09	0.02	0.05	0.77	16.57	38.71	12.66	0.83	321.80	257.46	244.86	62.76	453.52
宁夏	60.93	0.17	0.02	1.25	1.32	0.06	0.01	0.03	0.54	4.17	8.80	12.42	0.51	54.06	43.25	54054.51	21625.24	93.33
新疆	69.71	0.54	0.28	5.90	4.36	0.19	0.04	0.11	0.12	11.35	25.06	83.19	0.94	198.23	158.58	511.42	134.79	4220.60
新疆兵团	242.97	0.16	0.17	3.87	2.93	0.10	0.02	0.05	0.09	4.66	10.60	21.61	0.51	76.14	61.31	215.94	65.94	2137.19
总合计	7854.21	20.44	9.28	117.03	197.49	8.25	1.10	3.59	43.99	553.55	1297.41	957.59	35.27	6576.41	5260.92	3403518.31	1361066.5	11211.81

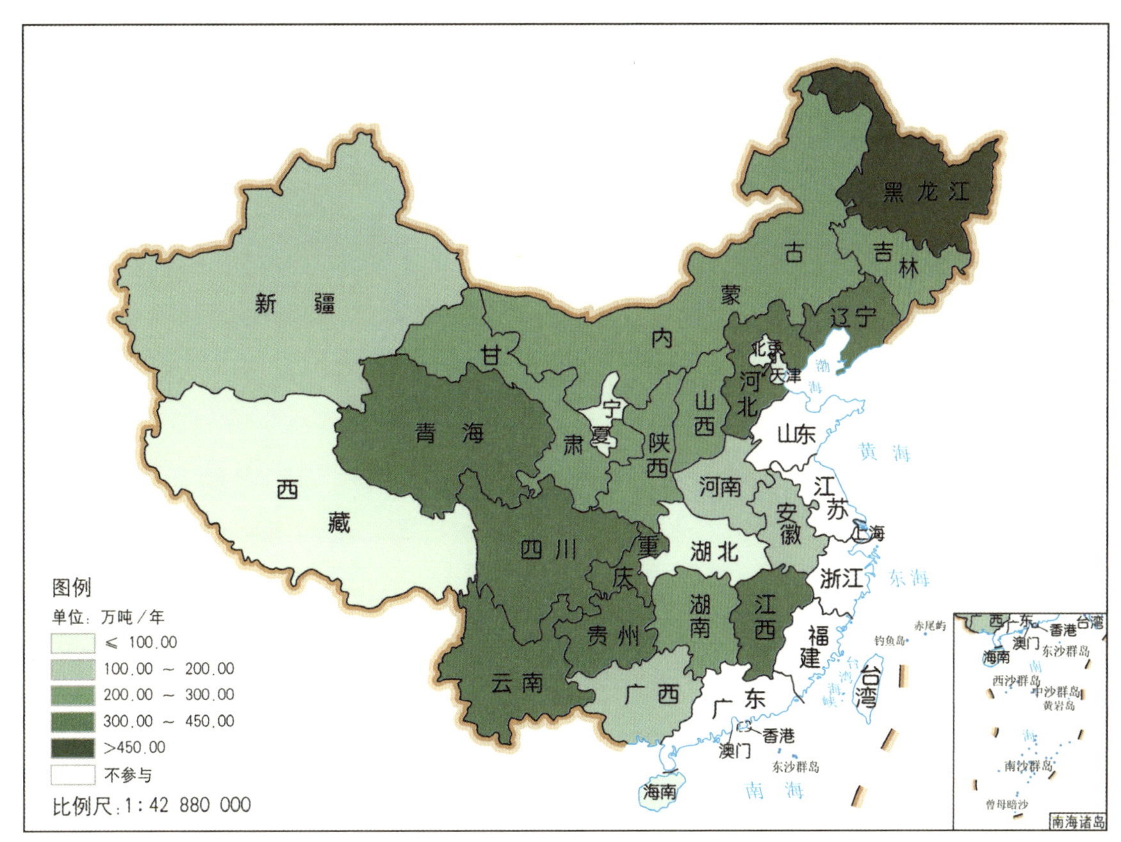

图2-17　全国退耕还林工程封山育林滞尘物质量空间分布

2.3.3 三个林种生态效益物质量评估

本报告中林种类型依据《国家森林资源连续清查技术规定》，结合退耕还林工程实际情况分为生态林、经济林和灌木林三种林种。三种林种中，生态林和经济林的划定以国家林业和草原局《退耕还林工程生态林与经济林认定标准》（林退发〔2001〕550号）为依据。

2.3.3.1 生态林生态效益物质量评估

生态林是指在退耕还林工程中，营造以减少水土流失和风沙危害等生态效益为主要目的的林木，主要包括水土保持林、水源涵养林、防风固沙林和竹林等（国家林业局，2001）。全国退耕还林工程25个工程省和新疆生产建设兵团生态林生态效益物质量评估结果如表2-7所示。由于涵养水源、固碳和滞尘功能较为突出，并且是生态功能研究的重点，以这三项功能为例分析中国退耕还林工程生态林生态效益物质量特征。

（1）涵养水源功能。全国退耕还林工程生态林涵养水源总物质量为306.10亿立方米/年；其中，四川省涵养水源物质量最高，为46.68亿立方米/年，重庆、湖南、云南、贵州、湖北和甘肃涵养水源物质量次之，占全国退耕还林工程25个工程省和新疆生产建设兵

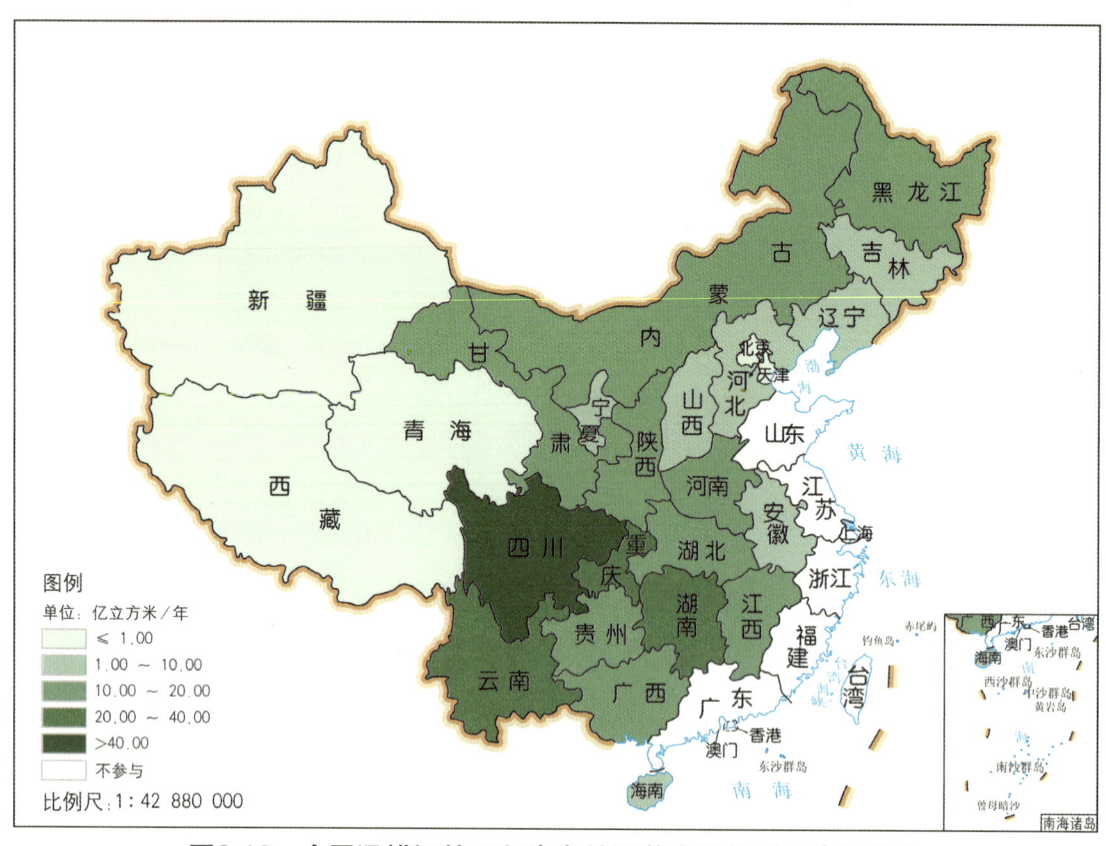

图2-18　全国退耕还林工程生态林涵养水源物质量空间分布

团生态林涵养水源总物质量的60.97%（表2-7，图2-18）。

（2）**固碳释氧功能。**全国退耕还林工程生态林的固碳物质量为3812.77万吨/年，空间分布见表2-7、图2-19。固碳物质量最高的工程省为四川，固碳物质量为428.59万吨/年；其次为河北、贵州、重庆、湖南、陕西、湖北和云南，固碳物质量均在200.00万～400.00万吨/年；其余省（自治区、直辖市）和新疆生产建设兵团固碳物质量不足200.00万吨/年。

（3）**净化大气环境功能。**全国退耕还林工程生态林滞尘物质量为36718.02万吨/年，空间分布见图2-20。滞尘物质量最高的工程省为黑龙江（3624.53万吨/年）、湖南（3371.36万吨/年）、四川（3327.24万吨/年）和贵州（3249.48万吨/年）；其次为重庆、甘肃和陕西，滞尘物质量均在2000.00万～3000.00万吨/年；其余各片区滞尘物质量小于1800.00万吨/年（表2-7）。

表2-7　全国退耕还林工程生态林生态效益物质量

省级区域	保育土壤					林木养分固持			涵养水源(亿立方米/年)	固碳释氧		净化大气环境							森林防护固沙量(万吨/年)
	固土(万吨/年)	固氮(万吨/年)	固磷(万吨/年)	固钾(万吨/年)	固有机质(万吨/年)	氮(万吨/年)	磷(万吨/年)	钾(万吨/年)		固碳(万吨/年)	释氧(万吨/年)	负离子($\times10^{22}$个/年)	吸收污染物(万吨/年)	滞尘量					
														小计(万吨/年)	TSP(万吨/年)	PM_{10}(吨/年)	$PM_{2.5}$(吨/年)		
北京	122.93	0.76	0.31	2.24	0.12	0.14	0.01	0.08	0.50	6.42	15.03	31.41	0.36	86.96	69.58	178.07	52.72	1044.06	
天津	37.11	0.03	0.02	0.26	0.02	0.02	0.01	0.01	0.03	0.72	1.69	2.90	0.04	16.84	13.48	10.74	2.33	110.14	
河北	1723.89	4.71	1.09	28.34	139.44	0.80	0.14	0.38	6.24	373.69	928.46	94.34	9.92	1607.46	1285.97	2301.80	1146.44	8031.87	
山西	1682.96	4.52	0.66	28.15	17.06	1.97	0.10	0.48	9.15	121.55	280.49	210.20	11.73	1424.92	1139.94	1424923.42	569969.36	583.61	
内蒙古	2103.94	1.98	0.78	34.83	14.23	2.70	0.20	2.21	11.05	131.15	301.82	166.44	11.01	1302.55	1041.92	1302398.50	520959.40	1968.29	
辽宁	1771.32	8.47	4.74	54.10	145.25	5.63	0.18	0.64	9.54	183.71	430.38	75.27	5.09	1715.91	1372.72	1500.65	541.79	1733.97	
吉林	1086.89	5.35	2.99	34.16	89.61	3.55	0.11	0.40	6.02	112.95	265.93	45.99	3.22	1059.27	849.45	918.67	338.69	1638.94	
黑龙江	2922.84	9.16	4.40	42.19	93.58	4.29	0.80	1.10	11.22	159.28	378.62	157.94	8.92	3624.53	2899.68	2816.48	867.87	3313.58	
安徽	1593.81	2.68	1.57	15.95	36.07	0.90	0.17	0.43	7.64	75.93	187.83	192.00	6.63	1047.46	837.97	2136.30	603.79	—	
江西	3038.98	4.63	2.83	29.21	66.82	1.74	0.30	0.84	14.37	148.91	356.31	351.77	9.81	1546.22	1236.97	1546218.26	618487.31	—	
河南	2099.12	2.90	0.51	2.15	32.60	2.98	1.03	1.29	10.85	169.94	407.74	307.19	9.42	1116.13	892.10	1115126.79	446050.71	691.34	
湖北	2072.29	3.50	2.59	11.65	48.99	3.07	0.43	1.73	15.91	215.90	523.03	544.04	10.81	1388.90	1111.12	1388888.40	555555.36	—	
湖南	5142.22	5.65	7.30	47.47	111.54	2.54	0.22	1.39	31.44	257.64	607.64	670.54	20.59	3371.36	2696.77	3370089.25	1348035.70	—	
广西	2185.37	2.35	3.01	19.78	45.51	1.06	0.10	0.59	13.12	106.96	263.30	295.96	9.02	1395.17	1113.37	24047.17	9046.72	—	

（续）

省级区域	保育土壤					林木养分固持			涵养水源（亿立方米/年）	固碳释氧		净化大气环境						森林防护固沙量（万吨/年）
	固土（万吨/年）	固氮（万吨/年）	固磷（万吨/年）	固钾（万吨/年）	固有机质（万吨/年）	氮（万吨/年）	磷（万吨/年）	钾（万吨/年）		固碳（万吨/年）	释氧（万吨/年）	负离子（$\times 10^{22}$个/年）	吸收污染物（万吨/年）	滞尘量				
														小计（万吨/年）	TSP（万吨/年）	PM_{10}（吨/年）	$PM_{2.5}$（吨/年）	
海南	262.51	0.29	0.09	3.18	0.06	0.60	0.02	0.12	2.66	24.59	59.49	51.98	0.87	112.82	89.71	449.90	101.62	—
重庆	3209.20	12.33	2.54	44.27	88.82	2.32	0.88	1.59	34.10	278.36	672.04	431.46	18.00	2511.97	2007.46	2509323.17	1003729.26	—
四川	5535.46	6.07	2.84	81.53	145.44	3.66	0.34	1.83	46.68	428.59	1042.91	671.19	24.31	3327.24	2658.50	3323127.61	1329251.05	—
贵州	3204.47	4.76	2.05	20.77	71.33	2.96	0.38	2.16	17.32	318.21	769.32	567.26	23.41	3249.48	2599.61	3249501.08	1299800.44	—
云南	1680.28	20.87	1.50	0.33	11.60	1.30	0.25	0.66	25.27	212.97	509.60	397.06	12.24	1614.97	1290.58	1613228.71	645291.48	—
西藏	190.09	0.27	0.38	2.79	0.03	0.02	0.01	0.01	0.21	4.06	9.58	3.57	0.19	68.93	55.15	65.85	17.70	147.97
陕西	2573.08	3.99	1.21	43.44	51.61	5.81	0.73	3.65	14.66	247.87	580.70	588.37	19.52	2167.13	1733.54	2166929.23	866765.86	3409.45
甘肃	2497.81	13.07	2.68	36.43	54.94	1.66	0.38	1.59	15.90	184.52	421.85	351.95	18.40	2221.13	1776.91	2221138.21	888455.29	3196.81
青海	189.30	0.27	0.39	2.73	0.04	0.03	0.01	0.01	0.20	4.04	9.55	3.55	0.19	68.67	54.92	65.58	17.63	147.38
宁夏	283.86	0.75	0.10	5.29	5.56	0.33	0.03	0.10	1.73	20.92	45.04	62.43	2.44	260.40	208.32	260435.78	104173.93	442.98
新疆	113.68	0.87	0.43	9.61	7.25	0.30	0.07	0.19	0.19	18.52	40.86	135.65	1.53	323.24	258.59	833.96	219.80	6882.37
新疆兵团	281.49	0.20	0.21	4.49	3.35	0.11	0.02	0.06	0.10	5.37	12.07	24.46	0.60	88.36	70.69	250.55	76.22	2465.37
总合计	47604.90	120.43	47.22	605.34	1280.87	50.49	6.92	23.54	306.10	3812.77	9121.28	6434.92	238.27	36718.02	29365.02	25526904.13	10209558.47	35808.13

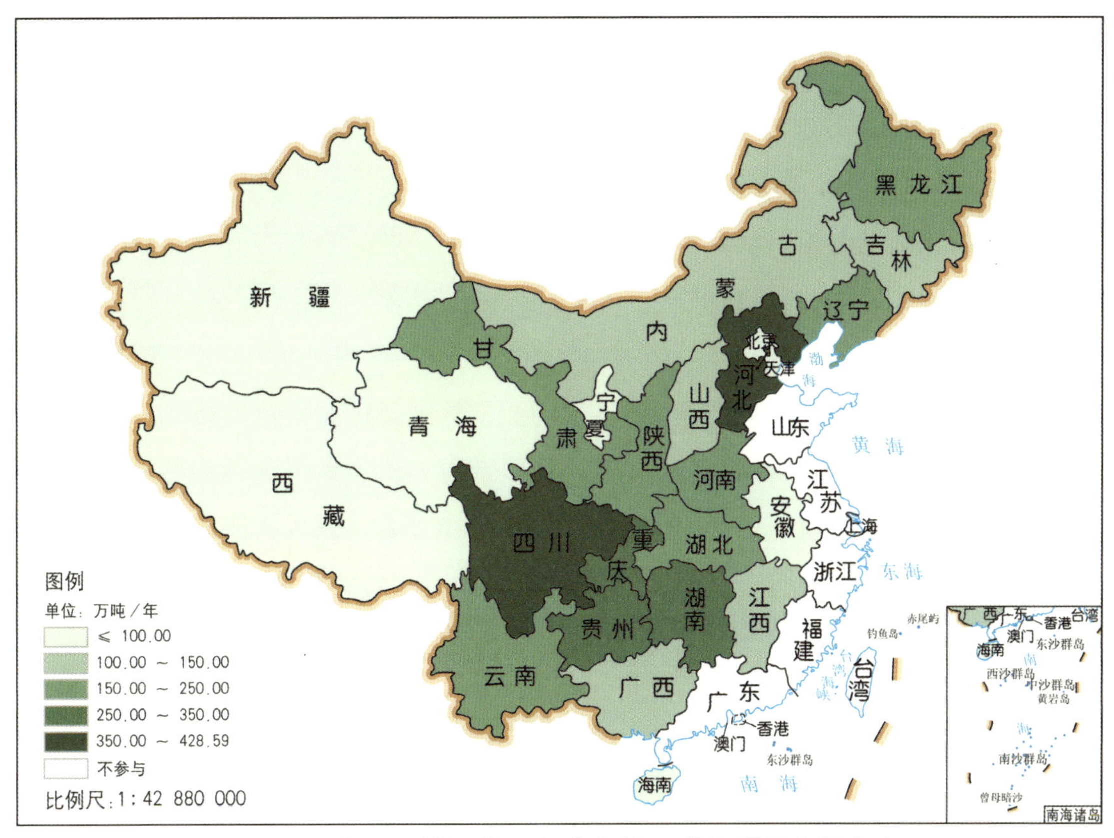

图2-19　全国退耕还林工程生态林固碳物质量空间分布

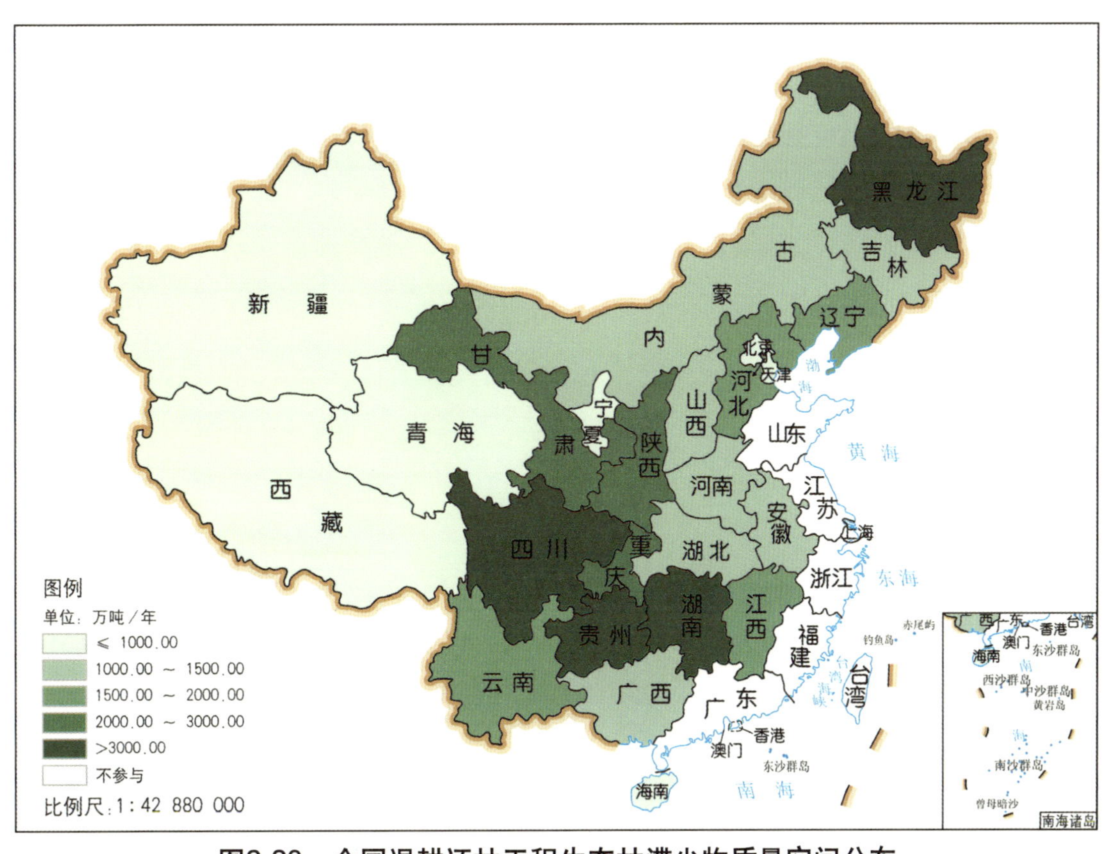

图2-20　全国退耕还林工程生态林滞尘物质量空间分布

2.3.3.2 经济林生态效益物质量评估

全国退耕还林经济林生态效益物质量评估结果如表2-8所示。以涵养水源、固碳和滞尘功能三项优势功能为例，分析26个省级区域的经济林生态效益物质量特征。

（1）**涵养水源功能。**全国退耕还林工程经济林涵养水源总物质量为71.49亿立方米/年，空间分布见图2-21。其中，云南涵养水源物质量最高，为16.84亿立方米/年；四川、重庆、贵州和陕西涵养水源物质量次之，占全国退耕还林工程26个省级区域经济林涵养水源总物质量的72.32%（表2-8）。

（2）**固碳释氧功能。**全国退耕还林工程经济林固碳总物质量为856.43万吨/年，其空间分布见图2-22。固碳物质量最高的工程省为云南和贵州，固碳物质量分别为145.07万吨/年和133.24万吨/年；其次为四川、重庆和陕西，固碳物质量均在80.00万～110.00万吨/年；河南、湖北、河北、甘肃、山西、新疆和湖南固碳物质量均在20.00万～50.00万吨/年；其余各省（自治区、直辖市）和新疆生产建设兵团固碳物质量不足20.00万吨/年。

（3）**净化大气环境功能。**全国退耕还林工程经济林滞尘总物质量为7802.14万吨/年，其空间分布见图2-23。滞尘物质量最高的工程省为贵州（1355.44万吨/年）

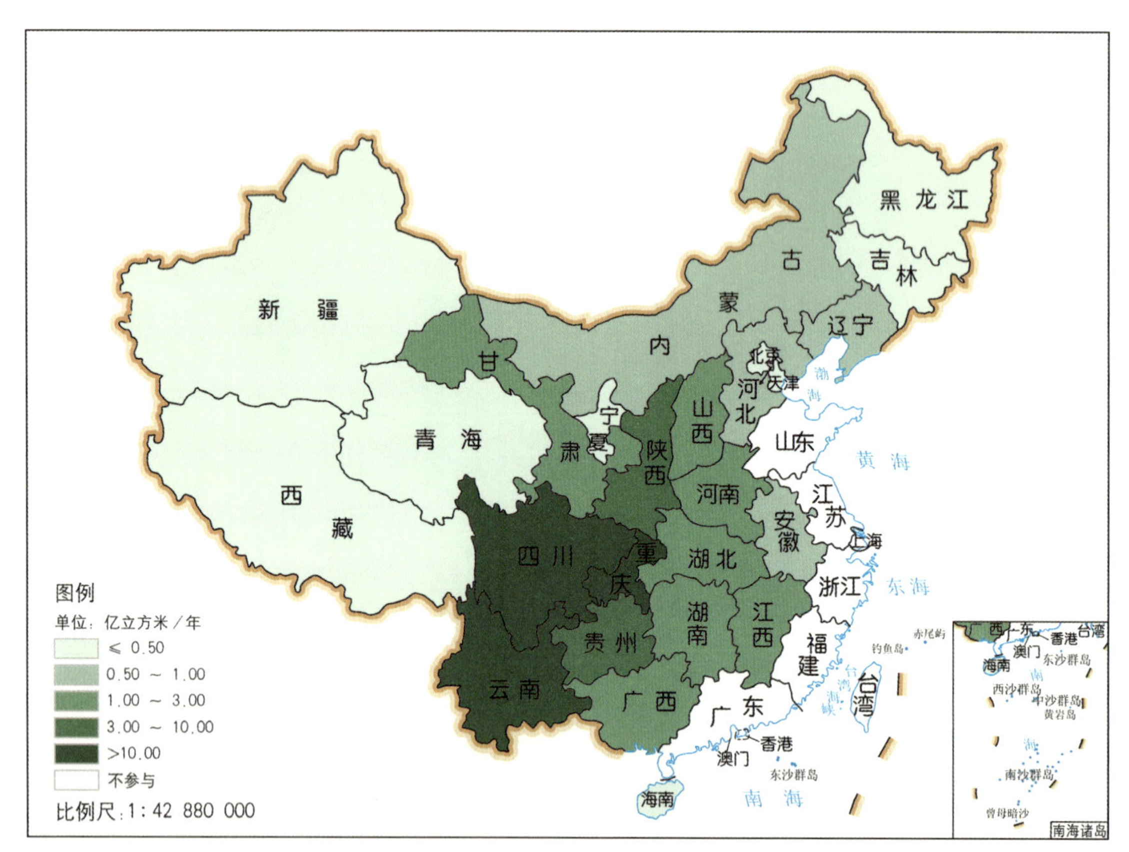

图2-21　全国退耕还林工程经济林涵养水源物质量空间分布

表2-8 全国退耕还林工程经济林生态效益物质量

省级区域	保育土壤					林木养分固持			涵养水源（亿立方米/年）	固碳释氧		净化大气环境						森林防护固沙量（万吨/年）
	固土（万吨/年）	固氮（万吨/年）	固磷（万吨/年）	固钾（万吨/年）	固有机质（万吨/年）	氮（万吨/年）	磷（万吨/年）	钾（万吨/年）		固碳（万吨/年）	释氧（万吨/年）	负离子（$\times10^{22}$个/年）	吸收污染物（万吨/年）	滞尘量				
														小计（万吨/年）	TSP（万吨/年）	PM_{10}（吨/年）	$PM_{2.5}$（吨/年）	
北京	9.35	0.06	0.02	0.17	0.01	0.01	0.01	0.01	0.04	0.49	1.14	2.39	0.03	6.62	5.29	13.55	4.01	79.42
天津	9.87	0.01	0.01	0.07	0.01	0.01	0.01	0.01	0.01	0.19	0.45	0.69	0.01	4.48	3.58	2.86	0.62	29.28
河北	159.25	0.44	0.10	2.62	12.88	0.07	0.02	0.04	0.58	34.52	85.77	8.72	0.92	148.49	118.79	212.63	105.91	741.96
山西	396.69	1.07	0.16	6.62	4.03	0.47	0.03	0.09	2.14	28.65	66.13	49.55	2.77	335.88	268.71	335880.25	134352.10	137.56
内蒙古	111.79	0.10	0.06	1.85	0.76	0.14	0.02	0.12	0.61	6.96	16.03	8.84	0.58	69.21	55.35	69201.05	27680.41	104.58
辽宁	118.98	0.57	0.31	3.63	9.76	0.37	0.02	0.04	0.64	12.34	28.91	5.05	0.34	115.25	92.20	100.80	36.39	116.47
吉林	10.09	0.05	0.03	0.31	0.83	0.03	0.01	0.01	0.05	1.05	2.45	0.43	0.03	9.78	7.82	8.55	3.09	15.04
黑龙江	29.82	0.10	0.05	0.43	0.96	0.04	0.01	0.01	0.12	1.63	3.87	1.61	0.09	37.02	29.59	28.74	8.86	33.81
安徽	150.25	0.25	0.15	1.50	3.41	0.09	0.02	0.05	0.72	7.15	17.70	18.10	0.63	98.74	78.99	201.38	56.92	—
江西	224.94	0.34	0.21	2.17	4.94	0.13	0.03	0.06	1.07	11.04	26.37	26.03	0.72	114.45	91.56	114446.85	45778.74	—
河南	554.92	0.77	0.13	0.57	8.61	0.79	0.27	0.34	2.86	44.93	107.78	80.96	2.49	295.05	236.04	295046.19	118018.47	182.84
湖北	384.90	0.65	0.48	2.17	9.10	0.58	0.07	0.33	2.96	40.12	97.18	101.07	2.01	257.97	206.37	257967.58	103187.03	—
湖南	409.86	0.45	0.58	3.78	8.89	0.20	0.02	0.11	2.51	20.54	48.45	53.38	1.64	268.81	215.05	268811.76	107524.71	—
广西	356.17	0.38	0.50	3.22	7.37	0.17	0.01	0.09	2.15	17.42	42.91	48.03	1.47	228.17	182.53	610.00	148.80	—

（续）

省级区域	保育土壤					林木养分固持			涵养水源（亿立方米/年）	固碳释氧		净化大气环境						森林防护固沙量（万吨/年）
	固土（万吨/年）	固氮（万吨/年）	固磷（万吨/年）	固钾（万吨/年）	固有机质（万吨/年）	氮（万吨/年）	磷（万吨/年）	钾（万吨/年）		固碳（万吨/年）	释氧（万吨/年）	负离子（$\times10^{22}$个/年）	吸收污染物（万吨/年）	滞尘量				
														小计（万吨/年）	TSP（万吨/年）	PM_{10}（吨/年）	$PM_{2.5}$（吨/年）	
海南	38.62	0.05	0.01	0.47	0.01	0.09	0.01	0.02	0.38	3.56	8.70	7.58	0.13	16.50	13.20	66.44	14.98	—
重庆	1041.48	4.01	0.85	14.35	28.86	0.77	0.27	0.54	11.08	90.34	218.09	139.94	5.85	817.68	654.13	817680.98	327072.41	—
四川	1406.07	1.54	0.72	20.70	38.23	0.92	0.09	0.48	11.85	108.93	265.09	169.04	6.18	846.41	677.13	846409.41	338563.77	—
贵州	1345.27	1.79	0.74	8.40	29.30	1.00	0.16	0.89	6.83	133.24	322.22	233.23	9.52	1355.44	1084.21	1355609.58	542243.83	—
云南	1143.01	13.84	0.97	0.22	7.54	0.86	0.16	0.43	16.84	145.07	347.32	268.87	8.02	1102.51	881.84	1102734.45	441093.79	—
西藏	22.56	0.03	0.04	0.33	0.00	<0.01	<0.01	<0.01	0.02	0.48	1.14	0.42	0.02	8.18	6.55	7.82	2.10	17.56
陕西	895.05	1.38	0.43	15.10	17.87	2.02	0.26	1.27	5.10	85.92	201.75	204.36	6.77	751.99	603.23	751601.35	300546.51	1185.14
甘肃	403.18	2.10	0.43	5.88	8.83	0.27	0.06	0.28	2.56	29.73	68.03	56.57	2.99	357.48	286.08	357492.60	143197.00	515.04
青海	—	—	—	—	—	—	—	—	—	—	—	—	—	—	—	—	—	—
宁夏	4.92	0.03	0.01	0.07	0.11	<0.01	<0.01	<0.01	0.03	0.36	0.83	0.69	0.04	4.37	3.50	4370.63	1748.25	6.29
新疆	172.14	1.34	0.64	14.57	11.00	0.48	0.11	0.27	0.27	28.01	61.89	205.42	2.30	489.48	391.58	1262.92	332.83	10422.30
新疆兵团	197.77	0.13	0.14	3.16	2.36	0.08	0.02	0.05	0.07	3.76	8.42	17.20	0.43	62.18	49.74	176.03	53.60	1733.51
总合计	9596.95	31.48	7.77	112.36	215.67	9.59	1.69	5.54	71.49	856.43	2048.62	1708.17	55.98	7802.14	6243.06	6579944.4	2631775.13	15320.8

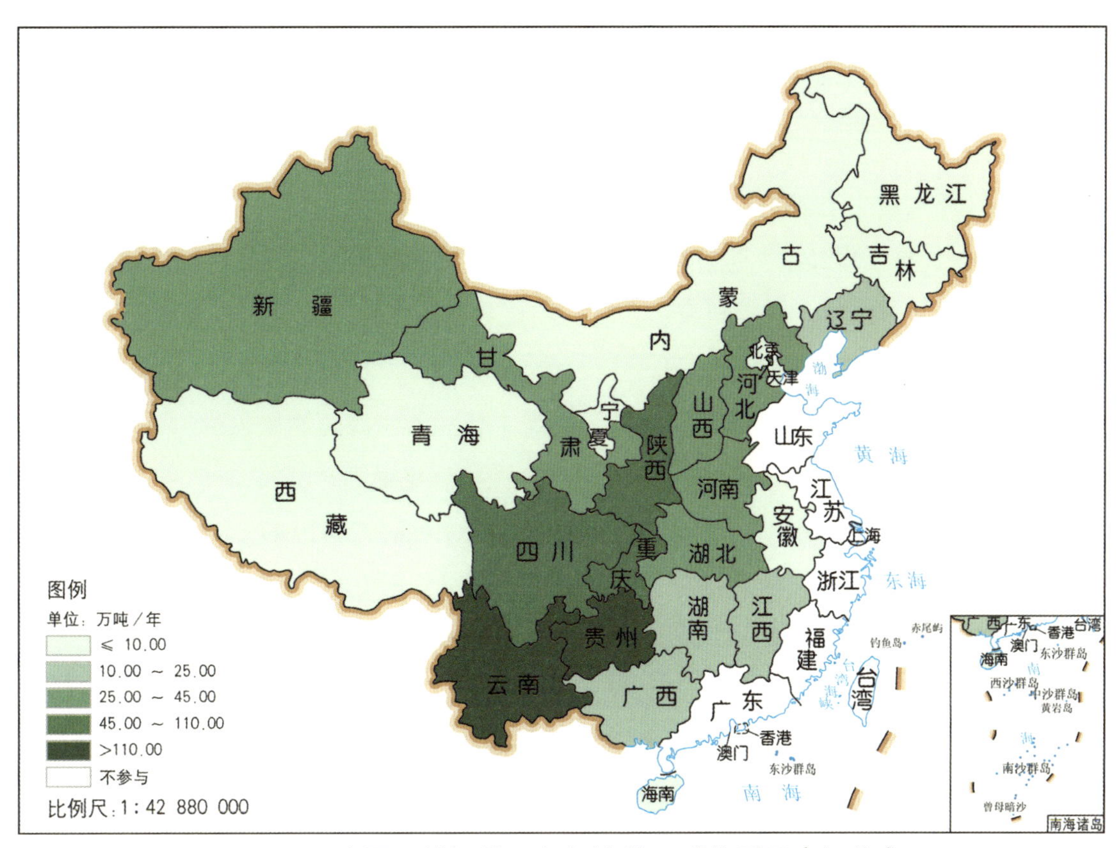

图2-22 全国退耕还林工程经济林固碳物质量空间分布

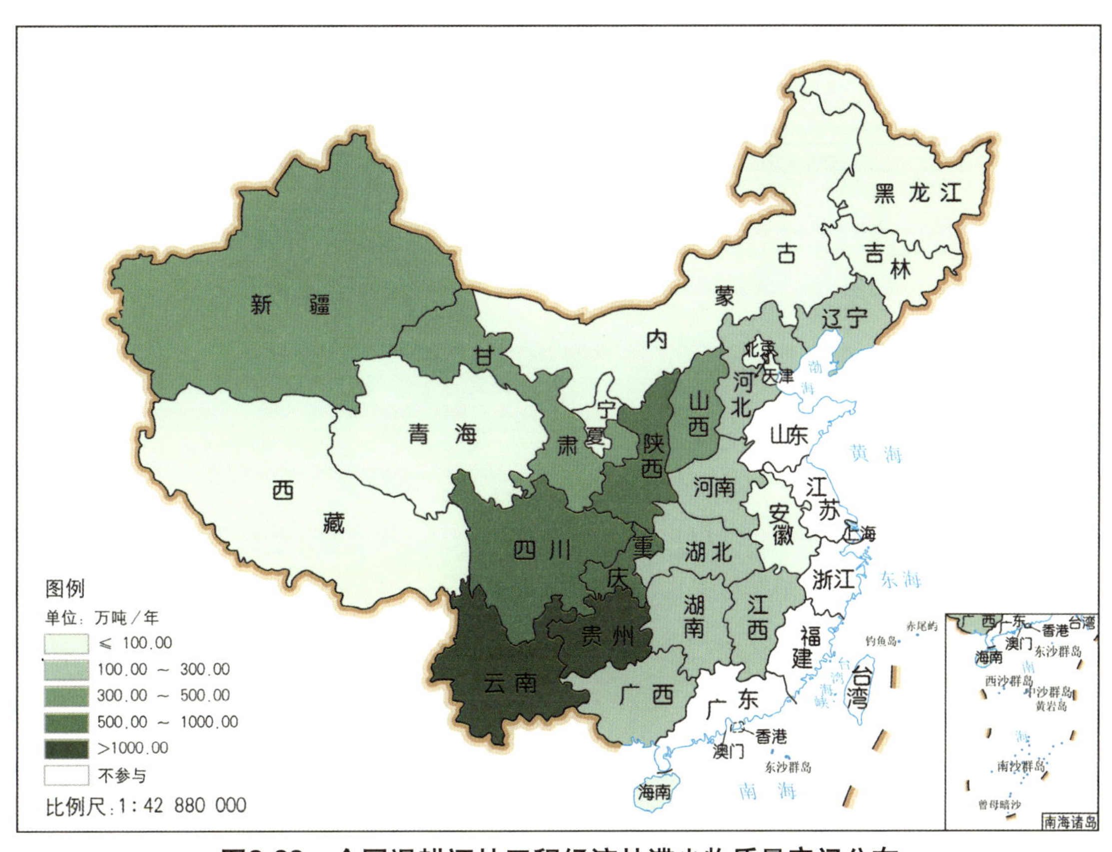

图2-23 全国退耕还林工程经济林滞尘物质量空间分布

和云南（1102.51万吨/年）；其次为四川、重庆、陕西和新疆，滞尘物质量均在400.00万～900.00万吨/年；其余各省（自治区、直辖市）和新疆生产建设兵团滞尘物质量小于400.00万吨/年。

2.3.3.3 **灌木林生态效益物质量评估**

全国退耕还林工程25个工程省和新疆生产建设兵团灌木林生态效益物质量评估结果如表2-9所示。以涵养水源、固碳和滞尘功能三项优势功能为例，分析退耕还林工程26个省级区域灌木林生态效益物质量特征。

（1）涵养水源功能。全国退耕还林工程灌木林涵养水源总物质量为62.46亿立方米/年，其空间分布见图2-24。其中，内蒙古涵养水源物质量最高，为21.28亿立方米/年，这是由于内蒙古灌木林面积最大，占退耕还林工程总灌木林面积的29.17%；宁夏、甘肃和陕西涵养水源物质量次之，占退耕还林灌木林涵养水源总物质量的61.70%。

（2）固碳释氧功能。全国退耕还林工程灌木林固碳总物质量为901.06万吨/年，其空间分布见图2-25。固碳物质量最高的省级区域为内蒙古，固碳物质量为252.62万吨/年，其次为陕西、河北、宁夏、甘肃、山西和青海，固碳物质量均在55.00万～100.00万吨/年，其余省（自治区、直辖市）和新疆生产建设兵团固碳物质量不足50.00万吨/年。

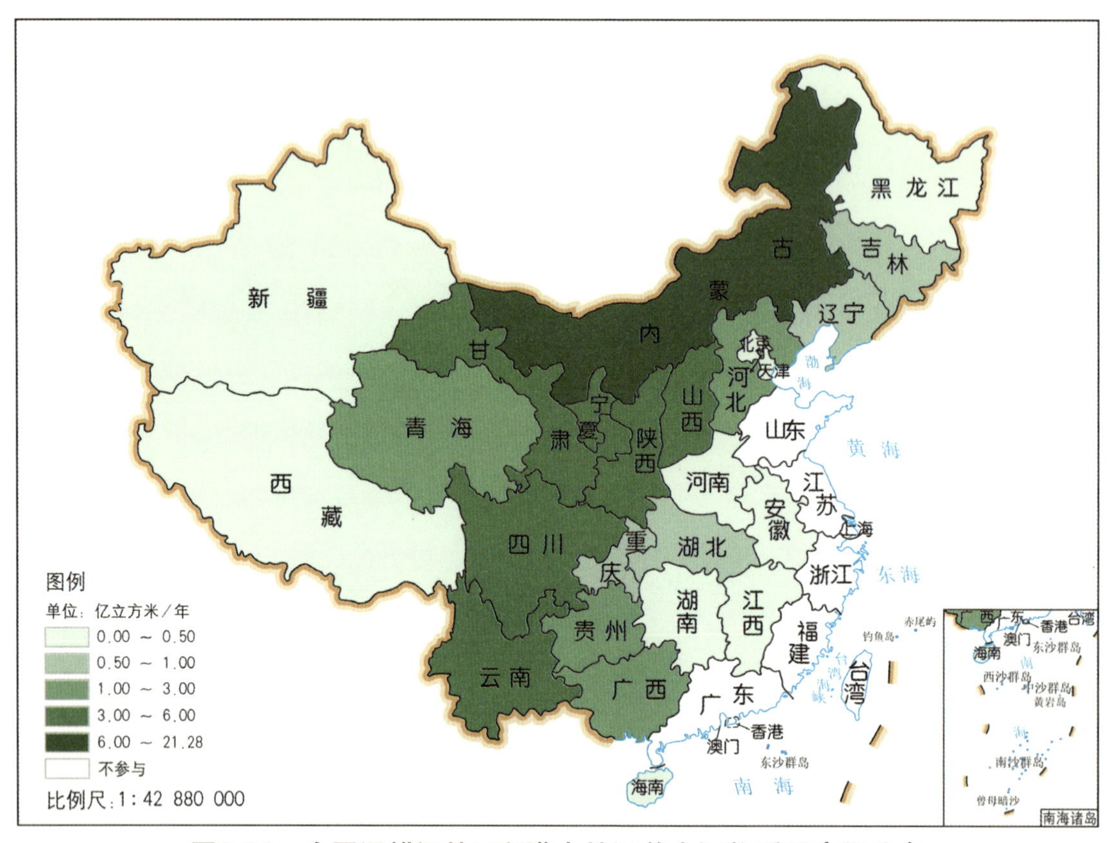

图2-24　全国退耕还林工程灌木林涵养水源物质量空间分布

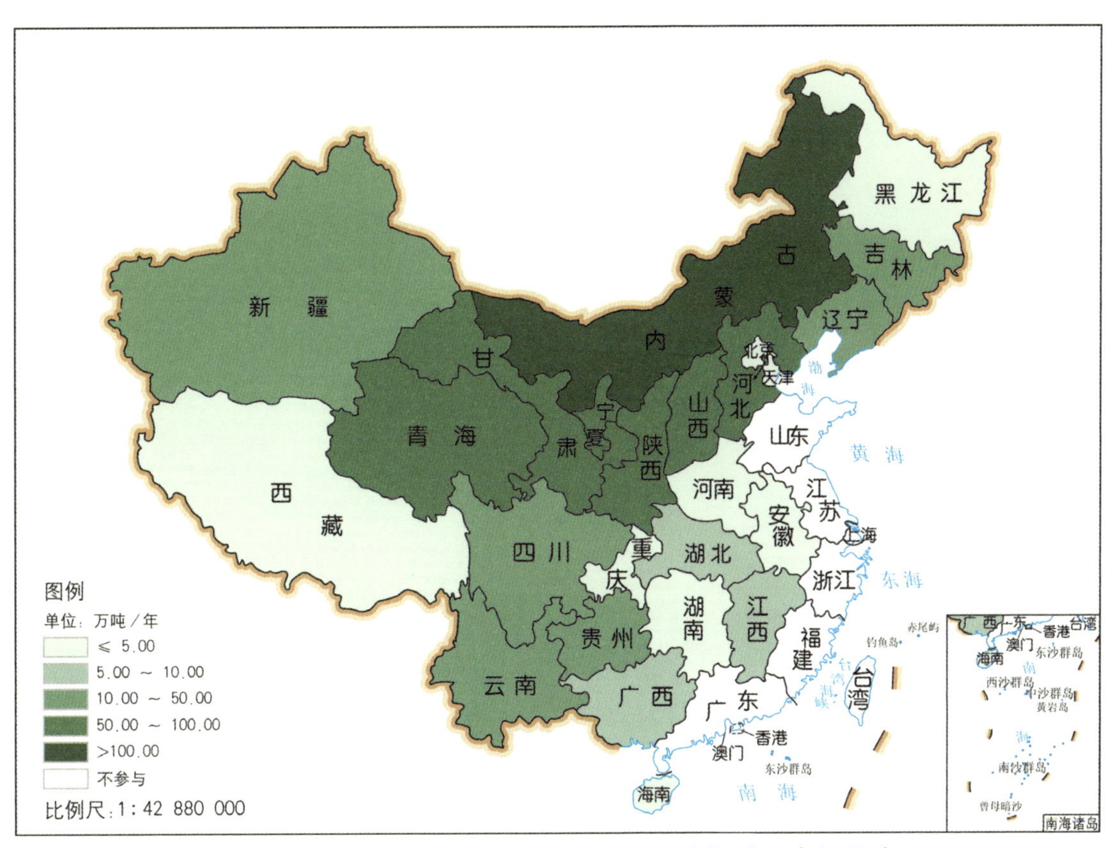

图2-25 全国退耕还林工程灌木林固碳物质量空间分布

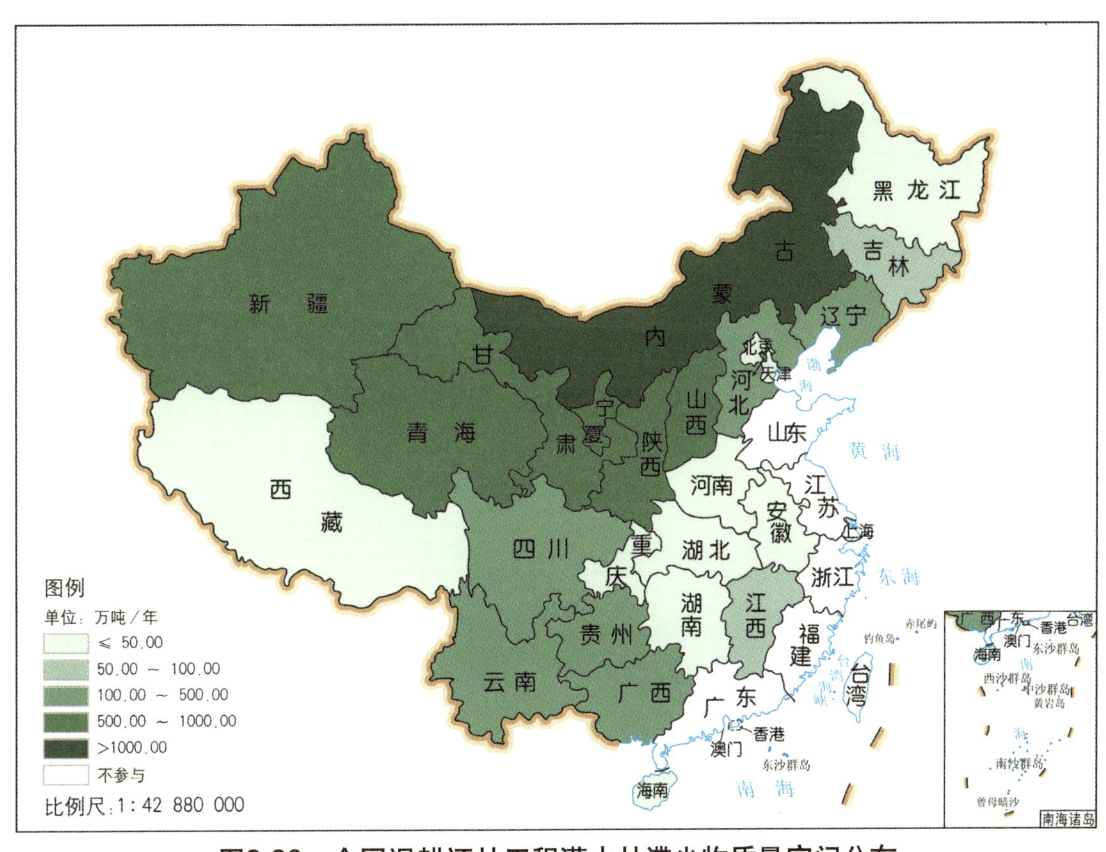

图2-26 全国退耕还林工程灌木林滞尘物质量空间分布

表2-9　全国退耕还林工程灌木林生态效益物质量

省级区域	保育土壤					林木养分固持			涵养水源（亿立方米/年）	固碳释氧		净化大气环境						森林防护固沙量（万吨/年）
	固土（万吨/年）	固氮（万吨/年）	固磷（万吨/年）	固钾（万吨/年）	固有机质（万吨/年）	氮（万吨/年）	磷（万吨/年）	钾（万吨/年）		固碳（万吨/年）	释氧（万吨/年）	负离子（$\times10^{22}$个/年）	吸收污染物（万吨/年）	滞尘量 小计（万吨/年）	滞尘量 TSP（万吨/年）	滞尘量 PM_{10}（吨/年）	滞尘量 $PM_{2.5}$（吨/年）	
北京	—	—	—	—	—	—	—	—	—	—	—	—	—	—	—	—	—	—
天津	—	—	—	—	—	—	—	—	—	—	—	—	—	—	—	—	—	—
河北	356.65	0.98	0.22	5.86	28.85	0.16	0.03	0.08	1.30	77.31	192.09	19.51	2.06	332.56	266.05	476.23	237.19	1661.71
山西	885.01	2.38	0.34	14.80	8.98	1.04	0.05	0.25	4.81	63.91	147.51	110.54	6.17	749.32	599.46	749323.48	299729.40	306.90
内蒙古	4052.68	3.82	1.51	67.11	27.40	5.17	0.37	4.24	21.28	252.62	581.39	320.61	21.19	2508.58	2006.96	2508722.58	1003489.02	3791.38
辽宁	115.75	0.55	0.31	3.53	9.49	0.37	0.01	0.04	0.63	12.01	28.12	4.92	0.33	112.13	89.70	98.06	35.41	113.31
吉林	102.92	0.49	0.28	3.14	8.44	0.33	0.01	0.03	0.55	10.67	25.01	4.37	0.29	99.70	79.76	87.20	31.48	153.36
黑龙江	29.83	0.10	0.04	0.43	0.95	0.05	0.01	0.01	0.11	1.62	3.86	1.61	0.09	37.02	29.59	28.74	8.85	33.81
安徽	14.83	0.03	0.02	0.15	0.33	0.01	0.01	0.01	0.07	0.71	1.75	1.79	0.06	9.75	7.80	19.88	5.62	—
江西	103.79	0.16	0.10	1.00	2.29	0.06	0.01	0.03	0.49	5.09	12.17	12.01	0.34	52.81	42.25	52808.46	21123.38	—
河南	34.12	0.05	0.01	0.03	0.53	0.05	0.02	0.03	0.18	2.76	6.63	4.98	0.15	18.14	14.51	18140.91	7256.36	11.58
湖北	67.26	0.11	0.08	0.37	1.59	0.10	0.02	0.05	0.52	7.01	16.98	17.66	0.36	45.08	36.06	45081.68	18032.67	—
湖南	65.68	0.07	0.09	0.60	1.43	0.03	0.01	0.02	0.40	3.29	7.76	8.55	0.27	43.08	34.46	43077.75	17231.10	—
广西	199.63	0.22	0.28	1.80	4.16	0.10	0.01	0.06	1.20	9.76	24.04	26.94	0.83	127.83	102.25	341.90	83.38	—

（续）

省级区域	保育土壤					林木养分固持			涵养水源	固碳释氧		净化大气环境						森林防护
														滞尘量				
	固土（万吨/年）	固氮（万吨/年）	固磷（万吨/年）	固钾（万吨/年）	固有机质（万吨/年）	氮（万吨/年）	磷（万吨/年）	钾（万吨/年）	水源（亿立方米/年）	固碳（万吨/年）	释氧（万吨/年）	负离子（×1022个/年）	吸收污染物（万吨/年）	小计（万吨/年）	TSP（万吨/年）	PM_{10}（吨/年）	$PM_{2.5}$（吨/年）	固沙量万吨/年
海南	0.08	0.01	0.01	0.01	0.01	0.01	0.01	0.01	0.01	0.01	0.02	0.02	0.01	0.03	0.03	0.13	0.03	—
重庆	52.53	0.20	0.04	0.73	1.45	0.04	0.02	0.02	0.56	4.56	11.00	7.06	0.29	41.24	33.00	41242.42	16496.97	—
四川	457.09	0.50	0.24	6.73	12.06	0.30	0.03	0.15	3.86	35.42	86.17	54.95	2.01	275.15	220.12	275151.63	110060.65	—
贵州	441.44	0.65	0.26	2.84	9.81	0.39	0.05	0.29	2.35	43.77	105.78	76.60	3.21	444.57	355.65	444578.01	177831.20	—
云南	221.14	2.76	0.20	0.05	1.51	0.17	0.04	0.09	3.32	28.09	67.21	52.04	1.62	213.13	170.51	213129.42	85251.76	—
西藏	74.44	0.10	0.15	1.07	0.01	0.01	<0.01	<0.01	0.08	1.59	3.75	1.40	0.08	27.00	21.60	25.79	6.93	58.25
陕西	993.28	1.55	0.47	16.78	19.91	2.25	0.28	1.40	5.66	95.70	224.18	227.02	7.54	836.63	669.31	836636.25	334654.50	1316.37
甘肃	890.94	4.66	0.95	12.99	19.59	0.60	0.14	0.58	5.67	65.82	150.47	125.54	6.56	792.26	633.80	792257.92	316903.17	1140.27
青海	2626.65	3.63	5.16	37.83	0.45	0.32	0.06	0.16	2.83	56.03	132.40	49.30	2.59	952.74	762.22	910.04	244.62	2045.08
宁夏	973.79	2.57	0.35	18.15	19.04	1.13	0.10	0.36	5.93	71.70	154.45	214.09	8.37	893.29	714.64	893010.01	357298.79	1519.57
新疆	228.65	1.75	0.88	19.32	14.58	0.60	0.15	0.37	0.38	37.26	82.17	272.82	3.07	650.11	520.09	1677.26	442.08	13841.86
新疆兵团	753.52	0.50	0.55	12.03	8.97	0.32	0.06	0.18	0.27	14.35	32.01	65.52	1.62	236.78	189.42	670.73	204.22	6602.62
总合计	13741.7	27.84	12.54	227.35	201.83	13.61	1.50	8.46	62.46	901.06	2096.92	1679.85	69.11	9498.93	7599.24	6917496.48	2766658.78	32596.07

（3）净化大气环境功能。全国退耕还林工程灌木林滞尘总物质量为9498.93万吨/年，其空间分布见图2-26。滞尘物质量最高的省级区域为内蒙古（2508.58万吨/年）；其次为青海、宁夏、陕西、甘肃、山西和新疆，滞尘物质量均在600.00万～1000.00万吨/年；其余省（自治区、直辖市）和新疆生产建设兵团滞尘物质量小于500.00万吨/年。

2.4 生态效益价值量评估结果

2.4.1 生态效益价值量评估总结果

价值量评估主要是利用一些经济学方法对生态系统提供的服务进行评价。价值量评估的特点是评价结果用货币量体现，既能将不同生态系统与一项生态系统服务进行比较，也能将某一生态系统的各单项服务综合起来。运用价值量评价方法得出的货币结果能引起人们对区域生态系统服务足够的重视。

退耕还林工程生态效益价值量评估是指从货币价值量的角度对退耕还林工程提供的服务进行定量评估，其评估结果都是货币值，更具有直观性。本节将从价值量方面对26个省级区域的退耕还林工程生态效益进行评估。

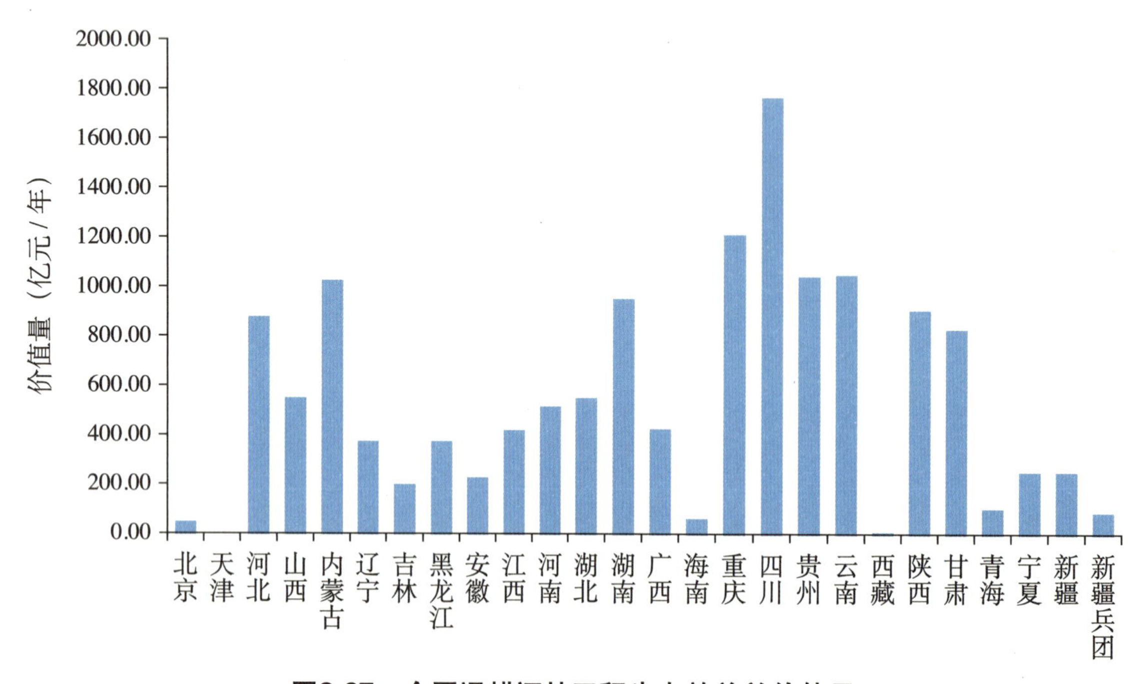

图2-27 全国退耕还林工程生态效益总价值量

全国25个工程省和新疆生产建设兵团退耕还林工程生态效益价值量如表2-10和图2-27所示。全国退耕还林工程产生的生态效益总价值量为14168.64亿元/年，相当于2019年全国林业总产值的2.45%（国家统计局，2020），也相当于2020年中央财政专项扶贫总投入的8.63倍。

在所有工程省中，四川退耕还林工程生态效益总价值量最大，为1767.47亿元/年；重庆、云南、贵州和内蒙古次之，每年退耕还林工程生态效益总价值量均在1000.00亿～1300.00亿元/年；湖南、陕西、河北、甘肃、山西、湖北和河南的退耕还林工程生态效益总价值量均在500.00亿～1000.00亿元/年；其余省（自治区、直辖市）和新疆生产建设兵团退耕还林工程生态效益总价值量均低于430.00亿元/年。

全国省级区域退耕还林工程各生态效益价值量所占相对比例分布如图2-28所示。全国退耕还林工程生态效益的各分项价值量分配中，地区差异较为明显。除森林防护功能和涵养水源功能以外，其余评估指标价值量所占相对比例差异相对较小。森林防护功能和涵养水源功能在空间上表现为西部工程省（新疆、甘肃和宁夏）和新疆生产建设兵团森林防护价值量所占比例相对较高，所占比例在13%～50%；相对的西部工程省新疆和新疆生产建设兵团涵养水源功能较其他省份该项功能占比较低，所占比例在3%～6%。四川、重庆、贵州、江西、云南、湖北、广西、安徽、海南和湖南在退耕还林工程中由于没有营造防风固沙林，因此其生态效益评估中不包括森林防护功能。

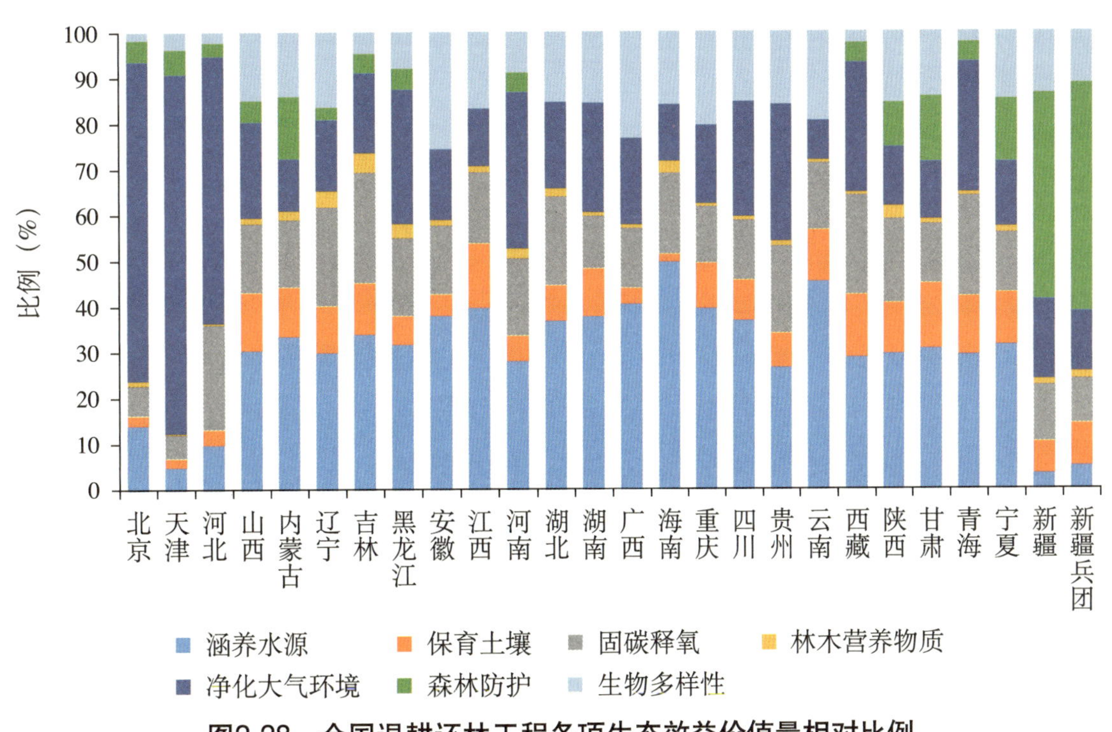

图2-28　全国退耕还林工程各项生态效益价值量相对比例

退耕还林工程实施引起的林地面积增加是森林生态效益价值上升的主要原因。各省级区域退耕还林工程生态效益价值量的高低与其退耕还林面积大小表现基本一致，退耕还林面积较大的内蒙古、陕西、甘肃、四川和云南，其退耕还林工程生态效益总价值量也相对较高。但除了面积外，林种组成、降水和温度等影响林木生长发育的环境因子，也在很大程度上影响着退耕还林工程生态效益的发挥。如重庆、湖南的退耕还林总面积虽然相对较少，约为退耕还林工程总面积最大的内蒙古的一半，但其生态林的总面积所占比例较高，分别为74.10%和90.42%，这使得其退耕还林工程生态效益总价值量相对较高，分别为四川退耕还林工程生态效益总价值量的68.70%和53.80%。此外，重庆、湖南有利于林木生长的水热条件也是其退耕还林工程生态效益总价值量相对较高的原因之一。

在全国退耕还林工程各项生态效益价值量中，涵养水源所占比例最大，为32.68%；其次为净化大气环境价值量、固碳释氧和生物多样性保护，价值量所占比例分别为21.89%、15.74%和14.59%，各项生态效益价值量所占比例与2016年退耕还林工程生态效益评估结果差异较小（国家林业局，2016）。

实施退耕还林工程，首要目的是恢复和改善生态环境，控制水土流失，减缓土地荒漠化。因此，在退耕还林工程植被恢复模式和林种的选择上，更侧重于涵养水源生态效益较高的方式。提高退耕还林林地的生物多样性，使其更接近于自然状态，是巩固退耕还林工程成果、增加退耕还林工程生态效益、促进退耕还林工程可持续发展的必要手段。此外，退耕还林工程实施十多年来，大多数新营造林分处于幼龄林或是中龄林阶段，在适宜的生长条件下，相对于成熟林或过熟林，具有更长的固碳期，累积的固碳量会更多。由此可见，人为选择和退耕还林工程的特殊性决定了各项生态效益价值量间的比例关系。

全国退耕还林工程生态效益呈现出明显的地区差异，且各工程省生态系统服务的主导功能也不尽相同，总体而言，各工程省退耕还林还草生态效益价值量以涵养水源的绿色水库、固碳释氧的绿色碳库、净化大气环境的氧吧库和生物多样性保护的绿色基因库为最多，因此以四个生态库功能为例分析中国退耕还林工程生态效益价值量特征。

（1）涵养水源功能的绿色水库作用。全国退耕还林工程涵养水源总价值量为4630.22亿元/年（表2-10），空间分布特征见图2-29。四川涵养水源价值量最高，为656.34亿元/年；其次是重庆、云南、湖南和内蒙古，其涵养水源价值量均在300.00亿～500.00亿元/年；其余省（自治区、直辖市）和新疆生产建设兵团均低于280.00亿元/年。

（2）净化大气环境功能的绿色氧吧库作用。全国退耕还林工程提供负离子总价值量为9.81亿元/年（表2-10）。贵州最高，其提供负离子价值量为1.10亿元/年，云南、陕西、湖南、甘肃、重庆和新疆提供负离子价值量均在0.50亿～1.00亿元/年，上述省级区域提供负离子之和占提供负离子总价值量的56.17%；其余省（自治区、直辖市）和新疆生产建设

表2-10 全国退耕还林工程生态效益价值量

省级区域	保育土壤(亿元/年)	林木养分固持(亿元/年)	涵养水源(亿元/年)	固碳释氧(亿元/年)	净化大气环境							森林防护(亿元/年)	生物多样性(亿元/年)	总计(亿元/年)
					负离子(亿元/年)	吸收污染物(亿元/年)	滞尘				合计(亿元/年)			
							TSP(亿元/年)	PM_{10}(亿元/年)	$PM_{2.5}$(亿元/年)	小计(亿元/年)				
北京	1.18	0.38	7.26	3.44	0.03	0.63	28.42	0.05	0.01	35.51	36.17	2.39	0.74	51.56
天津	0.12	0.02	0.30	0.32	0.02	0.04	3.79	<0.01	<0.01	4.71	4.77	0.33	0.22	6.08
河北	29.89	2.68	85.42	202.69	0.12	13.04	400.99	0.48	0.25	501.24	514.40	25.24	17.59	877.91
山西	69.82	7.78	169.37	83.06	0.44	3.92	90.37	76.58	30.64	112.95	117.31	24.85	82.19	554.38
内蒙古	108.15	20.50	346.52	151.17	0.44	4.14	93.13	78.92	31.57	116.41	120.99	138.71	141.51	1027.55
辽宁	38.71	13.64	113.72	81.93	0.08	0.73	46.65	0.04	0.01	58.30	59.11	9.85	61.42	378.38
吉林	22.34	8.37	69.64	49.31	0.05	0.45	28.10	0.03	0.01	35.06	35.56	8.85	8.88	202.95
黑龙江	23.32	10.95	119.93	64.64	0.15	1.14	88.36	0.06	0.03	110.44	111.73	16.82	29.24	376.63
安徽	10.71	2.63	88.68	34.83	0.21	0.92	27.74	0.05	0.01	34.67	35.80	—	58.95	231.60
江西	60.09	4.99	167.58	66.36	0.42	1.37	41.13	34.85	13.94	51.40	53.19	0.00	69.71	421.92
河南	28.41	11.02	146.12	87.75	0.46	6.10	137.12	116.20	46.48	171.52	178.08	20.95	45.25	517.58
湖北	43.14	9.59	203.98	107.08	0.35	3.33	81.21	68.83	27.54	101.51	105.19	—	82.92	551.90
湖南	97.61	6.80	361.36	111.58	0.76	5.69	176.78	149.77	59.91	220.99	227.44	—	146.19	950.98
广西	14.53	3.27	173.26	55.50	0.36	2.14	62.91	0.76	0.28	78.80	81.30	—	98.13	425.99

（续）

省级区域	保育土壤（亿元/年）	林木养分固持（亿元/年）	涵养水源（亿元/年）	固碳释氧（亿元/年）	净化大气环境							森林防护（亿元/年）	生物多样性（亿元/年）	总计（亿元/年）
					负离子（亿元/年）	吸收污染物（亿元/年）	滞尘				合计（亿元/年）			
							TSP（亿元/年）	PM_{10}（亿元/年）	$PM_{2.5}$（亿元/年）	小计（亿元/年）				
海南	1.14	1.56	32.09	11.46	0.06	0.26	6.17	0.02	0.00	7.76	8.08	—	10.19	64.52
重庆	117.86	9.59	481.18	151.44	0.62	6.10	161.68	137.02	54.81	202.25	208.97	—	245.20	1214.24
四川	150.78	11.93	656.34	234.29	0.45	13.34	346.68	293.80	117.53	433.76	447.55	—	266.58	1767.47
贵州	76.69	11.53	278.78	201.22	1.10	9.13	242.38	205.41	82.16	302.97	313.20	—	163.39	1044.81
云南	116.40	6.13	477.92	155.32	0.96	2.76	70.30	59.57	23.83	87.91	91.63	—	201.03	1048.43
西藏	1.56	0.08	3.26	2.43	0.04	0.04	2.50	0.00	0.00	3.13	3.21	0.46	0.27	11.27
陕西	99.15	25.84	267.42	169.21	0.83	4.27	90.19	76.38	30.55	112.67	117.77	88.83	137.65	905.87
甘肃	118.79	7.39	253.84	107.66	0.63	3.53	80.90	68.56	27.43	101.12	105.28	117.72	116.19	826.87
青海	13.60	0.92	31.88	23.86	0.05	0.35	24.52	0.02	0.00	30.64	31.04	4.39	2.44	108.13
宁夏	28.90	3.42	80.90	33.69	0.47	1.37	27.80	23.55	9.43	34.74	36.58	35.29	37.05	255.83
新疆	17.48	3.81	8.84	31.10	0.61	0.87	35.11	0.08	0.02	43.88	45.36	114.78	34.41	255.78
新疆兵团	8.14	1.35	4.63	8.83	0.10	0.33	9.29	0.02	0.00	11.61	12.04	44.89	10.13	90.01
总计	1298.51	186.17	4630.22	2230.17	9.81	85.99	2404.22	1391.05	556.44	3005.95	3101.75	654.35	2067.47	14168.64

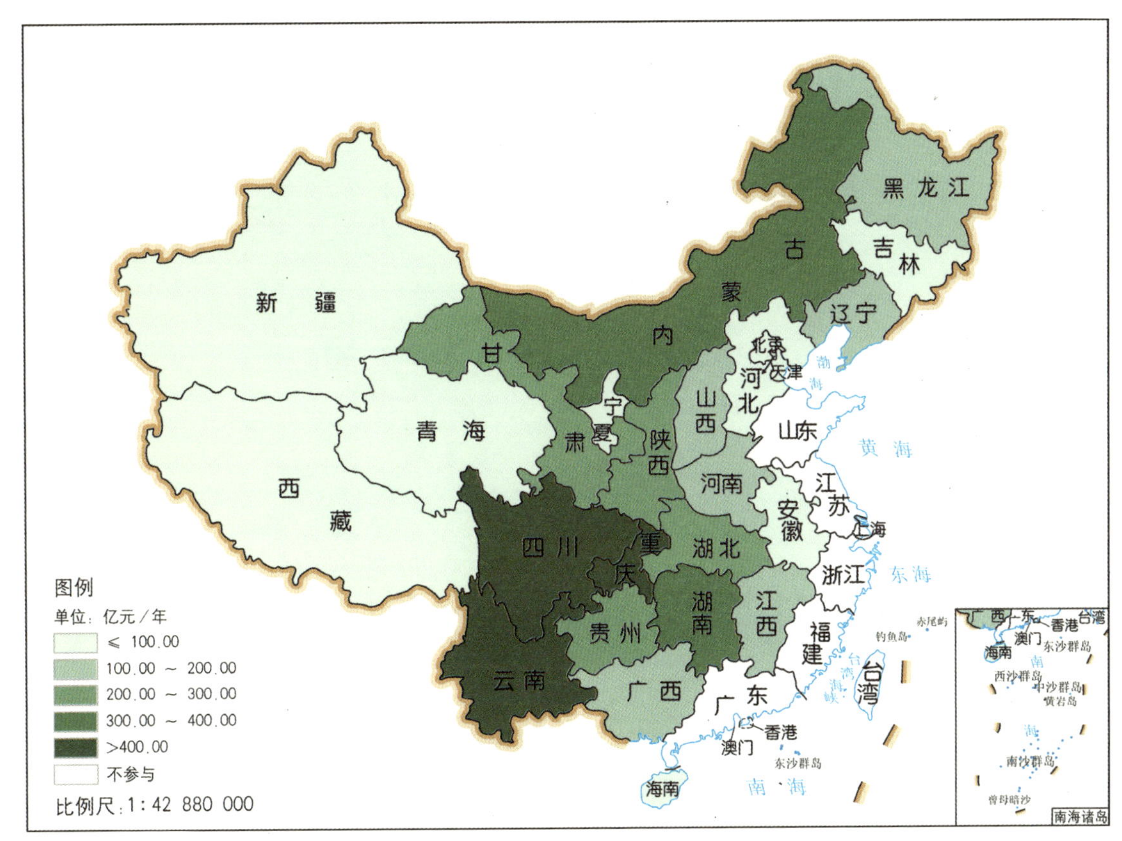

图2-29 全国退耕还林工程涵养水源价值量空间分布

兵团均低于0.50亿元/年。

全国退耕还林工程吸收污染物总价值量为85.99亿元/年（表2-10）。四川和河北吸收污染物的价值量最高，分别为13.34亿元/年和13.04亿元/年；其次为贵州，吸收污染物的价值量为9.13亿元/年；重庆、河南和湖南吸收污染物的价值量均在5.00亿～10.00亿元/年；其余省（自治区、直辖市）和新疆生产建设兵团均低于5.00亿元/年。

全国退耕还林工程滞尘总价值量为3005.95亿元/年（表2-10），空间分布特征见图2-30。河北、四川和贵州滞尘的价值量最高，分别为501.24亿元/年、433.76亿元/年和302.97亿元/年；湖南、重庆和河南滞尘的价值量均在170.00亿～230.00亿元/年；其余省（自治区、直辖市）和新疆生产建设兵团滞尘的价值量均小于120.00亿元/年。

全国退耕还林工程滞纳TSP总价值量为2404.22亿元/年，其中滞纳PM_{10}和$PM_{2.5}$总价值量分别为1391.05亿元/年和556.44亿元/年（表2-10），不同省（自治区、直辖市）和新疆生产建设兵团滞纳TSP价值量差异明显。河北滞纳TSP价值量最高，为400.99亿元/年，滞纳PM_{10}和$PM_{2.5}$的价值量分别为0.48亿元/年和0.25亿元/年；四川、贵州、湖南、重庆和河南滞纳TSP价值量均大于130.00亿元/年，滞纳PM_{10}价值量均大于110.00亿元/年，滞纳$PM_{2.5}$

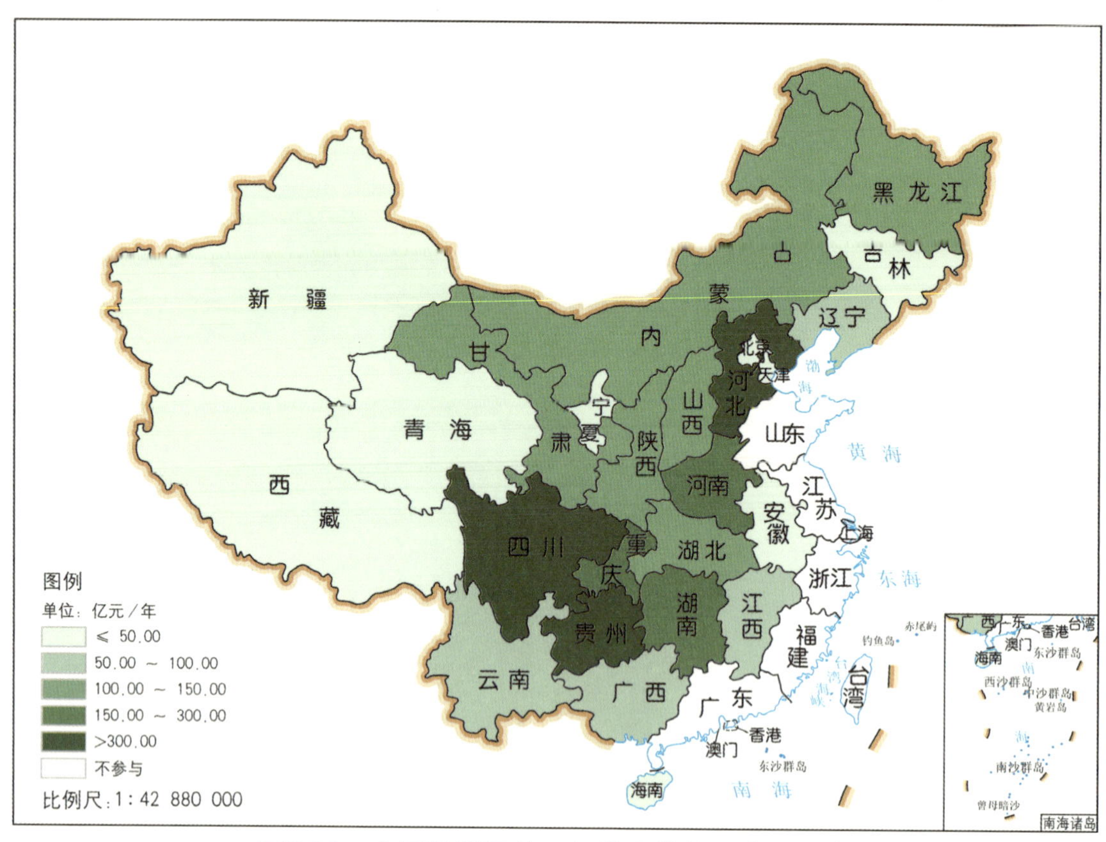

图2-30　全国退耕还林工程滞尘价值量空间分布

价值量均大于45.00亿元/年；其省（自治区、直辖市）和新疆生产建设兵团滞纳TSP价值量均低于100.00亿元/年，滞纳PM_{10}价值量均低于80.00亿元/年，滞纳$PM_{2.5}$价值量均低于32.00亿元/年。

（3）**固碳释氧功能的绿色碳库作用。**全国退耕还林工程固碳释氧总价值量为2230.16亿元/年（表2-10），空间分布特征见图2-31。四川、河北和贵州固碳释氧价值量最高，分别为234.29亿元/年、202.69亿元/年和201.22亿元/年；陕西、云南、重庆和内蒙古次之，固碳释氧价值量均在150.00亿~170.00亿元/年；其余省（自治区、直辖市）和新疆生产建设兵团固碳释氧价值量均低于120.00亿元/年。

（4）**生物多样性保护功能的绿色基因库作用。**全国退耕还林工程生物多样性保护总价值量为2067.47亿元/年（表2-10），空间分布特征见图2-32。四川生物多样性保护价值量最高，生物多样性保护价值量为266.58亿元/年；其次为重庆和云南，生物多样性保护价值量分别为245.20亿元/年和201.03亿元/年；贵州、湖南、内蒙古、陕西和甘肃生物多样性保护价值量均在100.00亿~200.00亿元/年；其余省（自治区、直辖市）和新疆生产建设兵团生物多样性保护价值量均低于100.00亿元/年。

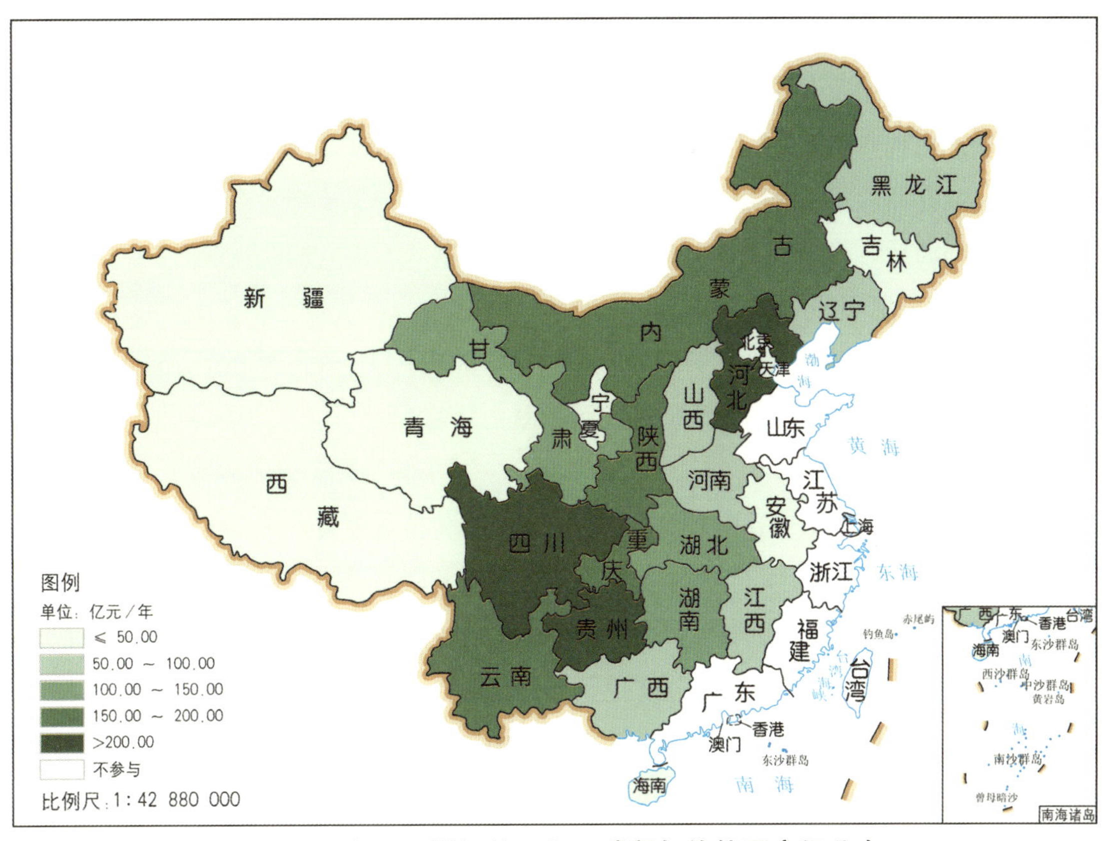

图2-31　全国退耕还林工程固碳释氧价值量空间分布

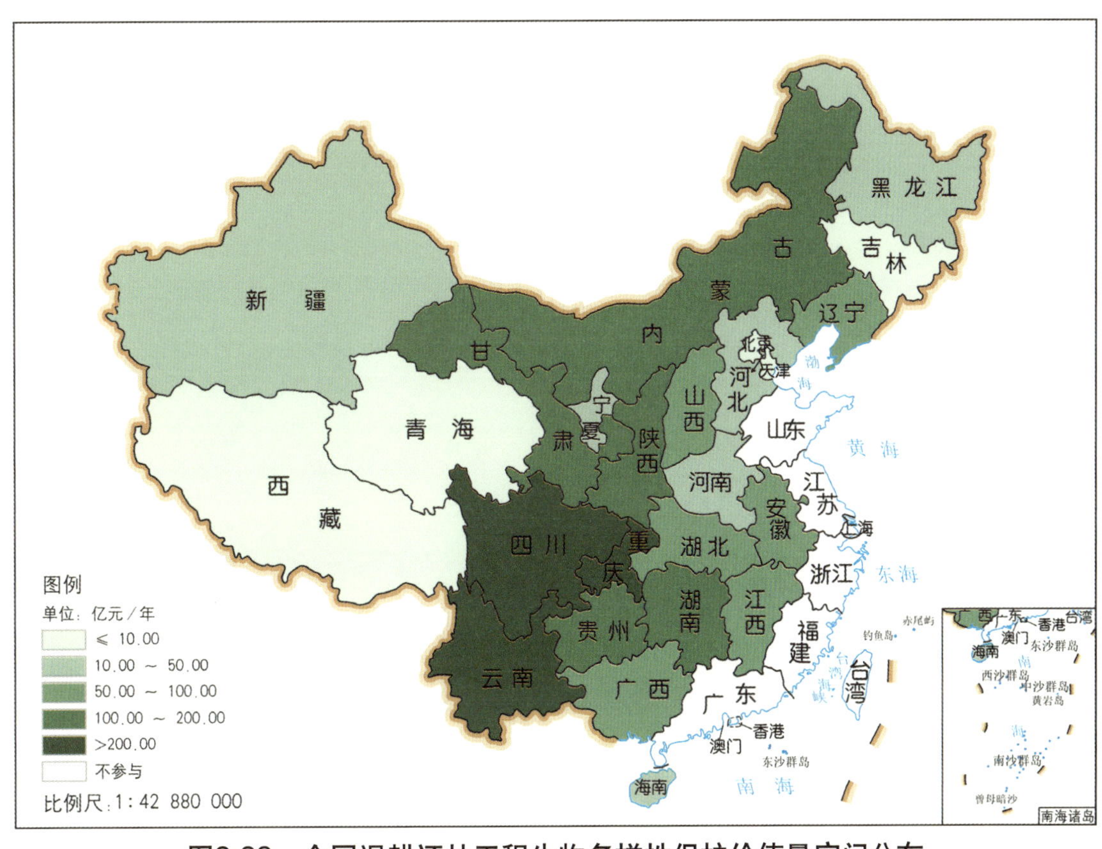

图2-32　全国退耕还林工程生物多样性保护价值量空间分布

2.4.2 三种植被恢复模式生态效益价值量评估

退耕还林工程建设内容包括退耕地还林、宜林荒山荒地造林和封山育林三种植被恢复模式。其中，退耕地还林是我国持续时间最长、工程范围最广、政策性最强、社会关注度最高、民众受益最直接、增加森林资源最多的生态工程和惠民工程。本节在退耕还林工程生态效益评估的基础之上，分别针对这三种植被恢复模式的价值量进行评估。

2.4.2.1 退耕地还林生态效益价值量评估

全国26个省级区域退耕地还林生态效益价值量如表2-11、图2-33和图2-34所示。全国退耕地还林营造林每年产生的生态效益总价值量为5842.85亿元，较2016年增加了1041.15亿元，增幅为21.68%。

对于不同退耕还林工程省退耕地还林生态效益总价值量而言，四川退耕地还林生态效益价值量最大，为861.09亿元/年；重庆、云南、贵州和陕西退耕地还林生态效益价值量次之，均在430.00亿～620.00亿元/年；内蒙古、河南、甘肃、河北、山西和湖北退耕地还林生态效益价值量均在200.00亿～380.00亿元/年；其余省（自治区、直辖市）和新疆生产建设兵团退耕地还林生态效益总价值量均低于150.00亿元/年。

就各退耕还林省级区域退耕地还林的各项生态效益评估指标而言，各省级区域退耕地还林生态效益绝大多数更偏重于涵养水源功能，其涵养水源价值量所占比例均在3.50%～51.54%。林木养分固持价值量在退耕还林工程省退耕地还林生态效益价值量中所占比例均为最小（图2-35）。

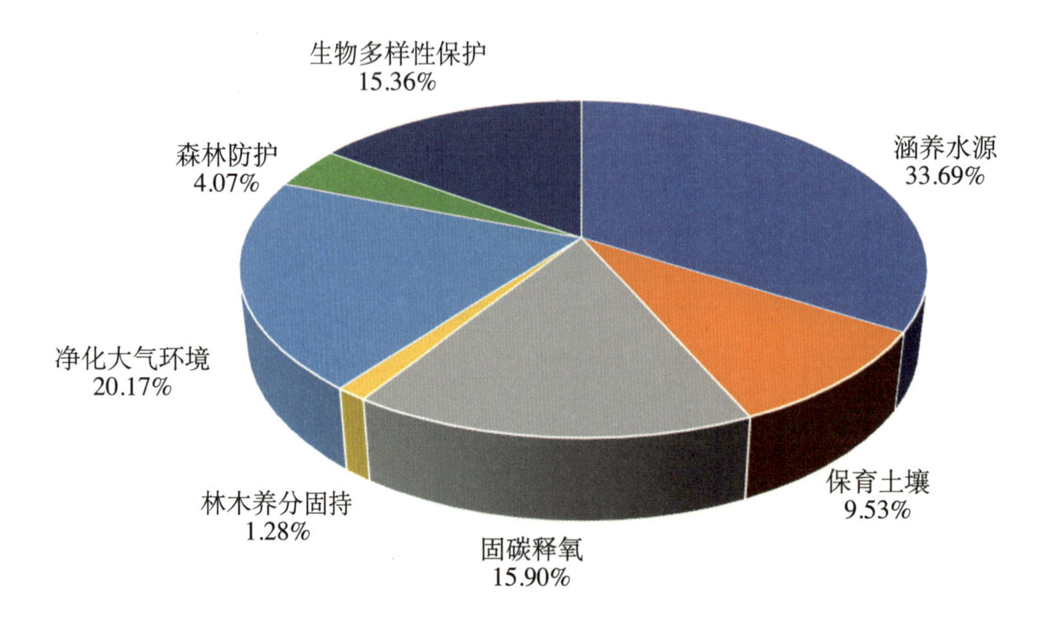

图2-33 全国退耕还林工程退耕地还林各项生态效益价值量比例

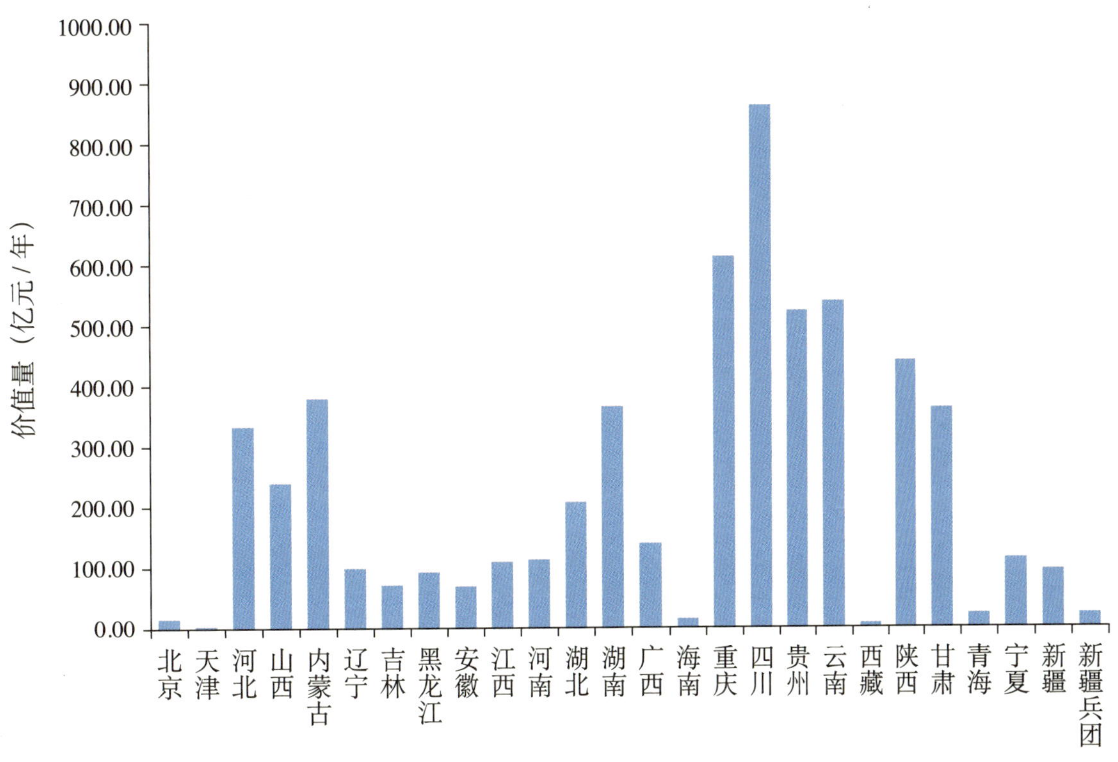

图2-34　全国退耕还林工程退耕地还林生态效益价值量

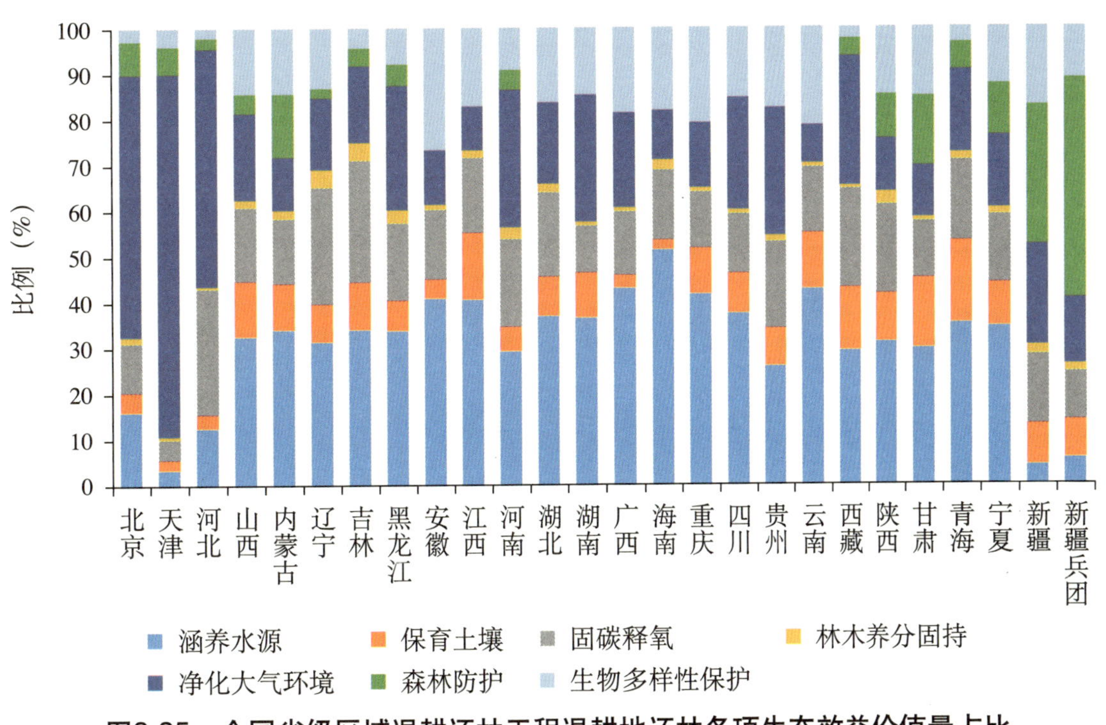

图2-35　全国省级区域退耕还林工程退耕地还林各项生态效益价值量占比

表2-11　全国退耕还林工程退耕地还林生态效益价值量

省级区域	保育土壤(亿元/年)	林木养分固持(亿元/年)	涵养水源(亿元/年)	固碳释氧(亿元/年)	净化大气环境							森林防护(亿元/年)	生物多样性(亿元/年)	总计(亿元/年)
					负离子(亿元/年)	吸收污染物(亿元/年)	滞尘				合计(亿元/年)			
							TSP(亿元/年)	PM_{10}(亿元/年)	$PM_{2.5}$(亿元/年)	小计(亿元/年)				
北京	0.62	0.21	2.53	1.66	0.02	0.28	6.88	0.03	0.01	8.59	8.89	1.14	0.39	15.44
天津	0.06	0.01	0.10	0.14	0.01	0.01	1.82	<0.01	<0.01	2.25	2.27	0.17	0.11	2.86
河北	10.08	0.98	42.18	92.00	0.04	4.73	134.77	0.20	0.12	168.47	173.24	8.51	5.93	332.92
山西	28.81	3.48	78.27	38.95	0.18	1.64	34.81	29.49	11.80	43.50	45.32	10.25	33.92	239.00
内蒙古	38.91	7.29	129.08	53.60	0.16	1.50	33.74	28.59	11.44	42.18	43.83	52.45	53.76	378.92
辽宁	8.14	3.80	31.35	25.21	0.02	0.21	12.27	0.01	<0.01	15.33	15.56	2.07	12.90	99.03
吉林	7.36	2.87	24.51	19.12	0.02	0.16	9.38	0.01	0.01	11.69	11.87	2.91	2.92	71.56
黑龙江	5.83	2.55	31.35	15.96	0.04	0.25	19.84	0.02	0.01	24.79	25.08	4.20	7.29	92.26
安徽	2.94	0.79	28.40	10.39	0.06	0.74	6.05	0.02	0.01	7.56	8.36	—	18.29	69.17
江西	16.06	1.83	44.60	17.81	0.12	0.30	8.00	6.78	2.72	<0.01	10.42	—	18.63	109.35
河南	6.47	2.85	32.93	21.43	0.11	1.31	25.97	22.00	8.80	32.48	33.90	4.78	10.31	112.67
湖北	17.64	3.62	76.90	38.64	0.16	1.21	28.13	23.84	9.54	35.16	36.53	—	33.87	207.20
湖南	35.70	2.49	133.92	37.84	0.28	2.42	79.14	67.05	26.82	98.94	101.64	—	53.46	365.05
广西	3.80	1.19	59.75	19.44	0.09	0.89	22.12	0.33	0.12	27.71	28.69	—	25.73	138.60

（续）

省级区域	保育土壤（亿元/年）	林木养分固持（亿元/年）	涵养水源（亿元/年）	固碳释氧（亿元/年）	净化大气环境							森林防护（亿元/年）	生物多样性（亿元/年）	总计（亿元/年）
					负离子（亿元/年）	吸收污染物（亿元/年）	滞尘				合计（亿元/年）			
							TSP（亿元/年）	PM_{10}（亿元/年）	$PM_{2.5}$（亿元/年）	小计（亿元/年）				
海南	0.29	0.32	7.58	2.27	0.01	0.05	1.23	<0.01	<0.01	1.54	1.60	—	2.64	14.70
重庆	61.09	4.88	255.42	76.36	0.31	2.61	67.07	56.84	22.74	83.91	86.83	—	127.07	611.65
四川	74.63	5.98	323.17	113.16	0.23	6.38	164.33	139.26	55.71	205.61	212.22	—	131.93	861.09
贵州	42.91	6.06	135.71	99.70	0.61	4.30	112.76	95.56	38.22	140.95	145.86	—	91.42	521.66
云南	66.44	3.28	230.39	77.51	0.55	1.38	34.38	29.14	11.65	43.00	44.93	—	114.75	537.30
西藏	1.03	0.06	2.21	1.62	0.02	0.02	1.66	<0.01	<0.01	2.08	2.12	0.29	0.17	7.50
陕西	46.69	13.07	137.71	84.40	0.40	1.95	39.39	33.36	13.34	49.21	51.56	41.81	64.52	439.76
甘肃	55.60	3.00	107.93	44.45	0.30	1.43	31.71	26.87	10.75	39.63	41.36	55.10	54.20	361.64
青海	4.08	0.37	8.10	4.03	0.02	0.09	3.24	0.01	<0.01	4.05	4.16	1.38	0.73	22.85
宁夏	10.94	1.70	39.24	16.82	0.18	0.68	13.84	11.72	4.69	17.29	18.15	12.78	13.99	113.62
新疆	8.50	1.76	4.00	14.31	0.30	0.40	16.16	0.04	0.01	20.20	20.90	28.98	16.07	94.52
新疆兵团	1.88	0.34	1.26	2.38	0.04	0.08	2.54	0.01	<0.01	3.17	3.30	10.84	2.53	22.53
总计	556.50	74.78	1968.59	929.20	4.28	35.02	911.23	571.18	228.51	1139.29	1178.59	237.66	897.53	5842.85

《退耕还林条例》第十五条规定，水土流失严重，沙化、盐碱化、石漠化严重，生态地位重要、粮食产量低而不稳，江河源头及其两侧、湖库周围的陡坡耕地以及水土流失和风沙危害严重等生态地位重要区域的耕地可纳入退耕地还林的范围。现有坡耕地无论是土层厚度还是地形条件，都要好于荒山、荒坡、荒沟（裴新富等，2003）。而且，从中央到地方政府，对退耕地还林验收、核查等工作较为重视，同时给予退耕户的补贴也相对较高。因此，相对于宜林荒山荒地造林和封山育林，除了受到自然环境等客观因素影响外，退耕地还林还得到较好的人为维护，其长势更好，所产生的生态效益也更高。

全国退耕还林工程退耕地还林生态效益呈现出明显的地区差异，且各地区生态系统服务的主导功能也不尽相同，以四个生态库功能为例分析全国退耕还林工程退耕地还林生态效益价值量特征。

（1）涵养水源功能的绿色水库作用。全国退耕还林工程退耕地还林涵养水源总价值量为1968.59亿元/年（表2-11），空间分布特征见图2-36。四川涵养水源价值量最高，为323.17亿元/年；其次是重庆和云南，涵养水源价值量分别为255.42亿元/年和230.39亿元/年；陕西、贵州、湖南、内蒙古和甘肃，涵养水源价值量均在100.00亿～150.00亿元/年；其余省（自治区、直辖市）和新疆生产建设兵团均低于80.00亿元/年。

（2）净化大气环境功能的绿色氧吧库作用。全国退耕还林工程退耕地还林提供负离子总价值量为4.28亿元/年（表2-11）。贵州和云南最高，提供负离子价值量分别为0.61亿元/年和0.55亿元/年，占提供负离子总价值量的27.10%；陕西、重庆、甘肃、新疆、湖南和四川提供负离子价值量在0.20亿～0.50亿元/年，以上6个省份退耕地还林提供负离子之和占提供负离子总价值量的42.52%；其余省（自治区、直辖市）和新疆生产建设兵团均低于0.20亿元/年。

全国退耕还林工程退耕地还林吸收污染物总价值量为35.03亿元/年（表2-11）。四川吸收污染物的价值量最高，为6.38亿元/年；河北和贵州次之，吸收污染物的价值量分别为4.73亿元/年和4.30亿元/年；重庆、湖南、陕西和山西退耕地还林吸收污染物的价值量在1.50亿元/年之上；其余省（自治区、直辖市）和新疆生产建设兵团吸收污染物的价值量均小于1.50亿元/年。

全国退耕还林工程退耕地还林滞尘总价值量为1139.29亿元/年（表2-11），空间分布特征见图2-37。四川的价值量最高，为205.61亿元/年；其次为河北和贵州，分别为168.47亿元/年和140.95亿元/年；其余省（自治区、直辖市）和新疆生产建设兵团滞尘的价值量均小于100.00亿元/年。

全国退耕还林工程退耕地还林滞纳TSP总价值量为911.23亿元/年，滞纳PM_{10}和$PM_{2.5}$总价值量分别为571.18亿元/年和228.51亿元/年（表2-11），不同省（自治区、直辖市）

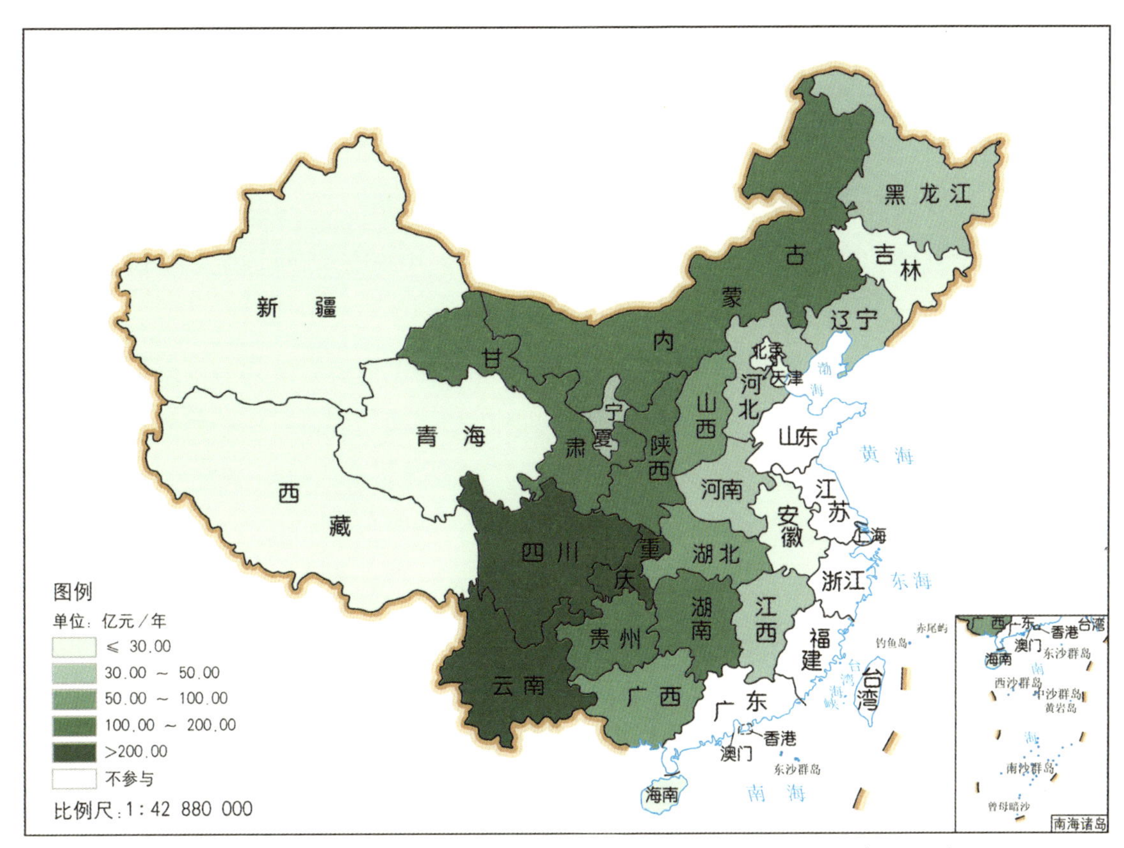

图2-36　全国退耕还林工程退耕地还林涵养水源价值量空间分布

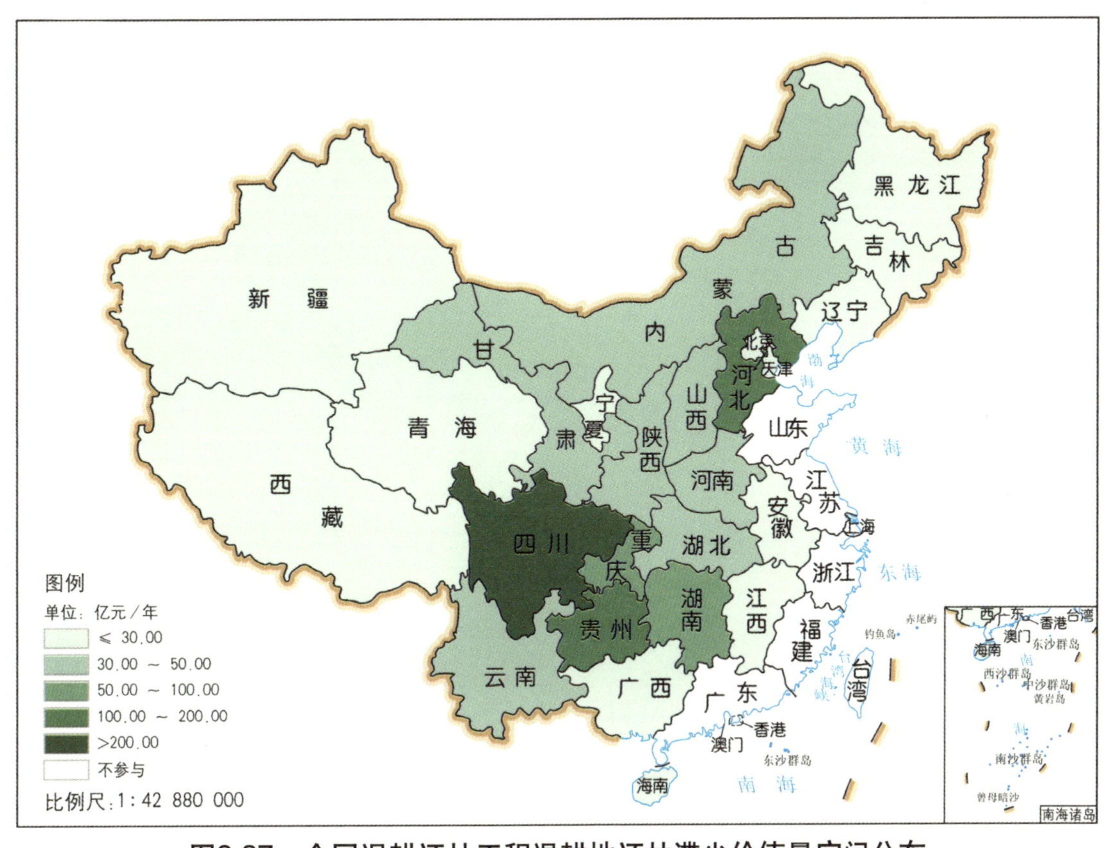

图2-37　全国退耕还林工程退耕地还林滞尘价值量空间分布

和新疆生产建设兵团退耕地还林滞纳TSP价值量差异明显。四川滞纳TSP价值量最高，为164.33亿元/年，滞纳PM_{10}和$PM_{2.5}$的价值量分别为139.26亿元/年和55.71亿元/年；河北和贵州滞纳TSP价值量次之，分别为134.77亿元/年（滞纳PM_{10}和$PM_{2.5}$的价值量分别为0.20亿元/年和0.12亿元/年）和112.76亿元/年；其余省（自治区、直辖市）和新疆生产建设兵团滞纳TSP价值量均低于80.00亿元/年，滞纳PM_{10}价值量均低于70.00亿元/年，滞纳$PM_{2.5}$价值量均低于30.00亿元/年。

（3）**固碳释氧功能的绿色碳库作用。**全国退耕还林工程退耕地还林固碳释氧总价值量为929.20亿元/年（表2-11），空间分布特征见图2-38。四川固碳释氧价值量最高，固碳释氧价值量为113.16亿元/年；其次为贵州和河北，固碳释氧价值量分别为99.70亿元/年和92.00亿元/年；陕西、云南、重庆和内蒙古固碳释氧价值量均在50.00亿～85.00亿元/年；其余省（自治区、直辖市）和新疆生产建设兵团固碳释氧价值量均低于45.00亿元/年。

（4）**生物多样性保护功能的绿色基因库作用。**全国退耕还林工程退耕地还林生物多样性保护总价值量为897.53亿元/年（表2-11），空间分布特征见图2-39。四川、重庆和云南生物多样性保护价值量最高，生物多样性保护价值量分别为131.93亿元/年、127.07亿元/年和114.75亿元/年；贵州、陕西、甘肃、内蒙古和湖南，生物多样性保护价值量均在

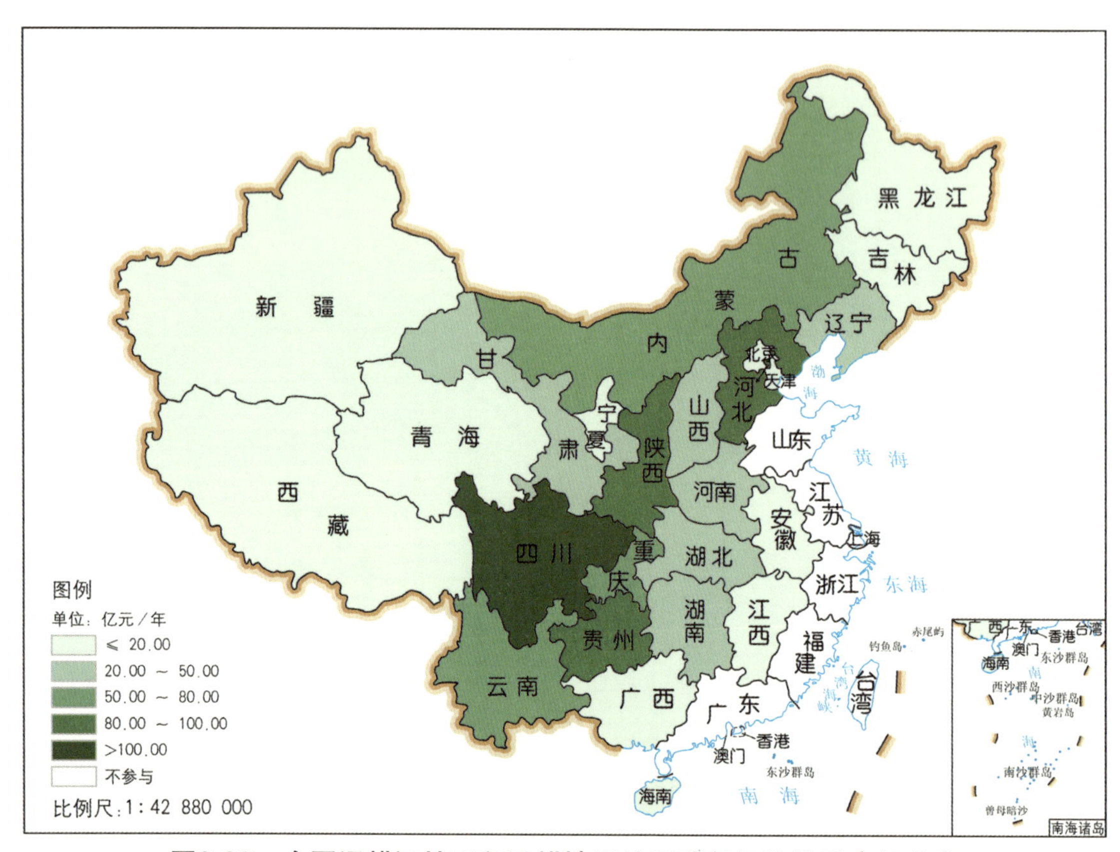

图2-38　全国退耕还林工程退耕地还林固碳释氧价值量空间分布

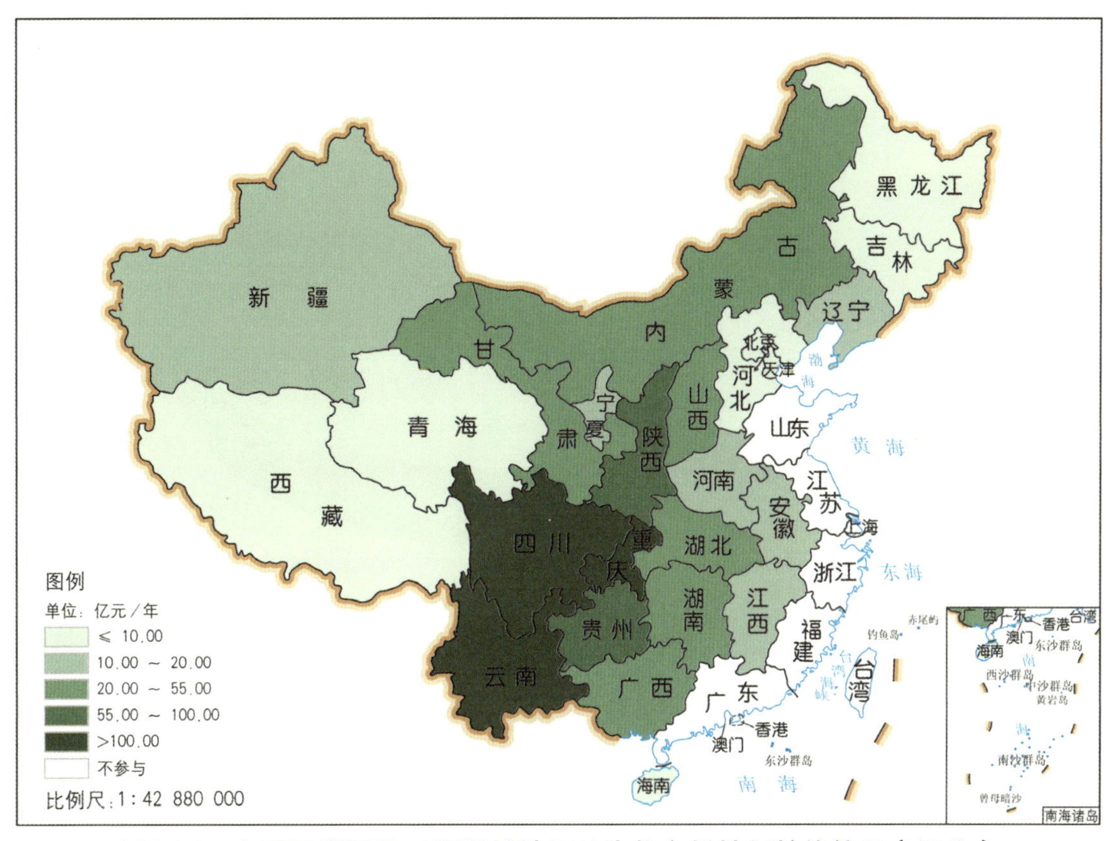

图2-39　全国退耕还林工程退耕地还林生物多样性保护价值量空间分布

50.00亿～100.00亿元/年；其余省（自治区、直辖市）和新疆生产建设兵团生物多样性保护价值量均低于35.00亿元/年。

2.4.2.2 宜林荒山荒地造林生态效益价值量评估

全国退耕还林工程宜林荒山荒地造林生态效益价值量如表2-12、图2-40和图2-41所示。全国退耕还林工程宜林荒山荒地造林每年产生的生态效益总价值量为6875.99亿元。

对于不同退耕还林工程省宜林荒山荒地造林生态效益总价值量而言，四川宜林荒山荒地造林生态效益价值量最大，为773.56亿元/年；内蒙古宜林荒山荒地造林生态效益价值量次之，为572.06亿元/年；湖南、重庆、贵州、陕西、甘肃、云南、河北、河南和湖北宜林荒山荒地造林生态效益价值量均在320.00亿～500.00亿元/年；其余省（自治区、直辖市）和新疆生产建设兵团均在280.00亿元/年以下。

就各退耕还林省级区域宜林荒山荒地造林各项生态效益评估指标而言，各省级区域宜林荒山荒地造林生态效益绝大多数为涵养水源价值量所占比重最大，均在2.94%～49.04%。天津未进行宜林荒山荒地造林，因此全国退耕还林工程宜林荒山荒地生态效益评估中不包括天津。林木养分固持价值量在退耕还林省级区域宜林荒山荒地造林生态效益价值量中所

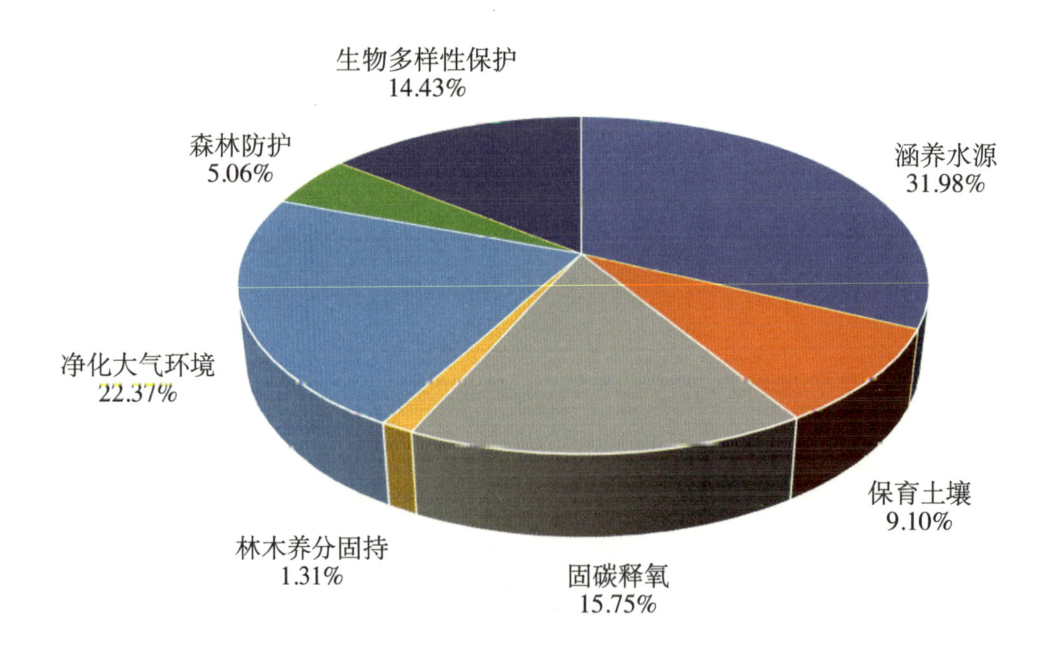

图2-40 全国退耕还林工程宜林荒山荒地造林各项生态效益价值量比例

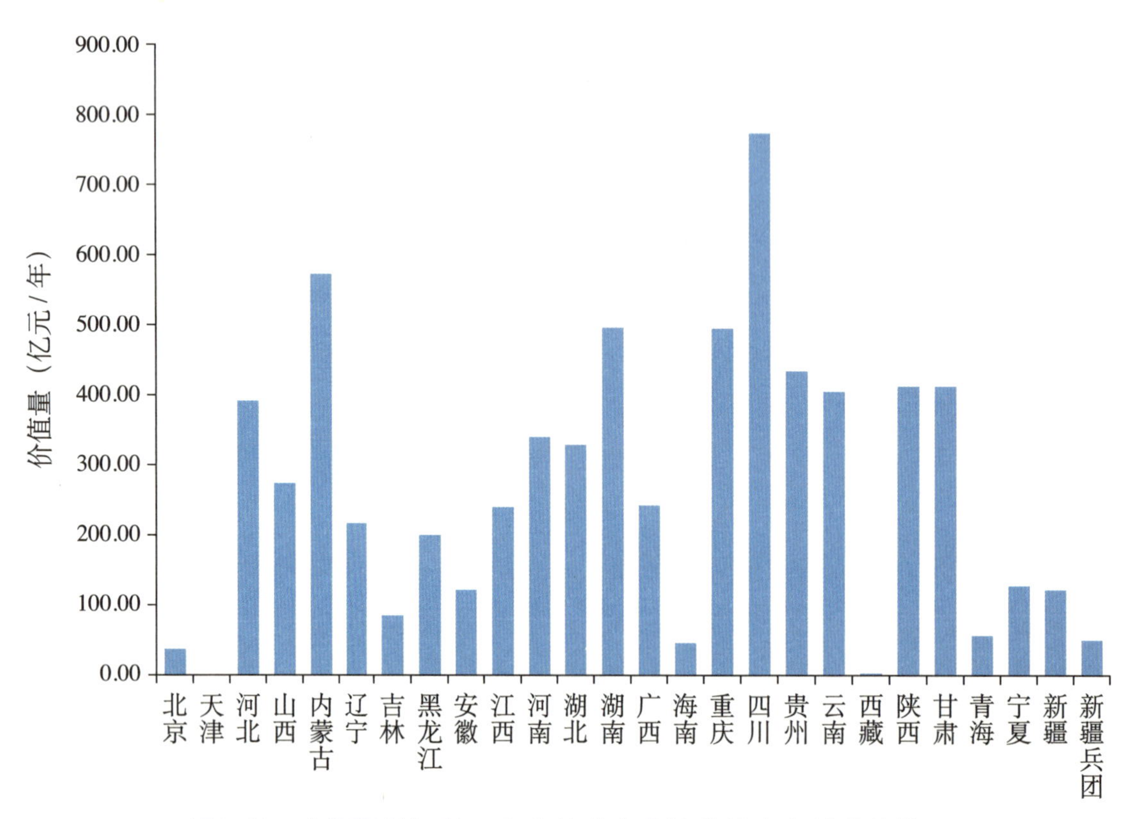

图2-41 全国退耕还林工程宜林荒山荒地造林生态效益价值量

表2-12　全国退耕还林工程宜林荒山荒地造林生态效益价值量

省级区域	保育土壤（亿元/年）	林木养分固持（亿元/年）	涵养水源（亿元/年）	固碳释氧（亿元/年）	净化大气环境							森林防护（亿元/年）	生物多样性（亿元/年）	总计（亿元/年）
					负离子（亿元/年）	吸收污染物（亿元/年）	滞尘				合计（亿元/年）			
							TSP（亿元/年）	PM_{10}（亿元/年）	$PM_{2.5}$（亿元/年）	小计（亿元/年）				
北京	0.56	0.17	4.73	1.77	0.01	0.35	21.54	0.02	<0.01	26.92	27.28	1.25	0.35	36.11
天津	—	—	—	—	—	—	—	—	—	—	—	—	—	—
河北	14.88	1.25	33.03	87.04	0.06	6.17	181.86	0.20	0.11	227.33	233.56	12.57	8.76	391.09
山西	36.70	3.57	78.37	37.89	0.23	1.92	46.69	39.57	15.83	58.37	60.52	13.07	43.20	273.32
内蒙古	60.69	11.66	190.20	86.99	0.25	2.34	52.57	44.55	17.82	65.71	68.30	76.81	77.41	572.06
辽宁	24.45	6.80	63.33	43.98	0.05	0.40	25.80	0.02	0.01	32.25	32.70	6.23	38.82	216.31
吉林	9.68	3.08	29.56	20.01	0.02	0.19	11.80	0.01	<0.01	14.74	14.95	3.84	3.83	84.94
黑龙江	13.33	6.06	64.49	35.46	0.08	0.65	42.45	0.03	0.01	53.06	53.79	9.62	16.66	199.41
安徽	5.72	1.38	45.02	17.52	0.12	0.15	16.93	0.02	<0.01	21.15	21.42	—	30.78	121.84
江西	34.53	2.21	93.31	36.21	0.24	0.83	25.84	21.89	8.75	32.28	33.35	—	40.06	239.67
河南	18.61	7.15	90.37	57.68	0.30	4.14	94.63	80.20	32.08	118.37	122.81	13.72	29.64	339.98
湖北	24.38	5.66	121.08	65.66	0.18	2.01	50.40	42.72	17.09	63.01	65.20	—	46.88	328.86
湖南	51.97	3.83	186.31	64.78	0.41	2.81	86.00	72.86	29.14	107.51	110.73	—	77.84	495.46
广西	9.23	1.88	94.57	30.31	0.24	1.08	34.40	0.36	0.13	43.09	44.41	—	62.21	242.61

（续）

省级区域	保育土壤(亿元/年)	林木养分固持(亿元/年)	涵养水源(亿元/年)	固碳释氧(亿元/年)	净化大气环境							森林防护(亿元/年)	生物多样性(亿元/年)	总计(亿元/年)
					负离子(亿元/年)	吸收污染物(亿元/年)	滞尘				合计(亿元/年)			
							TSP(亿元/年)	PM_{10}(亿元/年)	$PM_{2.5}$(亿元/年)	小计(亿元/年)				
海南	0.77	1.16	22.52	8.69	0.04	0.19	4.52	0.02	<0.01	5.69	5.92	—	6.86	45.92
重庆	47.92	3.77	183.36	60.94	0.25	2.83	76.72	65.02	26.01	95.97	99.05	—	99.65	494.69
四川	66.07	5.14	288.14	104.38	0.19	5.77	149.49	126.69	50.68	187.04	193.00	—	116.83	773.56
贵州	28.14	4.57	115.40	85.34	0.40	4.03	108.67	92.10	36.84	135.83	140.26	—	59.96	433.67
云南	41.29	2.31	192.83	60.40	0.34	1.08	27.63	23.41	9.37	34.55	35.97	—	71.28	404.08
西藏	0.31	0.02	0.63	0.47	0.01	0.01	0.49	<0.01	<0.01	0.61	0.63	0.10	0.06	2.22
陕西	46.70	11.37	113.62	74.73	0.38	2.02	44.86	37.99	15.19	56.04	58.44	41.84	65.09	411.79
甘肃	55.11	3.77	130.34	56.70	0.29	1.85	44.00	37.29	14.92	55.00	57.14	54.62	54.08	411.76
青海	6.87	0.31	15.68	13.32	0.02	0.15	13.55	0.01	<0.01	16.94	17.11	2.22	1.24	56.75
宁夏	16.49	1.57	35.98	15.39	0.27	0.62	12.66	10.73	4.29	15.83	16.72	20.76	21.12	128.03
新疆	6.72	1.54	3.58	12.57	0.24	0.35	14.19	0.03	0.01	17.73	18.32	65.20	13.75	121.68
新疆兵团	4.50	0.75	2.42	4.67	0.02	0.18	4.91	0.01	<0.01	6.16	6.36	25.80	5.68	50.18
总计	625.62	90.98	2198.87	1082.89	4.64	42.12	1192.60	695.75	278.28	1491.18	1537.94	347.65	992.04	6875.99

占比例均为最小（图2-42）。

在26个退耕还林省级区域中，内蒙古的宜林荒山荒地造林面积最大，显著大于其余工程省，但其生态效益却略低于降水条件较好的四川。这是因为只有在水分供应充足的情况下，林木方可成活并快速生长。在人为干预较少的情况下，降水量的高低直接决定了林木所需水分供应量的大小，从而决定了造林的生活率及生长速度，也即影响林分的覆盖度及蓄积量。在森林生态系统中，蓄积量的增加就意味着生物量的提高，这必然会带来生态效益的提高。植被覆盖度增加在增强涵养水源功能与降低水土流失的同时，必然会提高保育土壤功能。土壤及其养分的固持又进一步促进了林木的生长，由此可见，在水分供应充足的宜林荒山荒地造林，必然会带来越来越高的生态效益。相对于干旱少雨的北方地区，我国的四川、重庆、湖南和贵州等地雨量丰富，为宜林荒山荒地营造生态林提供了良好的生存条件，营造的生态林能够获得更多的存活率，并能维持健康生长，从而在涵养水源、保育土壤和固碳释氧等方面发挥更高的生态效益。

在干旱少雨的北方地区，宜林荒山荒地水资源缺乏，不适于需水量较大的生态林生长。据统计，在宜林荒山荒地中，不适宜发展乔木林的区域面积占宜林荒山荒地总面积的一半左右（吴永彬等，2010），在干旱少雨、水土流失和风沙灾害较为严重地区的宜林荒山荒地，种植灌木树种，尤其是乡土旱生和中生灌木，以及极强耐旱性和广泛适应性乔木

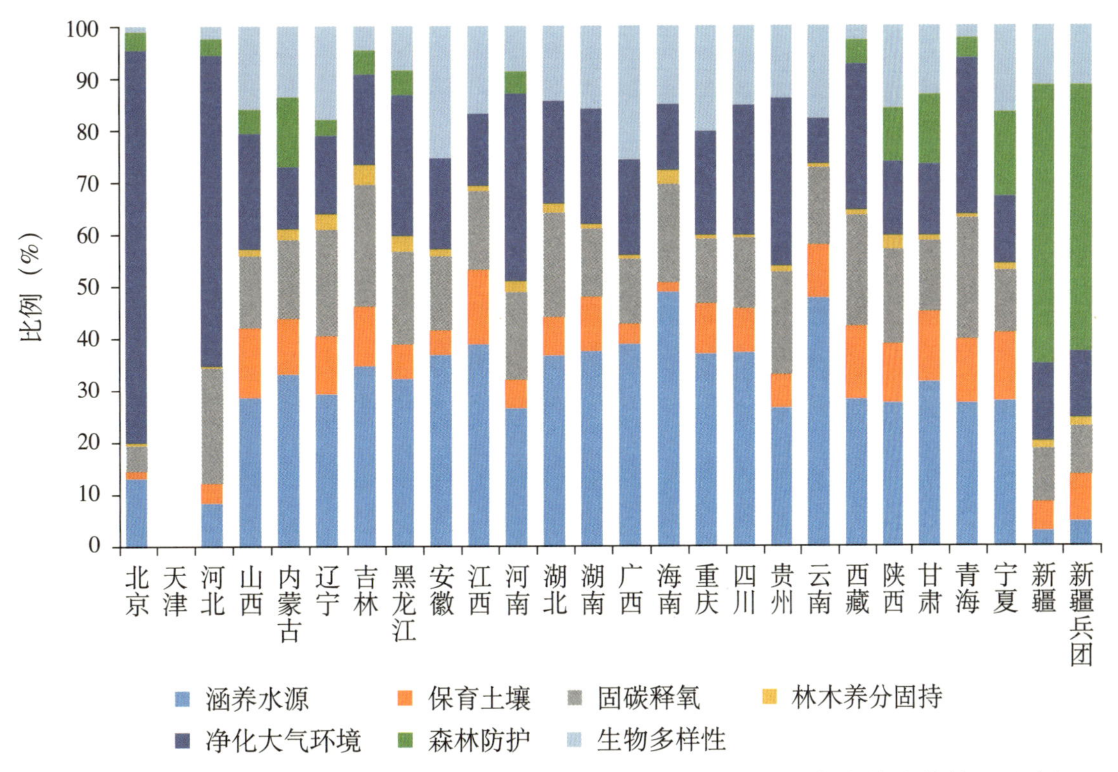

图2-42　全国省级区域退耕还林工程宜林荒山荒地造林各项生态效益价值量比例

树种，更能有效发挥其生态效益。

全国退耕还林工程宜林荒山荒地造林生态效益呈现出明显的地区差异，且各地区生态系统服务的主导功能也不尽相同，以四个生态库功能为例分析全国退耕还林工程退耕地还林生态效益价值量特征。

（1）涵养水源功能的绿色水库作用。全国退耕还林工程宜林荒山荒地造林涵养水源总价值量为2198.87亿元/年（表2-12），空间分布特征见图2-43。四川涵养水源价值量最高，为288.14亿元/年；其次是云南、内蒙古、湖南、重庆、甘肃、湖北、贵州和陕西，涵养水源价值量均在110.00亿～200.00亿元/年；其余省（自治区、直辖市）和新疆生产建设兵团涵养水源价值量均低于95.00亿元/年。

（2）净化大气环境功能的绿色氧吧库作用。全国退耕还林工程宜林荒山荒地造林提供负离子总价值量为4.64亿元/年（表2-12）。湖南和贵州最高，其提供负离子价值量分别为0.41亿元/年和0.40亿元/年，陕西、云南、河南、甘肃、宁夏、内蒙古和重庆提供负离子价值量在0.25亿～0.40亿元/年，以上7个省退耕地还林提供负离子之和占提供负离子总价值量的44.83%；其余省（自治区、直辖市）和新疆生产建设兵团均低于0.25亿元/年。

全国退耕还林工程宜林荒山荒地造林吸收污染物总价值量为42.12亿元/年（表2-12）。河北吸收污染物的价值量最高，为6.17亿元/年；四川次之，吸收污染物的价值量为5.77亿元/年；河南、贵州、重庆、湖南、内蒙古、陕西和湖北吸收污染物的价值量均在2.00亿～5.00亿元/年；其余省（自治区、直辖市）和新疆生产建设兵团吸收污染物的价值量均小于2.00亿元/年。

全国退耕还林工程宜林荒山荒地造林滞尘总价值量为1491.18亿元/年（表2-12），空间分布特征见图2-44。河北滞尘的价值量最高，为227.33亿元/年；四川次之，滞尘的价值量为187.04亿元/年；贵州、河南和湖南滞尘的价值量均在105.00亿～150.00亿元/年；其余省（自治区、直辖市）和新疆生产建设兵团滞尘的价值量均小于100.00亿元/年。

全国退耕还林工程宜林荒山荒地造林滞纳TSP总价值量为1192.60亿元/年，滞纳PM_{10}和$PM_{2.5}$总价值量分别为695.75亿元/年和278.28亿元/年（表2-12），不同省（自治区、直辖市）和新疆生产建设兵团宜林荒山荒地造林滞纳TSP价值量差异明显。河北滞纳TSP价值量最高，为181.86亿元/年（滞纳PM_{10}和$PM_{2.5}$的价值量分别为0.20亿元/年和0.11亿元/年）；四川、贵州、河南、湖南、重庆、内蒙古和湖北滞纳TSP价值量均在50.00亿～150.00亿元/年；其余省（自治区、直辖市）和新疆生产建设兵团滞纳TSP价值量均低于50.00亿元/年。

（3）固碳释氧功能的绿色碳库作用。全国退耕还林工程宜林荒山荒地造林固碳释氧总价值量为1082.89亿元/年（表2-12），空间分布特征见图2-45。四川固碳释氧价值量最

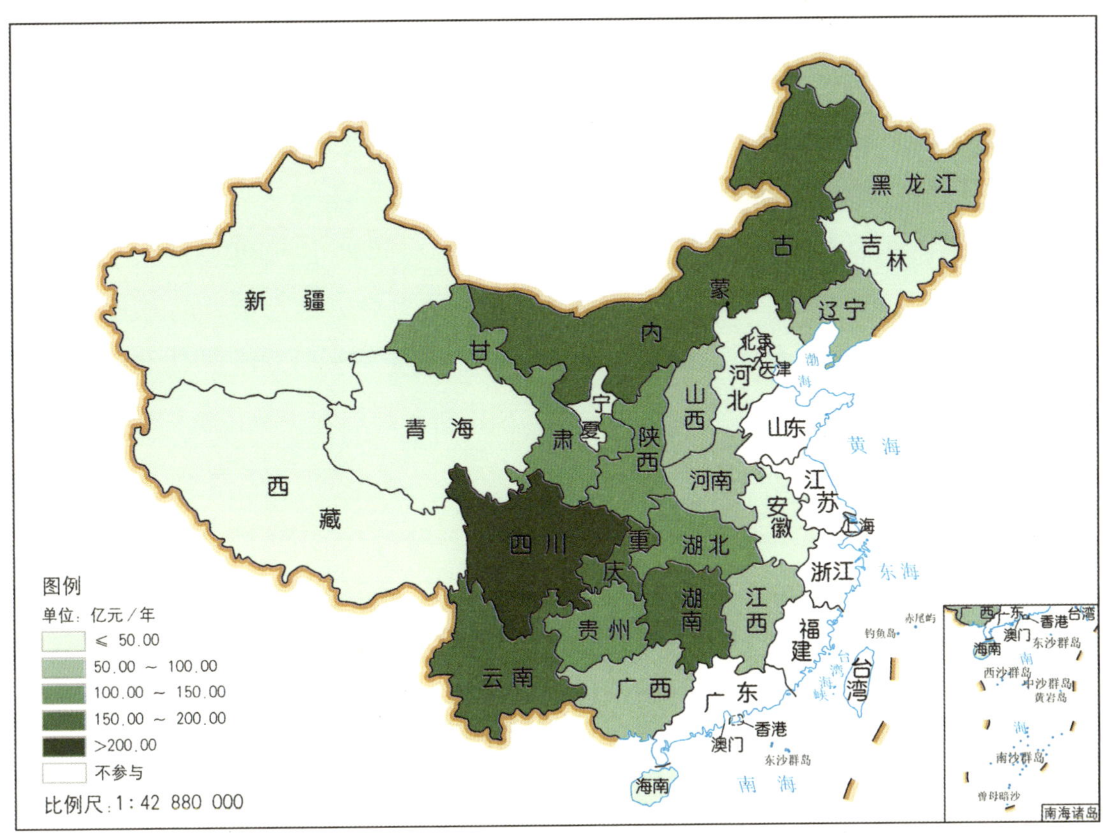

图2-43 全国退耕还林工程宜林荒山荒地造林涵养水源价值量空间分布

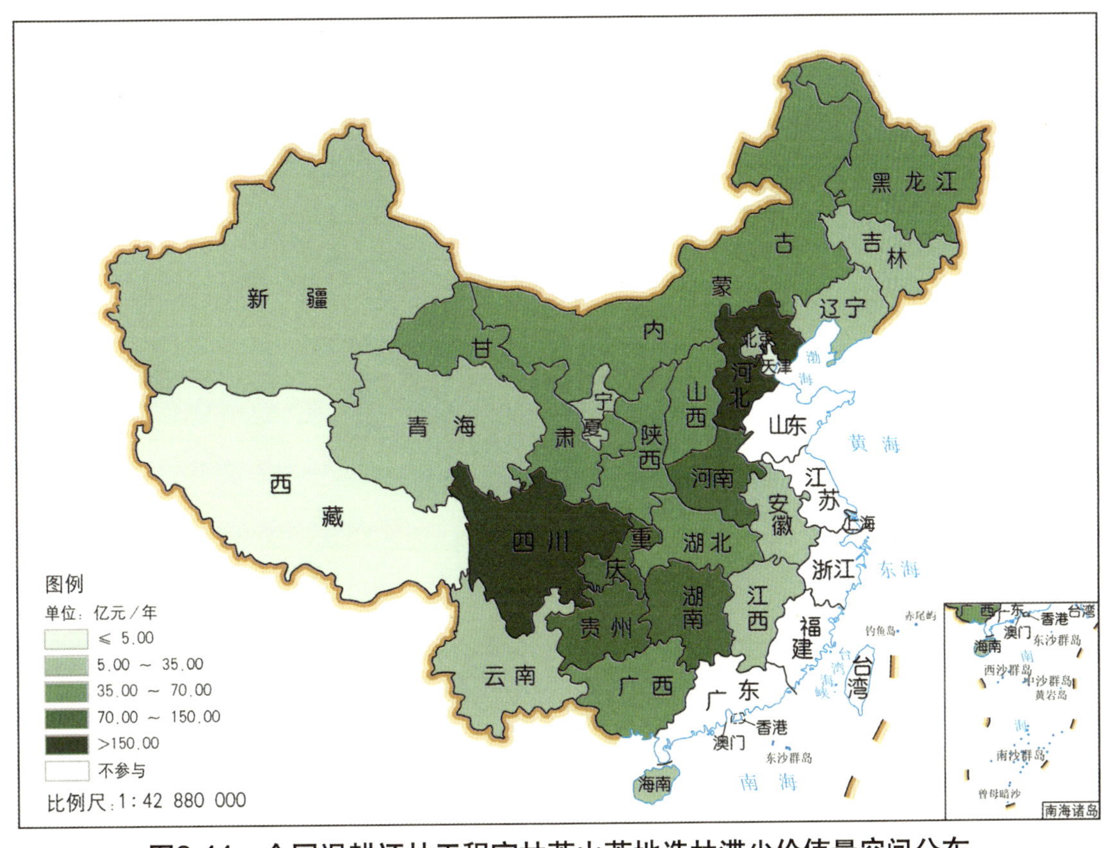

图2-44 全国退耕还林工程宜林荒山荒地造林滞尘价值量空间分布

高，为104.38亿元/年；河北、内蒙古和贵州次之，固碳释氧价值量均大于85亿元/年；陕西、湖北、湖南、重庆、云南、河南和甘肃固碳释氧价值量均在50.00亿～75.00亿元/年；其余省（自治区、直辖市）和新疆生产建设兵团固碳释氧价值量均低于45.00亿元/年。

（4）**生物多样性保护功能的绿色基因库作用。**全国退耕还林工程宜林荒山荒地造林生物多样性保护总价值量为992.04亿元/年（表2-12），空间分布特征见图2-46。四川生物多样性保护价值量最高，为116.83亿元/年；重庆次之，为99.65亿元/年；湖南、内蒙古、云南、陕西、广西、贵州和甘肃的生物多样性保护价值量均在54.00亿～80.00亿元/年；其余省（自治区、直辖市）和新疆生产建设兵团生物多样性保护价值量均低于47.00亿元/年。

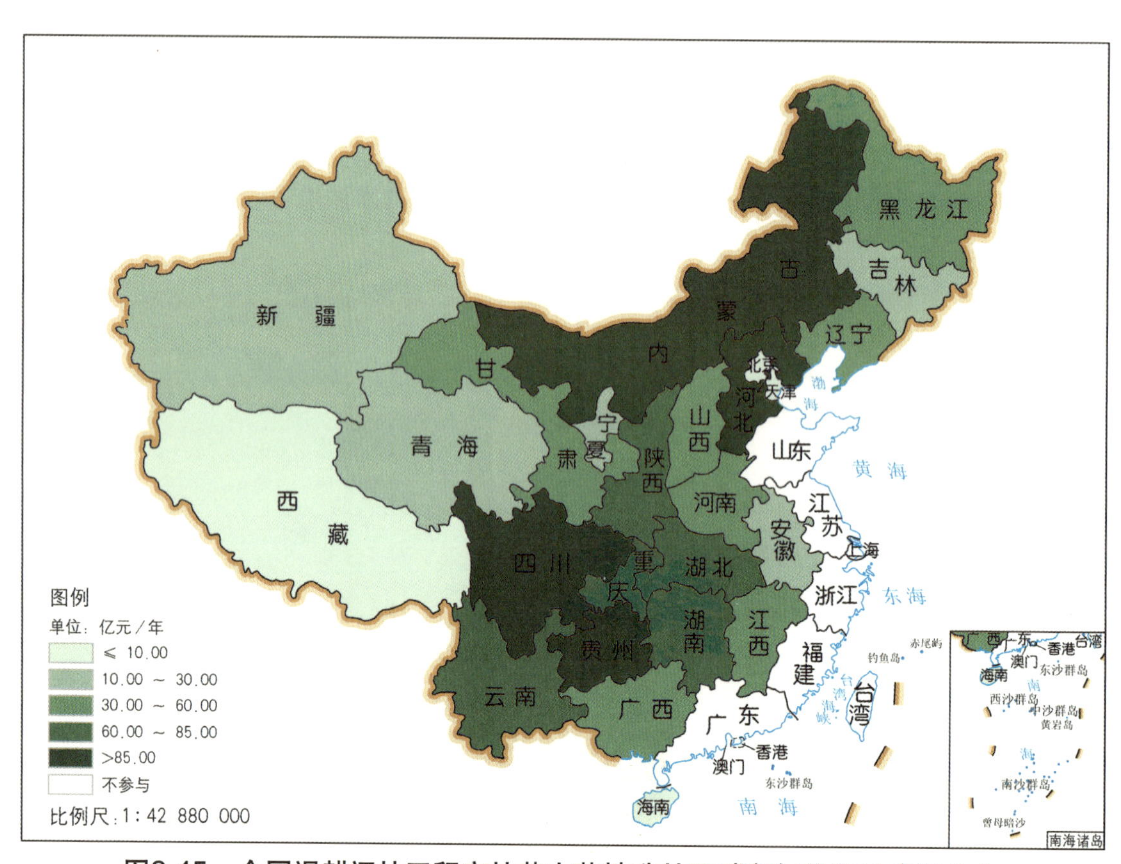

图2-45　全国退耕还林工程宜林荒山荒地造林固碳释氧价值量空间分布

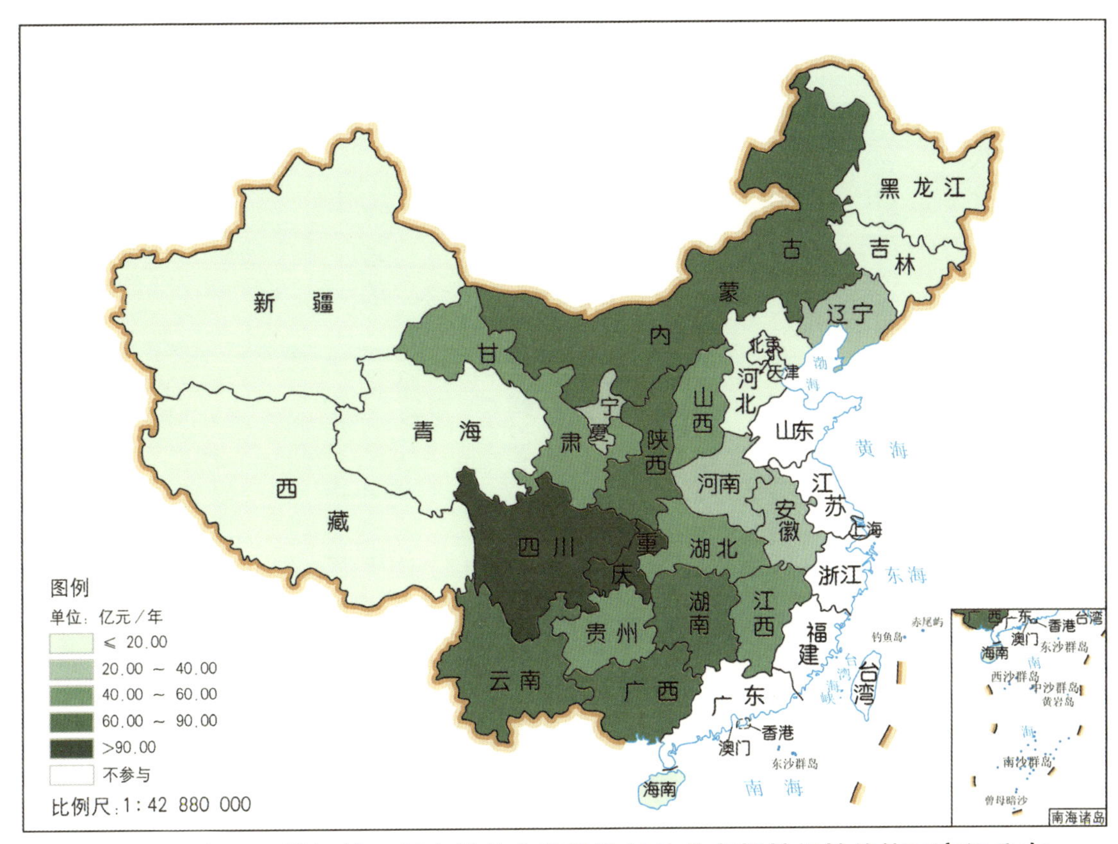

图2-46　全国退耕还林工程宜林荒山荒地造林生物多样性保护价值量空间分布

2.4.2.3 封山育林生态效益价值量评估

全国退耕还林工程封山育林生态效益价值量如表2-13、图2-47和图2-48所示。全国退耕还林工程封山育林每年产生的生态效益总价值量为1449.80亿元，较2016年增加了29.55亿元，增幅为2.08%。

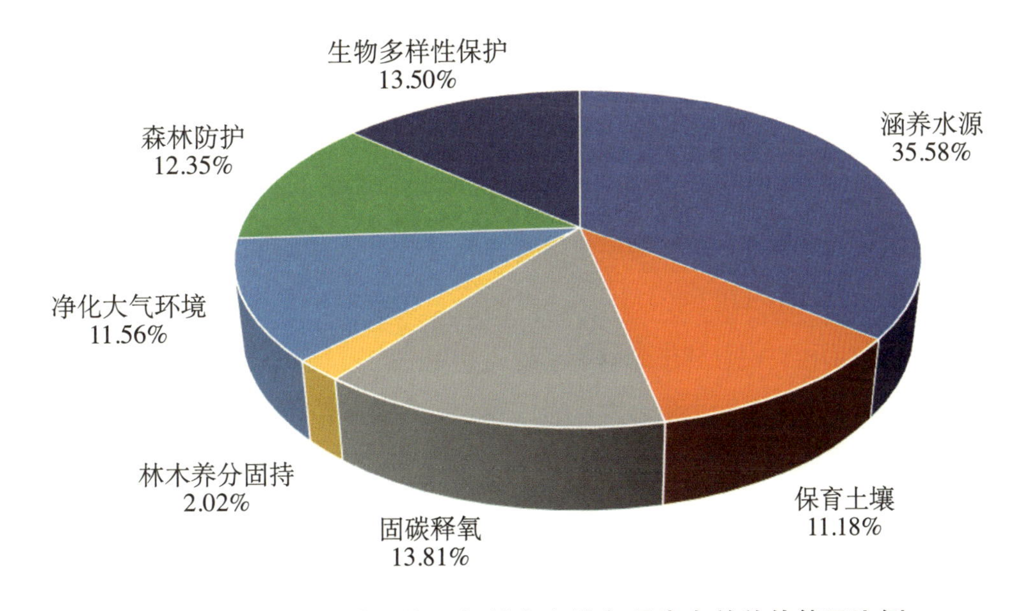

图2-47　全国退耕还林工程封山育林各项生态效益价值量比例

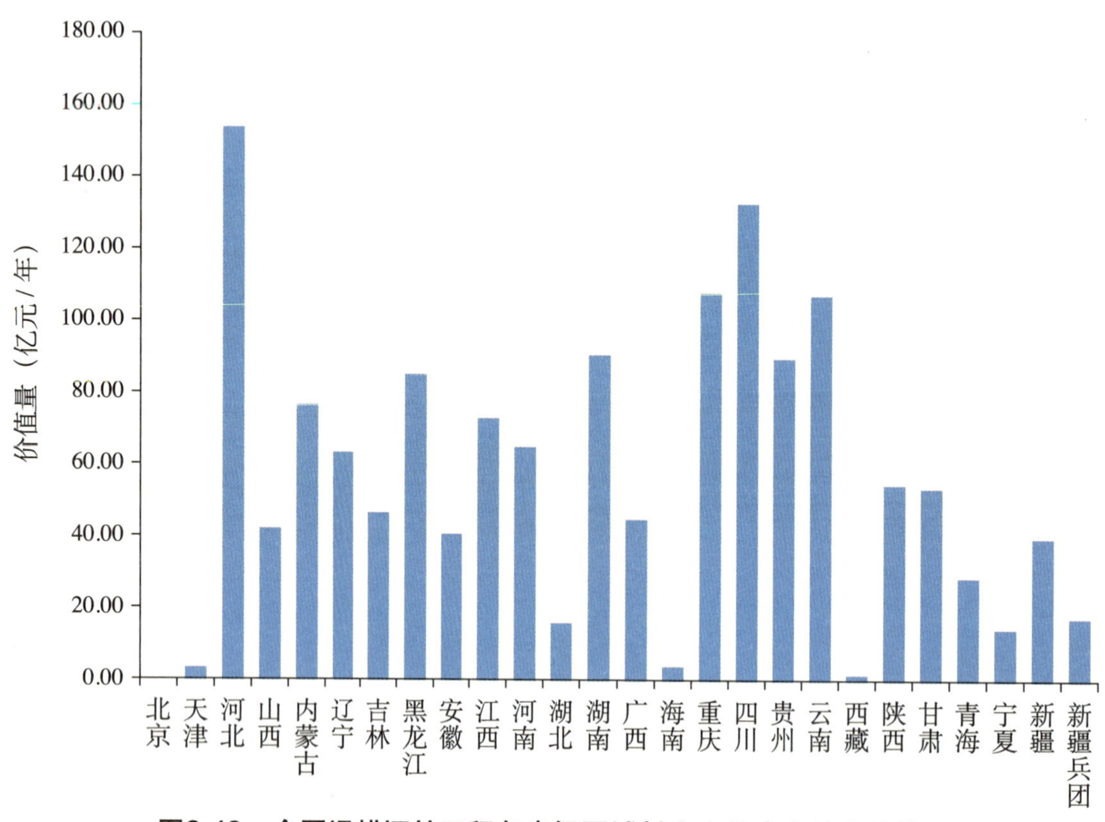

图2-48　全国退耕还林工程各省级区域封山育林生态效益价值量

对于不同退耕还林工程省封山育林生态效益总价值量而言，河北、四川、重庆和云南封山育林生态效益价值量最大，均大于100.00亿元/年；湖南、贵州、黑龙江、内蒙古、江西、河南、辽宁、陕西和甘肃封山育林生态效益价值量均在50.00亿～100.00亿元/年；其余省（自治区、直辖市）和新疆生产建设兵团封山育林生态效益价值量均低于50.00亿元/年。

就各退耕还林工程省级区域封山育林各项生态效益评估指标而言，绝大多数为涵养水源价值量所占比重最大，除新疆、新疆生产建设兵团、河北和天津外，其余涵养水源价值量均在27.19%～51.2%。北京未进行封山育林，因此全国退耕还林工程封山育林生态效益评估中不包括北京。林木积累营养物质价值量在各退耕还林工程省封山育林生态效益总价值量中所占比例均为最小（图2-49）。

全国退耕还林工程封山育林生态效益呈现出明显的地区差异，且各地区生态系统服务的主导功能也不尽相同，以四个生态库功能为例分析全国退耕还林工程退封山育林生态效益价值量特征。

（1）涵养水源功能的绿色水库作用。全国退耕还林工程封山育林涵养水源总价值量为462.76亿元/年（表2-13），空间分布特征见图2-50。云南涵养水源价值量最高，为54.70

表2-13　全国退耕还林工程封山育林生态效益价值量

省级区域	保育土壤(亿元/年)	林木养分固持(亿元/年)	涵养水源(亿元/年)	固碳释氧(亿元/年)	净化大气环境							森林防护(亿元/年)	生物多样性(亿元/年)	总计(亿元/年)
					负离子(亿元/年)	吸收污染物(亿元/年)	滞尘				合计(亿元/年)			
							TSP(亿元/年)	PM_{10}(亿元/年)	$PM_{2.5}$(亿元/年)	小计(亿元/年)				
北京	—	—	—	—	—	—	—	—	—	—	—	—	—	—
天津	0.06	0.01	0.20	0.18	0.01	0.03	1.97	<0.01	<0.01	2.46	2.50	0.16	0.11	3.22
河北	4.93	0.45	10.20	23.66	0.02	2.13	84.36	0.08	0.02	105.44	107.59	4.16	2.90	153.89
山西	4.31	0.73	12.73	6.23	0.03	0.35	8.87	7.52	3.01	11.08	11.46	1.53	5.08	42.07
内蒙古	8.55	1.55	27.25	10.57	0.03	0.31	6.82	5.78	2.31	8.52	8.86	9.46	10.34	76.58
辽宁	6.12	3.04	19.04	12.74	0.01	0.12	8.58	0.01	<0.01	10.72	10.85	1.55	9.70	63.04
吉林	5.30	2.42	15.57	10.19	0.01	0.10	6.92	0.01	<0.01	8.63	8.74	2.10	2.12	46.44
黑龙江	4.16	2.34	24.09	13.22	0.03	0.25	26.07	0.01	0.01	32.59	32.87	3.00	5.29	84.97
安徽	2.05	0.46	15.25	6.92	0.03	0.04	4.76	0.01	<0.01	5.96	6.03	—	9.88	40.59
江西	9.50	0.95	29.67	12.34	0.06	0.25	7.29	6.18	2.47	9.12	9.43	—	11.02	72.91
河南	3.33	1.02	22.83	8.64	0.05	0.64	16.52	14.00	5.60	20.67	21.36	2.45	5.30	64.93
湖北	1.12	0.31	6.00	2.78	0.01	0.11	2.68	2.27	0.91	3.34	3.46	—	2.17	15.84
湖南	9.94	0.48	41.13	8.96	0.07	0.46	11.64	9.86	3.95	14.54	15.07	—	14.88	90.46
广西	1.50	0.20	18.93	5.75	0.03	0.18	6.39	0.07	0.03	8.00	8.21	—	10.19	44.78

（续）

省级区域	保育土壤（亿元/年）	林木养分固持（亿元/年）	涵养水源（亿元/年）	固碳释氧（亿元/年）	净化大气环境							森林防护（亿元/年）	生物多样性（亿元/年）	总计（亿元/年）
					负离子（亿元/年）	吸收污染物（亿元/年）	滞尘				合计（亿元/年）			
							TSP（亿元/年）	PM_{10}（亿元/年）	$PM_{2.5}$（亿元/年）	小计（亿元/年）				
海南	0.08	0.08	2.00	0.50	0.01	0.01	0.42	<0.01	<0.01	0.53	0.55	—	0.69	3.90
重庆	8.85	0.94	42.39	14.15	0.06	0.66	17.89	15.16	6.06	22.37	23.09	—	18.48	107.90
四川	10.08	0.81	45.03	16.75	0.03	1.18	32.86	27.85	11.14	41.11	42.32	—	17.82	132.81
贵州	5.64	0.90	27.67	16.18	0.09	0.80	20.95	17.75	7.10	26.19	27.08	—	12.01	89.48
云南	8.67	0.54	54.70	17.41	0.07	0.31	8.29	7.02	2.81	10.36	10.74	—	14.99	107.05
西藏	0.22	<0.01	0.42	0.34	0.01	0.01	0.35	<0.01	<0.01	0.44	0.46	0.07	0.04	1.55
陕西	5.76	1.40	16.10	10.08	0.05	0.31	5.94	5.03	2.02	7.42	7.78	5.17	8.03	54.32
甘肃	8.08	0.62	15.57	6.51	0.04	0.25	5.19	4.40	1.76	6.49	6.78	8.00	7.91	53.47
青海	2.65	0.24	8.10	6.51	0.01	0.10	7.73	<0.01	<0.01	9.65	9.76	0.79	0.47	28.52
宁夏	1.47	0.15	5.68	1.48	0.02	0.07	1.30	1.10	0.45	1.62	1.71	1.75	1.95	14.19
新疆	2.26	0.51	1.26	4.21	0.07	0.12	4.76	0.01	<0.01	5.95	6.14	20.60	4.60	39.58
新疆兵团	1.76	0.26	0.95	1.78	0.04	0.06	1.84	<0.01	<0.01	2.28	2.38	8.25	1.93	17.31
总计	116.39	20.41	462.76	218.08	0.89	8.85	300.39	124.12	49.65	375.48	385.22	69.04	177.90	1449.80

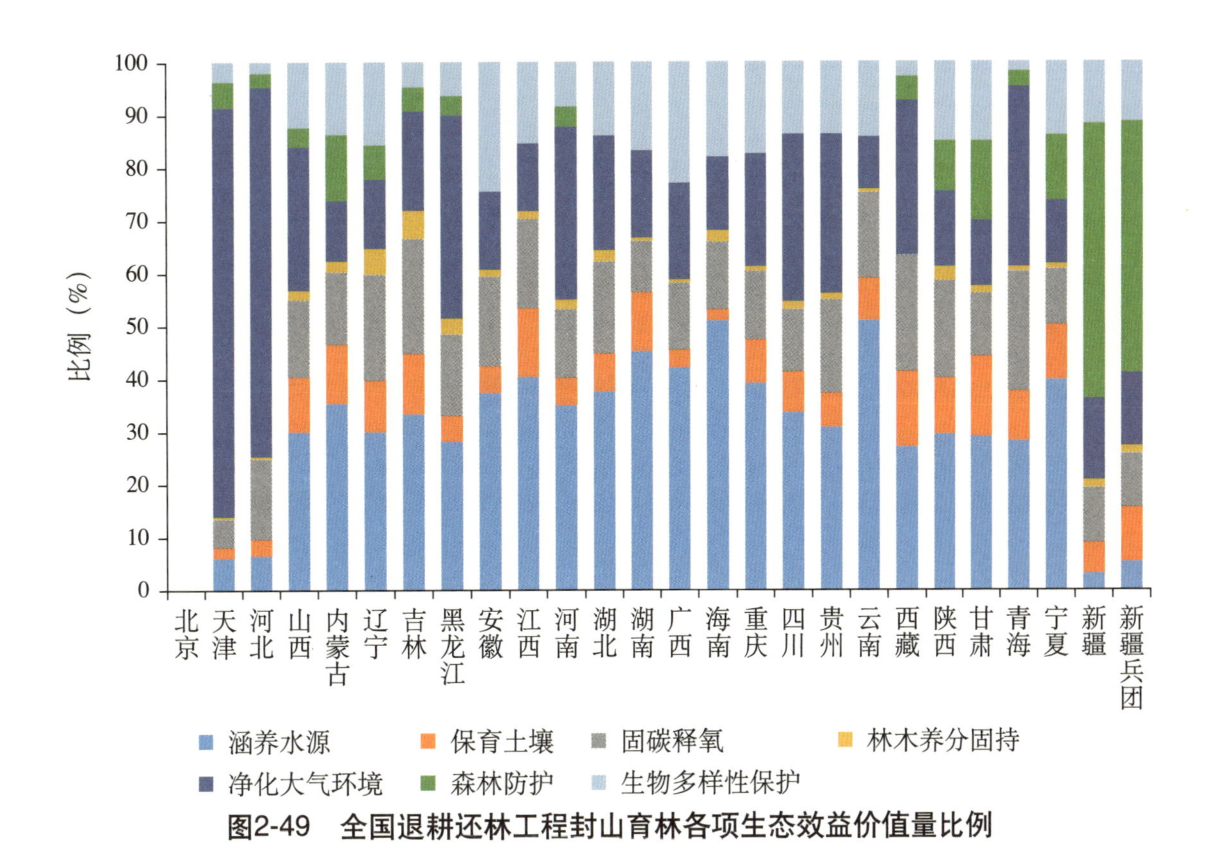

图2-49 全国退耕还林工程封山育林各项生态效益价值量比例

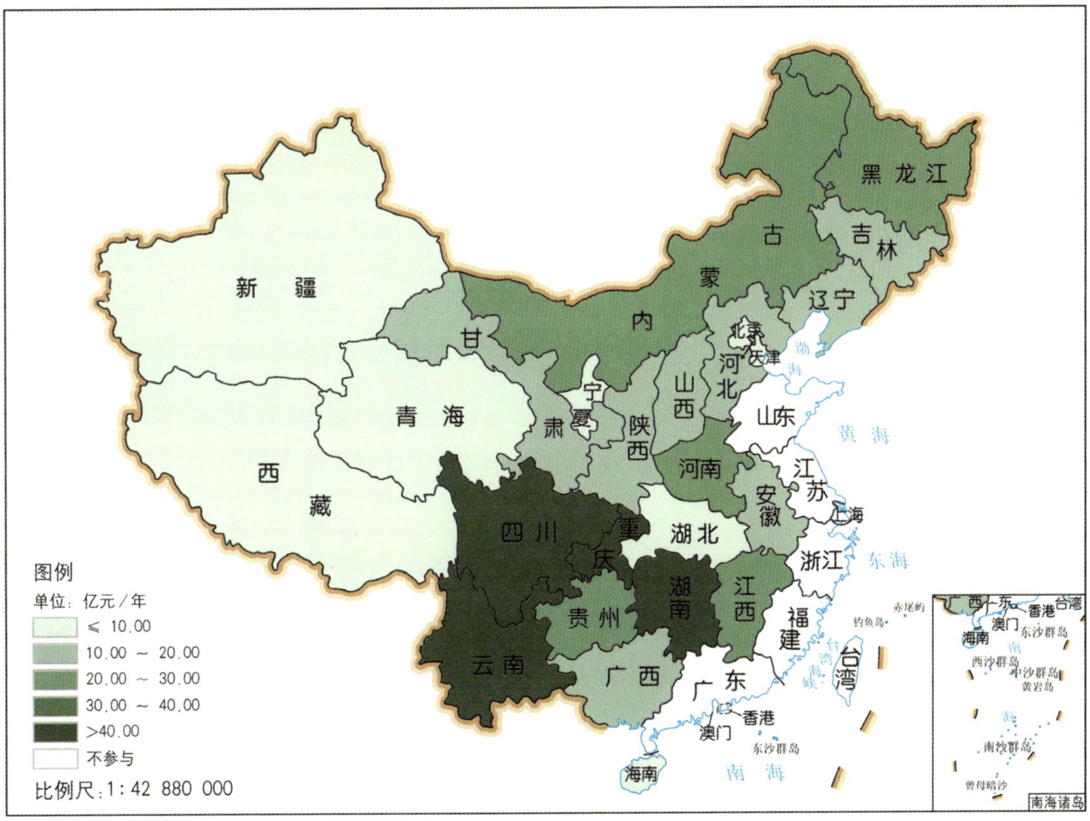

图例
单位：亿元/年
≤10.00
10.00～20.00
20.00～30.00
30.00～40.00
>40.00
不参与
比例尺：1：42 880 000

图2-50 全国退耕还林工程封山育林涵养水源价值量空间分布

亿元/年；其次是四川、重庆和湖南，涵养水源价值量均在40.00亿～50.00亿元/年；其余省（自治区、直辖市）和新疆生产建设兵团均低于30.00亿元/年。

（2）**净化大气环境功能的绿色氧吧库作用。**全国退耕还林工程封山育林提供负离子总价值量为0.89亿元/年（表2-13）。贵州最高，其提供负离子价值量为0.09亿元/年，占提供负离子总价值量的10.11%；云南、湖南、新疆、重庆、江西、河南和陕西提供负离子价值量在0.05亿～0.07亿元/年，以上7个省（自治区、直辖市）退耕地还林提供负离子之和占提供负离子总价值量的48.31%；其余省（自治区、直辖市）和新疆生产建设兵团均低于0.04亿元/年。

全国退耕还林工程封山育林吸收污染物总价值量为8.85亿元/年（表2-13）。河北吸收污染物的价值量最高，为2.13亿元/年；四川次之，吸收污染物的价值量为1.18亿元/年；其余省（自治区、直辖市）和新疆生产建设兵团吸收污染物的价值量均小于0.80亿元/年。

全国退耕还林工程封山育林滞尘总价值量为375.48亿元/年（表2-13），空间分布特征见图2-51。河北省滞尘的价值量最高，为105.44亿元/年；四川、黑龙江、贵州、重庆和河南滞尘的价值量均在20.00亿～42.00亿元/年；其余省（自治区、直辖市）和新疆生产建设兵团滞尘的价值量均小于15.00亿元/年。

全国退耕还林工程封山育林滞纳TSP总价值量为300.39亿元/年，滞纳PM_{10}和$PM_{2.5}$总价值量分别为124.12亿元/年和49.65亿元/年（表2-13），不同省（自治区、直辖市）和新疆生产建设兵团封山育林滞纳TSP价值量差异明显。河北滞纳TSP价值量最高，为84.36亿元/年，滞纳PM_{10}和$PM_{2.5}$的价值量分别为0.08亿元/年和0.02亿元/年；四川、黑龙江、贵州、重庆、河南和湖南滞纳TSP价值量均在11.00亿～35.00亿元/年；其余省（自治区、直辖市）和新疆生产建设兵团滞纳TSP价值量均低于10.00亿元/年。

（3）**固碳释氧功能的绿色碳库作用。**全国退耕还林工程封山育林固碳释氧总价值量为218.08亿元/年（表2-13），空间分布特征见图2-52。河北固碳释氧价值量最高，为23.66亿元/年；其次为云南、四川和贵州，固碳释氧价值量均在16.00亿～18.00亿元/年；重庆、黑龙江、辽宁、江西、内蒙古、吉林和陕西固碳释氧价值量均在10.00亿～15.00亿元/年；其余省（自治区、直辖市）和新疆生产建设兵团固碳释氧价值量均低于10.00亿元/年。

（4）**生物多样性保护功能的绿色基因库作用。**全国退耕还林工程封山育林生物多样性保护总价值量为177.90亿元/年（表2-13），空间分布特征见图2-53。重庆生物多样性保护价值量最高为18.48亿元/年；其次为四川，生物多样性保护价值量为17.82亿元/年；云南、湖南、贵州、江西、内蒙古和广西生物多样性保护价值量均在10.00亿～15.00亿元/年；其余省（自治区、直辖市）和新疆生产建设兵团生物多样性保护价值量均低于10.00

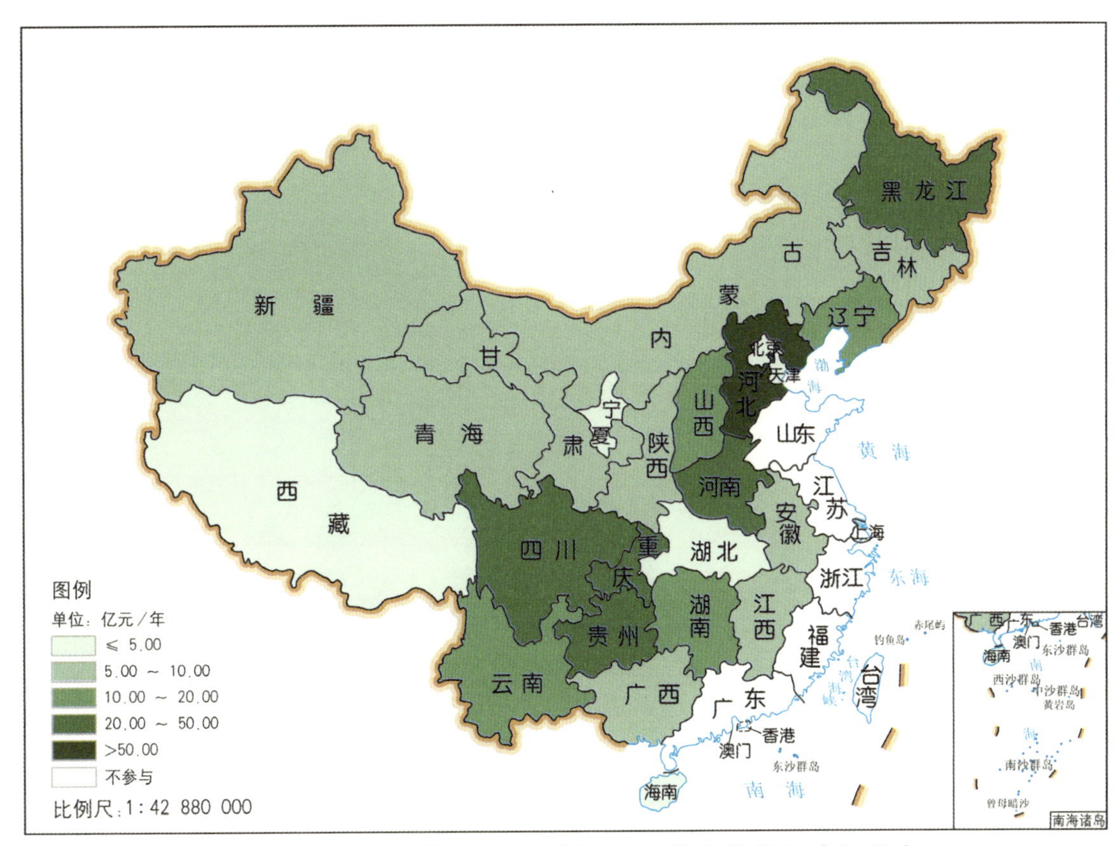

图2-51　全国退耕还林工程封山育林滞尘价值量空间分布

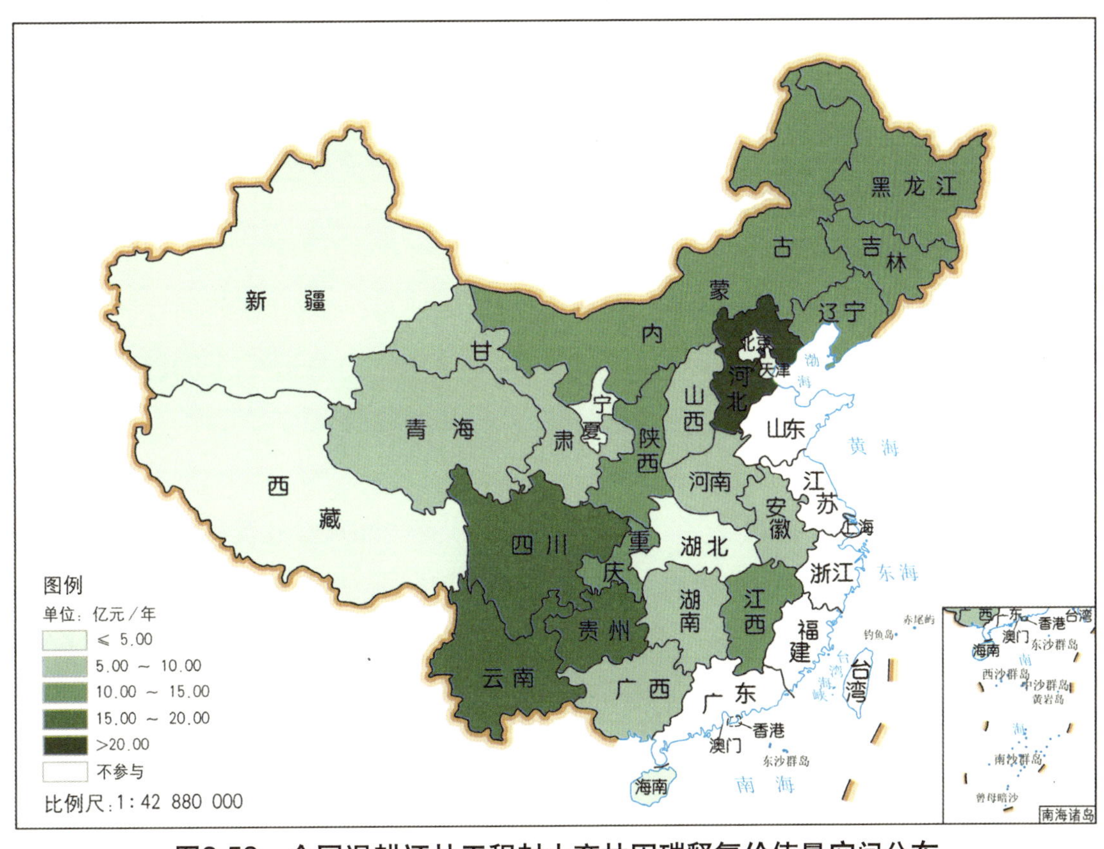

图2-52　全国退耕还林工程封山育林固碳释氧价值量空间分布

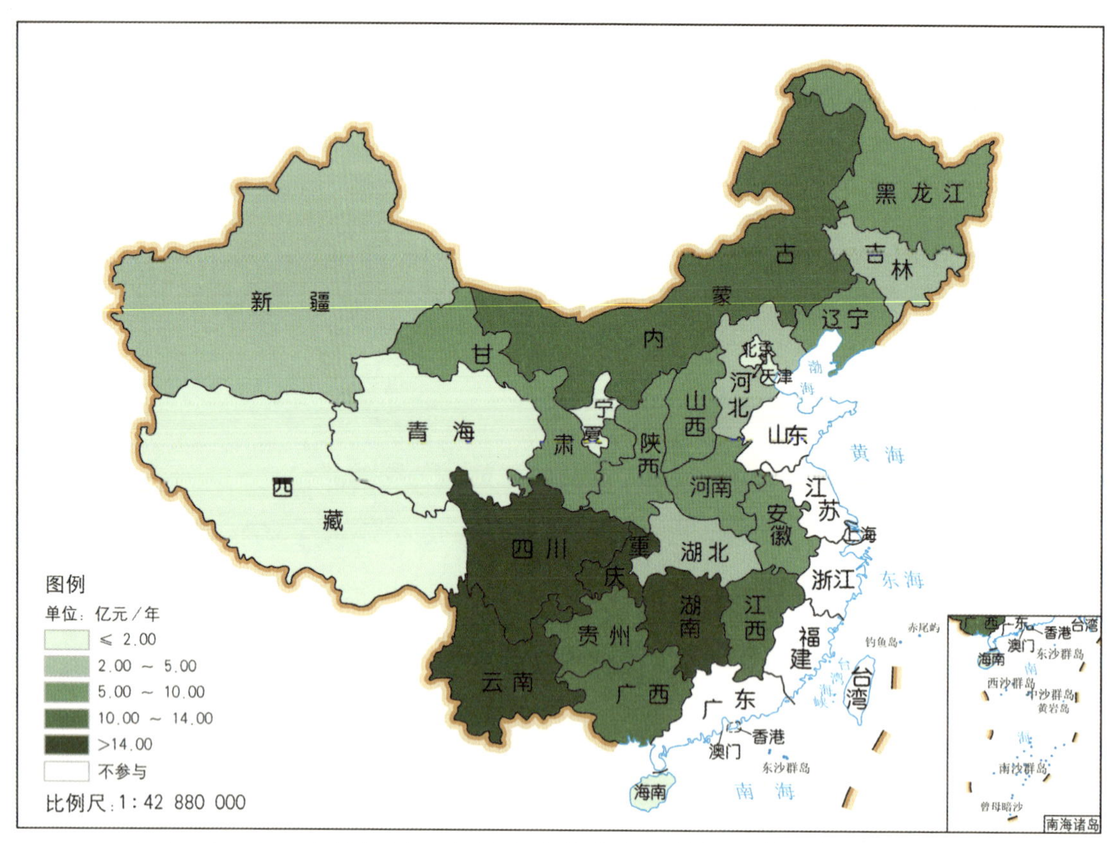

图2-53　全国退耕还林工程封山育林生物多样性保护价值量空间分布

亿元/年。

2.4.3 三个林种生态效益价值量评估

本报告中林种类型依据《国家森林资源连续清查技术规定》，结合退耕还林工程实际情况分为生态林、经济林和灌木林三种林种。三种林种中，生态林和经济林的划定以国家林业和草原局《退耕还林工程生态林与经济林认定标准》（林退发〔2001〕550号）为依据。

2.4.3.1 生态林生态效益价值量评估

生态林是指在退耕还林工程中，营造以减少水土流失和风沙危害等生态效益为主要目的的林木，主要包括水土保持林、水源涵养林、防风固沙林和竹林等（国家林业局，2001）。由于涵养水源绿色水库、固碳释氧绿色碳库、净化大气环境氧吧库和生物多样性保护基因库功能较为突出，并且是生态功能研究重点，以这四个生态库功能为例分析全国退耕还林工程生态林生态效益价值量特征。

全国退耕还林工程生态林价值量评估结果，见表2-14。四川退耕还林生态林生态效益价值量最高，为1320.93亿元/年，占退耕还林工程生态林总价值量13.63%；重庆（902.84亿元/年）和湖南（869.92亿元/年）次之；总价值量在500.00亿～700.00亿元/年的省份为贵州、河北、云南、甘肃和陕西；其余省（自治区、直辖市）和新疆生产建设兵团生态

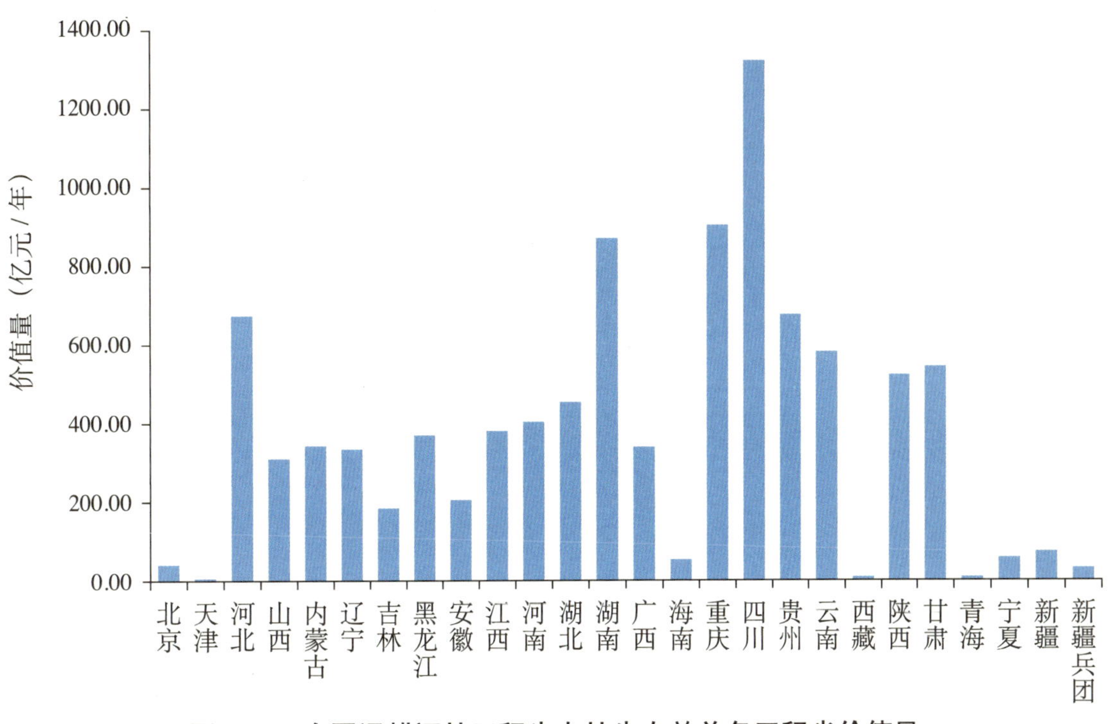

图2-54　全国退耕还林工程生态林生态效益各工程省价值量

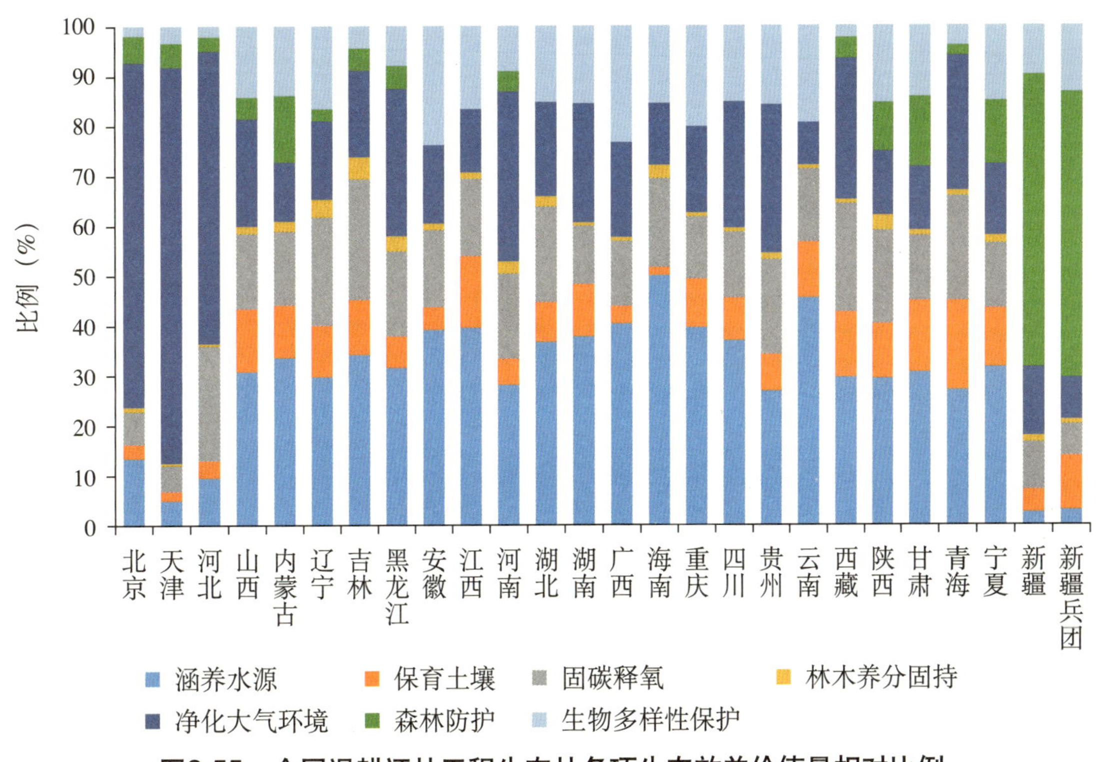

图2-55　全国退耕还林工程生态林各项生态效益价值量相对比例

表2-14　全国退耕还林工程生态林各工程省生态效益价值量

省级区域	保育土壤（亿元/年）	林木养分固持（亿元/年）	涵养水源（亿元/年）	固碳释氧（亿元/年）	净化大气环境							森林防护（亿元/年）	生物多样性（亿元/年）	总计（亿元/年）
					负离子（亿元/年）	吸收污染物（亿元/年）	滞尘				合计（亿元/年）			
							TSP（亿元/年）	PM_{10}（亿元/年）	$PM_{2.5}$（亿元/年）	小计（亿元/年）				
北京	1.09	0.34	5.58	2.66	0.02	0.48	21.98	0.04	0.01	27.46	27.96	2.18	0.68	40.49
天津	0.10	0.01	0.30	0.30	0.01	0.04	3.57	<0.01	<0.01	4.45	4.50	0.26	0.18	5.65
河北	22.51	2.06	65.64	156.00	0.09	10.03	308.63	0.37	0.19	385.79	395.91	19.00	13.25	674.37
山西	38.89	4.41	96.26	47.15	0.24	2.22	51.30	43.47	17.39	64.12	66.53	13.83	43.18	310.30
内蒙古	35.73	6.91	116.24	50.74	0.15	1.39	31.26	26.49	10.60	39.08	40.62	45.67	46.58	342.49
辽宁	34.35	12.05	100.36	72.34	0.08	0.64	41.18	0.03	0.01	51.48	52.20	8.74	54.47	334.51
吉林	20.18	7.59	63.32	44.70	0.04	0.41	25.48	0.02	0.01	31.78	32.23	8.01	8.01	184.04
黑龙江	23.00	10.73	118.04	63.63	0.15	1.13	86.99	0.06	0.02	108.72	110.01	16.61	28.77	370.78
安徽	9.11	2.35	80.37	31.56	0.18	0.84	25.14	0.04	0.01	31.42	32.44	—	48.21	204.04
江西	54.03	4.49	151.17	59.88	0.39	1.24	37.11	31.45	12.58	46.39	48.02	—	62.67	380.26
河南	22.27	8.60	114.14	68.53	0.35	4.76	107.06	90.72	36.29	133.93	139.04	16.41	35.45	404.44
湖北	35.42	7.86	167.37	87.90	0.29	2.73	66.67	56.50	22.60	83.33	86.35	—	68.08	452.98
湖南	90.12	6.23	330.75	102.13	0.70	5.20	161.81	137.09	54.84	202.28	208.18	—	132.51	869.92
广西	11.84	2.62	138.02	44.24	0.29	1.71	50.10	0.73	0.28	62.78	64.78	—	78.52	340.02

（续）

省级区域	保育土壤（亿元/年）	林木养分固持（亿元/年）	涵养水源（亿元/年）	固碳释氧（亿元/年）	净化大气环境							森林防护（亿元/年）	生物多样性（亿元/年）	总计（亿元/年）
					负离子（亿元/年）	吸收污染物（亿元/年）	滞尘				合计（亿元/年）			
							TSP（亿元/年）	PM_{10}（亿元/年）	$PM_{2.5}$（亿元/年）	小计（亿元/年）				
海南	0.96	1.31	27.99	10.01	0.05	0.22	5.38	0.02	<0.01	6.77	7.04	—	8.55	55.85
重庆	87.17	7.13	358.73	112.94	0.44	4.55	120.45	102.07	40.83	150.72	155.71	—	181.16	902.84
四川	112.34	8.93	491.07	175.26	0.34	9.98	259.20	219.66	87.87	324.41	334.73	—	198.60	1320.93
贵州	49.60	7.75	182.21	129.29	0.70	5.91	155.98	132.18	52.87	194.97	201.58	—	105.69	676.12
云南	64.46	3.42	265.84	85.65	0.53	1.55	38.72	32.81	13.12	48.44	50.52	—	111.32	581.21
西藏	0.96	0.06	2.21	1.61	0.01	0.02	1.65	<0.01	<0.01	2.07	2.10	0.31	0.16	7.41
陕西	57.08	14.90	154.22	97.61	0.47	2.47	52.01	44.07	17.63	65.01	67.95	50.78	79.01	521.55
甘肃	77.61	4.84	167.26	70.92	0.41	2.32	53.31	45.18	18.07	66.63	69.36	76.55	75.79	542.33
青海	1.38	0.08	2.10	1.61	0.01	0.02	1.65	<0.01	<0.01	2.06	2.09	0.15	0.29	7.70
宁夏	6.60	0.77	18.20	7.58	0.10	0.31	6.25	5.30	2.12	7.81	8.22	7.23	8.44	57.04
新疆	3.24	0.83	2.00	6.87	0.14	0.19	7.76	0.02	<0.01	9.70	10.03	42.15	6.96	72.08
新疆兵团	3.44	0.29	1.05	2.04	0.04	0.07	2.12	0.01	<0.01	2.64	2.75	18.47	4.20	32.24
总计	863.48	126.56	3220.44	1533.14	6.22	60.43	1722.76	968.33	387.34	2154.24	2220.89	326.35	1400.73	9691.59

林总价值量均低于500.00亿元/年（表2-14和图2-54）。

全国退耕还林工程生态林各生态效益价值量所占相对比例分布如图2-55所示。全国退耕还林工程生态林生态效益的各分项价值量分配中，地区差异较为明显。除森林防护和涵养水源功能外其余评估指标价值量所占比例差异相对较小。新疆和新疆生产建设兵团以森林防护为主，所占比例分别为58.47%和57.28%；天津、北京和河北以净化大气环境为主，所占比例分别为79.64%、69.06%和58.71%；其他省份以涵养水源功能为主，所占比例在14.12%～58.47%。

（1）涵养水源功能的绿色水库作用。全国退耕还林工程生态林涵养水源总价值量为3220.44亿元/年（表2-14），空间分布特征见图2-56。四川涵养水源价值量最高，为491.07亿元/年；其次是重庆、湖南和云南，涵养水源价值量均在250.00亿～360.00亿元/年；贵州、湖北、甘肃、陕西、江西、广西、黑龙江、内蒙古、河南和辽宁涵养水源价值量均在100.00亿～200.00亿元/年；其余省（自治区、直辖市）和新疆生产建设兵团均低于100.00亿元/年。

（2）净化大气环境功能的绿色氧吧库作用。全国退耕还林工程生态林滞尘总价值量为2154.24亿元/年（表2-14），空间分布特征见图2-57。河北滞尘的价值量最高，为385.79亿元/年；四川次之，其滞尘的价值量为324.41亿元/年；湖南、贵州、重庆、河南和黑龙江滞尘的价值量均在100.00亿～205.00亿元/年；其余省（自治区、直辖市）和新疆生产建设兵团滞尘的价值量均小于85.00亿元/年。

（3）固碳释氧功能的绿色碳库作用。全国退耕还林工程生态林固碳释氧总价值量为1533.14亿元/年（表2-14），空间分布特征见图2-58。四川固碳释氧价值量最高，为175.26亿元/年；其次为河北，其固碳释氧价值量为156.00亿元/年；贵州、重庆和湖南，固碳释氧价值量均在100.00亿～130.00亿元/年；其余省（自治区、直辖市）和新疆生产建设兵团固碳释氧价值量均低于100.00亿元/年。

（4）生物多样性保护功能的绿色基因库作用。全国退耕还林工程生态林生物多样性保护总价值量为1400.73亿元/年（表2-14），空间分布特征见图2-59。四川和重庆生物多样性保护价值量最高，分别为198.60亿元/年和181.16亿元/年；其次为湖南、云南和贵州，生物多样性保护价值量均在100.00亿～135.00亿元/年；其余省（自治区、直辖市）和新疆生产建设兵团生物多样性保护价值量均低于100.00亿元/年。

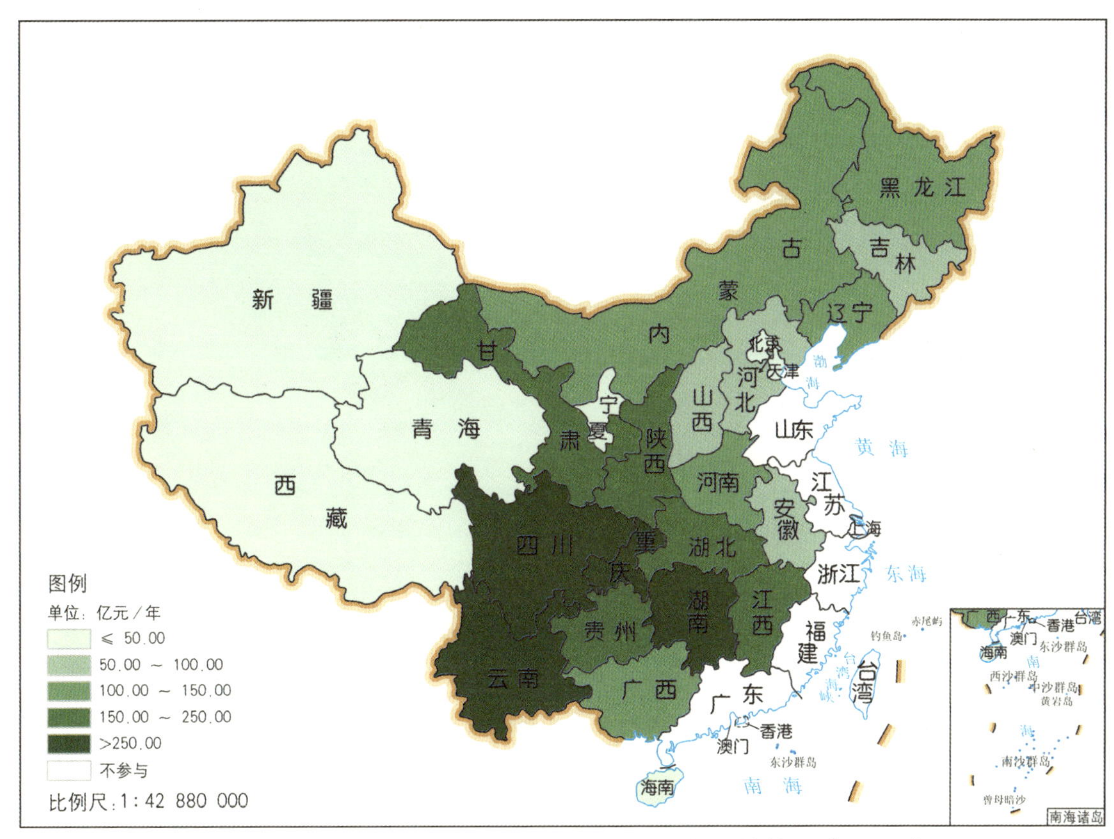

图2-56　全国退耕还林工程生态林涵养水源价值量空间分布

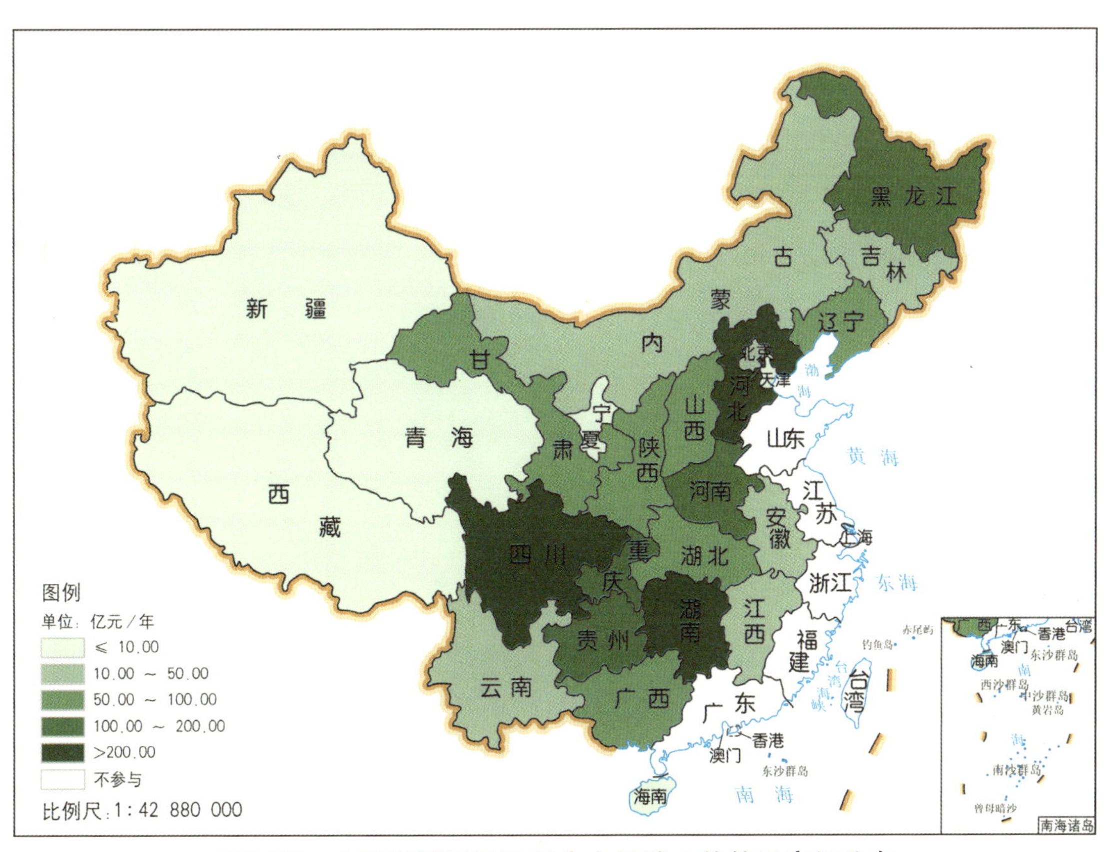

图2-57　全国退耕还林工程生态林滞尘价值量空间分布

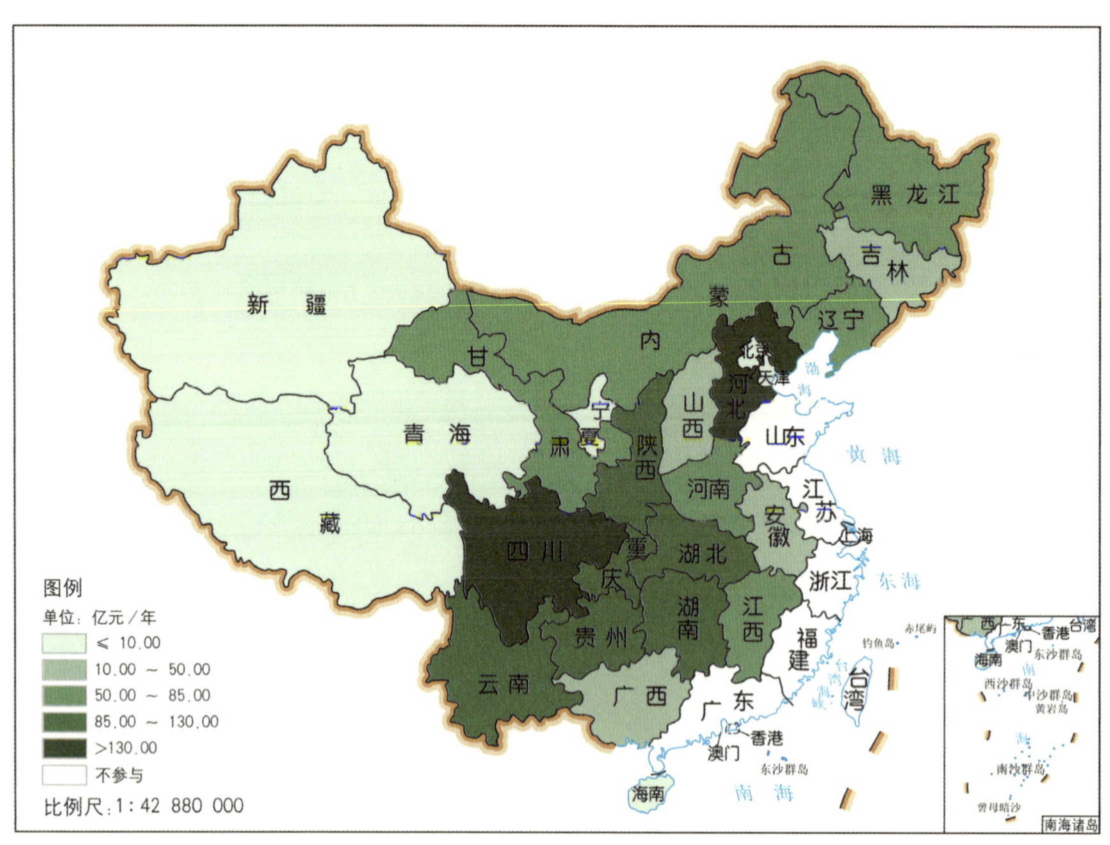

图2-58　全国退耕还林工程生态林固碳释氧价值量空间分布

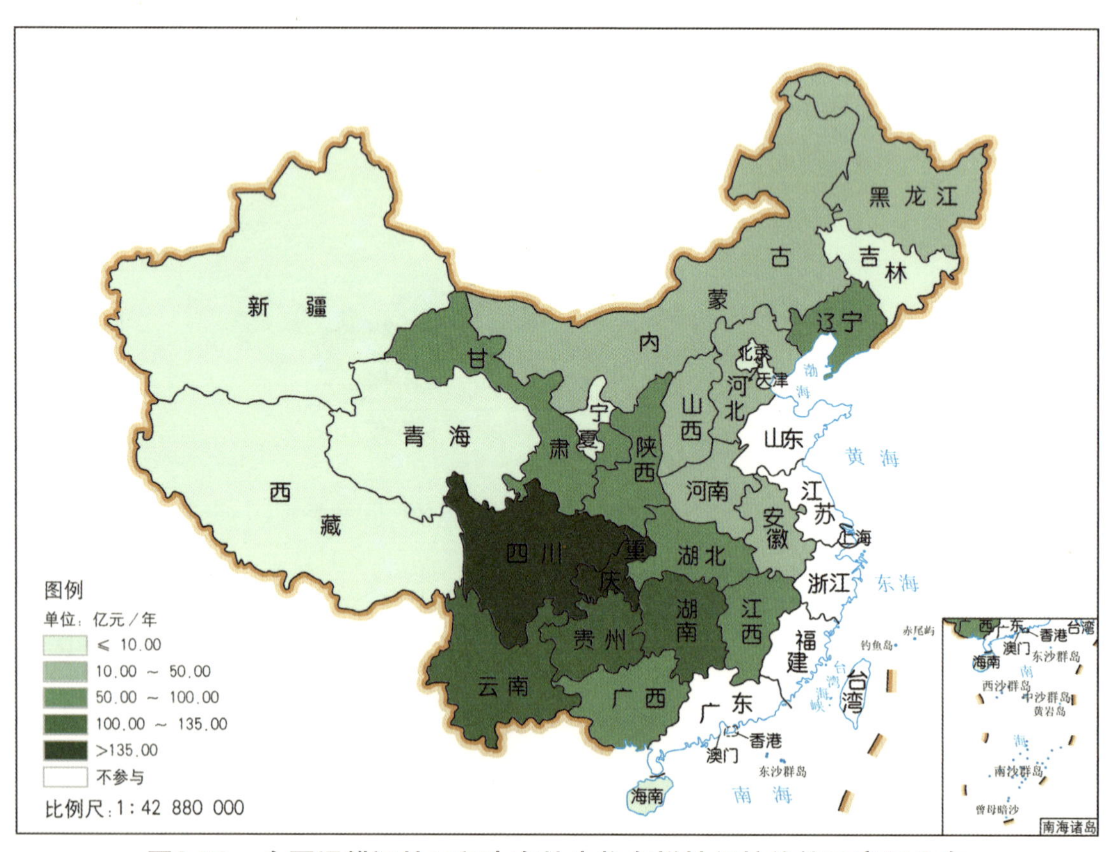

图2-59　全国退耕还林工程生态林生物多样性保护价值量空间分布

2.4.3.2 经济林生态效益价值量评估

退耕还林工程经济林是指在退耕还林工程实施中，营造以生产果品、食用油料、饮料、调料、工业原料和药材等为主要目的的林木（国家林业局，2001）。以涵养水源的绿色水库、固碳释氧的绿色碳库、净化大气环境的氧吧库和生物多样性保护基因库四项优势功能为例，分析全国退耕还林工程经济林生态效益价值量特征。

全国退耕还林工程经济林生态效益价值量如表2-15和图2-60。在25个工程省和新疆生产建设兵团退耕还林工程经济林生态效益价值量中，云南退耕还林工程经济林的生态效益价值量较高，为391.51亿元/年，占退耕还林工程经济林总价值量的17.67%；四川、重庆、贵州、陕西和河南次之，均在100.00亿～350.00亿元/年；其余省（自治区、直辖市）和新疆生产建设兵团经济林总价值量均低于100.00亿元/年。

全国退耕还林工程各工程省经济林生态效益价值量所占相对比例分布如图2-61所示。各分项价值量分配中，地区差异较为明显。除新疆和新疆生产建设兵团以外，各省（自治区、直辖市）经济林仍然以涵养水源和净化大气环境两项生态效益价值量占据优势，两项生态效益价值量的贡献率在41.71%～89.37%，且这两项生态效益价值量的分配比例在各省（自治区、直辖市）存在一定的差异。其余省（自治区、直辖市）和新疆生产建设兵团各项生态效益价值量的变化幅度比较小。

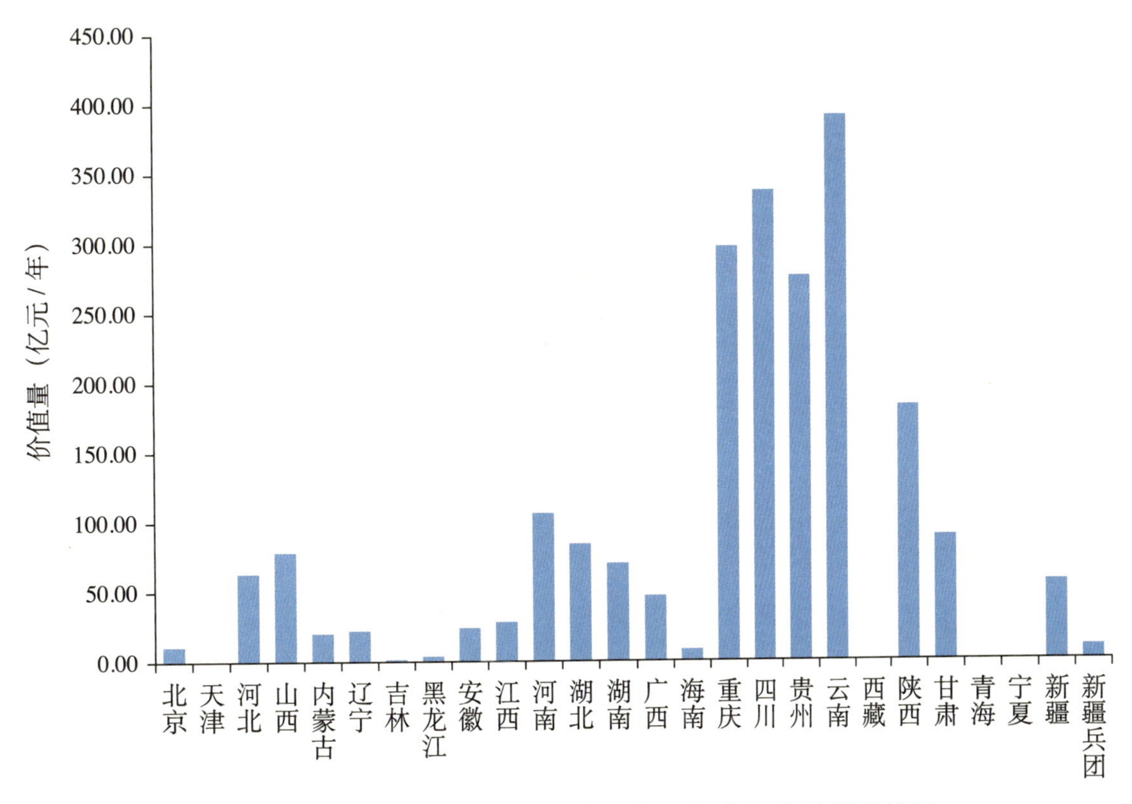

图2-60　全国退耕还林工程经济林各工程省生态效益价值量

表2-15　全国退耕还林工程经济林生态效益价值量

省级区域	保育土壤(亿元/年)	林木养分固持(亿元/年)	涵养水源(亿元/年)	固碳释氧(亿元/年)	净化大气环境							森林防护(亿元/年)	生物多样性(亿元/年)	总计(亿元/年)
					负离子(亿元/年)	吸收污染物(亿元/年)	滞尘				合计(亿元/年)			
							TSP(亿元/年)	PM_{10}(亿元/年)	$PM_{2.5}$(亿元/年)	小计(亿元/年)				
北京	0.09	0.04	1.68	0.78	0.01	0.15	6.44	0.01	<0.01	8.05	8.21	0.21	0.06	11.07
天津	0.02	0.01	<0.01	0.02	0.01	<0.01	0.22	<0.01	<0.01	0.26	0.27	0.07	0.04	0.43
河北	2.49	0.20	6.10	14.41	<0.01	0.93	28.51	0.03	0.02	35.64	36.57	2.12	1.44	63.33
山西	10.25	1.05	22.51	11.12	0.08	0.52	12.09	10.25	4.11	15.11	15.71	3.66	14.67	78.97
内蒙古	2.17	0.38	6.42	2.69	<0.01	0.07	1.66	1.41	0.56	2.08	2.15	3.24	3.49	20.54
辽宁	2.27	0.80	6.73	4.87	<0.01	0.04	2.77	0.01	<0.01	3.46	3.50	0.58	3.65	22.40
吉林	0.23	0.08	0.53	0.41	0.01	<0.01	0.23	0.01	<0.01	0.29	0.30	0.07	0.10	1.72
黑龙江	0.20	0.10	1.26	0.67	<0.01	0.01	0.91	<0.01	0.01	1.14	1.15	0.12	0.32	3.82
安徽	1.48	0.24	7.57	2.97	0.03	0.09	2.37	0.01	<0.01	2.96	3.08	—	9.10	24.44
江西	4.08	0.35	11.26	4.43	0.02	0.09	2.75	2.33	0.93	3.43	3.54	—	4.74	28.40
河南	5.83	2.27	30.09	18.11	0.10	1.26	28.32	24.00	9.60	35.41	36.77	4.31	9.30	106.68
湖北	6.58	1.47	31.14	16.33	0.05	0.51	12.38	10.49	4.21	15.48	16.04	—	12.64	84.20
湖南	7.49	0.50	26.41	8.14	0.06	0.41	12.90	10.93	4.37	16.13	16.60	—	11.22	70.36
广西	0.76	0.40	22.62	7.21	0.02	0.28	8.21	0.02	<0.01	10.27	10.57	—	5.22	46.78

（续）

省级区域	保育土壤(亿元/年)	林木养分固持(亿元/年)	涵养水源(亿元/年)	固碳释氧(亿元/年)	净化大气环境							森林防护(亿元/年)	生物多样性(亿元/年)	总计(亿元/年)
					负离子(亿元/年)	吸收污染物(亿元/年)	滞尘				合计(亿元/年)			
							TSP(亿元/年)	PM_{10}(亿元/年)	$PM_{2.5}$(亿元/年)	小计(亿元/年)				
海南	0.18	0.21	4.00	1.46	0.01	0.03	0.79	<0.01	<0.01	0.99	1.03	—	1.59	8.47
重庆	30.07	2.33	116.56	36.65	0.17	1.48	39.25	33.26	13.31	49.06	50.71	—	61.19	297.51
四川	29.09	2.26	124.66	44.55	0.09	2.54	66.02	55.95	22.38	82.52	85.15	—	51.45	337.16
贵州	20.25	2.76	71.85	54.15	0.32	2.41	65.06	55.14	22.06	81.33	84.06	—	43.16	276.23
云南	43.74	2.25	177.16	58.37	0.36	1.01	26.46	22.43	8.97	33.08	34.45	—	75.54	391.51
西藏	0.15	<0.01	0.21	0.19	0.02	<0.01	0.20	<0.01	<0.01	0.25	0.27	—	0.03	0.85
陕西	20.23	5.18	53.65	33.91	0.17	0.86	18.10	15.29	6.11	22.56	23.59	18.49	28.20	183.25
甘肃	13.04	0.79	26.93	11.44	0.07	0.38	8.58	7.27	2.91	10.72	11.17	13.28	12.79	89.44
青海	—	—	—	—	—	—	—	—	—	—	—	—	—	—
宁夏	<0.01	<0.01	0.31	0.14	<0.01	0.01	0.11	0.09	0.04	0.13	0.14	<0.01	<0.01	0.59
新疆	6.06	1.30	2.84	10.41	0.17	0.29	11.75	0.03	0.01	14.68	15.14	10.44	11.00	57.19
新疆兵团	0.72	0.22	0.74	1.42	0.01	0.05	1.49	<0.01	<0.01	1.87	1.93	4.03	0.91	9.97
总计	207.47	25.19	753.23	344.85	1.78	13.42	357.57	248.96	99.60	446.90	462.10	60.62	361.85	2215.31

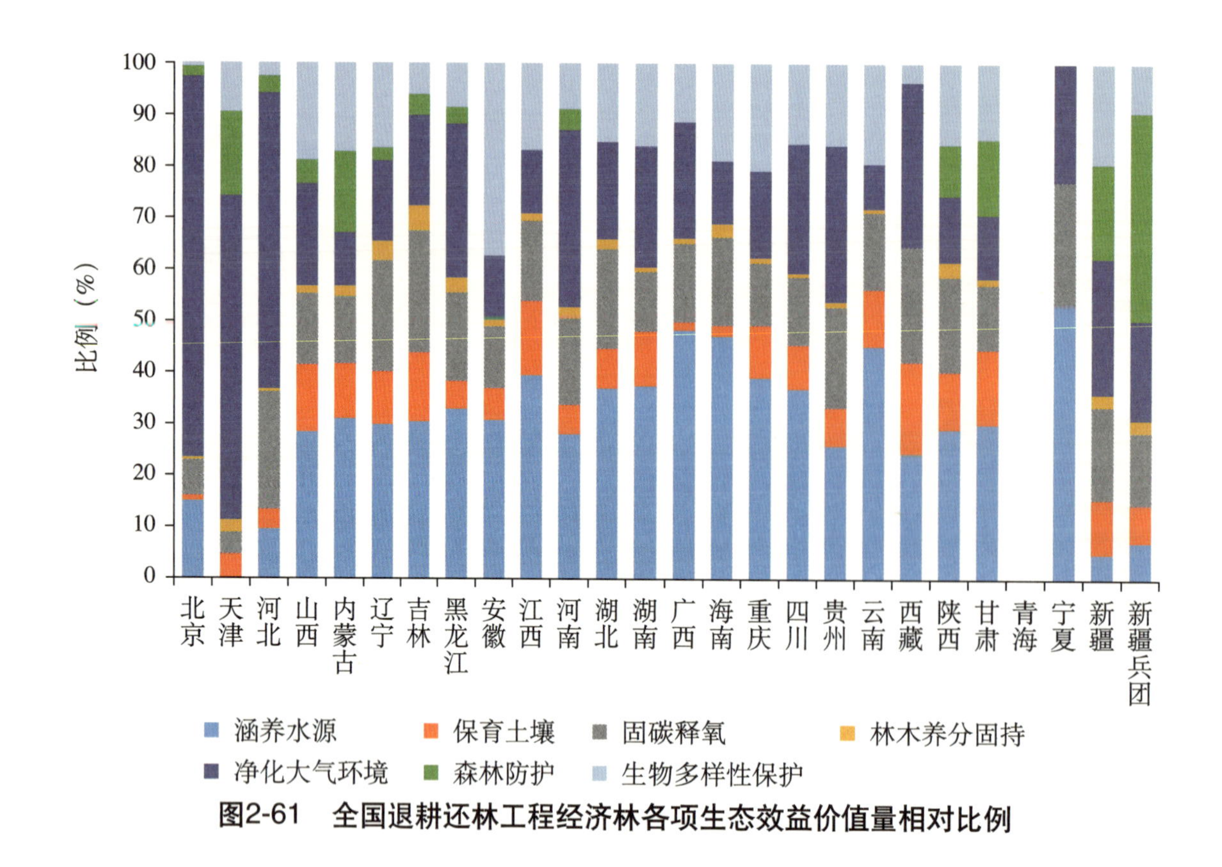

图2-61　全国退耕还林工程经济林各项生态效益价值量相对比例

（1）**涵养水源功能的绿色水库作用。**全国退耕还林工程经济林涵养水源总价值量为753.23亿元/年（表2-15），空间分布特征见图2-62。云南涵养水源价值量最高，为177.16亿元/年；其次是四川和重庆，其涵养水源价值量均大于100亿元/年；贵州、陕西、湖北、河南、甘肃、湖南、广西和山西涵养水源价值量在20.00亿～72.00亿元/年；其余省（自治区、直辖市）和新疆生产建设兵团均低于10.00亿元/年。

（2）**净化大气环境功能的绿色氧吧库作用。**全国退耕还林工程经济林滞尘总价值量为446.90亿元/年（表2-15），空间分布特征见图2-63。四川和贵州滞尘的价值量最高，分别为82.52亿元/年和81.33亿元/年；重庆、河北、河南、云南和陕西次之，滞尘的价值量均在20.00亿～50.00亿元/年；其余省（自治区、直辖市）和新疆生产建设兵团滞尘的价值量均小于20.00亿元/年。

（3）**固碳释氧功能的绿色碳库作用。**全国退耕还林工程经济林固碳释氧总价值量为344.85亿元/年（表2-15），空间分布特征见图2-64。云南和贵州固碳释氧价值量最高，分别为58.37亿元/年和54.15亿元/年；其次为四川、重庆、陕西、河南和湖北，固碳释氧价值量均在15.00亿～45.00亿元/年；其余省（自治区、直辖市）和新疆生产建设兵团固碳释氧价值量均低于15.00亿元/年。

（4）**生物多样性保护功能的绿色基因库作用。**全国退耕还林工程经济林生物多样性保护总价值量为361.85亿元/年（表2-15），空间分布特征见图2-65。云南生物多样性保护

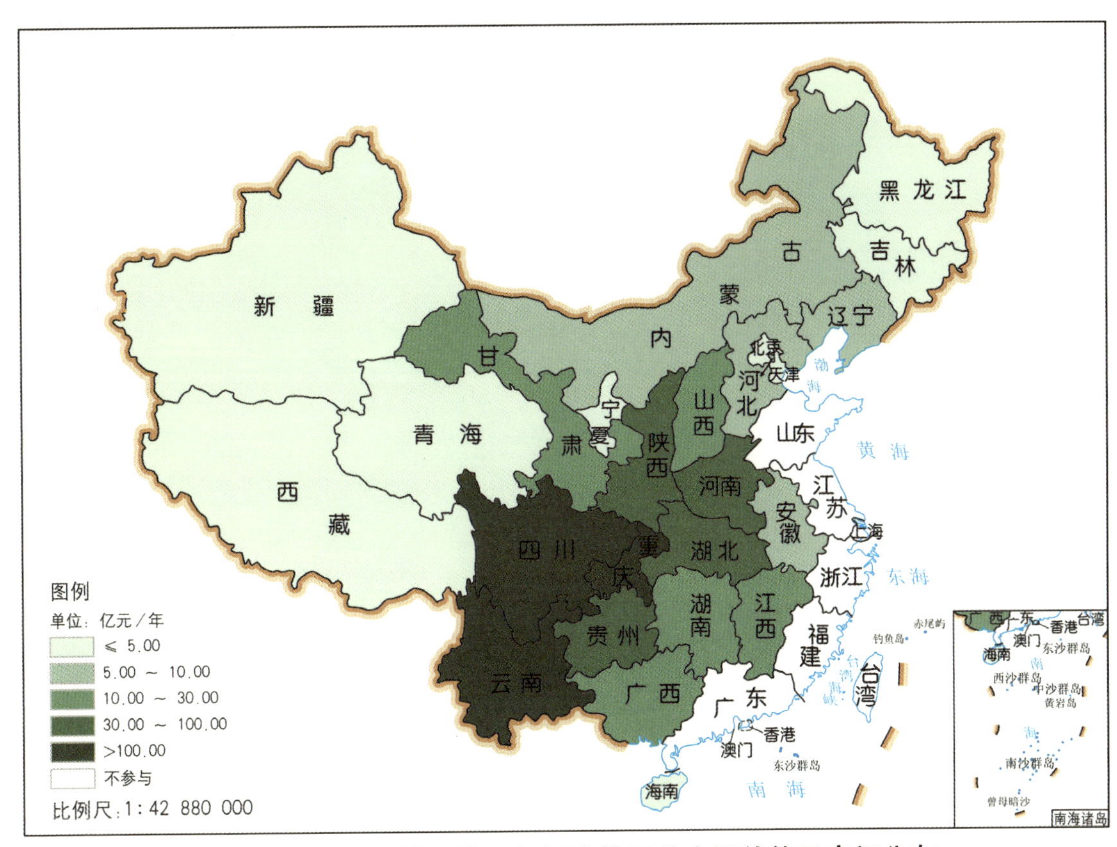

图2-62 全国退耕还林工程经济林涵养水源价值量空间分布

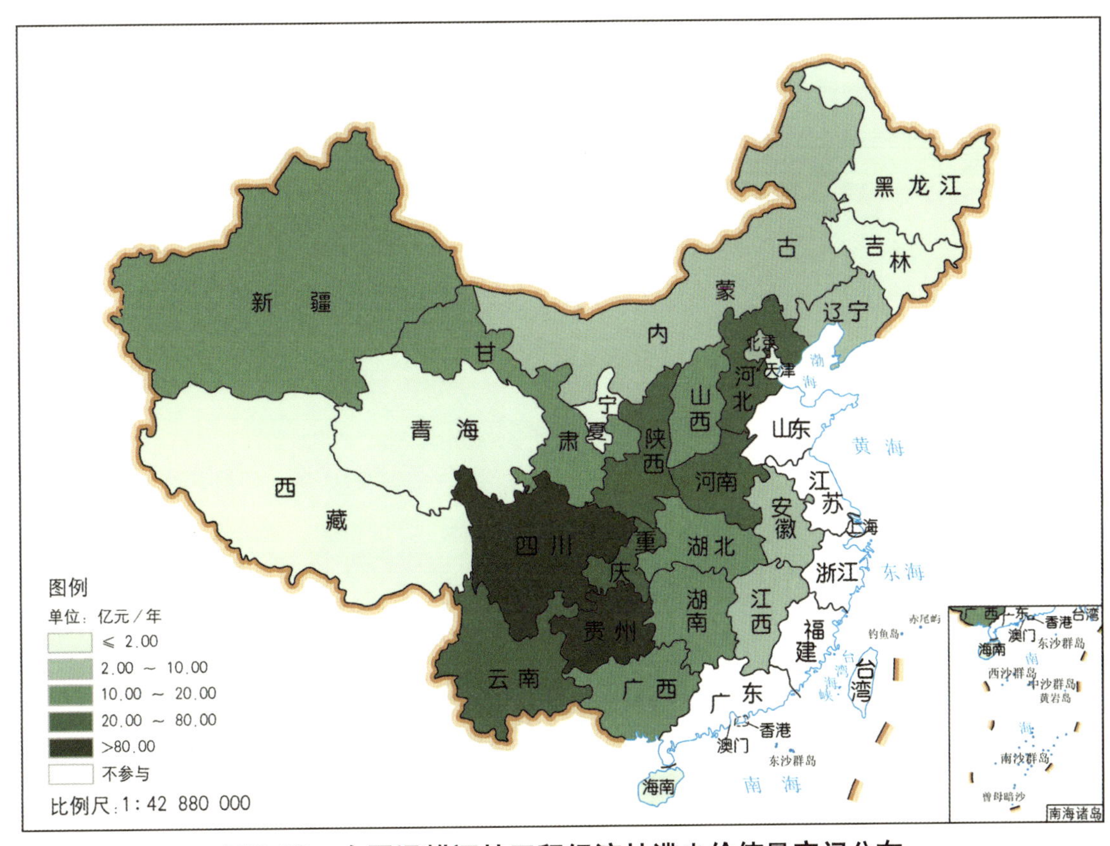

图2-63 全国退耕还林工程经济林滞尘价值量空间分布

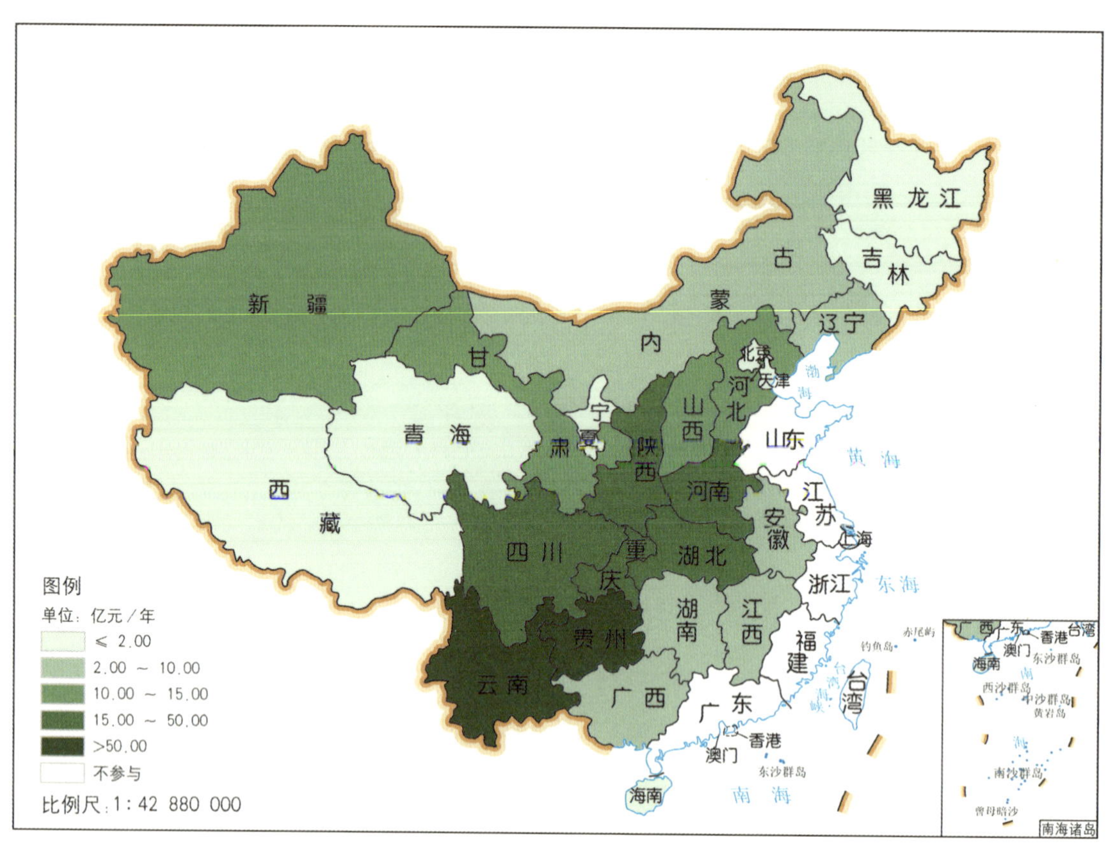

图2-64　全国退耕还林工程经济林固碳释氧价值量空间分布

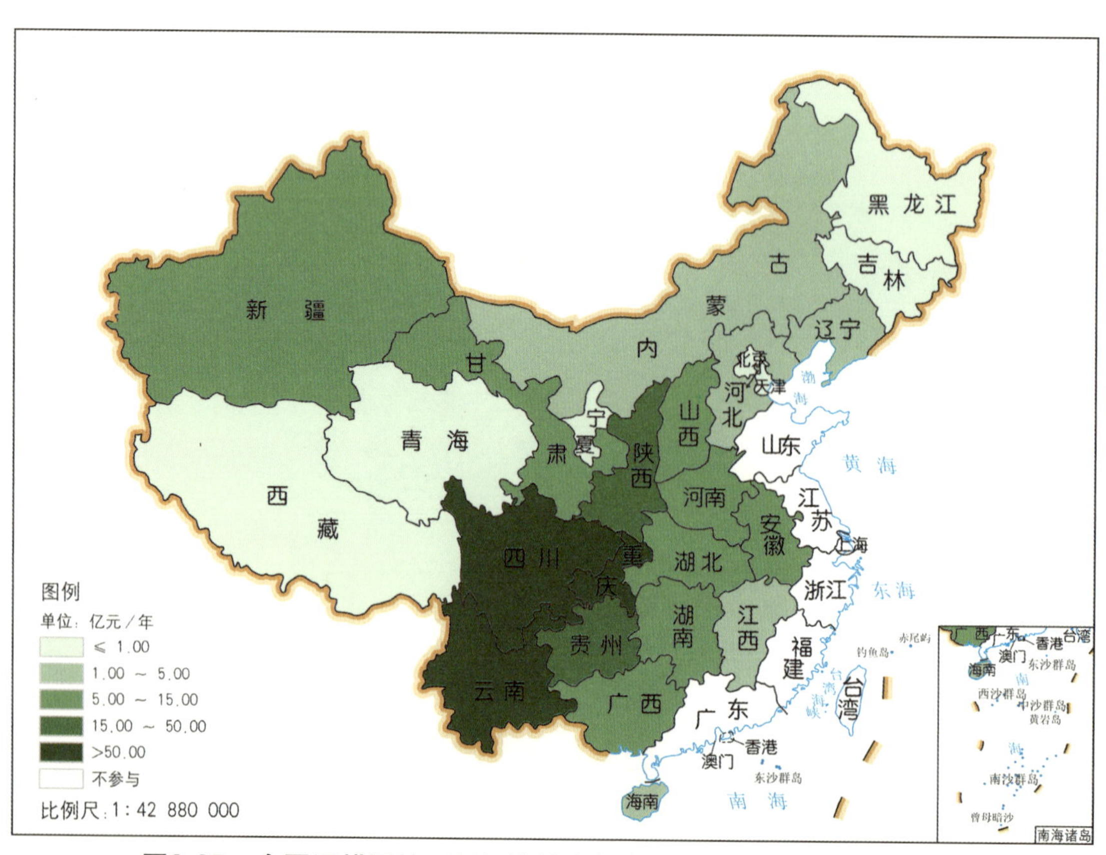

图2-65　全国退耕还林工程经济林生物多样性保护价值量空间分布

价值量最高为75.54亿元/年；其次为重庆、四川、贵州和陕西，生物多样性保护价值量均在20.00亿～62.00亿元/年；其余省（自治区、直辖市）和新疆生产建设兵团生物多样性保护价值量均低于15.00亿元/年。

2.4.3.3 灌木林生态效益价值量评估

灌木因具有耐干旱、耐瘠薄、抗风蚀、易成活成林等特性，它是干旱、半干旱地区的重要植被资源，在西北地区沙化土地的退耕还林工程被大量使用。以涵养水源的绿色水库、固碳释氧的绿色碳库、净化大气环境的氧吧库和生物多样性保护基因库功四项优势功能为例，分析全国退耕还林工程25个工程省（自治区、直辖市）和新疆生产建设兵团灌木林生态效益价值量特征。

全国退耕还林工程灌木林生态效益价值量如表2-16和图2-66所示。内蒙古退耕还林工程灌木林生态效益价值量最高，为664.52亿元/年，占退耕还林工程灌木林总价值量的29.38%；陕西、宁夏、甘肃和山西次之，退耕还林工程灌木林总价值量均在150.00亿～201.07亿元/年；其余省（自治区、直辖市）和新疆生产建设兵团灌木林总价值量均低于150.00亿元/年。

全国退耕还林工程灌木林生态效益价值量所占相对比例分布，如图2-67所示。就各工程省退耕还林工程灌木林的各项生态效益评估指标而言，各工程省灌木林生态效益绝大多数更偏重于涵养水源功能，其涵养水源价值量所占比例在3.16%～51.27%。林木积累营养物质价值量在各工程省退耕还林工程灌木林生态效益价值量中所占比例均为最小。

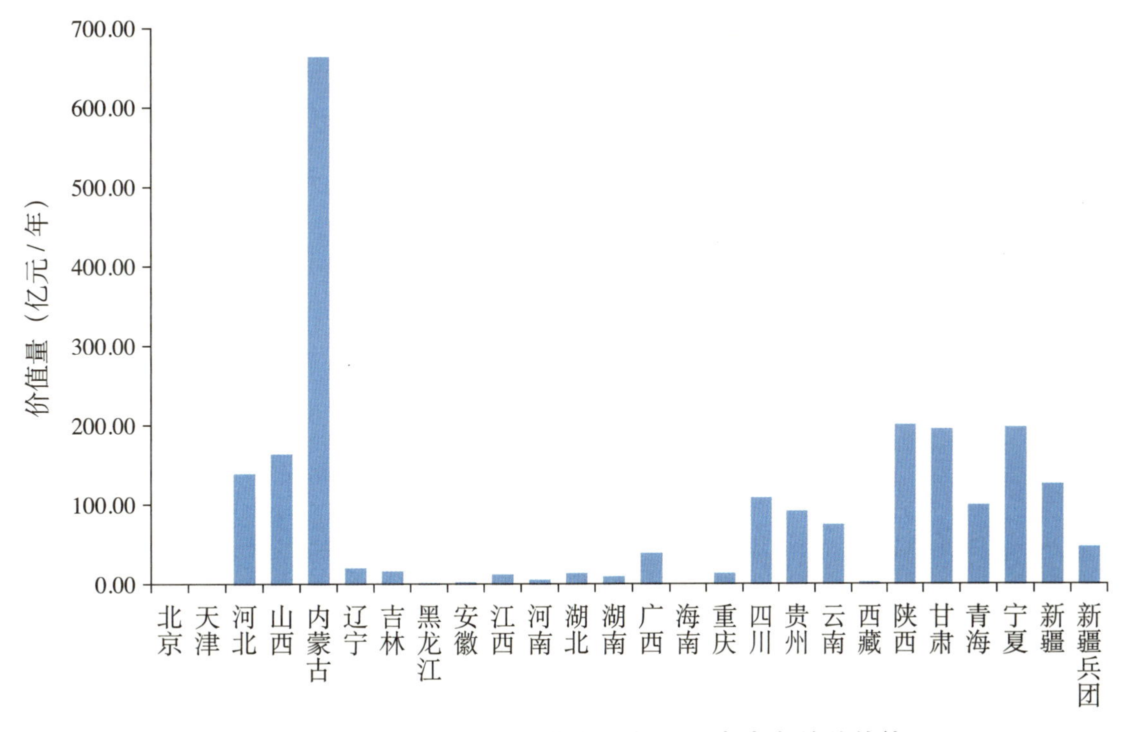

图2-66　全国退耕还林工程灌木林各工程省生态效益价值量

表2-16　全国退耕还林工程灌木林生态效益价值量

省级区域	保育土壤(亿元/年)	林木养分固持(亿元/年)	涵养水源(亿元/年)	固碳释氧(亿元/年)	净化大气环境							森林防护(亿元/年)	生物多样性(亿元/年)	总计(亿元/年)
					负离子(亿元/年)	吸收污染物(亿元/年)	滞尘				合计(亿元/年)			
							TSP(亿元/年)	PM_{10}(亿元/年)	$PM_{2.5}$(亿元/年)	小计(亿元/年)				
北京	—	—	—	—	—	—	—	—	—	—	—	—	—	—
天津	—	—	—	—	—	—	—	—	—	—	—	—	—	—
河北	4.89	0.42	13.68	32.28	0.03	2.07	63.85	0.08	0.04	79.81	81.91	4.12	2.90	140.20
山西	20.68	2.32	50.60	24.80	0.12	1.17	26.98	22.86	9.14	33.72	35.01	7.36	24.34	165.11
内蒙古	70.25	13.21	223.86	97.74	0.29	2.68	60.21	51.02	20.41	75.25	78.22	89.80	91.44	664.52
辽宁	2.09	0.79	6.63	4.73	<0.01	0.04	2.70	<0.01	<0.01	3.36	3.40	0.53	3.31	21.48
吉林	1.93	0.70	5.79	4.20	<0.01	0.04	2.39	<0.01	<0.01	2.99	3.03	0.77	0.77	17.19
黑龙江	0.12	0.12	0.63	0.34	<0.01	0.01	0.46	<0.01	<0.01	0.58	0.59	0.09	0.15	2.04
安徽	0.12	0.04	0.74	0.29	<0.01	0.01	0.23	<0.01	<0.01	0.29	0.30	—	1.64	3.13
江西	1.98	0.15	5.15	2.05	0.01	0.04	1.27	1.07	0.43	1.58	1.63	—	2.30	13.26
河南	0.31	0.15	1.89	1.11	0.01	0.08	1.74	1.48	0.59	2.18	2.27	0.23	0.50	6.46
湖北	1.14	0.26	5.47	2.85	0.01	0.09	2.16	1.84	0.73	2.70	2.80	—	2.20	14.72
湖南	<0.01	0.07	4.21	1.30	<0.01	0.07	2.07	1.75	0.70	2.58	2.65	—	2.46	10.69
广西	1.93	0.25	12.62	4.04	0.05	0.16	4.60	0.01	<0.01	5.75	5.96	—	14.39	39.19

（续）

省级区域	保育土壤（亿元/年）	林木养分固持（亿元/年）	涵养水源（亿元/年）	固碳释氧（亿元/年）	净化大气环境							森林防护（亿元/年）	生物多样性（亿元/年）	总计（亿元/年）
					负离子（亿元/年）	吸收污染物（亿元/年）	滞尘				合计（亿元/年）			
							TSP（亿元/年）	PM_{10}（亿元/年）	$PM_{2.5}$（亿元/年）	小计（亿元/年）				
海南	<0.01	0.04	0.11	<0.01	<0.01	<0.01	<0.01	<0.01	<0.01	<0.01	<0.01	—	0.06	0.21
重庆	0.62	0.13	5.89	1.85	0.01	0.07	1.98	1.69	0.67	2.47	2.55	—	2.85	13.89
四川	9.35	0.74	40.61	14.48	0.02	0.83	21.46	18.19	7.28	26.83	27.68	—	16.52	109.38
贵州	6.84	1.02	24.72	17.78	0.08	0.81	21.34	18.09	7.23	26.67	27.56	—	14.54	92.46
云南	8.20	0.46	34.93	11.30	0.07	0.20	5.12	4.33	1.74	6.39	6.66	—	14.16	75.71
西藏	0.45	0.02	0.84	0.63	0.01	0.01	0.65	<0.01	<0.01	0.81	0.83	0.15	0.08	3.00
陕西	21.84	5.76	59.54	37.68	0.19	0.95	20.08	17.02	6.81	25.10	26.24	19.56	30.45	201.07
甘肃	28.14	1.76	59.65	25.30	0.15	0.83	19.01	16.11	6.45	23.77	24.75	27.89	27.62	195.11
青海	12.22	0.84	29.78	22.25	0.04	0.33	22.87	0.02	<0.01	28.58	28.95	4.24	2.15	100.43
宁夏	22.30	2.65	62.38	25.98	0.37	1.06	21.44	18.16	7.27	26.80	28.23	28.06	28.60	198.20
新疆	8.18	1.68	4.00	13.82	0.30	0.39	15.60	0.03	0.01	19.50	20.19	62.19	16.44	126.50
新疆兵团	3.98	0.84	2.84	5.38	0.05	0.20	5.68	0.01	<0.01	7.10	7.35	22.39	5.01	47.79
总计	227.56	34.42	656.55	352.18	1.81	12.14	323.89	173.76	69.50	404.81	418.76	267.38	304.89	2261.74

（1）涵养水源功能的绿色水库作用。全国退耕还林工程灌木林涵养水源总价值量为656.55亿元/年（表2-16），空间分布特征见图2-68。内蒙古涵养水源价值量最高，为

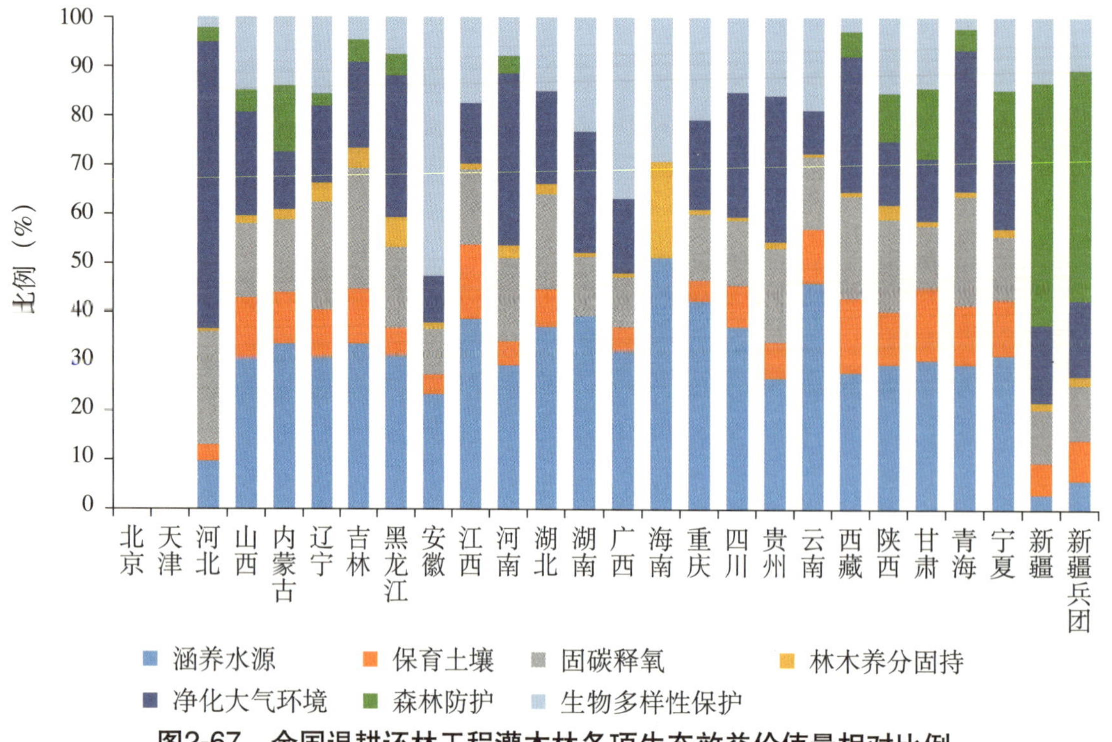

图2-67　全国退耕还林工程灌木林各项生态效益价值量相对比例

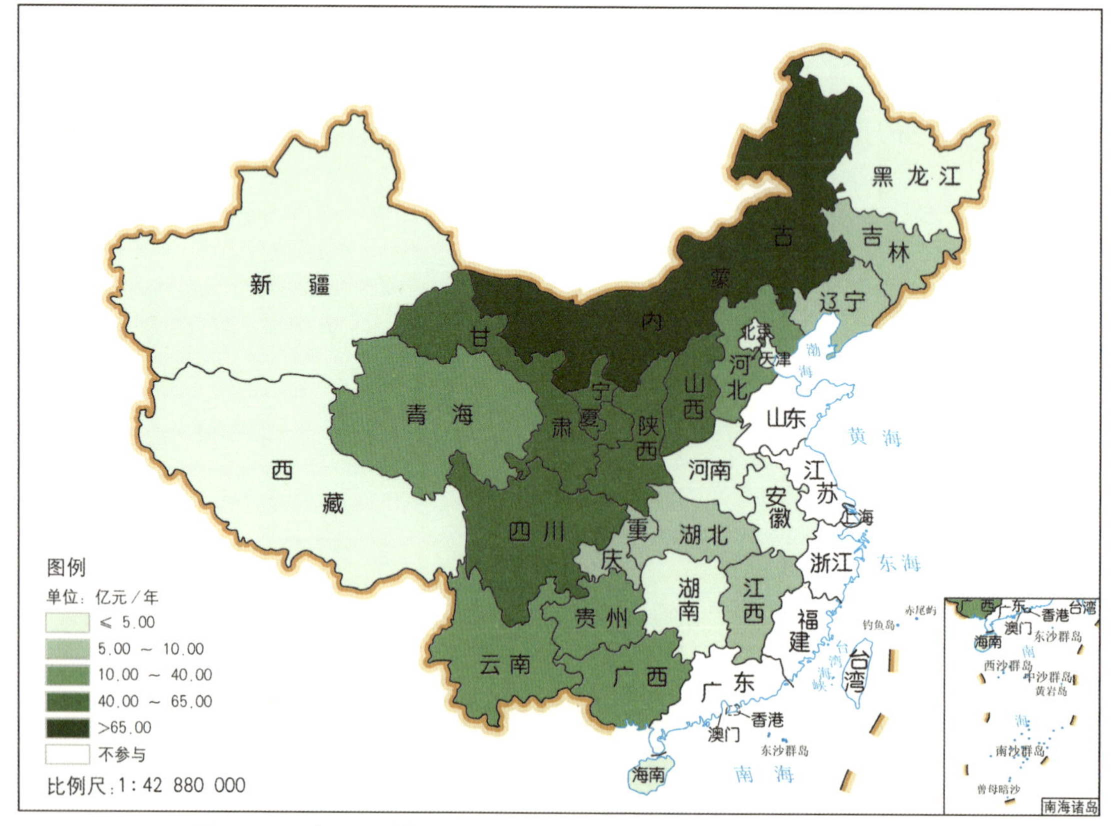

图2-68　全国退耕还林工程灌木林涵养水源价值量空间分布

223.86亿元/年；其次是宁夏、甘肃、陕西和山西，涵养水源价值量均在50.00亿~65.00亿元/年；其余省（自治区、直辖市）和新疆生产建设兵团均低于50.00亿元/年。

（2）净化大气环境功能的绿色氧吧库作用。全国退耕还林工程灌木林滞尘总价值量为404.81亿元/年（表2-16），空间分布特征见图2-69。河北和内蒙古滞尘的价值量最高，分别为79.81亿和75.25亿元/年；山西、青海、四川、宁夏、贵州、陕西和甘肃滞尘的价值量均在19.00亿~35.00亿元/年；其余省（自治区、直辖市）和新疆生产建设兵团滞尘的价值量均小于20.00亿元/年。

（3）固碳释氧功能的绿色碳库作用。全国退耕还林工程灌木林固碳释氧总价值量为352.18亿元/年（表2-16），空间分布特征见图2-70。内蒙古固碳释氧价值量最高，为97.74亿元/年；陕西、河北、宁夏、甘肃、山西和青海固碳释氧价值量均在20.00~40.00亿元/年；其余省（自治区、直辖市）和新疆生产建设兵团固碳释氧价值量均低于18.00亿元/年。

（4）生物多样性保护功能的绿色基因库作用。全国退耕还林工程灌木林生物多样性保护总价值量为304.89亿元/年（表2-16），空间分布特征见图2-71。内蒙古生物多样性保护价值量最高为91.44亿元/年；其次为陕西、宁夏、甘肃和山西，生物多样性保护价值量均在20.00亿~30.45亿元/年；其余省（自治区、直辖市）和新疆生产建设兵团生物多样性保护价值量均低于17.00亿元/年。

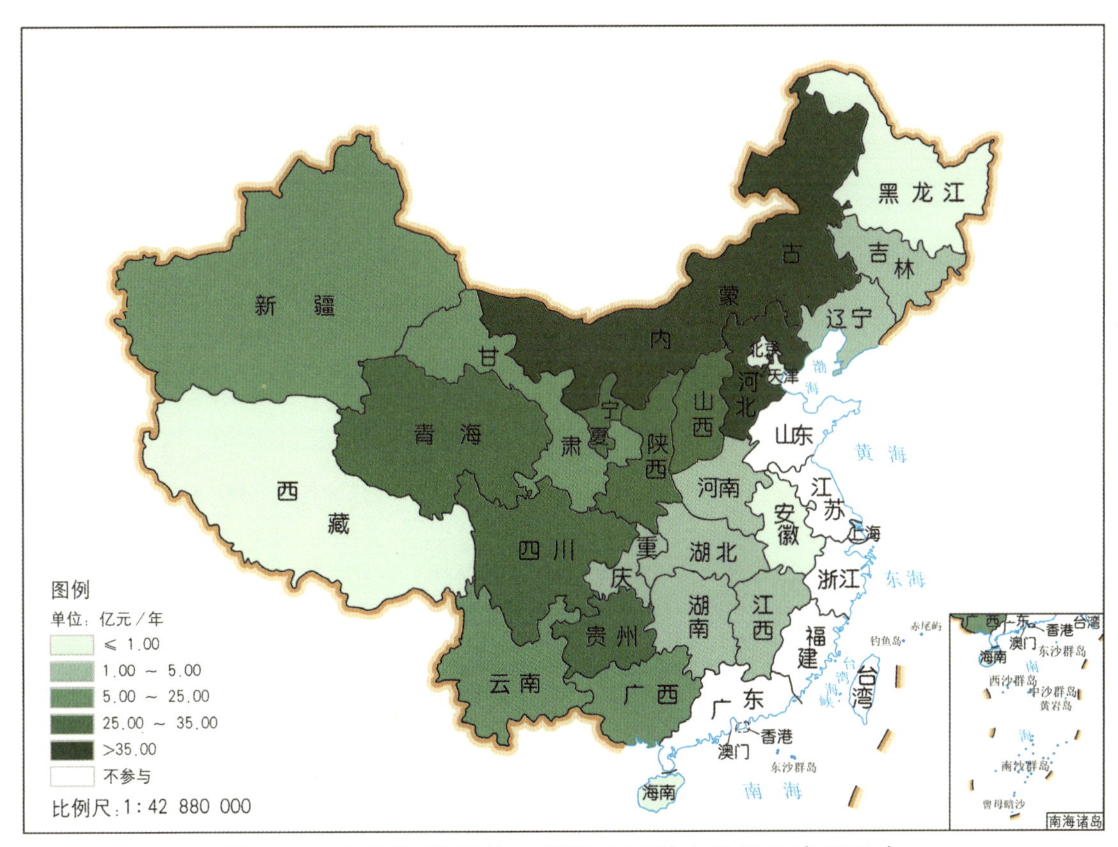

图2-69 全国退耕还林工程灌木林滞尘价值量空间分布

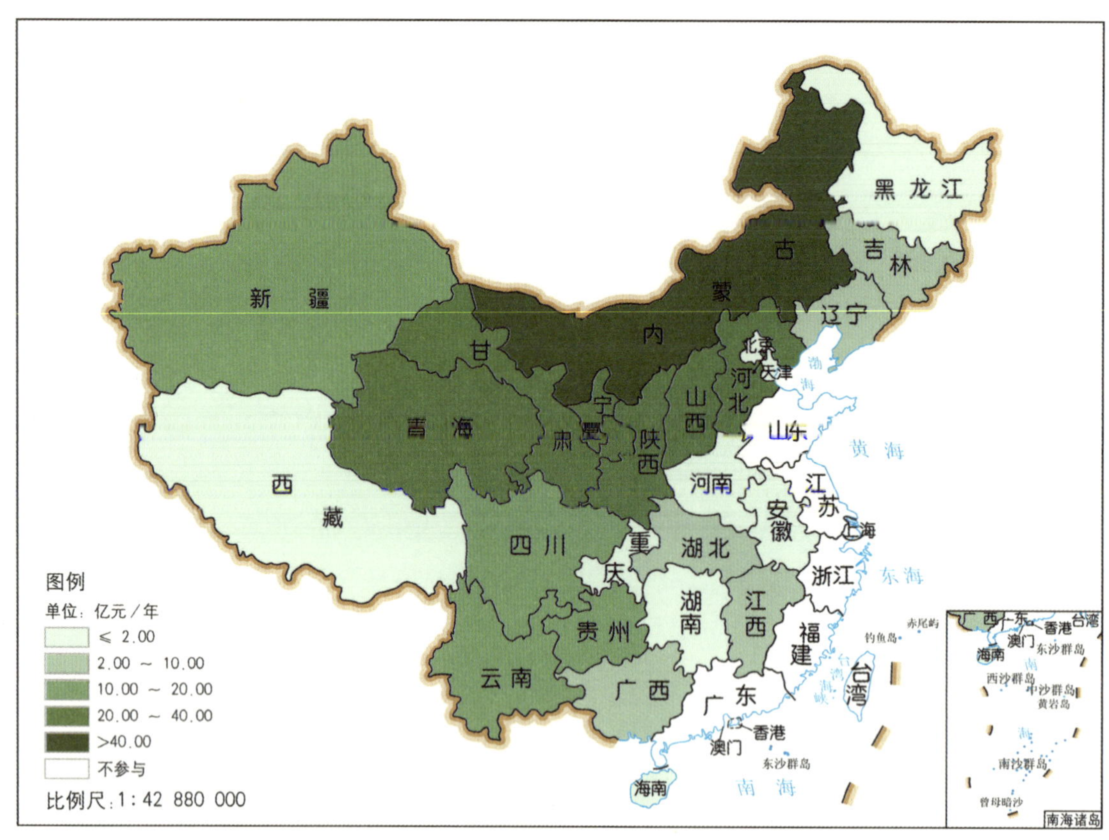

图2-70　全国退耕还林工程灌木林固碳释氧价值量空间分布

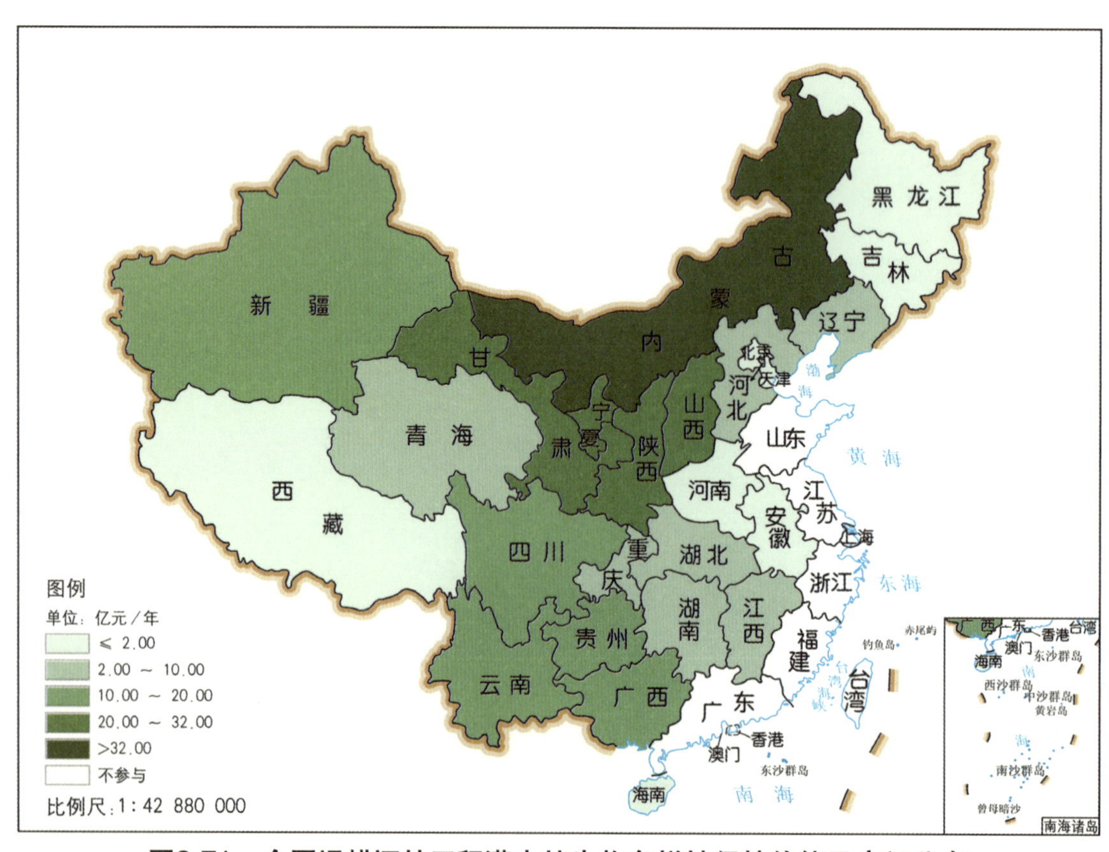

图2-71　全国退耕还林工程灌木林生物多样性保护价值量空间分布

第三章

退耕还林还草经济效益监测评估

退耕还林还草不仅是一项生态工程，也是脱贫攻坚的小康工程、农村产业结构调整工程、推动乡村振兴工程，是践行绿水青山就是金山银山理念的生动实践。退耕还林还草作为一项惠民工程，在深度贫困地区深入实施退耕还林，能让更多的贫困人口通过参与退耕还林还草获得项目补贴收入，还能发展林果业增收。可以说，退耕还林还草助力脱贫的作用十分显著。截至2019年底，全国4100万农户参与实施退耕还林还草，1.58亿农民直接受益，退耕农户户均累计获得国家补助资金9000多元，经济收入明显增加。退耕还林还草不仅让退耕农户直接获取国家财政补助，而且发展了大量用材林、经济林、牧草等生态资源，促进了产业结构调整，推动了地方经济发展，拓宽了农民就业渠道，对农户增收、脱贫攻坚、乡村振兴提供了重要支撑和保障。全国退耕还林还草经济效益监测评估就是要通过“拿数据说话”，评估工程建设成效、总结发现经验、查找工程建设管理工作中的薄弱环节，是贯彻落实习近平总书记关于坚持不懈开展退耕还林还草的重要指示精神、推进退耕还林工程建设管理水平和能力现代化的基础工作。

3.1 经济效益监测评估指标体系

为全面系统地评价退耕还林还草工程对国民经济和社会发展的贡献，2002年8月国家林业局经济发展研究中心和国家林业局发展计划与资金管理司启动了“林业重点工程社会经济效益监测”项目，对天保、退耕、京津、野保等四大工程，从县、村、户3个层面进行长期、连续的社会经济效益监测，重点跟踪分析工程实施进展、政策落实情况及其产生的社会经济效益，并从扩大社会经济效益角度提出完善工程政策的建议。林业重点工程监测工作由国家林业局经济发展研究中心和国家林业局发展计划与资金管理司共同承担，并在经研中心设立国家林业重点工程社会经济效益测报中心。现有监测基础和已经开展的监测工作为顺利开展全国退耕还林还草工程社会经济效益监测奠定了扎实的业务工作基础。

3.1.1 监测评估依据

退耕还林还草经济效益监测评估的依据，主要包括四个方面的内容：一是国家有关法律、法规；二是国家有关退耕还林还草的政策文件；三是退耕还林还草主管部门的有关管理办法文件；四是有关国家标准和行业标准。其主要依据如下：

（1）《退耕还林条例》；

（2）国务院《关于进一步做好退耕还林还草试点工作的若干意见》（国发〔2000〕24号）；

（3）国务院《关于进一步完善退耕还林政策措施的若干意见》（国发〔2002〕10号）；

（4）国务院办公厅《关于切实搞好"五个结合"进一步巩固退耕还林成果的通知》（国办发〔2005〕25号）；

（5）国家发展和改革委员会、财政部、国家林业局、农业部、国土资源部《关于印发新一轮退耕还林还草总体方案的通知》（发改西部〔2014〕1772号）；

（6）《关于进一步落实责任加快推进新一轮退耕还林还草工作的通知》（发改办西部〔2017〕220号）；

（7）《关于扩大贫困地区退耕还林还草规模的通知》（发改办农经〔2019〕954号）；

（8）《退耕还林工程社会经济效益监测与评价指标》（LY/T 1757—2008）；

（9）《退耕还林生态林与经济林认定技术规范》（LY/T 1761—2008）；

（10）国家林业和草原局退耕中心《关于印发〈全国退耕还林还草综合效益监测评价总体方案（试行）〉的通知》。

3.1.2 监测评估指标

已有研究中对退耕还林还草工程经济效益的测度存在指标体系的不同。大部分测算中都会涵括林业产值、农业产值、农户收入等指标，也有少数学者将种植结构、农林牧渔业中各业占比变化、扶贫贡献等指标纳入考量（余新晓等，2005；赵玉涛等，2008；王昊天等，2020；魏轩等，2020）。在满足代表性、全面性、简明性、可操作性以及适应性等原则的基础上，通过总结近年来的工作及研究结果，参照中华人民共和国林业行业标准《退耕还林还草工程社会经济效益监测与评价指标》（LY/T 1757—2008），本次评估选取的监测指标体系包括林业第一、第二、第三产业三大类11项评估指标（图3-1）。

3.1.2.1 第一产业

第一产业主要指退耕还林还草营造林以及在退耕还林林地或林下从事种、养、管护以及采伐运输等产生的经济效益，主要指标有4个：一是经济林产品采集，主要指果品和木本油料、饮料、调料、工业原料和药材等；二是木材和竹材采运，主要指木材采运和竹材采运；三是林下种植，主要指充分利用林下土地资源和林荫优势从事种植药材、草类、菌类、菜类、农作物等复合经营模式；四是林下养殖，主要指以林地资源为依托、充分利用林下自然条件，发展禽畜养殖，既节省饲料成本，又为林地除害去杂，提供粪便营养。

3.1.2.2 第二产业

第二产业是指以退耕还林还草形成的动植物资源为加工或利用对象发展的工业、制造业产生的经济价值及收益，主要指标有4个：一是木材加工，主要指以木材为原料，主要用机械或化学方法进行的木材加工，其产品仍保持木材的基本特性；二是林产化学产品制造，主要指以林产品为原料，经过化学和物理加工方法生产产品的活动，如松香、橡胶、活性炭等；三是退耕木本油料、果蔬、茶饮料等加工制造，主要是指退耕还林还草形成的非木质林产品加工制造业，如即木本油料、果蔬、茶饮料等；四是森林药材加工，主要是指对退耕还林还草发展的药材进行加工增值。

3.1.2.3 第三产业

第三产业主要指为退耕还林还草提供生产、技术服务和与退耕还林还草资源相关的生态旅游、森林康养等产业的产值和收益，主要指标有3个：一是林业生产服务，主要包括造林、育林、护林、森林采伐和更新、木材和其他林产品的采集和加工等服务；二是林业专业技术服务机构，主要指从事林木种苗生产、森林培育、森林保护、森林调查、森林资源监测、森林资产评估、林业调查规划设计、森林经营作业设计以及林业行政管理等技术服务；三是生态旅游及森林康养服务。

3.1.3 监测评估调查表

依据退耕还林还草经济效益监测评估的指标体系，设计出操作性、可填性、准确性强的经济效益评估调查表。局经济发展研究中心从2002年开始对国家林业重点工程社会经济效益监测体系已连续实施了19年，这些监测都是采用跟踪100样点县的数据进行评价，主要是定性评价。本监测评估报告首次采用全覆盖方式，范围包括全国25个省（自治区、直辖市）和新疆生产建设兵团的287个地市（含地级单位）2435个县（含县级单位），而且是定量评估。本监测评估报告采用县级填写调查表、省级汇总调查表，再报局经研中心分析统计、下量评估，其县级退耕还林还草经济效益调查表样式如表3-1。

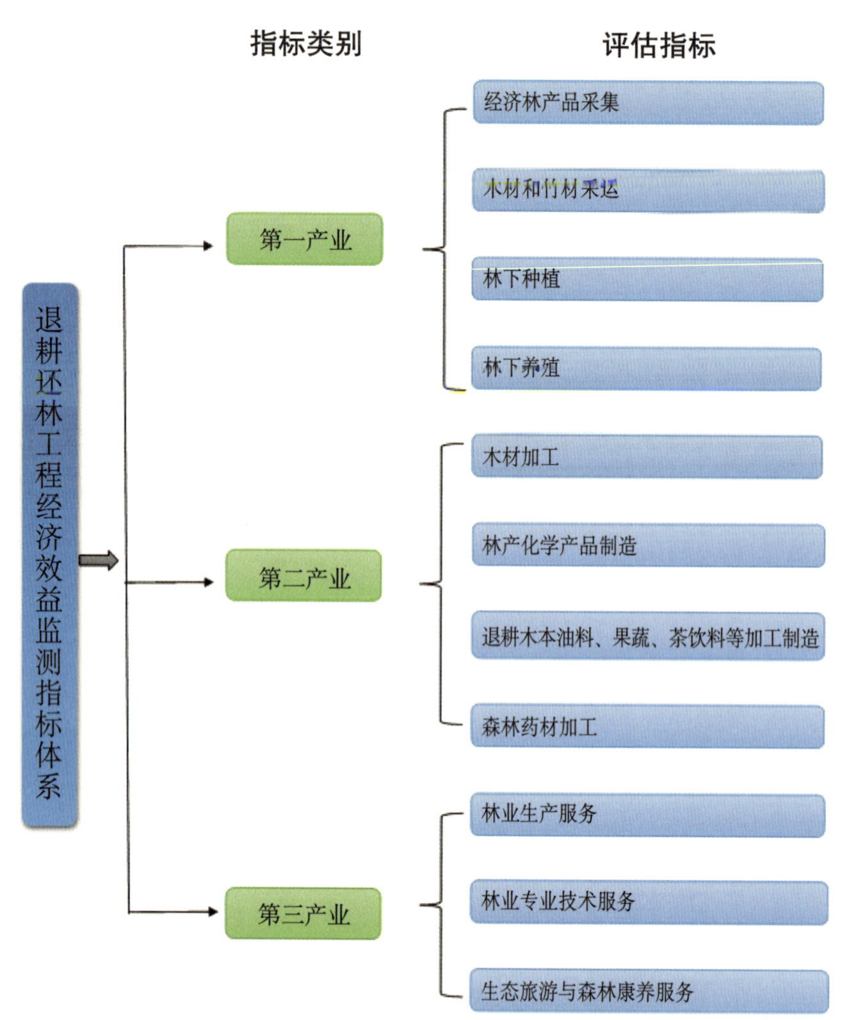

图3-1　退耕还林还草工程经济效益监测指标体系

表3-1　退耕还林还草经济效益监测调查表

填表人姓名：　　　　单位：　　　　联系电话：
地址：　　省　　市（区）　　县（市）

指标			说明	单位	代码
第一产业	林木育种和育苗	林木育种数量	全年发生数	公斤	M001
		林木育种单价	年末时点数	元/公斤	M002
		林木育苗数量	全年发生数	株	M003
		林木育苗单价	年末时点数	元/株	M004
	退耕还林营造林	退耕还林造林面积	全年发生数	亩	M005
		退耕还林造林单价	年末时点数	元/亩	M006
		退耕还林营林面积	全年发生数	亩	M007
		退耕还林营林单价	年末时点数	元/亩	M008

（续）

指标			说明	单位	代码
第一产业	经济林种植与采集	退耕水果种植面积	全年发生数	亩	M009
		退耕水果种植造林单价	年末时点数	元/亩	M010
		退耕坚果种植面积	全年发生数	亩	M011
		退耕坚果造林单价	年末时点数	元/亩	M012
		退耕木本油料种植面积	全年发生数	亩	M013
		退耕木本油料造林单价	年末时点数	元/亩	M014
		退耕茶、饮料类种植面积	全年发生数	亩	M015
		退耕茶、饮料类造林单价	年末时点数	元/亩	M016
		退耕森林药材种植面积	全年发生数	亩	M017
		退耕森林药材造林单价	年末时点数	元/亩	M018
		退耕水果采集数量	全年发生数	吨	M019
		退耕水果采集单价	年末时点数	元/吨	M020
		退耕坚果采集数量	全年发生数	吨	M021
		退耕坚果采集单价	年末时点数	元/吨	M022
		退耕木本油料采集数量	全年发生数	吨	M023
		退耕木本油料采集单价	年末时点数	元/吨	M024
		退耕茶、饮料类采集数量	全年发生数	吨	M025
		退耕茶、饮料类采集单价	年末时点数	元/吨	M026
		退耕森林药材采集数量	全年发生数	吨	M027
		退耕森林药材采集单价	年末时点数	元/吨	M028
	木材和竹材采运	木材采运数量	全年发生数	立方米	M029
		木材采运单价	年末时点数	元/立方米	M030
		竹材采运数量	全年发生数	根	M031
		竹材采运单价	年末时点数	元/根	M032
	林下种植	林下菌类产量	全年发生数	吨	M033
		林下菌类单价	年末时点数	元/吨	M034
		林下粮食产量	全年发生数	吨	M035
		林下粮食单价	年末时点数	元/吨	M036
		林下蔬菜产量	全年发生数	吨	M037
		林下蔬菜单价	年末时点数	元/吨	M038
		林下树苗产量	全年发生数	株	M039
		林下树苗单价	年末时点数	元/株	M040

（续）

指标			说明	单位	代码
第一产业	林下养殖	林下养鸡数量	全年发生数	只	M041
		林下鸡单价	年末时点数	元/斤	M042
		林下养鸭数量	全年发生数	只	M043
		林下鸭单价	年末时点数	元/斤	M044
		林下养鹅数量	全年发生数	只	M045
		林下鹅单价	年末时点数	元/斤	M046
		林下养猪数量	全年发生数	只	M047
		林下猪单价	年末时点数	元/斤	M048
		林下养牛数量	全年发生数	只	M049
		林下牛单价	年末时点数	元/斤	M050
		林下养羊数量	全年发生数	只	M051
		林下羊单价	年末时点数	元/斤	M052
		林下养蜂数量	全年发生数	只	M053
		林下蜂蜜单价	年末时点数	元/斤	M054
第二产业	木材加工	木材加工数量	全年发生数	立方米	M055
		木材加工单价	年末时点数	元/立方米	M056
	林产化学产品制造	林产化学产品制造数量	全年发生数	吨	M057
		林产化学产品制造单价	年末时点数	元/吨	M058
	退耕木本油料果蔬茶饮料等加工制造	木本油料加工制造数量	全年发生数	吨	M059
		木本油料加工制造单价	年末时点数	元/吨	M060
		果蔬加工制造数量	全年发生数	吨	M061
		果蔬加工制造单价	年末时点数	元/吨	M062
		茶饮料加工制造数量	全年发生数	吨	M063
		茶饮料加工制造单价	年末时点数	元/吨	M064
	野生动物食品与毛皮革等加工制造	野生动物食品加工制造数量	全年发生数	吨	M065
		野生动物食品加工制造单价	年末时点数	元/吨	M066
		毛皮革等加工制造数量	全年发生数	吨	M067
		毛皮革等加工制造单价	年末时点数	元/吨	M068
	森林药材加工制造	森林药材加工制造数量	全年发生数	吨	M069
		森林药材加工制造单价	年末时点数	元/吨	M070
	其他产业	其他产业加工制造数量	全年发生数	吨	M071
		其他产业加工制造单价	年末时点数	元/吨	M072

（续）

指标			说明	单位	代码
第三产业	林业生产服务	林业生产服务机构数量	年末时点数	个	M073
		林业生产服务机构营业收入	全年发生数	万元	M074
	林业专业技术服务	林业专业技术服务机构数量	年末时点数	个	M075
		林业专业技术服务机构营业收入	全年发生数	万元	M076
	生态旅游及森林康养服务	退耕生态旅游基地数量	年末时点数	个	M077
		退耕生态旅游基地营业收入	全年发生数	万元	M078
		退耕森林康养基地数量	年末时点数	个	M079
		退耕森林康养基地营业收入	全年发生数	万元	M080

注：1. 指标说明。“生态护林员”不同于以往的“护林员”。生态护林员是党中央国务院明确的包括“生态补偿脱贫一批”在内“五个一批”的重要步骤和举措。“新型林业经营主体”包括：林业大户、林业专业合作社、家庭林场和林业公司。“退耕大户”有别于自退自还的农户，是指经营2个以上的退耕户将退耕地流转给一个非退耕户经营，也包括除了自家退耕地外，流转经营其他退耕户的退耕地的农户。

2. 注意数据类型。调查表中指标分为“全年发生数”“年末时点数”，请严格按照指标类型填写相应数据。“全年发生数”属于时期数，反映调查对象在某一年内发生的总量。例如，“地区生产总值”就是反映某个地区在某个年度的生产总值。“累计数”也属于时期数，反映受调查对象在某段时期内发生的总量。例如，“前一轮退耕还林（草）累计面积”就是反映某个地区自退耕还林工程开始至前一轮退耕还林工程结束这段时期内累计退耕还林（草）累计面积。“年末时点数”表明受调查对象总体在某一年12月31日时点上的数量状态。例如，“核桃种植面积”就是反映截至2019年12月31日退耕地上的核桃种植面积。时点数通常不能累积，各时点数累计后没有实际意义。

3. 注意指标单位和性质。重点关注“人”“个”“户”“亩”“万元”等指标单位，如果本单位账面数据单位与调查表的指标单位不一致的，应折算为调查表的指标单位后，再填写数据。有些指标数据不应出现小数，例如，“人数”等。

4. 各项指标内容不能留空。如果本单位有该项内容，但实际数字为“0”，应填写“0”；如果本单位没有该项内容，应填写大写字母“N”，不能空白。填写的数据不应用科学计数法输入，例如“123456”，不能记为“123,456”。

5. 做好数据批注。有些单位因特殊情况，填写的真实的数据看起来较为异常，例如，“行政区域面积”数据出现变化，应采用批注方式注明原因，以便于数据审读。

6. 做好数据审校。填写完调查数据后，数据填写人员应做好数据审读、复校工作，提前排查数据问题，确保数据质量。数据填报中有任何问题可联系国家林草局经研中心。

3.2 经济效益评估方法

退耕还林还草工程经济效益物质量评估主要是从物质量的角度对退耕还林还草区域通过退耕还林还草形成的各项林业产品及服务进行定量评估；价值量评估是指从货币价值量的角度对退耕还林还草区域退耕还林还草形成的各项林业产品及服务价值进行定量评估。

退耕还林还草形成的第一产业经济效益主要指在退耕还林地或林下从事种、养、管护以及采运等产生的经济效益，测度指标为：经济林产品采集、木材和竹材采运、林下种植和林下养殖。退耕还林还草形成第二产业经济效益主要指以退耕还林还草形成的动植物资源为加工或利用对象发展的工业、制造业产生的经济价值及收益，测度指标为：木材加工，林产化学产品制造，退耕木本油料、果蔬、茶饮料等加工制造，森林药材加工。退耕还林还草形成的第三产业经济效益主要指为退耕还林还草提供生产、技术服务和与退耕还林还草资源相关的生态旅游、森林康养等产业产生的产值和收益，测度指标为：林业生产服务、林业专业技术服务、生态旅游与森林康养服务。

3.2.1 经济效益物质量计算方法

退耕还林还草工程形成的经济效益物质量包括第一产业、第二产业、第三产业3个方面11项评估指标，经济效益物质量为11项监测指标物质量之和，计算方法为全国所有退耕还林还草工程县相应的11个指标数值之和，具体计算公式如表3-2所示。

表3-2 退耕还林还草工程经济效益物质量计算公式

指标		计算公式和参数说明
第一产业	经济林产品采集	=Σ（各县退耕水果种植面积+各县退耕坚果种植面积+各县退耕木本油料种植面积+退耕茶、饮料类种植面积+各县退耕森林药材种植面积） 单位：万亩
		=Σ（各县退耕水果采集数量+各县退耕坚果采集数量+各县退耕木本油料采集数量+各县退耕茶、饮料类采集数量+各县退耕森林药材采集数量） 单位：万吨
	木材和竹材采运	=Σ各县木材采运量 单位：万立方米
		=Σ各县竹材采运量 单位：万根
	林下种植	=Σ（各县林下菌类产量+各县林下粮食产量+各县林下蔬菜产量） 单位：万吨
		=Σ各县林下树苗产量 单位：万株
	林下养殖	=Σ（各县林下养鸡数量+各县林下养鸭数量+各县林下养鹅数量） 单位：万只

（续）

	指标	计算公式和参数说明
第一产业	林下养殖	=Σ（各县林下养猪数量+各县林下养牛数量+各县林下养羊数量）单位：万只 =Σ各县林下养蜂数量 单位：亿只
第二产业	木材加工	=Σ各县木材加工量 单位：万立方米
	林产化学产品制造	=Σ各县林产化学产品制造量 单位：万吨
	退耕木本油料、果蔬、茶饮料等加工制造	=Σ（各县退耕木本油料加工制造数量+各县退耕果蔬加工制造数量+各县退耕茶饮料加工制造数量）单位：万吨
	森林药材加工	=Σ各县退耕森林药材加工制造数量 单位：万吨
第三产业	林业生产服务	=Σ各县林业生产服务机构数量 单位：个
	林业专业技术服务	=Σ各县林业专业技术服务机构数量 单位：个
	生态旅游及森林康养服务	=Σ（各县退耕生态旅游基地数量+各县退耕森林康养基地数量）单位：个

3.2.2 经济效益价值量计算方法

退耕还林还草工程形成的经济效益价值量包括第一产业、第二产业、第三产业3个方面11项评估指标，经济效益价值量为11项监测指标价值量之和，计算方法为全国所有退耕还林还草工程县相应的11个指标数值之和，具体计算公式如表3-3所示。

表3-3 退耕还林还草工程经济效益价值量计算公式

	指标	计算公式和参数说明
第一产业	经济林产品采集	=Σ（各县退耕水果采集数量×单价+各县退耕坚果、油料类采集数量×单价+各县退耕茶、饮料类采集数量×单价+各县退耕森林药材采集数量×单价）单位：亿元
	木材和竹材采运	=Σ（各县木材采运量×单价+各县竹材采运量×单价） 单位：亿元
	林下种植	=Σ（各县林下菌类产量×单价+各县林下粮食产量×单价+各县林下蔬菜产量×单价+各县林下树苗产量×单价+各县林下药材产量×单价）单位：亿元
	林下养殖	=Σ（各县林下养鸡产量×单价+各县林下养鸭产量×单价+各县林下养鹅产量×单价）+Σ（各县林下养猪产量×单价+各县林下养牛产量×单价+各县林下养羊产量×单价）+Σ（各县林下养蜂蜂蜜产量×单价）单位：亿元
第二产业	木材加工	=Σ（各县木材加工量×单价）×退耕对木材加工贡献系数 单位：亿元

（续）

	指标	计算公式和参数说明
第二产业	林产化学产品制造	=Σ（各县林产化学产品制造量×单价）×退耕对林产化学产品制造贡献系数 单位：亿元
	退耕木本油料、果蔬、茶饮料等加工制造	=Σ（各县退耕木本油料加工制造数量×单价）×退耕对退耕木本油料加工制造贡献系数+Σ（各县退耕果蔬加工制造数量×单价）×退耕对退耕果蔬加工制造贡献系数+Σ（各县退耕茶饮料加工制造数量×单价）×退耕对退耕茶饮料加工制造贡献系数 单位：亿元
	森林药材加工	=Σ（各县退耕森林药材加工制造数量×单价）×退耕对森林药材加工贡献系数 单位：亿元
第三产业	林业生产服务	=Σ各县林业生产服务机构营业收入×退耕对林业生产服务机构贡献系数 单位：亿元
	林业专业技术服务	=Σ各县林业专业技术服务机构营业收入×退耕对林业专业技术服务机构贡献系数 单位：亿元
	生态旅游及森林康养服务	=Σ各县退耕生态旅游基地营业收入×退耕对生态旅游贡献系数+Σ退耕森林康养基地营业收入×退耕对森林康养贡献系数 单位：亿元

值得注意的是，退耕还林还草工程形成的第一产业经济效益的4项测度指标价值量为各县相应指标数值之和，但第二产业、第三产业经济效益7项测度指标的价值量需要按照退耕还林还草工程对这些7项事业的贡献程度进行折算，即需要乘以相应的退耕还林还草贡献系数。这7项指标的贡献系数具体计算公式如下：

（1）第二产业4项指标贡献系数

①木材加工价值=Σ各县木材加工产值×退耕对木材加工贡献系数

其中：退耕对木材加工贡献系数参照陈文汇等（2012）计算的木材加工及木、竹、藤、棕、草制品业的中间投入率，取值为0.7746。

②林产化学产品制造价值=Σ各县林产化学产品制造产值×退耕对林产化学产品制造贡献系数

其中：退耕对林产化学产品制造的贡献系数参照陈文汇等（2012）计算的林产化学产品制造的贡献系数，取值为0.6742。

③退耕木本油料、果蔬、茶饮料等加工制造价值=Σ各县退耕木本油料加工制造产值×退耕对退耕木本油料加工贡献系数+Σ各县退耕果蔬加工制造产值×退耕对退耕果蔬加工制造贡献系数+Σ各县退耕茶饮料加工制造产值×退耕对退耕茶饮料加工制造贡献系数

其中：退耕对退耕木本油料加工贡献系数、退耕对退耕果蔬加工制造贡献系数、退耕

对退耕茶饮料加工制造贡献系数均参照陈文汇等（2012）计算的木本油料、果蔬、茶饮料加工贡献系数，取值为0.6742。

④森林药材加工价值=Σ各县退耕森林药材加工制造产值×退耕森林药材加工贡献系数

其中：退耕森林药材加工贡献系数参照陈文汇等（2012）计算的森林药材加工贡献系数，取值为0.6742。

（2）第三产业3项指标贡献系数

①林业生产服务价值=Σ各县林业生产服务产值×退耕对林业生产服务贡献系数

其中：退耕对林业生产服务贡献系数按照陈文汇等（2012）计算的林业生产服务贡献系数，取值为0.7244。

②林业专业技术服务价值=Σ各县林业专业技术服务产值×退耕对林业专业技术服务贡献系数

其中：退耕对林业专业技术服务贡献系数参照陈文汇等（2012）计算的林业专业技术服务贡献系数，取值为0.7244。

③生态旅游基地与森林康养基地价值=Σ各县生态旅游基地与森林康养基地产值×退耕对生态旅游基地与森林康养基地贡献系数

其中：退耕对生态旅游基地与森林康养基地贡献系数参照陈文汇等（2012）计算的生态旅游基地与森林康养基地贡献系数取值，取值为0.7244。

3.3 经济效益物质量评估结果

首先，计算全国25个省（自治区、直辖市）和新疆生产建设兵团的经济效益物质量评估总结果。其次，将全国25个省（自治区、直辖市）和新疆生产建设兵团分成长江中上游地区、黄河中上游地区、三北风沙区和其他地区四个区域，并分别计算各区域经济效益物质量。经济效益价值量、社会效益物质量、社会效益价值量的计算也依此计算。四个区域所辖省份如下。

长江中上游地区：该区域包括安徽、江西、湖北、湖南、重庆、四川、贵州、云南等8个省（直辖市）。长江中上游地区是我国最大河流长江、最大水库三峡水库、南水北调中线工程源头区以及洞庭湖、鄱阳湖等重要河湖水库的集水区，对长江流域的水源涵养和水土保持起着极为重要的作用。本区人口密度大，人均耕地少，历史上毁林开荒严重，25度以上坡耕地分布广、面积大、开垦时间长、复种指数高。陡坡耕种，使该区成为我国水土流失最为严重的地区之一，严重威胁中下游江河湖库等水利设施的安全运行和广大人民生命财产的安全，也在一定程度上减少了生物多样性，并使森林景观破碎化，严重影响森林多种效益的充分发挥。

黄河中上游地区：该区域包括山西、河南、陕西、甘肃、青海等5个省。黄河中上游地区海拔相对较低，多在1000～2000米，山体坡度也较缓，但流域内分布着大范围的黄土和沙化土地，水土流失严重，特别黄土高原丘陵沟壑，植被稀少，雨量集中且多暴雨，黄土质地松散，沟壑纵横深切，陡坡耕地多，耕作制度不合理，抗蚀能力弱，造成了严重的水土流失。本区农耕地比重过大、陡坡耕地多，土地利用不合理，而且荒山荒坡较多，是我国水土流失最严重的区域，是黄河泥沙的主要来源地，生态状况亟待改善。

三北风沙区：该区域包括北京、天津、河北、内蒙古、宁夏、新疆6个省（自治区、直辖市）和新疆生产建设兵团。本区历史上曾是森林茂密、草原肥美的富庶之地，由于种种人为和自然力的作用，使这里的植被遭到破坏，沙进人退现象突出。生态区位有京津风沙源区、科尔沁沙地、古尔班通古特沙漠和塔克拉玛干沙漠周边地区。区域内分布着八大沙漠、四大沙地，从新疆一直延伸到黑龙江，形成了一条万里风沙线。本区风沙危害十分严重，木料、燃料、肥料、饲料俱缺，农业生产低而不稳。对严重风沙地退耕还林还草，特别是在沙漠边缘地区有计划地营造带、片、网相结合的防护林体系，阻止沙漠扩张，是改变农牧生产条件的一项战略措施。

其他地区：该区域包括东北地区的辽宁、吉林和黑龙江，珠江流域的广西，华南的海南，青藏高原的西藏等6省（自治区）。其他地区类型较多，生态区位有号称“世界屋脊”和“第三极”的青藏高原，是亚洲许多大河发源地，全球气候变化特别敏感区；有按年流量为中国第二大河流的珠江流域广西段，地处西江干流及红水河流域；有祖国南疆海南省及热带雨林地区；有我国重要的大兴安岭森林生态功能区、长白山森林生态功能区、松辽平原黑土地保育区等。

3.3.1 经济效益物质量评估总结果

退耕还林还草形成的第一产业物质量指标中，经济林种植面积1681.46万亩，经济林产品采集量1333.77万吨，木材采运量2994.83万立方米，竹材采运量63335.22万根，林下菌类、粮食、蔬菜产量869.13万吨，林下树苗产量5318.58万株，林下养鸡、鸭、鹅2.01亿只，林下养猪、牛、羊1437.29万只，林下养蜂704.81亿只。

在退耕还林还草形成的第二产业物质量指标中，木材加工量3890.98万立方米，林产化学产品制造量35.51万吨，退耕木本油料、果蔬、茶饮料等加工制造数量253.06万吨，森林药材加工数量34.81万吨。

在退耕还林还草形成的第三产业物质量指标中，林业生产服务机构1.28万个，林业专业技术服务机构4177个，退耕生态旅游基地和退耕森林康养基地2139个（表3-4）。

表3-4　各省退耕还林还草形成的经济效益物质量

省级区域	第一产业								第二产业				第三产业		
	经济林产品采集数量（万吨）	木材和竹材采运数量		林下种植产量		林下养殖数量			木材加工数量（万立方米）	林产化学产品制造数量（万吨）	退耕木本油料、果蔬、茶饮料等加工制造数量（万吨）	森林药材加工数量（万吨）	林业生产服务机构（个）	林业专业技术服务机构（个）	生态旅游基地与森林康养基地（个）
		木材采运量（万立方米）	竹材采运数（万根）	林下菌类、粮食、蔬菜产量（万吨）	林下树苗产量（万株）	林下养鸡、鸭、鹅数量（万只）	林下养猪、牛、羊数量（万只）	林下养蜂数量（亿只）							
北京	4.73	0.00	0.00	0.05	0.00	0.00	0.00	7.25	0.00	0.00	0.00	0.00	0.00	0.00	0.00
天津	0.00	0.00	0.00	0.00	0.00	0.00	0.00	0.00	0.00	0.00	0.00	0.00	0.00	0.00	0.00
河北	100.05	265.59	0.00	62.87	747.11	248.67	10.59	10.55	67.96	0.00	84.33	0.25	234.00	57.00	48.00
山西	1.32	0.58	0.00	4.87	0.50	5.22	185.56	3.19	52.62	5.40	26.07	0.00	49.00	40.00	82.00
内蒙古	5.78	10.46	0.00	0.24	0.00	1.60	29.72	0.00	8.91	0.00	0.00	0.00	94.00	81.00	3.00
辽宁	43.25	5.78	0.00	2.31	0.00	1.73	0.60	0.83	219.70	0.00	0.60	0.72	27.00	35.00	1.00
吉林	2.00	30.83	0.00	0.00	0.00	0.55	0.00	0.00	22.80	0.00	0.00	0.02	26.00	46.00	2.00
黑龙江	0.42	0.20	0.00	0.92	3.00	83.23	5.56	2.57	3.10	0.00	0.05	0.00	15.00	58.00	8.00
安徽	10.17	163.37	1783.90	3.54	410.95	1107.42	20.59	20.56	453.21	0.08	1.19	0.12	479.00	201.00	49.00
江西	46.13	137.09	2075.67	10.39	113.81	2323.41	10.67	18.92	18.65	3.57	3.71	0.59	278.00	201.00	33.00
河南	73.50	101.92	105.98	33.14	395.40	1047.02	103.01	26.81	329.68	0.09	6.31	1.27	408.00	405.00	66.00
湖北	99.71	61.52	1008.96	15.72	520.00	1139.32	141.65	65.69	65.11	0.05	11.55	2.12	375.00	205.00	236.00
湖南	73.80	70.90	2444.30	1.85	69.20	1307.47	115.63	19.68	53.29	6.99	4.90	14.11	774.00	237.00	91.00

（续）

省级区域	第一产业								第二产业				第三产业		
	经济林产品采集数量(万吨)	木材和竹材采运数量		林下种植产量		林下养殖数量			木材加工数量(万立方米)	林产化学产品制造数量(万吨)	退耕还林木本油料、果蔬、茶饮料等加工制造数量(万吨)	森林药材加工数量(万吨)	林业生产服务机构(个)	林业专业技术服务机构(个)	生态旅游基地与森林康养基地(个)
		木材采运量(万立方米)	竹材采运数(万根)	林下菌类、粮食、蔬菜产量(万吨)	林下树苗产量(万株)	林下养鸡、鸭、鹅数量(万只)	林下养猪、牛、羊数量(万只)	林下养蜂数量(亿只)							
广西	63.88	1530.35	10909.29	6.71	632.75	6769.82	289.13	117.84	1852.50	12.65	9.02	0.59	2271.00	289.00	3.00
海南	3.48	50.76	10.36	0.00	20.63	153.07	13.37	6.66	44.70	2.36	0.38	0.00	21.00	23.00	0.00
重庆	68.82	36.63	7457.42	407.72	33.30	938.64	36.99	50.27	184.42	0.01	25.56	1.23	1143.00	433.00	188.00
四川	169.63	123.15	18766.98	42.18	525.00	1904.32	179.04	65.02	130.97	1.53	12.30	1.31	1021.00	481.00	743.00
贵州	96.14	153.67	10244.79	59.11	586.06	1207.62	52.88	87.44	172.85	0.69	23.12	1.93	3247.00	270.00	67.00
云南	63.20	184.39	7461.05	32.63	446.00	443.47	79.70	27.57	150.91	1.77	10.08	2.21	1360.00	308.00	16.00
西藏	0.00	0.00	0.00	0.00	0.00	0.00	0.00	0.00	0.00	0.00	0.00	0.00	0.00	0.00	0.00
陕西	63.88	32.42	1066.52	12.21	520.00	904.02	148.66	102.87	34.26	0.32	16.80	5.26	148.00	176.00	62.00
甘肃	104.03	1.59	0.00	4.11	210.83	347.94	11.39	40.29	1.58	0.00	2.14	2.99	161.00	170.00	430.00
青海	0.85	0.28	0.00	0.00	0.00	0.26	0.00	0.00	0.30	0.00	0.00	0.00	18.00	18.00	1.00
宁夏	0.03	0.00	0.00	0.05	0.00	77.20	0.05	6.26	0.00	0.00	0.00	0.06	29.00	43.00	7.00
新疆	163.88	30.98	0.00	162.21	76.04	79.24	1.69	3.98	22.82	0.00	11.72	0.02	287.00	328.00	1.00
新疆兵团	75.09	2.35	0.00	6.31	8.00	38.47	0.82	20.57	0.62	0.00	3.26	0.00	382.00	72.00	2.00
总计	1333.77	2994.83	63335.22	869.13	5318.58	20129.73	1437.29	704.81	3890.98	35.51	253.06	34.81	12847.00	4177.00	2139.00

3.3.1.1 **第一产业物质量评估结果**

（1）经济林产品采集。经济林产品采集总量1333.77万吨。在经济林产品采集指标中，经济林产品采集量最多的省（自治区、直辖市、生产建设兵团）是四川，为169.63万吨；其后依次是新疆、甘肃、河北，分别为163.88万吨、104.03万吨、100.05万吨；四川、新疆、甘肃、河北四省（自治区）经济林产品采集量之和占总采集量的40.31%；其余均低于100万吨（表3-4）。

（2）木材和竹材采运。木材采运总量2994.83万立方米，竹材采运量63335.22万根。在木材和竹材采运指标中，木材采运量最多的省（自治区、直辖市、生产建设兵团）是广西，为1530.35万立方米，占木材总采运量的51.10%；河北、云南、安徽、贵州、江西、四川、河南的木材采运量依次位于100万～300万立方米，其余均低于100万立方米。竹材采运量最多的省（自治区、直辖市、生产建设兵团）是四川，为18766.98万根；其次是广西、贵州、云南和重庆，分别为10909.29万根、10244.79万根、7461.05万根、7457.42万根；四川、广西、贵州、云南、重庆5省（自治区、直辖市）竹材采运量占总采运量的86.59%；其余均低于2500万根，且有多个省份产量为0。

（3）林下种植。林下菌类、粮食、蔬菜总产量869.13万吨。在林下种植中，林下菌类、粮食、蔬菜产量最高的省（自治区、直辖市、生产建设兵团）是重庆，为407.72万吨，占总产量的46.91%；其次是新疆，为162.21万吨，占总产量的18.66%；其余均在100万吨以下。林下树苗产量最多的省（自治区、直辖市）是河北，为747.11万株；其后依次为广西、贵州、四川、陕西、湖北，产量均在500万株以上；前6省（自治区）产量之和占总产量的66.39%。

（4）林下养殖。林下养鸡、鸭、鹅总量共计2.01亿只，林下养猪、牛、羊总量共计1437.29万只，林下养蜂总量为704.81亿只。在林下养殖指标中，林下养鸡、鸭、鹅数量最多的省（自治区、直辖市、生产建设兵团）是广西，为6769.82万只，占总养殖量的33.63%；江西、四川、湖南、贵州、湖北、安徽、河南的林下养鸡、鸭、鹅数量依次位于1000万～2000万只，其余均低于1000万只。林下养猪、牛、羊和林下养蜂数量最多的省（自治区、直辖市、生产建设兵团）也是广西，分别为289.13万只和117.84亿只；林下养猪、牛、羊数量在100万只以上的还包括山西、四川、湖北、湖南、河南，前6省（自治区）林下养猪、牛、羊数量之和占总养殖量的60.78%。林下养蜂数量在50亿只以上的还包括陕西、贵州、湖北、四川、重庆，前6省（自治区、直辖市）养蜂数量占总养殖量的52.68%。

3.3.1.2 第二产业物质量评估结果

（1）**木材加工。**木材加工总量3890.98万立方米。在木材加工指标中，木材加工量最多的省（自治区、直辖市、生产建设兵团）是广西，为1852.50万立方米，占总木材加工量的47.61%；其次是安徽，为453.21万立方米；河南、辽宁、重庆、贵州、云南、四川的木材加工量依次位于100万～400万立方米，其余均低于100万立方米。

（2）**林产化学产品制造。**林产化学产品制造总量35.51万吨。在林产化学产品制造指标中，林产化学产品制造量最多的省（自治区、直辖市、生产建设兵团）是广西，为12.65万吨，占总制造量的35.62%；其次是湖南，为6.99万吨，占总制造量的19.68%；其余均低于5万吨，并有相当一部分地区为0。

（3）**退耕木本油料、果蔬、茶饮料等加工制造。**退耕木本油料、果蔬、茶饮料等加工制造总量253.06万吨。在木本油料、果蔬、茶饮料等加工制造指标中，木本油料、果蔬、茶饮料等加工制造量最多的省（自治区、直辖市、生产建设兵团）是河北，为84.33万吨，占总制造量的33.32%；山西、重庆、贵州、陕西、四川、新疆、湖北、云南的木本油料、果蔬、茶饮料等加工制造数量依次位于10万～30万吨，其余均低于10万吨。

（4）**森林药材加工。**森林药材加工总量34.81万吨。在森林药材加工指标中，森林药材加工数最多的省（自治区、直辖市、生产建设兵团）是湖南，为14.11万吨，占总加工量的40.53%；其次是陕西，为5.26万吨，占总加工量的15.11%；其余均低于5万吨。

3.3.1.3 第三产业物质量评估结果

（1）**林业生产服务机构。**林业生产服务机构总数1.28万个。在林业生产服务机构指标中，林业生产服务机构数量最多的省（自治区、直辖市、生产建设兵团）是贵州，为3247个，占总量的25.27%；其次是广西，为2271个，占总量的17.68%；云南、重庆、四川的林业生产服务机构数依次位于1000～2000个，其余均低于1000个。

（2）**林业专业技术服务机构。**林业专业技术服务机构总数4177个。林业专业技术服务机构数量最多的省（自治区、直辖市、生产建设兵团）是四川，为481个；其次是重庆、河南，分别为433个、405个；四川、重庆、河南三省（市）林业专业技术服务机构数量之和占总量的31.58%；新疆、云南、广西、贵州、湖南、湖北、安徽、江西、陕西、甘肃的林业专业技术服务机构数依次位于100～350个，其余均低于100个。

（3）**生态旅游基地与森林康养基地。**退耕生态旅游基地和退耕森林康养基地总数2139个。生态旅游基地与森林康养基地数量最多的省（自治区、直辖市、生产建设兵团）是四川，为743个，占总量的34.74%；其次是甘肃，为430个，占总量的20.10%；湖北、重庆的生态旅游基地与森林康养基地数量依次位于100～300个，其余均低于100个。

3.3.2 长江中上游地区经济效益物质量评估

长江中上游地区退耕还林还草形成的第一产业物质量指标中，经济林产品采集量627.60万吨，占全国退耕还林工程的47.05%；木材采运量930.72万立方米，占全国退耕还林工程的31.08%；竹材采运量51243.07万根，占全国退耕还林工程的80.91%；林下菌类、粮食、蔬菜产量573.14万吨，占全国退耕还林工程的65.94%；林下树苗产量5318.58万株，占全国退耕还林工程的50.85%；林下养鸡、鸭、鹅1.04亿只，占全国退耕还林工程的51.52%；林下养猪、牛、羊637.15万只，占全国退耕还林工程的44.33%；林下养蜂355.15亿只，占全国退耕还林工程的50.39%。

长江中上游地区在退耕还林还草形成的第二产业物质量指标中，木材加工量1229.41万立方米，占全国退耕还林工程的31.60%；林产化学产品制造量14.69万吨，占全国退耕还林工程的41.37%；退耕木本油料、果蔬、茶饮料等加工制造数量92.41万吨，占全国退耕还林工程的36.52%；森林药材加工数量23.62万吨，占全国退耕还林工程的67.85%。

长江中上游地区在退耕还林还草形成的第三产业物质量指标中，林业生产服务机构数8677个，占全国退耕还林工程的67.54%；林业专业技术服务数2336个，占全国退耕还林工程的55.93%；退耕生态旅游基地和退耕森林康养基地数1423个，占全国退耕还林工程的66.53%（表3-5）。

3.3.2.1 第一产业物质量评估结果

（1）经济林产品采集。本区域在经济林产品采集指标中，经济林产品采集量最多的省（直辖市）是四川，为169.63万吨；其后依次是湖北、贵州，分别为99.71万吨、96.14万吨；四川、湖北、贵州3省经济林产品采集量之和占本区域总采集量的58.23%；其余均低于90万吨（表3-5）。

（2）木材和竹材采运。本区域在木材和竹材采运指标中，木材采运量最多的省（直辖市）是云南，为184.39万立方米；其后是安徽、贵州，木材采运量分别为163.37万立方米、153.67万立方米；云南、安徽、贵州3省木材采运量之和占本区域木材总采运量的53.88%。竹材采运量最多的省（直辖市）是四川，为18766.98万根；其次是贵州、云南和重庆，分别为10244.79万根、7461.05万根、7457.42万根；四川、贵州、云南、重庆4省（直辖市）竹材采运量占本区域总采运量的85.73%；其余均低于2500万根。

（3）林下种植。本区域在林下种植中，林下菌类、粮食、蔬菜产量最高的省（直辖市）是重庆，为407.72万吨，占本区域总产量的71.14%；其余均在100万吨以下。林下树苗产量最多的省（直辖市）是贵州，为586.06万株；其后依次为四川、湖北，产量均在500万株以上；前3省产量之和占本区域总产量的60.31%。

（4）林下养殖。本区域在林下养殖指标中，林下养鸡、鸭、鹅数量最多的省（直辖

表3-5　长江中上游地区退耕还林还草形成的经济效益物质量

指标			安徽	江西	湖北	湖南	重庆	四川	贵州	云南	总计
第一产业	经济林产品采集数量（万吨）		10.17	46.13	99.71	73.80	68.82	169.63	96.14	63.20	627.60
	木材和竹材采运数量	木材采运量（万立方米）	163.37	137.09	61.52	70.90	36.63	123.15	153.67	184.39	930.72
		竹材采运数（万根）	1783.90	2075.67	1008.96	2444.30	7457.42	18766.98	10244.79	7461.05	51243.07
	林下种植产量	林下菌类、粮食、蔬菜产量（万吨）	3.54	10.39	15.72	1.85	407.72	42.18	59.11	32.63	573.14
		林下树苗产量（万株）	410.95	113.81	520.00	69.20	33.30	525.00	586.06	446.00	2704.32
	林下养殖数量	林下养鸡、鸭、鹅数量（万只）	1107.42	2323.41	1139.32	1307.47	938.64	1904.32	1207.62	443.47	10371.67
		林下养猪、牛、羊数量（万只）	20.59	10.67	141.65	115.63	36.99	179.04	52.88	79.70	637.15
		林下养蜂数量（亿只）	20.56	18.92	65.69	19.68	50.27	65.02	87.44	27.57	355.15
第二产业	木材加工数量（万立方米）		453.21	18.65	65.11	53.29	184.42	130.97	172.85	150.91	1229.41
	林产化学产品制造数量（万吨）		0.08	3.57	0.05	6.99	0.01	1.53	0.69	1.77	14.69
	退耕木本油料、果蔬、茶饮料等加工制造数量（万吨）		1.19	3.71	11.55	4.90	25.56	12.30	23.12	10.08	92.41
	森林药材加工数量（万吨）		0.12	0.59	2.12	14.11	1.23	1.31	1.93	2.21	23.62
第三产业	林业生产服务机构（个）		479	278	375	774	1143	1021	3247	1360	8677
	林业专业技术服务机构（个）		201	201	205	237	433	481	270	308	2336
	生态旅游基地与森林康养基地（个）		49	33	236	91	188	743	67	15	1423

市）是江西，为2323.41万只；其次是四川和湖南，林下养鸡、鸭、鹅数量分别为1904.32万只和1307.47万只；江西、四川和湖南3省林下养鸡、鸭、鹅数量之和占本区域总养殖量的53.37%。林下养猪、牛、羊多的省（直辖市）是四川，为179.04万只；其后依次是湖北和湖南，前3省林下养猪、牛、羊数量之和占本区域总养殖量的68.48%；其余均低于100万只。贵州、湖北、四川、重庆林下养蜂数量在50亿只以上，占本区域总养殖量的75.58%。

3.3.2.2 第二产业物质量评估结果

（1）**木材加工。**本区域在木材加工指标中，木材加工量最多的省（直辖市）是安徽，为453.21万立方米，占本区域总木材加工量的36.86%；重庆、贵州、云南，木材加工量依次位于150万～400万立方米；其余均低于100万立方米。

（2）**林产化学产品制造。**本区域在林产化学产品制造指标中，林产化学产品制造量最多的省（直辖市）是湖南，为6.99万吨，占本区域总制造量的47.58%；林产化学产品制造量在1万吨以上的依次还有江西、云南、四川。

（3）**退耕木本油料、果蔬、茶饮料等加工制造。**本区域在木本油料、果蔬、茶饮料等加工制造指标中，木本油料、果蔬、茶饮料等加工制造量最多的省（直辖市）是重庆，为25.56万吨，其次是贵州23.12万吨，两省木本油料、果蔬、茶饮料等加工制造数量之和占本区域总制造量的52.68%；其余均低于20万吨。

（4）**森林药材加工。**本区域在森林药材加工指标中，森林药材加工数最多的省（直辖市）为湖南，14.11万吨，占本区域总加工量的59.74%；其余均低于5万吨。

3.3.2.3 第三产业物质量评估结果

（1）**林业生产服务机构。**本区域在林业生产服务机构指标中，林业生产服务机构数量最多的省（直辖市）是贵州，为3247个，占本区域总量的37.42%；其后为云南、重庆、四川，林业生产服务机构数依次位于1000～2000个；其余均低于1000个。

（2）**林业专业技术服务机构。**本区域在林业专业技术服务机构指标中，林业专业技术服务机构数量最多的省（直辖市）是四川，为481个；其次是重庆、云南，分别为433个、308个；四川、重庆、云南3省（直辖市）林业专业技术服务机构数量之和占本地区总量的52.31%；其余均低于300个。

（3）**生态旅游基地与森林康养基地。**本区域在生态旅游基地与森林康养基地指标中，生态旅游基地与森林康养基地数量最多的省（直辖市）是四川，为743个，占本地区总量的52.21%；湖北、重庆的生态旅游基地与森林康养基地数量依次位于100～300个；其余均低于100个。

3.3.3 黄河中上游地区经济效益物质量评估

黄河中上游地区退耕还林还草形成的第一产业物质量指标中，经济林产品采集量243.58万吨，占全国退耕还林工程的18.26%；木材采运量136.79万立方米，占全国退耕还林工程的4.57%；竹材采运量1172.50万根，占全国退耕还林工程的1.85%；林下菌类、粮食、蔬菜产量54.33万吨，占全国退耕还林工程的6.25%；林下树苗产量1126.73万株，占全国退耕还林工程的21.18%；林下养鸡、鸭、鹅2304.46万只，占全国退耕还林工程的11.45%；林下养猪、牛、羊448.62万只，占全国退耕还林工程的31.21%；林下养蜂173.16亿只，占全国退耕还林工程的24.57%。

黄河中上游地区在退耕还林还草形成的第二产业物质量指标中，木材加工量418.44万立方米，占全国退耕还林工程的10.75%；林产化学产品制造量5.81万吨，占全国退耕还林工程的16.36%；退耕木本油料、果蔬、茶饮料等加工制造数量51.32万吨，占全国退耕还林工程的20.28%；森林药材加工数量9.52万吨，占全国退耕还林工程的27.35%。

黄河中上游地区在退耕还林还草形成的第三产业物质量指标中，林业生产服务机构数784个，占全国退耕还林工程的6.10%；林业专业技术服务数809个，占全国退耕还林工程的19.37%；生态旅游基地和森林康养基地数641个，占全国退耕还林工程的29.97%（表3-6）。

3.3.3.1 第一产业物质量评估结果

（1）**经济林产品采集。**本区域在经济林产品采集指标中，经济林产品采集量最多的省是甘肃，为104.03万吨，占本区域总采集量的42.71%；其余均低于100万吨。

（2）**木材和竹材采运。**本区域在木材和竹材采运指标中，木材采运量最多的省是河南，为101.92万立方米，占本区域总采运量的74.51%；其次是陕西，为32.42万立方米，占本区域总采集量的74.51%；甘肃、山西、青海3省木材采运量之和不足5万立方米。竹材采运量最多的省是陕西，为1066.52万根，占本区域总采集量的90.96%；其次是河南，为105.98万根；其余均为0。

（3）**林下种植。**本区域在林下种植中，林下菌类、粮食、蔬菜产量最高的省是河南，为33.14万吨，占本区域总产量的61.00%；其次是陕西12.21万吨；山西、甘肃、青海3省林下菌类、粮食、蔬菜产量之和不足10万吨。林下树苗产量最多的省是陕西，为520万株；其后依次为河南、甘肃，产量分别为395.4万株、210.83万株；前3省产量之和占本区域总产量的99.96%。

（4）**林下养殖。**本区域在林下养殖指标中，林下养鸡、鸭、鹅数量最多的省是河南，为1047.02万只，占本区域总养殖量的45.43%；其后依次为陕西、甘肃、山西、青海。林下养猪、牛、羊多的省是山西，为185.56万只；其后依次是陕西和河南，前3省林

表3-6　黄河中上游地区退耕还林还草形成的经济效益物质量

指标			山西	河南	陕西	甘肃	青海	总计
第一产业	经济林产品采集数量（万吨）		1.32	73.50	63.88	104.03	0.85	243.58
	木材和竹材采运数量	木材采运量（万立方米）	0.58	101.92	32.42	1.59	0.28	136.79
		竹材采运数（万根）	0.00	105.98	1066.52	0.00	0.00	1172.50
	林下种植产量	林下菌类、粮食、蔬菜产量（万吨）	4.87	33.14	12.21	4.11	0.00	54.33
		林下树苗产量（万株）	0.50	395.40	520.00	210.83	0.00	1126.73
	林下养殖数量	林下养鸡、鸭、鹅数量（万只）	5.22	1047.02	904.02	347.94	0.26	2304.46
		林下养猪、牛、羊数量（万只）	185.56	103.01	148.66	11.39	0.00	448.62
		林下养蜂数量（亿只）	3.19	26.81	102.87	40.29	0.00	173.16
第二产业	木材加工数量（万立方米）		52.62	329.68	34.26	1.58	0.30	418.44
	林产化学产品制造数量（万吨）		5.40	0.09	0.32	0.00	0.00	5.81
	退耕木本油料、果蔬、茶饮料等加工制造数量（万吨）		26.07	6.31	16.80	2.14	0.00	51.32
	森林药材加工数量（万吨）		0.00	1.27	5.26	2.99	0.00	9.52
第三产业	林业生产服务机构（个）		49	408	148	161	18	784
	林业专业技术服务机构（个）		40	405	176	170	18	809
	生态旅游基地与森林康养基地（个）		82	66	62	430	1	641

下养猪、牛、羊数量之和占本区域总养殖量的97.46%。林下养蜂数量最多的省是陕西，为102.87亿只，占本区域总养殖量的59.41%。

3.3.3.2 第二产业物质量评估结果

（1）**木材加工。**本区域在木材加工指标中，木材加工量最多的省是河南，为329.68万立方米，占本区域总木材加工量的78.79%；其后依次为山西、陕西、甘肃、青海。

（2）**林产化学产品制造。**本区域在林产化学产品制造指标中，林产化学产品制造量最多的省是山西，为5.4万吨，占本区域总制造量的92.94%；其次是陕西和河南，分别为0.32万吨和0.09万吨；甘肃、青海林产化学产品制造量为0。

（3）**退耕木本油料、果蔬、茶饮料等加工制造。**本区域在木本油料、果蔬、茶饮料等加工制造指标中，木本油料、果蔬、茶饮料等加工制造量最多的省是山西，为26.07万吨，其次是陕西16.8万吨，两省木本油料、果蔬、茶饮料等加工制造数量之和占本区域总制造量的83.53%；其余均低于10万吨。

（4）**森林药材加工。**本区域在森林药材加工指标中，森林药材加工数最多的省为陕西，5.26万吨，占本区域总加工量的55.25%；其后依次是甘肃、河南，分别为2.99万吨、1.27万吨；山西、青海森林药材加工数为0。

3.3.3.3 第三产业物质量评估结果

（1）**林业生产服务机构。**本区域在林业生产服务机构指标中，林业生产服务机构数量最多的省是河南，为408个，占本区域总量的52.04%；甘肃、陕西、山西和青海，林业生产服务机构数量依次位于10～200个。

（2）**林业专业技术服务机构。**本区域在林业专业技术服务机构指标中，林业专业技术服务机构数量最多的省是河南，为405个；其次是陕西、甘肃，分别为176个、170个；河南、陕西、甘肃3省林业专业技术服务机构数量之和占本地区总量的92.83%；其余均低于50个。

（3）**生态旅游基地与森林康养基地。**本区域在生态旅游基地与森林康养基地指标中，生态旅游基地与森林康养基地数量最多的省是甘肃，为430个，占本地区总量的67.08%；其后依次为山西、河南、甘肃、青海，生态旅游基地与森林康养基地数量均在100个以下。

3.3.4 三北风沙区经济效益物质量评估

三北风沙区退耕还林还草形成的第一产业物质量指标中，经济林产品采集量349.56万吨，占全国退耕还林工程的26.21%；木材采运量309.38万立方米，占全国退耕还林工程的10.33%；竹材采运量为0；林下菌类、粮食、蔬菜产量231.73万吨，占全国退耕还林工程的26.66%；林下树苗产量831.15万株，占全国退耕还林工程的15.63%；林下养鸡、鸭、鹅445.18万只，占全国退耕还林工程的2.21%；林下养猪、牛、羊42.87万只，占全国退耕还林工程的2.98%；林下养蜂48.61亿只，占全国退耕还林工程的6.90%。

三北风沙区在退耕还林还草形成的第二产业物质量指标中，木材加工量100.31万立方米，占全国退耕还林工程的2.58%；林产化学产品制造量为0；退耕木本油料、果蔬、茶饮料等加工制造数量99.31万吨，占全国退耕还林工程的39.24%；森林药材加工数量0.33万吨，占全国退耕还林工程的0.95%。

三北风沙区在退耕还林还草形成的第三产业物质量指标中，林业生产服务机构数1026个，占全国退耕还林工程的7.99%；林业专业技术服务数581个，占全国退耕还林工程的13.91%；生态旅游基地和森林康养基地数61个，占全国退耕还林工程的2.85%（表3-7）。

3.3.4.1 **第一产业物质量评估结果**

（1）经济林产品采集。本区域在经济林产品采集指标中，经济林产品采集量最多的省（自治区、直辖市、生产建设兵团）是新疆，为163.88万吨；其后依次是河北、新疆生产建设兵团，分别为100.05万吨、75.09万吨；新疆、河北、新疆生产建设兵团3省（自治区、生产建设兵团）经济林产品采集量之和占本区域总采集量的96.98%；其余均低于10万吨。

（2）木材和竹材采运。本区域在木材和竹材采运指标中，木材采运量最多的省（自治区、直辖市、生产建设兵团）是河北，为265.59万立方米，占本区域木材总采运量的85.85%；其后依次是新疆、内蒙古、新疆建设兵团，分别为30.98万立方米、10.46万立方米、2.35万立方米；其余木材采运量均为0。本区域竹材采运量为0。

（3）林下种植。本区域在林下种植中，林下菌类、粮食、蔬菜产量最高的省（自治区、直辖市、生产建设兵团）是新疆，为162.21万吨，占本区域总产量的70.00%；其余均在100万吨以下。林下树苗产量最多的省（自治区、直辖市、生产建设兵团）是河北，为747.11万株，占本区域总产量的89.89%；其后依次为新疆、新疆生产建设兵团，分别为76.04万株、8万株；其余林下树苗产量均为0。

（4）林下养殖。本区域在林下养殖指标中，林下养鸡、鸭、鹅数量最多的省（自治区、直辖市、生产建设兵团）是河北，为248.67万只；其次是新疆和宁夏，林下养鸡、鸭、鹅数量分别为79.24万只和77.2万只；河北、新疆、宁夏3省林下养鸡、鸭、鹅数量之和占本区域总养殖量的91.00%。林下养猪、牛、羊多的省（自治区、直辖市、生产建设兵团）是内蒙古，为29.72万只；其后是河北，为10.59万只，前两省（自治区）林下养猪、牛、羊数量之和占本区域总养殖量的94.03%；其余均低于5万只。林下养蜂数量最多的省（自治区、直辖市、生产建设兵团）是新疆生产建设兵团，为20.57亿只，占本区域林下

表3-7　三北风沙区退耕还林还草形成的经济效益物质量

指标			北京	天津	河北	内蒙古	宁夏	新疆	新疆兵团	总计
第一产业	经济林采集数量（万吨）		4.73	0.00	100.05	5.78	0.03	163.88	75.09	349.56
	木材和竹材采运数量	木材采运量（万立方米）	0.00	0.00	265.59	10.46	0.00	30.98	2.35	309.38
		竹材采运数（万根）	0.00	0.00	0.00	0.00	0.00	0.00	0.00	0.00
	林下种植产量	林下菌类、粮食、蔬菜产量（万吨）	0.05	0.00	62.87	0.24	0.05	162.21	6.31	231.73
		林下树苗产量（万株）	0.00	0.00	747.11	0.00	0.00	76.04	8.00	831.15
	林下养殖数量	林下养鸡、鸭、鹅数量（万只）	0.00	0.00	248.67	1.60	77.20	79.24	38.47	445.18
		林下养猪、牛、羊数量（万只）	0.00	0.00	10.59	29.72	0.05	1.69	0.82	42.87
		林下养蜂数量（亿只）	7.25	0.00	10.55	0.00	6.26	3.98	20.57	48.61
第二产业	木材加工数量（万立方米）		0.00	0.00	67.96	8.91	0.00	22.82	0.62	100.31
	林产化学产品制造数量（万吨）		0.00	0.00	0.00	0.00	0.00	0.00	0.00	0.00
	退耕木本油料、果蔬、茶饮料等加工制造数量（万吨）		0.00	0.00	84.33	0.00	0.00	11.72	3.26	99.31
	森林药材加工数量（万吨）		0.00	0.00	0.25	0.00	0.06	0.02	0.00	0.33
第三产业	林业生产服务机构（个）		0	0	234	94	29	287	382	1026
	林业专业技术服务机构（个）		0	0	57	81	43	328	72	581
	生态旅游基地与森林康养基地（个）		0	0	48	3	7	1	2	61

养蜂数量的42.32%；其后依次为河北、北京、宁夏、新疆，其余林下养蜂数量为0。

3.3.4.2 第二产业物质量评估结果

（1）**木材加工。**本区域在木材加工指标中，木材加工量最多的省（自治区、直辖市、生产建设兵团）是河北，为67.96万立方米，占本区域总木材加工量的67.75%；其后依次为新疆、内蒙古和新疆生产建设兵团；北京、宁夏、天津木材加工量为0。

（2）**林产化学产品制造。**本区域林产化学产品制造数量为0。

（3）**退耕木本油料、果蔬、茶饮料等加工制造。**本区域在木本油料、果蔬、茶饮料等加工制造指标中，木本油料、果蔬、茶饮料等加工制造量最多的省（自治区、直辖市、生产建设兵团）是河北，为84.33万吨，占本区域总制造量的84.92%；其后是新疆和新疆生产建设兵团，分别为11.72万吨、3.26万吨；其余均为0。

（4）**森林药材加工。**本区域在森林药材加工指标中，森林药材加工数最多的省（自治区、直辖市、生产建设兵团）为河北，0.25万吨，占本区域总加工量的75.76%；其后是宁夏、新疆，分别为0.06万吨、0.02万吨；其余均为0。

3.3.4.3 第三产业物质量评估结果

（1）**林业生产服务机构。**本区域在林业生产服务机构指标中，林业生产服务机构数量最多的省（自治区、直辖市、生产建设兵团）是新疆生产建设兵团，为382个；其后依次是新疆和河北，分别为287个、234个，前3省（自治区、生产建设兵团）占本区域林业生产服务机构数量的88.01%；其余均低于100个。

（2）**林业专业技术服务机构。**本区域在林业专业技术服务机构指标中，林业专业技术服务机构数量最多的省（自治区、直辖市、生产建设兵团）是新疆，为328个，占本区域林业专业技术服务机构数量的56.45%；其后依次为内蒙古、新疆生产建设兵团、河北、宁夏；其余均为0。

（3）**生态旅游基地与森林康养基地。**本区域在生态旅游基地与森林康养基地指标中，生态旅游基地与森林康养基地数量最多的省（自治区、直辖市、生产建设兵团）是河北，为48个，占本地区总量的78.69%；其后依次为宁夏、内蒙古、新疆生产建设兵团、新疆；其余均为0。

3.3.5 其他地区经济效益物质量评估

其他地区包括东北地区的辽宁、吉林和黑龙江，珠江流域的广西，华南的海南，青藏高原的西藏等6省（自治区）。

其他地区退耕还林还草形成的第一产业物质量指标中，经济林产品采集量113.03万吨，占全国退耕还林工程的8.47%；木材采运量1617.92万立方米，占全国退耕还林工程的

54.02%；竹材采运量10919.65万根，占全国退耕还林工程的17.24%；林下菌类、粮食、蔬菜产量9.94万吨，占全国退耕还林工程的1.14%；林下树苗产量656.38万株，占全国退耕还林工程的12.34%；林下养鸡、鸭、鹅7008.40万只，占全国退耕还林工程的34.82%；林下养猪、牛、羊308.66万只，占全国退耕还林工程的21.48%；林下养蜂127.90亿只，占全国退耕还林工程的18.15%。

其他地区在退耕还林还草形成的第二产业物质量指标中，木材加工量2142.80万立方米，占全国退耕还林工程的55.07%；林产化学产品制造量15.01万吨，占全国退耕还林工程的42.27%；退耕木本油料、果蔬、茶饮料等加工制造数量10.05万吨，占全国退耕还林工程的3.97%；森林药材加工数量1.33万吨，占全国退耕还林工程的3.82%。

其他地区在退耕还林还草形成的第三产业物质量指标中，林业生产服务机构数2360个，占全国退耕还林工程的18.37%；林业专业技术服务数451个，占全国退耕还林工程的10.80%；退耕生态旅游基地和退耕森林康养基地数14个，占全国退耕还林工程的0.65%（表3-8）。

3.3.5.1 第一产业物质量评估结果

（1）经济林产品采集。本区域在经济林产品采集指标中，经济林产品采集量最多的省（自治区）是广西，为63.88万吨；其后是辽宁，为43.25万吨，广西、辽宁2省经济林产品采集量之和占本区域总采集量的94.78%；其余均低于5万吨。

（2）木材和竹材采运。本区域在木材和竹材采运指标中，木材采运量最多的省（自治区）是广西，为1530.35万立方米，占本区域木材总采运量的94.59%；其余均低于100万立方米。竹材采运量最多的省（自治区）同样是广西，为10909.29万根，占本区域木材总采运量的99.91%；其次是海南，为10.36万根；其余均为0。

（3）林下种植。本区域在林下种植中，林下菌类、粮食、蔬菜产量最高的省（自治区）是广西，为6.71万吨，占本区域总产量的67.51%；其后依次为辽宁、黑龙江，分别为2.31万吨、0.92万吨；其余均为0。林下树苗产量最多的省（自治区）是广西，为632.75万株，占本区域总产量的96.40%；其后依次为海南、黑龙江，产量分别为20.63万株、3万株；其余均为0。

（4）林下养殖。本区域在林下养殖指标中，林下养鸡、鸭、鹅数量最多的省（自治区）是广西，为6769.82万只，占本区域总养殖量的96.60%；其余均低于200万只。林下养猪、牛、羊多的省（自治区）是广西，为289.13万只，占本区域总养殖量的93.67%；其余均低于20万只。广西林下养蜂数量为117.84亿只，占本区域总养殖量的92.13%；其余均低于10亿只。

表3-8　其他地区退耕还林还草形成的经济效益物质量

指标			辽宁	吉林	黑龙江	广西	海南	西藏	总计
第一产业	经济林采集数量（万吨）		43.25	2.00	0.42	63.88	3.48	0.00	113.03
	木材和竹材采运数量	木材采运量（万立方米）	5.78	30.83	0.20	1530.35	50.76	0.00	1617.92
		竹材采运数（万根）	0.00	0.00	0.00	10909.29	10.36	0.00	10919.65
	林下种植产量	林下菌类、粮食、蔬菜产量（万吨）	2.31	0.00	0.92	6.71	0.00	0.00	9.94
		林下树苗产量（万株）	0.00	0.00	3.00	632.75	20.63	0.00	656.38
	林下养殖数量	林下养鸡、鸭、鹅数量（万只）	1.73	0.55	83.23	6769.82	153.07	0.00	7008.40
		林下养猪、牛、羊数量（万只）	0.60	0.00	5.56	289.13	13.37	0.00	308.66
		林下养蜂数量（亿只）	0.83	0.00	2.57	117.84	6.66	0.00	127.90
第二产业	木材加工数量（万立方米）		219.70	22.80	3.10	1852.50	44.70	0.00	2142.80
	林产化学产品制造数量（万吨）		0.00	0.00	0.00	12.65	2.36	0.00	15.01
	退耕木本油料、果蔬、茶饮料等加工制造数量（万吨）		0.60	0.00	0.05	9.02	0.38	0.00	10.05
	森林药材加工数量（万吨）		0.72	0.02	0.00	0.59	0.00	0.00	1.33
第三产业	林业生产服务机构（个）		27	26	15	2271	21	0	2360
	林业专业技术服务机构（个）		35	46	58	289	23	0	451
	生态旅游基地与森林康养基地（个）		1	2	8	3	0	0	14

3.3.5.2 第二产业物质量评估结果

（1）**木材加工。**本区域在木材加工指标中，木材加工量最多的省（自治区）是广西，为1852.50万立方米，占本区域总木材加工量的86.45%；其次是辽宁，为219.70万立方米；其余均低于50万立方米。

（2）**林产化学产品制造。**本区域在林产化学产品制造指标中，林产化学产品制造量最多的省（自治区）是广西，为12.65万吨，占本区域总制造量的84.28%；其后是海南，为2.36万吨；其余均为0。

（3）**退耕木本油料、果蔬、茶饮料等加工制造。**本区域在木本油料、果蔬、茶饮料等加工制造指标中，木本油料、果蔬、茶饮料等加工制造量最多的省（自治区）是广西，为9.02万吨，占本区域总制造量的89.75%；其余均低于1万吨。

（4）**森林药材加工。**本区域在森林药材加工指标中，森林药材加工数最多的省（自治区）为辽宁，0.72万吨，占本区域总加工量的54.14%；其次是广西和吉林，分别为0.59万吨、0.02万吨；其余均为0。

3.3.5.3 第三产业物质量评估结果

（1）**林业生产服务机构。**本区域在林业生产服务机构指标中，林业生产服务机构数量最多的省（自治区）是广西，为2271个，占本区域总量的96.23%；其余均低于50个。

（2）**林业专业技术服务机构。**本区域在林业专业技术服务机构指标中，林业专业技术服务机构数量最多的省（自治区）是广西，为289个，其占本区域总量的64.08%；其余均低于100个。

（3）**生态旅游基地与森林康养基地。**本区域在生态旅游基地与森林康养基地指标中，生态旅游基地与森林康养基地数量最多的省（自治区）是黑龙江，为8个；其后依次为广西、吉林、辽宁；其余均为0。

3.4 经济效益价值量评估结果

3.4.1 经济效益价值量评估总结果

退耕还林还草工程经济效益价值量评估是指从货币价值量的角度对退耕还林还草工程提供的服务进行定量评估，其评估结果为货币值。

退耕还林还草形成的经济效益总价值量为2554.86亿元，相当于2019年全国林业产业总产值的3.35%。分产业看，退耕还林还草形成的第一产业价值量为1483.05亿元，占总经济效益价值量的58.05%；第二产业价值量为654.53亿元，占总经济效益价值量的25.62%；第三产业价值量为417.28亿元，占总经济效益价值量的16.33%。退耕还林还草形成的经济效益价值量最高的省（自治区、直辖市、生产建设兵团）是广西，为303.60亿元，占总经济效益价值量的11.88%；其次是重庆、四川，分别为290.17亿元和289.61亿元，分别占总经济效益价值量的11.36%、11.34%；湖北、河南、贵州、湖南、云南、安徽、甘肃、新疆的经济效益价值量依次位于100亿～200亿元；其余均低于100亿元（图3-2）。

评估结果表明：退耕还林还草工程实施引起退耕还经济林和林下经济的发展是林产业经济效益价值上升的主要原因（谢晨等，2016）。各地区退耕还林还草工程经济效益价值量的高低与其经济林采集价值量及林下经济（包括林下种植和林下养殖）价值量大小表现相对一致，经济林采集价值量较高的四川、湖北，林下经济价值量较高的重庆、河南，其退耕还林还草工程经济效益总价值量也相对较高（表3-9）。但除经济林采集和林下种植外，木材产业的发展很大程度上也影响着退耕还林还草工程经济效益的产生。例如，广西经济林采集与林下种植产生的价值量均不如上述地区，但广西木材和竹材采运及木材加工价值量均显著高于其他地区，并且其经济效益价值量居于第一。

3.4.1.1 **第一产业价值量评估结果**

退耕还林还草形成的第一产业价值量为1483.05亿元，其中经济林产品采集价值量为842.22亿元，占第一产业价值量的56.79%；木材和竹材采运价值量为187.06亿元，占第一产业价值量的12.61%；林下种植价值量为366.31亿元，占第一产业价值量的24.70%；林下养殖价值量为87.46亿元，占第一产业价值量的5.90%（图3-3）。

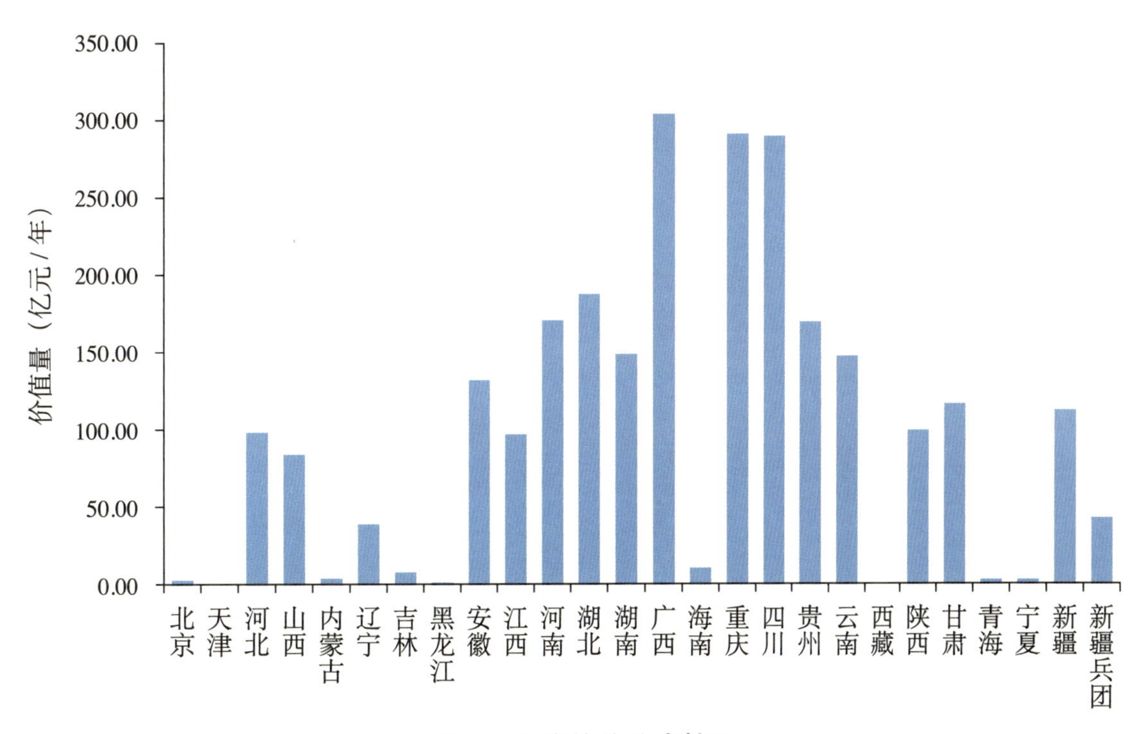

图3-2　经济效益分省情况

表3-9　各省级区域退耕还林还草形成的经济效益价值量

单位：亿元

省级区域	第一产业				第二产业				第三产业		
	经济林产品采集	木材和竹材采运	林下种植	林下养殖	木材加工	林产化学产品制造	退耕木本油料、果蔬、茶饮料等加工制造	森林药材加工	林业生产服务机构	林业专业技术服务机构	生态旅游基地与森林康养基地
北京	1.95	0.00	0.08	0.09	0.00	0.00	0.00	0.00	0.00	0.00	0.00
天津	0.00	0.00	0.00	0.00	0.00	0.00	0.00	0.00	0.00	0.00	0.00
河北	35.29	17.61	14.46	0.34	11.85	0.00	17.89	0.12	0.26	0.07	0.59
山西	0.72	0.03	2.93	0.07	6.13	40.78	33.58	0.00	0.08	0.03	0.04
内蒙古	2.76	0.62	0.10	0.12	0.56	0.00	0.00	0.00	0.12	0.00	0.18
辽宁	23.24	0.33	0.36	0.02	13.35	0.00	0.40	0.20	0.04	0.21	0.02
吉林	6.68	1.13	0.00	0.00	0.16	0.00	0.00	0.00	0.00	0.00	0.00
黑龙江	0.03	0.00	0.07	1.57	0.02	0.00	0.01	0.00	0.01	0.00	0.01
安徽	7.66	22.85	1.33	2.50	78.84	0.03	8.11	0.36	9.00	0.04	1.47
江西	13.32	3.76	62.22	5.21	0.69	1.73	5.62	0.10	3.32	0.23	0.22
河南	34.57	6.77	24.93	7.67	23.18	0.03	13.58	1.41	0.43	0.11	57.69
湖北	70.16	3.69	16.71	7.04	2.90	0.34	14.15	4.70	4.64	0.41	61.99
湖南	39.83	6.47	1.36	4.32	2.83	2.59	5.76	9.18	51.06	23.52	1.63
广西	23.26	81.52	1.61	19.00	164.64	7.82	1.67	0.46	2.47	0.78	0.37

（续）

省级区域	第一产业				第二产业				第三产业		
	经济林产品采集	木材和竹材采运	林下种植	林下养殖	木材加工	林产化学产品制造	退耕木本油料、果蔬、茶饮料等加工制造	森林药材加工	林业生产服务机构	林业专业技术服务机构	生态旅游基地与森林康养基地
海南	0.50	2.18	0.01	0.92	3.51	1.64	1.01	0.00	0.02	0.04	0.00
重庆	35.34	2.41	123.00	5.67	6.47	0.01	17.35	0.80	2.32	1.21	95.58
四川	187.57	14.44	13.03	6.98	12.01	4.43	27.45	1.00	3.91	0.54	18.25
贵州	44.03	8.88	26.53	11.10	4.81	0.14	32.54	3.52	7.95	1.71	28.21
云南	61.46	11.63	19.74	3.35	16.81	4.12	1.78	4.09	22.89	0.21	1.24
西藏	0.00	0.00	0.00	0.00	0.00	0.00	0.00	0.00	0.00	0.00	0.00
陕西	35.80	1.46	21.49	7.92	0.28	0.08	17.14	6.21	0.89	0.00	8.05
甘肃	99.70	0.06	6.79	2.69	0.06	0.00	1.26	4.81	0.25	0.01	0.21
青海	2.37	0.01	0.00	0.00	0.00	0.00	0.00	0.00	0.00	0.00	0.00
宁夏	0.01	0.00	0.10	0.25	0.00	0.00	0.00	0.21	0.50	0.00	0.08
新疆	76.10	1.12	28.69	0.38	0.81	0.00	2.50	0.07	1.33	0.75	0.00
新疆兵团	39.87	0.09	0.77	0.25	0.01	0.00	1.83	0.00	0.08	0.00	0.01
总计	842.22	187.06	366.31	87.46	349.92	63.74	203.63	37.24	111.57	29.87	275.84

（1）**经济林产品采集。**在经济林产品采集指标中，经济林产品采集价值量最高的省（自治区、直辖市、生产建设兵团）是四川，为187.57亿元，占经济林产品采集总价值量的22.27%；其次是甘肃，为99.7亿元，占经济林产品采集总价值量的11.84%；经济林产品采集价值量位于50亿～100亿元的还有新疆、湖北、云南，其余均低于50亿元。

（2）**木材和竹材采运。**在木材和竹材采运指标中，木材和竹材采运价值量最高的省（自治区、直辖市、生产建设兵团）是广西，为81.52亿元，占木材和竹材采运总价值量的43.58%；安徽、河北、四川、云南的木材和竹材采运价值量依次位于10亿～25亿元；其余均低于10亿元。

（3）**林下种植。**在林下种植指标中，林下种植价值量最高的省（自治区、直辖市、生产建设兵团）是重庆，为123.00亿元，占林下种植总价值量的33.58%；其次是江西，为62.22亿元，占林下种植总价值量的16.99%；林下种植价值量位于20亿～30亿元依次为新疆、贵州、河南、陕西；其余均低于20亿元。

（4）**林下养殖。**在林下养殖指标中，林下养殖价值量最高的省（自治区、直辖市、生产建设兵团）是广西，为19.00亿元；其次是贵州，为11.10亿元；广西和贵州林下养殖价值量之和占林下养殖总价值量的34.42%；陕西、河南、湖北、四川、重庆、江西的林下养殖价值量依次位于5亿～10亿元；其余均在5亿元以下。

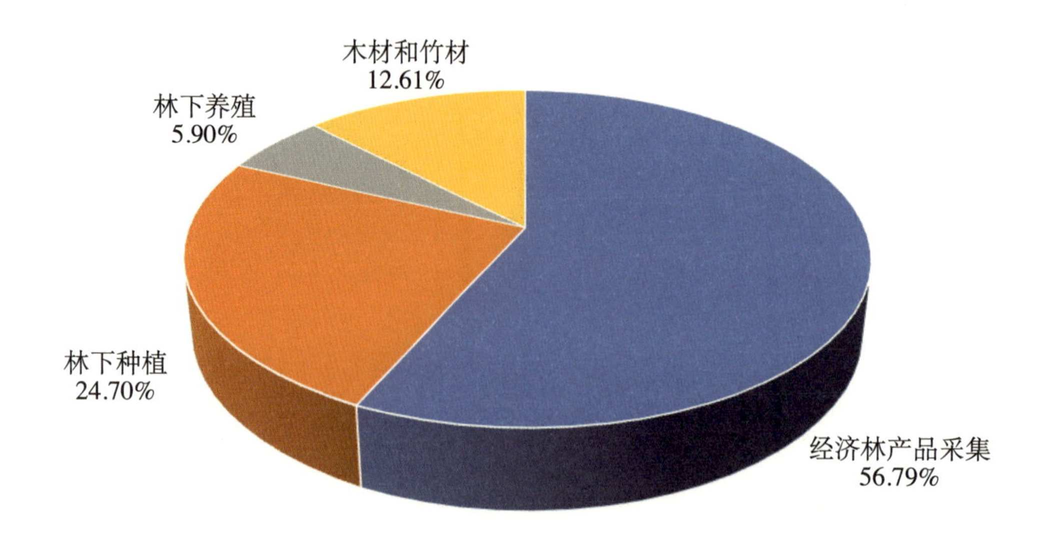

图3-3　第一产业价值量构成

3.4.1.2 第二产业价值量评估结果

退耕还林还草形成的第二产业价值量为654.53亿元，其中木材加工价值量349.92亿元，占第二产业价值量的53.46%；林产化学产品制造价值量63.74亿元，占第二产业价值量的9.74%；退耕木本油料、果蔬、茶饮料等加工制造价值量203.63亿元，占第二产业价值量的31.11%；森林药材加工价值量37.24亿元，占第二产业价值量的5.69%（图3-4）。

（1）**木材加工。**在木材加工指标中，木材加工总价值量最高的省（自治区、直辖市、生产建设兵团）是广西，为164.64亿元，占木材加工总价值量的47.05%；其次是安徽，为78.84亿元，占木材加工总价值量的22.53%；其余均低于25亿元。

（2）**林产化学产品制造。**在林产化学产品制造指标中，林产化学产品制造最高的省（自治区、直辖市、生产建设兵团）是山西，为40.78亿元，占林产化学产品制造总价值量的64.00%；其次是广西，为7.82亿元，占林产化学产品制造总价值量的12.27%；其余均低于5亿元。

（3）**退耕木本油料、果蔬、茶饮料等加工制造。**在退耕木本油料、果蔬、茶饮料等加工制造指标中，木本油料、果蔬、茶饮料等加工制造总价值量最高的省（自治区、直辖市、生产建设兵团）是山西，为33.58亿元；其次为贵州和四川，分别为32.54亿元和27.45亿元；山西、贵州和四川三省木本油料、果蔬、茶饮料等加工制造价值量之和占木本油料、果蔬、茶饮料等加工制造总价值量的45.94%；河北、重庆、陕西、湖北、河南的木本油料、果蔬、茶饮料等加工制造价值量依次位于10亿～20亿元，其余均低于10亿元。

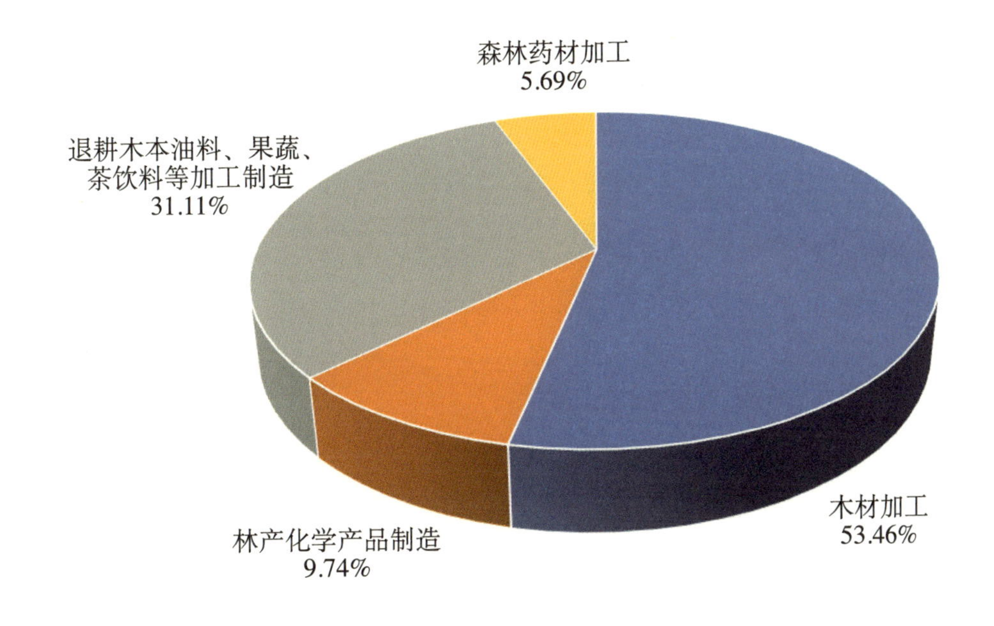

图3-4 第二产业价值量构成

（4）**森林药材加工。**在森林药材加工指标中，森林药材加工价值量最高的省（自治区、直辖市、生产建设兵团）是湖南，为9.18亿元，占森林药材加工总价值量的24.65%；其次是陕西，为6.21亿元，占森林药材加工总价值量的16.68%；甘肃、湖北、云南、贵州、河南、四川的森林药材加工价值量依次位于1亿～5亿元，其余均低于1亿元。

3.4.1.3 **第三产业价值量评估结果**

第三产业价值量为417.28亿元，其中林业生产服务价值量111.57亿元，占第三产业价值量的26.74%；林业专业技术服务价值量29.87亿元，占第三产业价值量的7.16%；生态旅游及森林康养服务价值量275.84亿元，占第三产业价值量的66.10%（图3-5）。

（1）**林业生产服务机构。**在林业生产服务机构指标中，林业生产服务机构价值量最高的省（自治区、直辖市、生产建设兵团）是湖南，为51.06亿元，占林业生产服务机构总价值量的45.76%；其次是云南，为22.89亿元，占林业生产服务机构总价值量的20.51%；其余均低于10亿元。

（2）**林业专业技术服务机构。**在林业专业技术服务机构指标中，林业专业技术服务机构价值量最高的省（自治区、直辖市、生产建设兵团）是湖南，为23.52亿元，占林业专业技术服务机构营业收入总价值量的78.77%；其余均低于2亿元。

（3）**生态旅游及森林康养服务。**在生态旅游及森林康养服务指标中，生态旅游与森

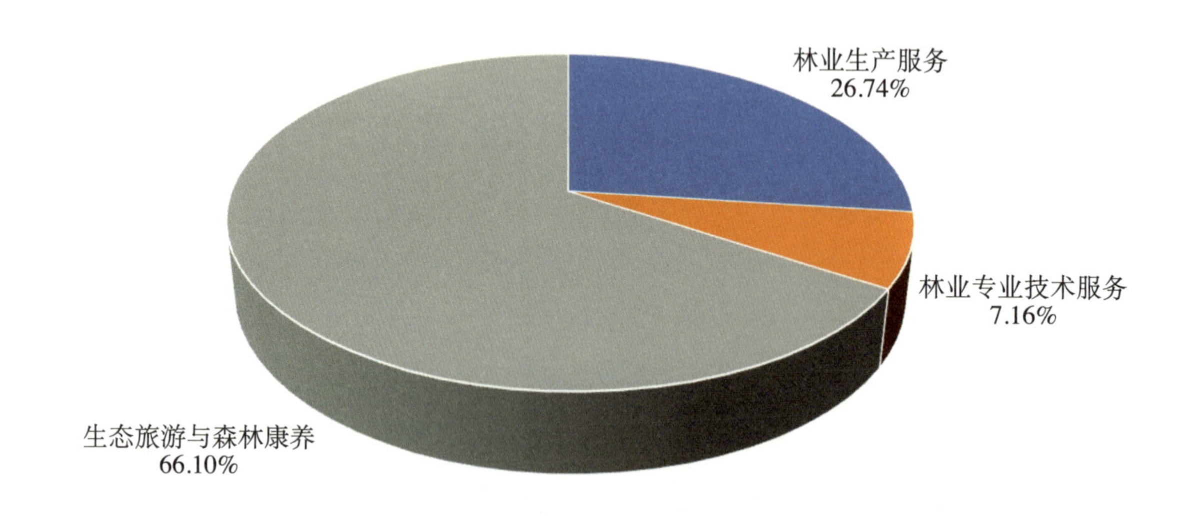

图3-5　第三产业价值量构成

林康养服务基地营业收入总价值量最高的省（自治区、直辖市、生产建设兵团）是重庆，为95.58亿元，占生态旅游及森林康养服务基地总价值量的34.65%；其次是湖北，为61.99亿元，占生态旅游及森林康养服务基地总价值量的22.47%；第三是河南，为57.69亿元，占生态旅游及森林康养服务基地总价值量的20.91%；贵州、四川的生态旅游及森林康养服务基地价值量依次位于10亿～30亿元；其余均低于10亿元（表3-9）。

3.4.2 长江中上游地区经济效益价值量评估

长江中上游地区退耕还林还草形成的经济效益总价值量为1460.40亿元，相当于25个退耕工程省（自治区、直辖市）和新疆生产建设兵团的57.16%。分产业看，本区域退耕还林还草形成的第一产业价值量为843.59亿元，占本区域总经济效益价值量的57.76%；第二产业价值量为275.26亿元，占本区域总经济效益价值量的18.85%；第三产业价值量为341.55亿元，占本区域总经济效益价值量的23.39%。本区域退耕还林还草形成的经济效益价值量最高的省（直辖市）是重庆，为290.16亿元，占本区域总经济效益价值量的19.87%；其次是四川、湖北，分别为289.61亿元和186.73亿元，分别占本区域总经济效益价值量的19.83%、12.79%；其后依次为贵州、湖南、云南、安徽、江西（图3-6，表3-10）。

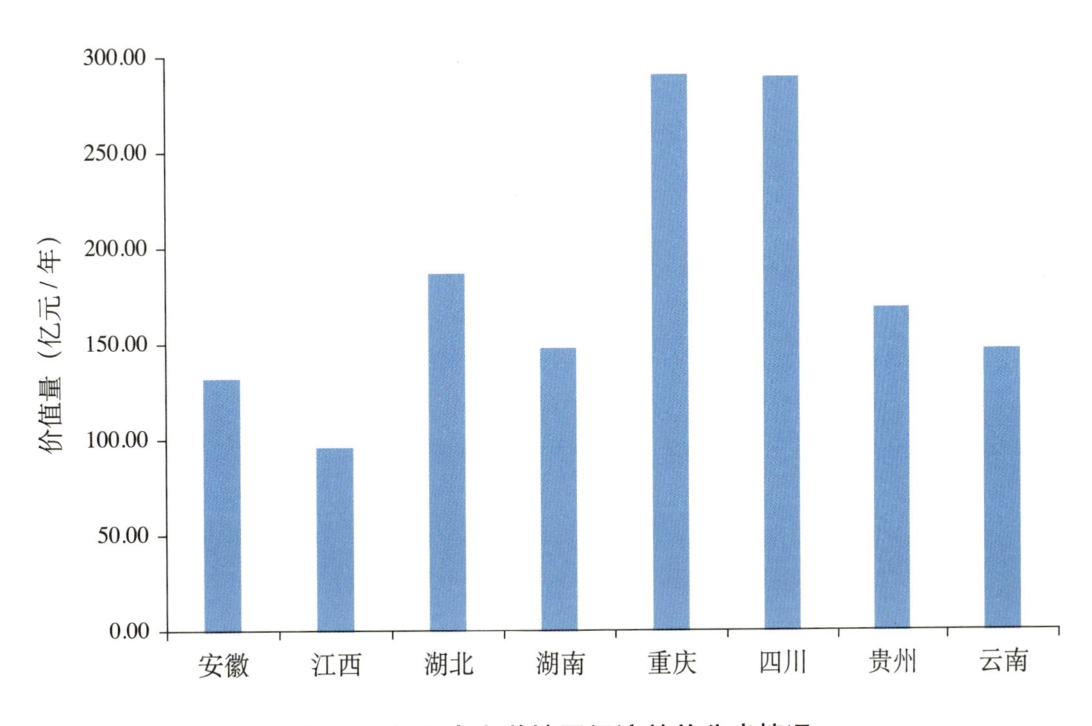

图3-6　长江中上游地区经济效益分省情况

表3-10 长江中上游地区各省级区域退耕还林还草形成的经济效益价值量

单位：亿元

指标		安徽	江西	湖北	湖南	重庆	四川	贵州	云南	总计
第一产业	经济林产品采集	7.66	13.32	70.16	39.83	35.34	187.57	44.03	61.46	459.37
	木材和竹材采运	22.85	3.76	3.69	6.47	2.41	14.44	8.88	11.63	74.13
	林下种植	1.33	62.22	16.71	1.36	123.00	13.03	26.53	19.74	263.92
	林下养殖	2.50	5.21	7.04	4.32	5.67	6.98	11.10	3.35	46.17
第二产业	木材加工	78.84	0.69	2.90	2.83	6.47	12.01	4.81	16.31	125.36
	林产化学产品制造	0.03	1.73	0.34	2.59	0.01	4.43	0.14	4.12	13.39
	退耕木本油料、果蔬、茶饮料等加工制造	8.11	5.62	14.15	5.76	17.35	27.45	32.54	1.78	112.76
	森林药材加工	0.36	0.10	4.70	9.18	0.80	1.00	3.52	4.09	23.75
第三产业	林业生产服务	9.00	3.32	4.64	51.06	2.32	3.91	7.95	22.89	105.09
	林业专业技术服务	0.04	0.23	0.41	23.52	1.21	0.54	1.71	0.21	27.87
	生态旅游基地与森林康养	1.47	0.22	61.99	1.63	95.58	18.25	28.21	1.24	208.59

3.4.2.1 第一产业价值量评估结果

长江中上游地区退耕还林还草形成的第一产业价值量为843.59亿元，其中经济林产品价值量为459.37亿元，占本区域第一产业价值量的54.45%；木材和竹材采运价值量为74.13亿元，占本区域第一产业价值量的8.79%；林下种植价值量为263.92亿元，占本区域第一产业价值量的31.29%；林下养殖价值量为46.17亿元，占本区域第一产业价值量的5.47%（图3-7）。

（1）经济林采集。本区域在经济林采集指标中，经济林采集价值量最高的省（直辖市）是四川，为187.57亿元，占本区域经济林采集总价值量的40.83%；其次是湖北、云南，分别为70.16亿元、61.46亿元；其后依次为贵州、湖南、重庆、江西、安徽，经济林采集价值量均低于50亿元。

（2）木材和竹材采运。本区域在木材和竹材采运指标中，木材和竹材采运价值量最高的省（直辖市）是安徽，为22.85亿元；其次是四川、云南，分别为14.44亿元、11.63亿元，三省（直辖市）木材和竹材采运价值量之和占本区域木材和竹材采运总价值量的65.99%；其余均在10亿元以下。

（3）林下种植。本区域在林下种植指标中，林下种植价值量最高的省（直辖市）是重庆，为123.00亿元；其次是江西，为62.22亿元，两省（直辖市）林下种植价值量之和占本区域林下种植总价值量的70.18%；其余均低于50亿元。

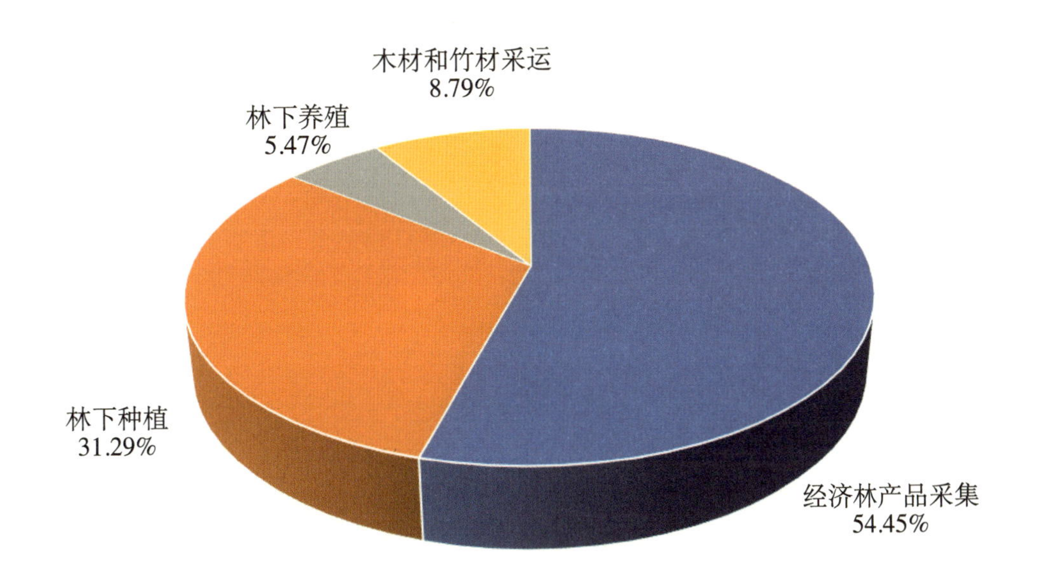

图3-7　长江中上游第一产业价值量构成

（4）**林下养殖。**本区域在林下养殖指标中，林下养殖价值量最高的省（直辖市）是贵州，为11.10亿元；其次是湖北、四川，分别为7.04亿元、6.98亿元，三省（直辖市）林下养殖价值量之和占本区域林下养殖总价值量的54.41%；其后依次为重庆、江西、湖南、云南、安徽。

3.4.2.2 第二产业价值量评估结果

长江中上游地区退耕还林还草形成的第二产业价值量为275.26亿元，其中木材加工价值量125.36亿元，占第二产业价值量的45.54%；林产化学产品制造价值量13.39亿元，占第二产业价值量的4.87%；退耕木本油料、果蔬、茶饮料等加工制造价值量112.76亿元，占第二产业价值量的40.96%；森林药材加工价值量23.75亿元，占第二产业价值量的8.63%（图3-8）。

（1）**木材加工。**本区域在木材加工指标中，木材加工总价值量最高的省（直辖市）是安徽，为78.84亿元，占本区域木材加工总价值量的62.89%；其后依次是云南、四川、重庆、贵州、湖北、湖南、江西，均低于20亿元。

（2）**林产化学产品制造。**本区域在林产化学产品制造指标中，林产化学产品制造最高的省（直辖市）是四川，为4.43亿元，占本区域林产化学产品制造总价值量的33.08%；其后依次是云南、湖南、江西，分别为4.12亿元、2.59亿元、1.73亿元；其余均低于1亿元。

（3）**退耕木本油料、果蔬、茶饮料等加工制造。**本区域在退耕木本油料、果蔬、茶

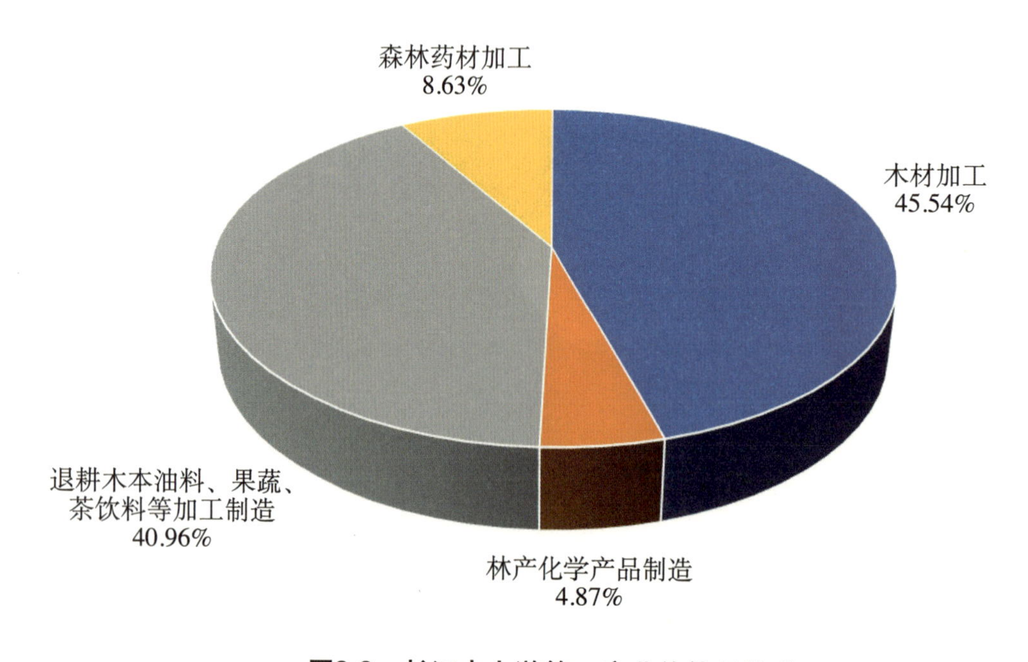

图3-8 长江中上游第二产业价值量构成

饮料等加工制造指标中，退耕木本油料、果蔬、茶饮料等加工制造总价值量最高的省（直辖市）是贵州，为32.54亿元；其次为四川和重庆，分别为27.45亿元、17.35亿元，三省退耕木本油料、果蔬、茶饮料等加工制造价值量之和占本区域木本油料、果蔬、茶饮料等加工制造总价值量的68.59%；其余均低于15亿元。

（4）森林药材加工制造。在森林药材加工制造指标中，森林药材加工制造价值量最高的省（直辖市）是湖南，为9.18亿元，占森林药材加工制造总价值量的38.65%；四川、贵州、云南、湖北的森林药材加工制造价值量依次位于1亿～5亿元，其余均低于1亿元。

3.4.2.3 第三产业价值量评估结果

长江中上游地区第三产业价值量为341.55亿元，其中林业生产服务价值量105.09亿元，占本区域第三产业价值量的30.77%；林业专业技术服务价值量27.87亿元，占第三产业价值量的8.16%；生态旅游与森林康养服务价值量208.59亿元，占第三产业价值量的61.07%（图3-9）。

（1）林业生产服务机构。本区域在林业生产服务机构指标中，林业生产服务机构价值量最高的省（直辖市）是湖南，为51.06亿元，占本区域林业生产服务机构总价值量的48.59%；其次是云南，为22.89亿元，占本区域林业生产服务机构总价值量的21.78%；其余均低于10亿元。

（2）林业专业技术服务机构。本区域在林业专业技术服务机构指标中，林业专业技

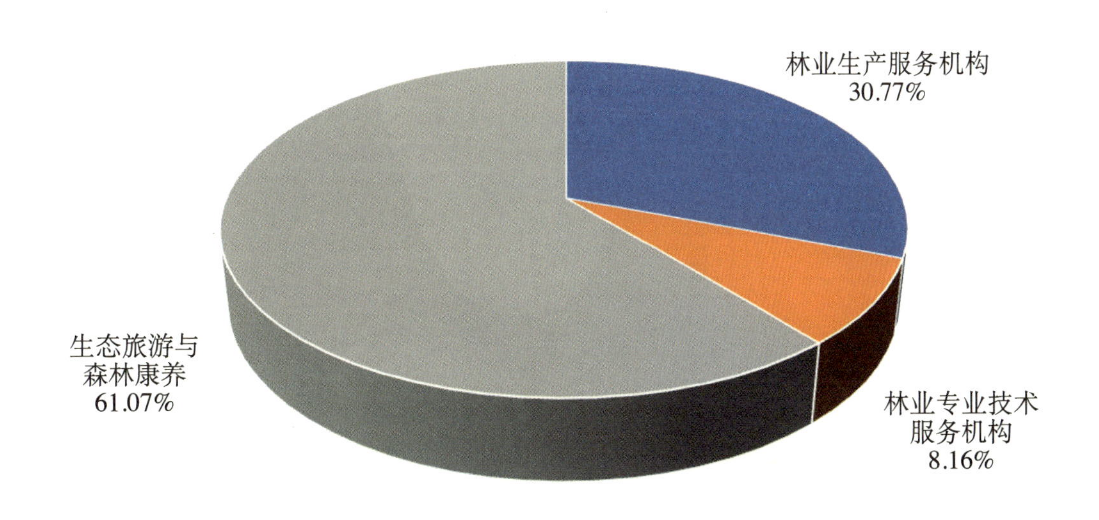

图3-9　长江中上游第三产业价值量构成

术服务机构价值量最高的省（直辖市）是湖南，为23.52亿元，占本区域林业专业技术服务机构营业收入总价值量的84.39%；其余均低于2亿元。

（4）**生态旅游与森林康养服务。**本区域在生态旅游与森林康养服务指标中，生态旅游与森林康养服务基地营业收入总价值量最高的省（直辖市）是重庆，为95.58亿元，占生态旅游与森林康养服务基地总价值量的45.82%；其次是湖北，为61.99亿元，占生态旅游与森林康养服务基地总价值量的29.72%；其余均低于30亿元。

3.4.3 黄河中上游地区经济效益价值量评估

黄河中上游地区退耕还林还草形成的经济效益总价值量为472.30亿元，相当于25个退耕工程省（自治区、直辖市）和新疆生产建设兵团的18.49%。分产业看，本区域退耕还林还草形成的第一产业价值量为255.98亿元，占本区域总经济效益价值量的54.20%；第二产业价值量为148.53亿元，占本区域总经济效益价值量的31.45%；第三产业价值量为67.79亿元，占本区域总经济效益价值量的14.35%。本区域退耕还林还草形成的经济效益价值量最高的省是河南，为170.37亿元，占本区域总经济效益价值量的36.07%；其次是甘肃、陕西，分别为115.84亿元和99.32亿元，分别占本区域总经济效益价值量的24.53%、21.03%；其后依次为山西、青海（图3-10，表3-11）。

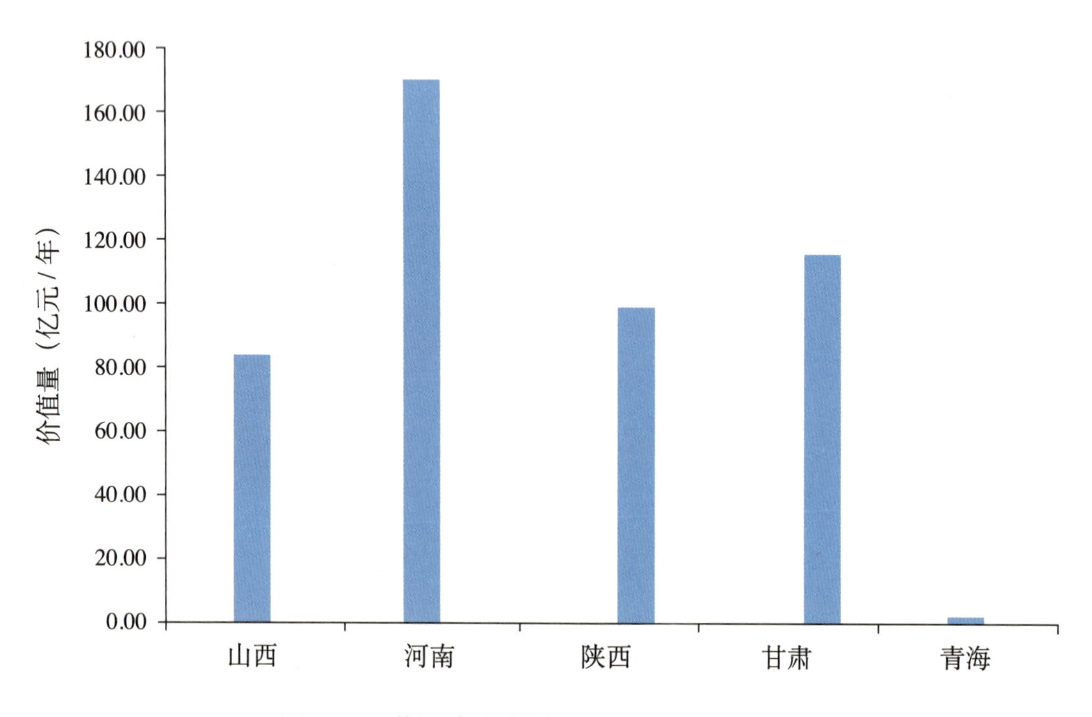

图3-10　黄河中上游地区经济效益分省情况

表3-11 黄河中上游地区各省级区域退耕还林还草形成的经济效益价值量

单位：亿元

指标		山西	河南	陕西	甘肃	青海	总计
第一产业	经济林产品	0.72	34.57	35.80	99.70	2.37	173.16
	木材和竹材采运	0.03	6.77	1.46	0.06	0.01	8.33
	林下种植	2.93	24.93	21.49	6.79	0.00	56.14
	林下养殖	0.07	7.67	7.92	2.69	0.00	18.35
第二产业	木材加工	6.13	23.18	0.28	0.06	0.00	29.65
	林产化学产品制造	40.78	0.03	0.08	0.00	0.00	40.89
	退耕木本油料、果蔬、茶饮料等加工制造	33.58	13.58	17.14	1.26	0.00	65.56
	森林药材加工	0.00	1.41	6.21	4.81	0.00	12.43
第三产业	林业生产服务	0.08	0.43	0.89	0.25	0.00	1.65
	林业专业技术服务	0.03	0.11	0.00	0.01	0.00	0.15
	生态旅游与森林康养	0.04	57.69	8.05	0.21	0.00	65.99

3.4.3.1 第一产业价值量评估结果

黄河中上游地区退耕还林还草形成的第一产业价值量为255.98亿元，其中经济林产品价值量为173.16亿元，占本区域第一产业价值量的67.65%；木材和竹材采运价值量为8.33亿元，占本区域第一产业价值量的3.25%；林下种植价值量为56.14亿元，占本区域第一产业价值量的21.93%；林下养殖价值量为18.35亿元，占本区域第一产业价值量的7.17%（图3-11）。

（1）**经济林采集。**本区域在经济林采集指标中，经济林采集价值量最高的省是甘肃，为99.70亿元，占本区域经济林采集总价值量的57.58%；其后依次为陕西、河南、青海、山西，经济林采集价值量均低于50亿元。

（2）**木材和竹材采运。**本区域在木材和竹材采运指标中，木材和竹材采运价值量最高的省是河南，为6.77亿元，占本区域木材和竹材采运总价值量的81.27%；其余之和不足3亿元。

（3）**林下种植。**本区域在林下种植指标中，林下种植价值量最高的省是河南，为24.93亿元；其次是陕西，为21.49亿元，两省林下种植价值量之和占本区域林下种植总价值量的82.69%；其余均低于10亿元。

（4）**林下养殖。**本区域在林下养殖指标中，林下养殖价值量最高的省是陕西，为

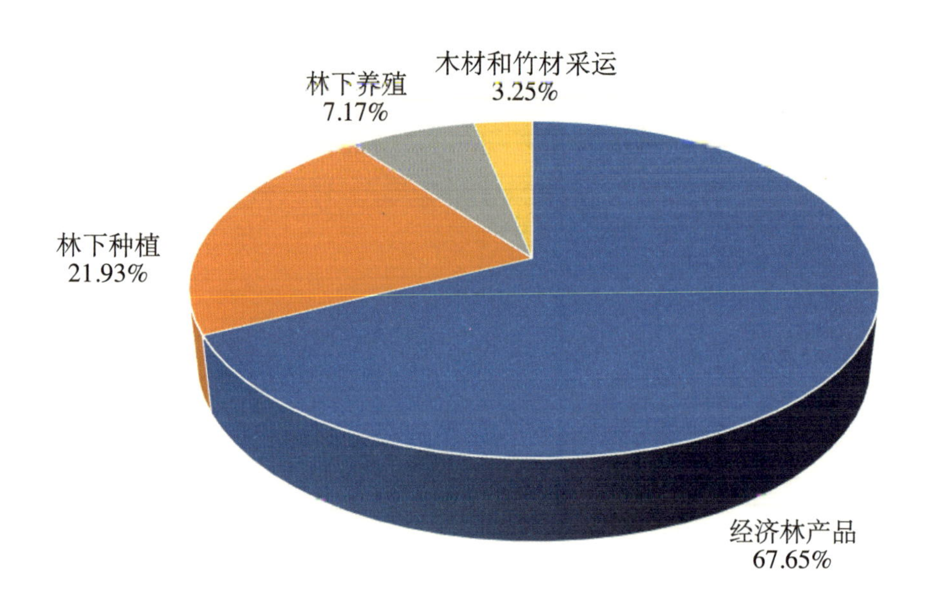

图3-11　黄河中上游地区第一产业价值量构成

7.92亿元；其次是河南，为7.67亿元，两省林下养殖价值量之和占本区域林下养殖总价值量的84.96%；其余均低于5亿元。

3.4.3.2 第二产业价值量评估结果

黄河中上游地区退耕还林还草形成的第二产业价值量为148.53亿元，其中木材加工价值量29.65亿元，占第二产业价值量的19.96%；林产化学产品制造价值量40.89亿元，占第二产业价值量的27.53%；退耕木本油料、果蔬、茶饮料等加工制造价值量65.56亿元，占第二产业价值量的44.14%；森林药材加工价值量12.43亿元，占第二产业价值量的8.37%（图3-12）。

（1）木材加工。本区域在木材加工指标中，木材加工总价值量最高的省是河南，为23.18亿元，占本区域木材加工总价值量的78.18%；其后依次是山西、陕西、甘肃、青海，均低于10亿元。

（2）林产化学产品制造。本区域在林产化学产品制造指标中，林产化学产品制造最高的省是山西，为40.78亿元，占本区域林产化学产品制造总价值量的99.73%；其后依次是陕西、河南，分别为0.08亿元、0.03亿元；其余均为0。

（3）退耕木本油料、果蔬、茶饮料等加工制造。本区域在木本油料、果蔬、茶饮料等加工制造指标中，木本油料、果蔬、茶饮料等加工制造总价值量最高的省是山西，为33.58亿元，占本区域木本油料、果蔬、茶饮料等加工制造总价值量的51.22%；其后依次

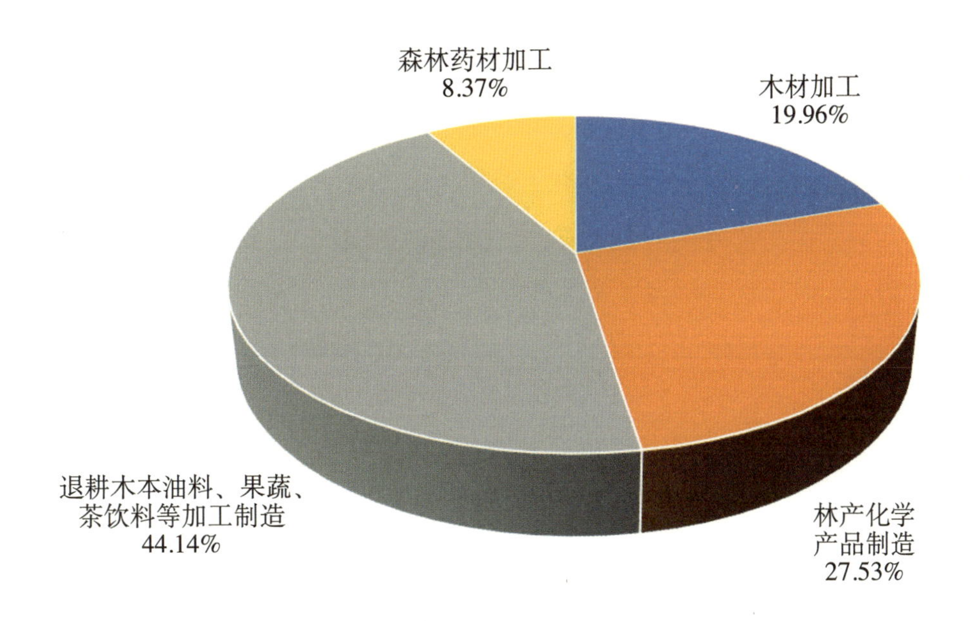

图3-12　黄河中上游地区第二产业价值量构成

为陕西、河南、甘肃、青海，均低于20亿元。

（4）**森林药材加工。**在森林药材加工制造指标中，森林药材加工价值量最高的省是陕西，为6.21亿元，占森林药材加工总价值量的49.96%；其后依次是甘肃、河南，分别为4.81亿元、1.41亿元；其余均为0。

3.4.3.3 **第三产业价值量评估结果**

黄河中上游地区第三产业价值量为67.79亿元，其中林业生产服务价值量1.65亿元，占本区域第三产业价值量的2.43%；林业专业技术服务价值量0.15亿元，占第三产业价值量的0.22%；生态旅游及森林康养服务价值量65.99亿元，占第三产业价值量的97.35%（图3-13）。

（1）**林业生产服务机构。**本区域在林业生产服务机构指标中，林业生产服务机构价值量最高的省是陕西，为0.89亿元，占本区域林业生产服务机构总价值量的53.94%；其后依次是河南、甘肃、山西、青海，均低于0.5亿元。

（2）**林业专业技术服务机构。**本区域在林业专业技术服务机构指标中，林业专业技术服务机构价值量最高的省是河南，为0.11亿元，占本区域林业专业技术服务机构营业收入总价值量的73.33%；其余均低于0.05亿元。

（3）**生态旅游与森林康养。**本区域在生态旅游及森林康养服务指标中，生态旅游与森林康养营业收入总价值量最高的省是河南，为57.69亿元，占生态旅游及森林康养服务

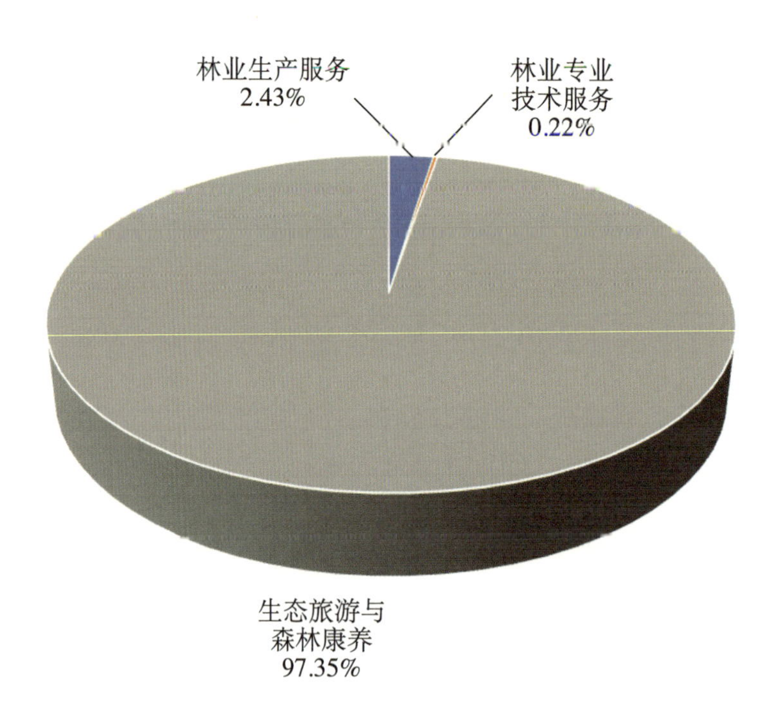

图3-13　黄河中上游地区第二产业价值量构成

总价值量的87.42%；其后依次是陕西、甘肃、山西、青海，均低于10亿元（表3-11）。

3.4.4 三北风沙区经济效益价值量评估

三北风沙区退耕还林还草形成的经济效益总价值量为260.87亿元，相当于全国退耕还林工程10.21%。分产业看，本区域退耕还林还草形成的第一产业价值量为221.05亿元，占本区域总经济效益价值量的84.74%；第二产业价值量为35.85亿元，占本区域总经济效益价值量的13.74%；第三产业价值量为3.97亿元，占本区域总经济效益价值量的1.52%。本区域退耕还林还草形成的经济效益价值量最高的省（自治区、直辖市、生产建设兵团）是新疆，为111.75亿元，占本区域总经济效益价值量的42.84%；其次是河北、新疆生产建设兵团，分别为98.48亿元和42.91亿元，分别占本区域总经济效益价值量的37.75%、16.45%；其后依次为内蒙古、北京、宁夏、天津（图3-14，表3-12）。

3.4.4.1 第一产业价值量评估结果

三北风沙区退耕还林还草形成的第一产业价值量为221.05亿元，其中经济林产品价值量为155.98亿元，占本区域第一产业价值量的70.56%；木材和竹材采运价值量为19.44亿元，占本区域第一产业价值量的8.79%；林下种植价值量为44.20亿元，占本区域第一产业价值量的20.00%；林下养殖价值量为1.43亿元，占本区域第一产业价值量的0.65%（图3-15）。

（1）**经济林采集。**本区域在经济林采集指标中，经济林采集价值量最高的省（自

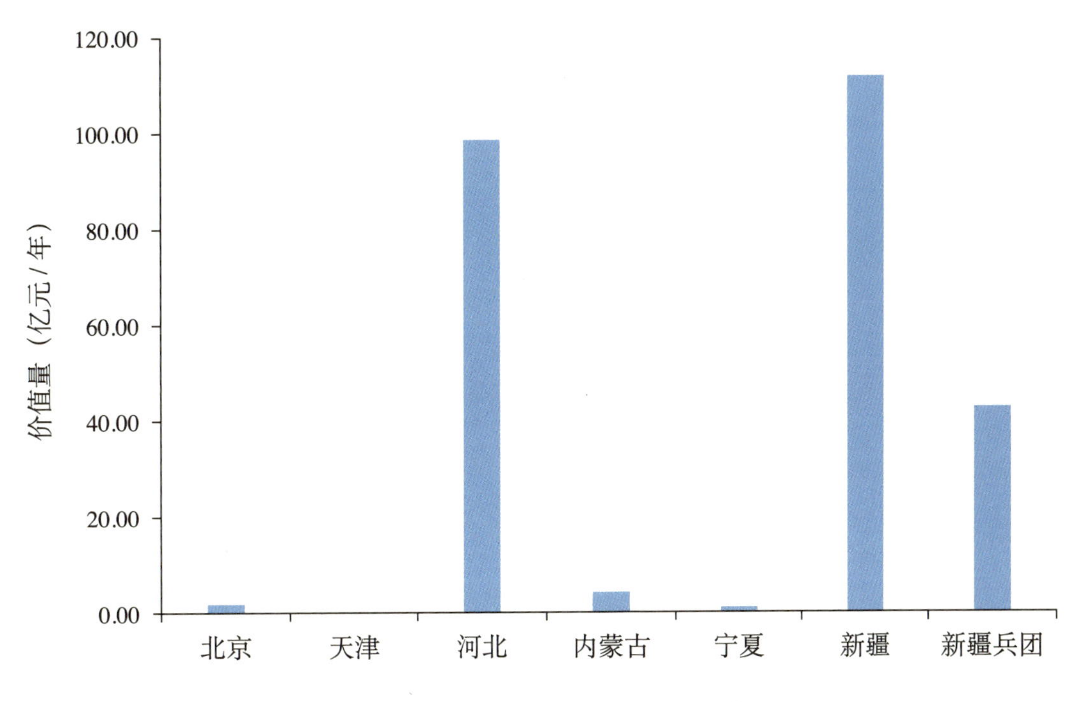

图3-14　三北风沙区经济效益分省情况

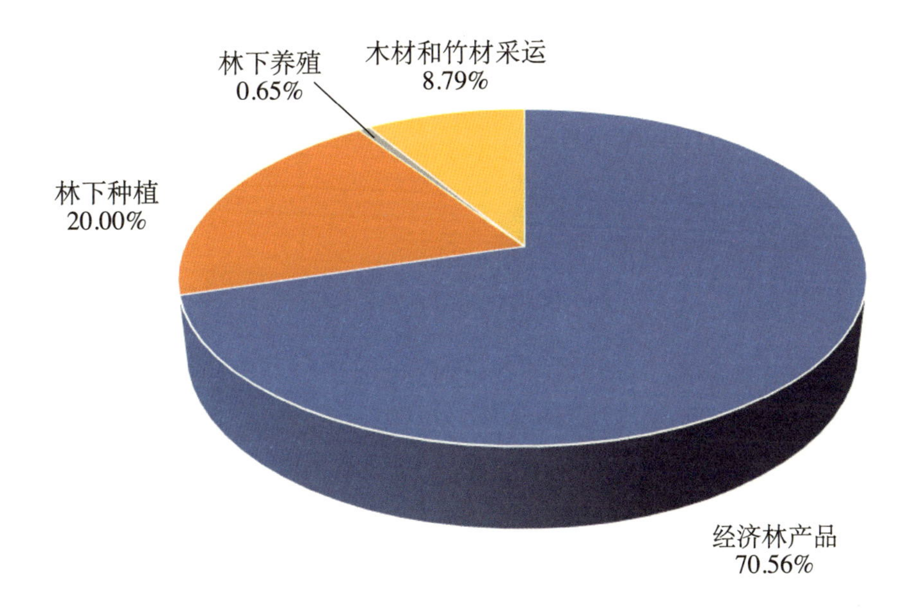

图3-15　三北风沙区第一产业价值量构成

治区、直辖市、生产建设兵团）是新疆，为76.1亿元，占本区域经济林采集总价值量的48.79%；其后依次为新疆生产建设兵团、河北、内蒙古、北京、宁夏、天津，经济林采集价值量均低于50亿元。

表3-12　三北风沙区各省级区域退耕还林还草形成的经济效益价值量

单位：亿元

指标		北京	天津	河北	内蒙古	宁夏	新疆	新疆兵团	总计
第一产业	经济林产品	1.95	0.00	35.29	2.76	0.01	76.10	39.87	155.98
	木材和竹材采运	0.00	0.00	17.61	0.62	0.00	1.12	0.09	19.44
	林下种植	0.08	0.00	14.46	0.10	0.10	28.69	0.77	44.20
	林下养殖	0.09	0.00	0.34	0.12	0.25	0.38	0.25	1.43
第二产业	木材加工	0.00	0.00	11.85	0.56	0.00	0.81	0.01	13.23
	林产化学产品制造	0.00	0.00	0.00	0.00	0.00	0.00	0.00	0.00
	退耕木本油料、果蔬、茶饮料等加工制造	0.00	0.00	17.89	0.00	0.00	2.50	1.83	22.22
	森林药材加工	0.00	0.00	0.12	0.00	0.21	0.07	0.00	0.40
第三产业	林业生产服务	0.00	0.00	0.26	0.12	0.50	1.33	0.08	2.29
	林业专业技术服务	0.00	0.00	0.07	0.00	0.00	0.75	0.00	0.82
	生态旅游与森林康养服务	0.00	0.00	0.59	0.18	0.08	0.00	0.01	0.86

（2）**木材和竹材采运。**本区域在木材和竹材采运指标中，木材和竹材采运价值量最高的省（自治区、直辖市、生产建设兵团）是河北，为17.61亿元，占本区域木材和竹材采运总价值量的90.59%；其余之和不足2亿元。

（3）**林下种植。**本区域在林下种植指标中，林下种植价值量最高的省（自治区、直辖市、生产建设兵团）是新疆，为28.69亿元；其次是河北，为14.46亿元，两省林下种植价值量之和占本区域林下种植总价值量的97.62%；其余均低于1亿元。

（4）**林下养殖。**本区域在林下养殖指标中，林下养殖价值量最高的省（自治区、直辖市、生产建设兵团）是新疆，为0.38亿元；其次是河北，为0.34亿元，两省林下养殖价值量之和占本区域林下养殖总价值量的50.35%；其余均低于0.3亿元。

3.4.4.2 第二产业价值量评估结果

三北风沙区退耕还林还草形成的第二产业价值量为35.85亿元，其中木材加工价值量13.23亿元，占第二产业价值量的36.90%；林产化学产品制造价值量为0；退耕木本油料、果蔬、茶饮料等加工制造价值量22.22亿元，占第二产业价值量的61.98%；森林药材加工价值量0.40亿元，占第二产业价值量的1.12%（图3-16）。

（1）**木材加工。**本区域在木材加工指标中，木材加工总价值量最高的省（自治区、直辖市、生产建设兵团）是河北，为11.85亿元，占本区域木材加工总价值量的89.57%；其余之和不足2亿元。

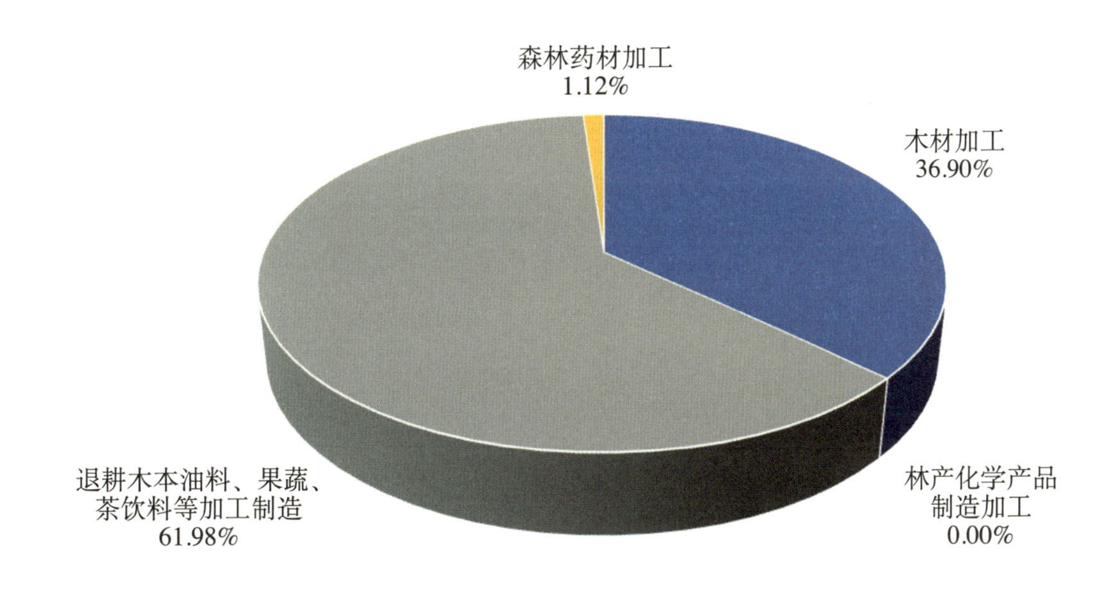

图3-16　三北风沙区第二产业价值量构成

（2）**退耕木本油料、果蔬、茶饮料等加工制造。**本区域在退耕木本油料、果蔬、茶饮料等加工制造指标中，退耕木本油料、果蔬、茶饮料等加工制造总价值量最高的省（自治区、直辖市、生产建设兵团）是河北，为17.89亿元，占本区域退耕木本油料、果蔬、茶饮料等加工制造总价值量的80.51%；其后依次是新疆、新疆生产建设兵团，分别为2.50亿元、1.83亿元；其余均为0。

（3）**森林药材加工制造。**在森林药材加工制造指标中，森林药材加工制造价值量最高的省（自治区、直辖市、生产建设兵团）是宁夏，为0.21亿元，占森林药材加工制造总价值量的52.50%；其后依次是河北、新疆，分别为0.12亿元、0.07亿元；其余均为0。

3.4.4.3 **第三产业价值量评估结果**

三北风沙区第三产业价值量为3.97亿元，其中林业生产服务价值量2.29亿元，占本区域第三产业价值量的57.68%；林业专业技术服务价值量0.82亿元，占第三产业价值量的20.66%；生态旅游与森林康养服务价值量0.86亿元，占第三产业价值量的21.66%（图3-17）。

（1）**林业生产服务机构。**本区域在林业生产服务机构指标中，林业生产服务机构价值量最高的省（自治区、直辖市、生产建设兵团）是新疆，为1.33亿元；其次是宁夏，为0.50亿元，两省林业生产服务机构价值量之和占本区域林业生产服务机构总价值量的79.91%，其余之和不足0.5亿元。

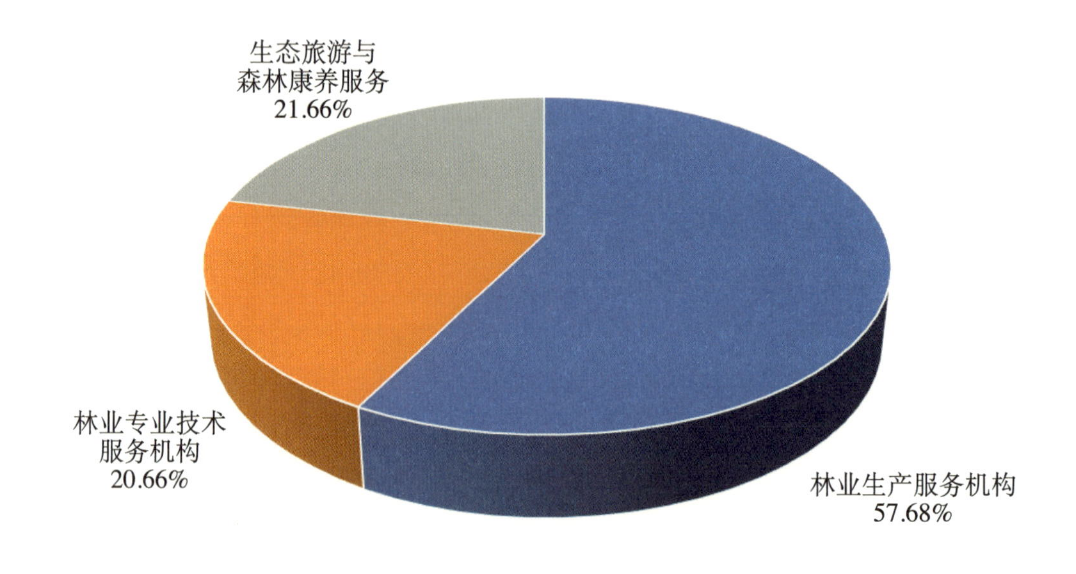

图3-17　三北风沙区第三产业价值量构成

（2）**林业专业技术服务机构。**本区域在林业专业技术服务机构指标中，林业专业技术服务机构价值量最高的省（自治区、直辖市、生产建设兵团）是新疆，为0.75亿元，占本区域林业专业技术服务机构营业收入总价值量的91.46%；其次是河北0.07亿元；其余均为0。

（3）**生态旅游与森林康养服务。**本区域在生态旅游与森林康养服务指标中，生态旅游与森林康养服务基地营业收入总价值量最高的省（自治区、直辖市、生产建设兵团）是河北，为0.59亿元，占生态旅游与森林康养服务基地总价值量的68.60%；其后依次是内蒙古、宁夏、新疆生产建设兵团，均低于0.50亿元；其余均为0（表3-12）。

3.4.5 其他地区经济效益价值量评估

其他地区退耕还林还草形成的经济效益总价值量为361.29亿元，相当于全国退耕还林工程14.14%。分产业看，本区域退耕还林还草形成的第一产业价值量为162.43亿元，占本区域总经济效益价值量的44.96%；第二产业价值量为194.89亿元，占本区域总经济效益价值量的53.94%；第三产业价值量为3.97亿元，占本区域总经济效益价值量的1.10%。本区域退耕还林还草形成的经济效益价值量最高的省（自治区）是广西，为303.60亿元，占本区域总经济效益价值量的84.03%；其次是辽宁、海南，分别为38.17亿元和9.83亿元，分别占本区域总经济效益价值量的10.56%、2.72%；其后依次为吉林、黑龙江、西藏（图3-18，表3-13）。

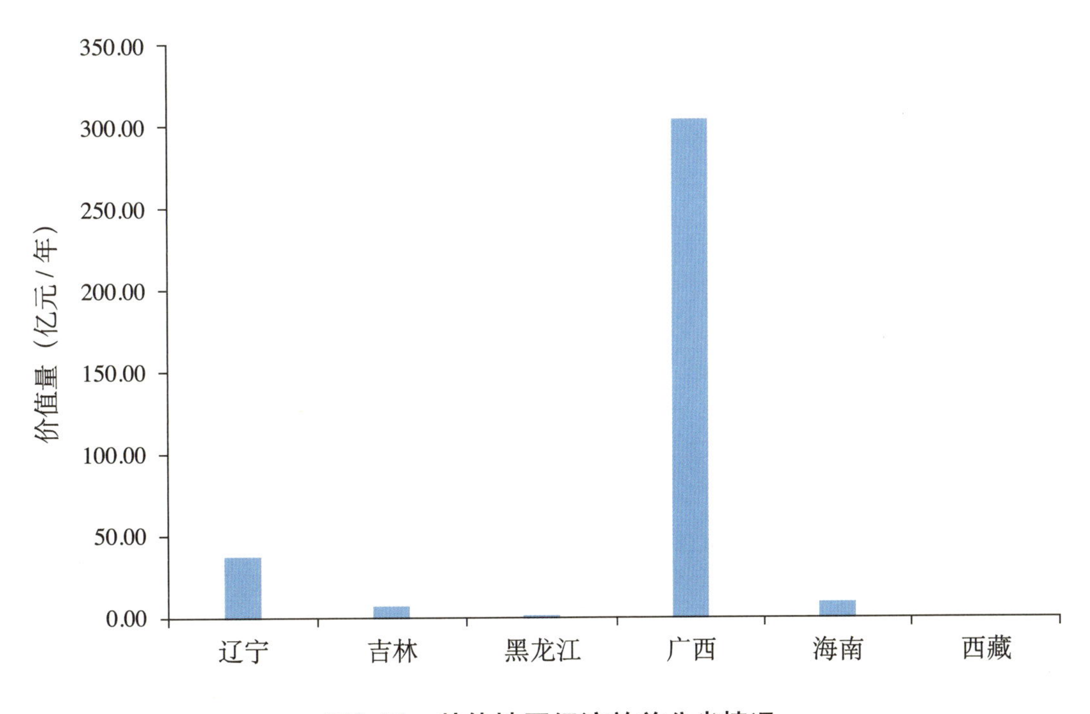

图3-18　其他地区经济效益分省情况

表3-13 其他地区各省级区域退耕还林还草形成的经济效益价值量

单位：亿元

	指标	辽宁	吉林	黑龙江	广西	海南	西藏	总计
第一产业	经济林产品	23.24	6.68	0.03	23.26	0.50	0.00	53.71
	木材和竹材采运	0.33	1.13	0.00	81.52	2.18	0.00	85.16
	林下种植	0.36	0.00	0.07	1.61	0.01	0.00	2.05
	林下养殖	0.02	0.00	1.57	19.00	0.92	0.00	21.51
第二产业	木材加工	13.35	0.16	0.02	164.64	3.51	0.00	181.68
	林产化学产品制造加工	0.00	0.00	0.00	7.82	1.64	0.00	9.46
	退耕木本油料、果蔬、茶饮料等加工制造	0.40	0.00	0.01	1.67	1.01	0.00	3.09
	森林药材加工	0.20	0.00	0.00	0.46	0.00	0.00	0.66
第三产业	林业生产服务机构	0.04	0.00	0.01	2.47	0.02	0.00	2.54
	林业专业技术服务机构	0.21	0.00	0.00	0.78	0.04	0.00	1.03
	生态旅游与森林康养服务	0.02	0.00	0.01	0.37	0.00	0.00	0.40

3.4.5.1 **第一产业价值量评估结果**

其他地区退耕还林还草形成的第一产业价值量为162.43亿元，其中经济林产品价值量为53.71亿元，占本区域第一产业价值量的33.07%；木材和竹材采运价值量为85.16亿元，占本区域第一产业价值量的52.43%；林下种植价值量为2.05亿元，占本区域第一产业价值量的1.26%；林下养殖价值量为21.51亿元，占本区域第一产业价值量的13.24%（图3-19）。

（1）**经济林产品。**本区域在经济林产品指标中，经济林产品价值量最高的省（自治区）是广西，为23.26亿元；其次是辽宁，为23.24亿元，两省经济林产品价值量之和占本区域经济林产品总价值量的86.58%；其后依次为吉林、河南、黑龙江、西藏，经济林采集价值量均低于10亿元。

（2）**木材和竹材采运。**本区域在木材和竹材采运指标中，木材和竹材采运价值量最高的省（自治区）是广西，为81.52亿元，占本区域木材和竹材采运总价值量的95.73%；其余之和不足5亿元。

（3）**林下种植。**本区域在林下种植指标中，林下种植价值量最高的省（自治区）是广西，为1.61亿元，占本区域林下种植总价值量的78.54%；其余均低于0.5亿元。

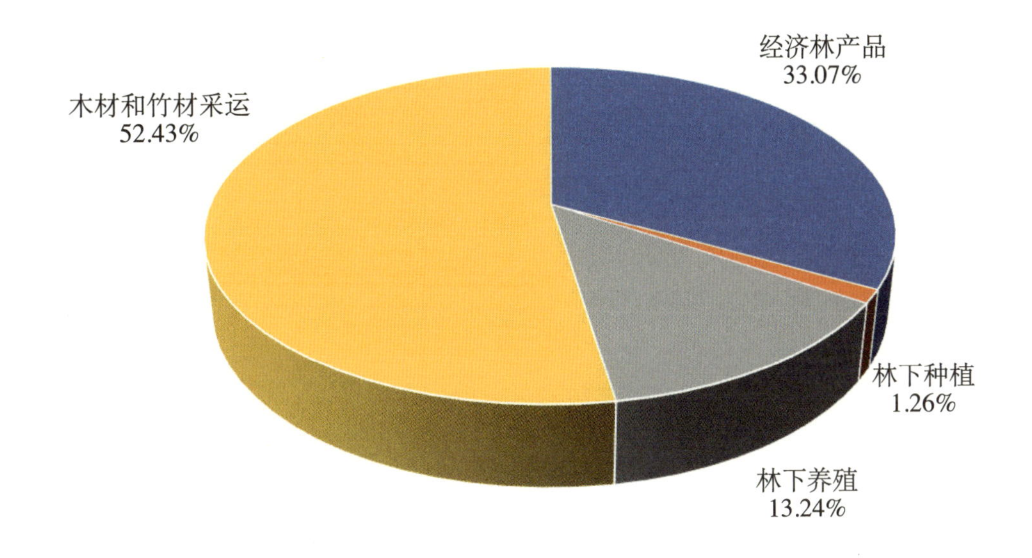

图3-19 其他地区第一产业价值量构成

(4) **林下养殖。**本区域在林下养殖指标中，林下养殖价值量最高的省（自治区）是广西，为19.00亿元，占本区域林下养殖总价值量的88.33%；其余之和不足3亿元。

3.4.5.2 第二产业价值量评估结果

其他地区退耕还林还草形成的第二产业价值量为194.89亿元，其中木材加工价值量181.68亿元，占第二产业价值量的93.22%；林产化学产品制造价值量为9.46亿元，占第二产业价值量的4.85%；退耕木本油料、果蔬、茶饮料等加工制造价值量3.09亿元，占第二产业价值量的1.59%；森林药材加工价值量0.66亿元，占第二产业价值量的0.34%（图3-20）。

(1) **木材加工。**本区域在木材加工指标中，木材加工总价值量最高的省（自治区）是广西，为164.64亿元，占本区域木材加工总价值量的90.62%；其余之和不足20亿元。

(2) **林产化学产品制造。**本区域在林产化学产品制造指标中，林产化学产品制造最高的省（自治区）是广西，为7.82亿元，占本区域林产化学产品制造总价值量的82.66%；其次是海南，为1.64亿元；其余均为0。

(3) **退耕木本油料、果蔬、茶饮料等加工制造。**本区域在木本油料、果蔬、茶饮料等加工制造指标中，木本油料、果蔬、茶饮料等加工制造总价值量最高的省（自治

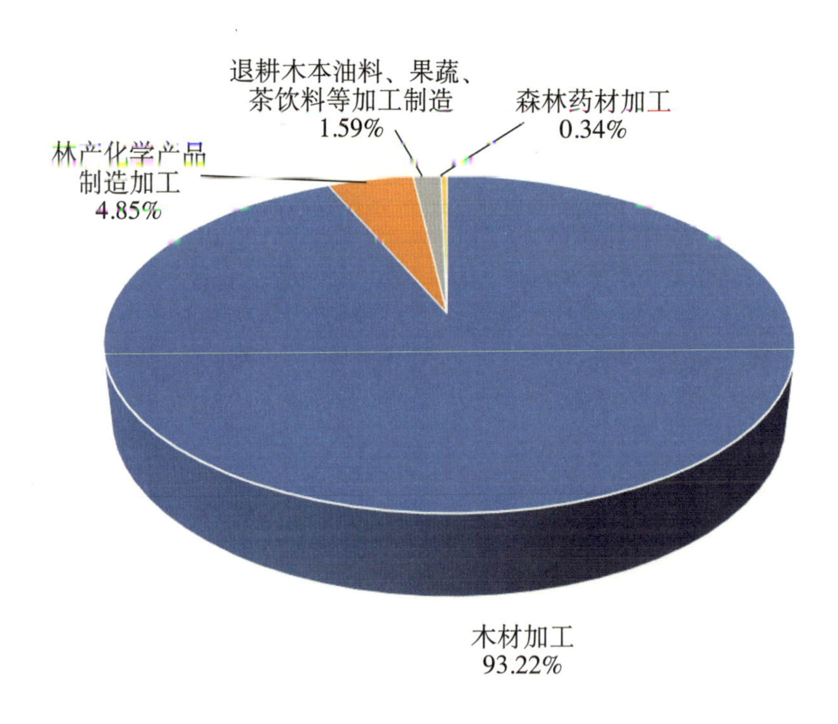

图3-20　其他地区第二产业价值量构成

区）是广西，为1.67亿元，占本区域木本油料、果蔬、茶饮料等加工制造总价值量的54.05%；其后依次是海南、辽宁、黑龙江，分别为1.01亿元、0.04亿元、0.01亿元；其余均为0。

（4）森林药材加工制造。在森林药材加工制造指标中，森林药材加工制造价值量最高的省（自治区）是广西，为0.46亿元，占森林药材加工制造总价值量的69.70%；其次是辽宁，为0.20亿元；其余均为0。

3.4.5.3 第三产业价值量评估结果

其他地区第三产业价值量为3.97亿元，其中林业生产服务价值量2.54亿元，占本区域第三产业价值量的63.98%；林业专业技术服务价值量1.03亿元，占第三产业价值量的25.94%；生态旅游与森林康养服务价值量0.40亿元，占第三产业价值量的10.08%（图3-21）。

（1）林业生产服务机构。本区域在林业生产服务机构指标中，林业生产服务机构价值量最高的省（自治区）是广西，为2.47亿元，占本区域林业生产服务机构总价值量的97.24%，其余之和不足0.1亿元。

（2）林业专业技术服务机构。本区域在林业专业技术服务机构指标中，林业专业技术服务机构价值量最高的省（自治区）是广西，为0.78亿元，占本区域林业专业技术服务

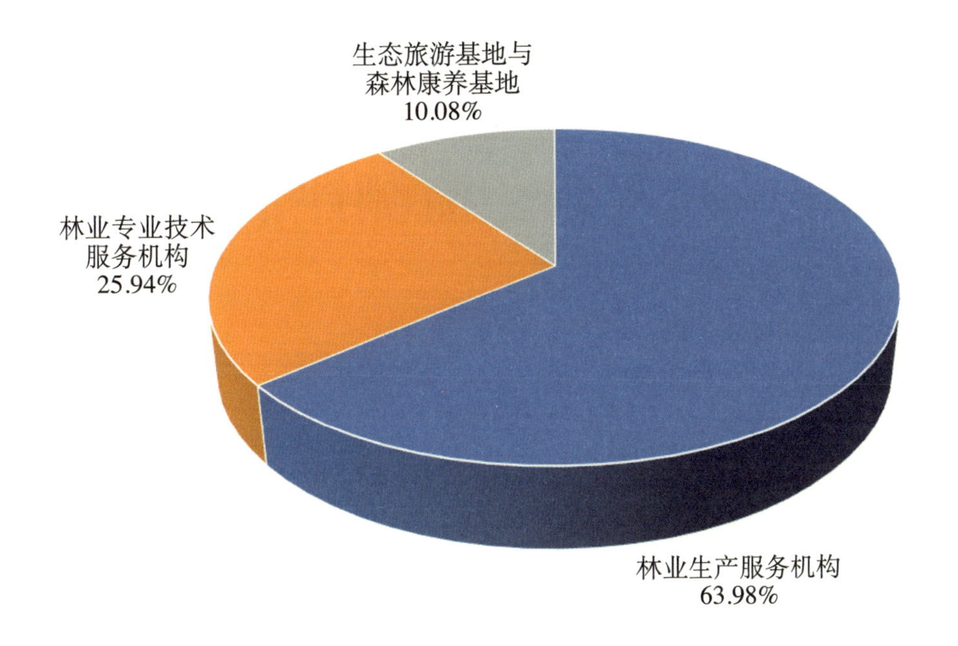

图3-21　其他地区第三产业价值量构成

机构营业收入总价值量的75.73%；其后依次是辽宁、海南，分别为0.21亿元、0.04亿元；其余均为0。

（3）**生态旅游与森林康养服务。**本区域在生态旅游及森林康养服务指标中，生态旅游及森林康养服务基地营业收入总价值量最高的省（自治区）是广西，为0.37亿元，占生态旅游及森林康养服务基地总价值量的92.50%；其后依次是辽宁、黑龙江，分别为0.02亿元、0.01亿元；其余均为0（表3-13）。

第四章 退耕还林还草社会效益监测评估

退耕还林还草是影响深远的德政工程，是受到了国内外广泛关注的社会工程。20年来，退耕还林还草增强了全民生态意识，普及了生态保护修复技能，为推动形成“产业兴旺、生态宜居、乡风文明、治理有效、生活富裕”的社会主义新农村格局产生了重要作用。退耕还林还草彰显了我国党和政府重视生态保护建设、积极履行全球生态保护与治理国际义务的良好形象。很多基层干部和专家学者认为，退耕还林还草不仅仅是中国生态建设史上的历史性突破，也是中国文明发展史上的重要里程碑，改变了农民祖祖辈辈垦荒种粮的生产生活习惯，转变了小农思想观念，给我国农村带来了一场广泛而又深刻的变革，对我国经济社会的影响十分深远。开展退耕还林还草社会效益评估是坚持“用数据说话，向人民报账”的理念的重要措施，为推进退耕还林还草工作高质量发展，为实现脱贫致富和全面小康、建设生态文明和美丽中国做出新的贡献。

4.1 社会效益监测评估指标体系

国家林业局经济发展研究中心从2002年开始对国家林业重点工程社会经济效益监测体系已连续实施了19年。此外，以林业重点生态工程监测为起点，国家林业局经济发展研究中心相继开展了集体林权制度改革监测、国有林区改革监测、林业产业发展监测、林业补贴政策监测、林业扶贫监测等监测。2019年，国家林业局经济发展研究中心开展了集中连片特困地区退耕还林还草工程社会经济效益监测。现有监测基础和已经开展的监测工作，为本报告顺利开展全国退耕还林还草工程社会效益监测奠定了扎实的业务工作基础。

4.1.1 监测评估依据

退耕还林还草社会效益监测评估的依据，主要包括国家有关法律法规、国家有关政策文件、主管部门有关管理办法文件、有关标准等四个方面的内容。如标准方面，在多年的监测实践中，先后出台了1个国标《退耕还林工程建设效益监测评价》（GB/T 23233—2009）和2个行标《退耕还林工程生态效益监测与评估规范》（LY/T 2573—2016）、《退耕还林工程社会经济效益监测与评价指标》（LY/T 1757—2008），这些标准的发布从技术和管理上对监测工作提供了初步规范，有利于监测数据进行统一分析和统一管理，进一步提高监测工作水平。其主要依据如下：

（1）《退耕还林条例》；

（2）国务院《关于进一步做好退耕还林还草试点工作的若干意见》（国发〔2000〕24号）；

（3）国务院《关于进一步完善退耕还林政策措施的若干意见》（国发〔2002〕10号）；

（4）国务院办公厅《关于切实搞好“五个结合”进一步巩固退耕还林成果的通知》（国办发〔2005〕25号）；

（5）国家发展和改革委员会、财政部、国家林业局、农业部、国土资源部《关于印发新一轮退耕还林还草总体方案的通知》（发改西部〔2014〕1772号）；

（6）《关于进一步落实责任加快推进新一轮退耕还林还草工作的通知》（发改办西部〔2017〕220号）；

（7）《关于扩大贫困地区退耕还林还草规模的通知》（发改办农经〔2019〕954号）；

（8）《退耕还林工程社会经济效益监测与评价指标》（LY/T 1757—2008）；

（9）《退耕还林生态林与经济林认定技术规范》（LY/T 1761—2008）；

（10）国家林业和草原局退耕中心关于印发《全国退耕还林还草综合效益监测评价总体方案（试行）》的通知。

4.1.2 监测评估指标

退耕还林还草社会效益主要监测评价退耕还林还草工程实施及其建设成果对退耕农户个体和工程区社会发展所产生的直接影响。已有研究中对退耕还林还草工程多从定性的角度对社会效益进行说明。退耕还林还草工程的社会效益主要体现在农村劳动力转移和利用、产业结构调整、扶贫成果、人文效益、观念及消费方式转变等方面（赵玉涛等，2008；杨亦民，2015；王昊天，2020）。在满足代表性、全面性、简明性、可操作性及适应性等原则的基础上，通过总结近年来的工作及研究结果，参照中华人民共和国林业行业标准《退耕还林还草工程社会经济效益监测与评价指标》（LY/T 1757—2008），本报告评估选取的监测指标体系包括发展社会事业、优化社会结构、完善社会服务功能、促进社会组织发展4项功能9项内容14个监测指标（图4-1）。

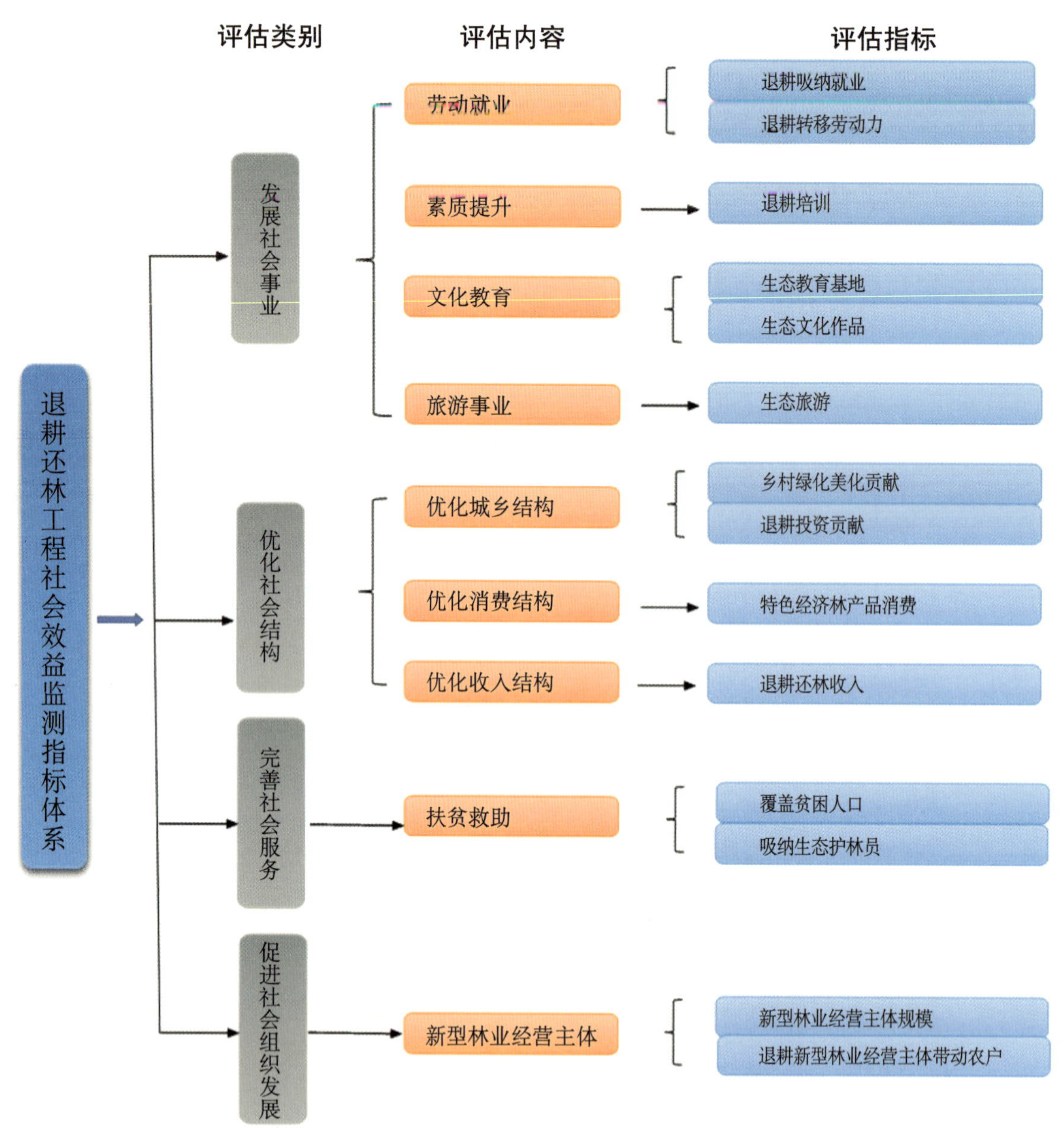

图4-1　退耕还林还草工程社会效益监测指标体系

4.1.2.1 **发展社会事业**

社会事业是指关系人民群众基本生活质量和共同利益的公共事业，其最主要的特征是公众性、公用性、公益性和非营利性。作为关系最广大人民群众切身利益和保障社会民主、公平和稳定的重要手段和途径，社会事业具有维系社会公正、体现社会公益性的作用。退耕还林还草发展社会事业主要体现为劳动就业、素质提升、文化教育、旅游事业四个方面，主要指标有：退耕吸纳就业、退耕转移劳动力（指退耕还林还草把劳动力从传统农业生产中解放出来，得以外出务工或从事其他非传统就业）、退耕培训、生态教育基地（含展示、体验基地）、生态文化作品、生态旅游。

4.1.2.2 优化社会结构

社会结构是指社会各要素按照一定的秩序形成的相对稳定的关系。社会结构包括人口结构、家庭结构、就业结构、城乡结构、区域结构、社会组织结构、收入分配结构、消费结构、阶层结构等9个方面。退耕还林还草优化社会结构主要体现为优化城乡结构、优化消费结构、优化收入结构三个方面，主要指标有：乡村绿化美化贡献（增加的森林覆被率等）、退耕投资贡献、特色经济林产品消费、退耕还林收入（指从事退耕还林还草经营管护、退耕还林还草资源及其加工利用、退耕地流转为退耕农户带来的收入增加等）。

4.1.2.3 完善社会服务功能

按照国际发展趋势和惯例，广义的社会服务包括：养老服务、救助服务、灾害救援服务、优抚安置服务、教育服务、医疗服务、住房服务、文体服务和就业服务等。退耕还林还草完善社会服务功能主要体现为扶贫救助，主要指标有：覆盖贫困人口、吸纳生态护林员。

4.1.2.4 促进社会组织发展

社会组织是人们为了有效地达到特定目标按照一定的宗旨、制度、系统建立起来的共同活动集体。退耕还林还草促进社会组织发展主要体现为促进新型林业经营主体发展，主要指标有：新型林业经营主体规模、退耕新型林业经营主体带动农户。

4.1.3 设计监测评估调查表

依据退耕还林还草社会效益监测评估的指标体系，设计出操作性、可填性、准确性强的社会效益评估调查表。国家林业局经济发展研究中心从2002年开始对国家林业重点工程社会经济效益监测体系已连续实施了19年，这些监测都是采用跟踪100样点县的数据进行评价，主要是定性评价。本监测评估报首次采用全覆盖方式，范围包括全国25个省（自治区、直辖市）和新疆生产建设兵团的287个地市（含地级单位）2435个县（含县级单位），而且是定量评估社会效益。本监测评估报告采用县级填写调查表、省级汇总调查表，再报局经研中心分析统计、下量评估，其县级退耕还林还草社会效益调查表样式如表4-1。

表4-1　退耕还林还草社会效益监测调查表

填表人姓名：　　　　　　单位：　　　　　　联系电话：
地址：　　省　　市（区）　　县（市）

指标			说明	单位	代码
发展社会事业	劳动就业	退耕吸纳就业人数	全年发生数	人	M081
		本年农村外出务工人数	全年发生数	人	M082
	素质提升	退耕政策宣传累计费用	累计数	万元	M083
		退耕政策宣讲累计听讲人次	累计数	人次	M084

（续）

指标			说明	单位	代码
发展社会事业	素质提升	退耕技能培训班累计费用	累计数	万元	M085
		退耕技能培训班累计培训人次	累计数	人次	M086
		转移就业培训班累计费用	累计数	万元	M087
		转移就业培训班累计培训人次	累计数	人次	M088
	文化教育	生态教育基地数量	年末时点数	个	M089
		生态教育基地接待人次	累计数	人次	M090
		生态展示基地数量	年末时点数	个	M091
		生态展示基地接待人次	累计数	人次	M092
		生态体验基地数量	年末时点数	个	M093
		生态体验基地接待人次	累计数	人次	M094
		生态文化作品展示数量	年末时点数	场次	M095
		生态文化作品展示收入	年末时点数	万元	M096
		生态文化作品演出数量	年末时点数	场次	M097
		生态文化作品演出收入	年末时点数	万元	M098
		生态文化作品出版数量	年末时点数	册/部	M099
		生态文化作品出版收入	年末时点数	万元	M100
	旅游事业	生态旅游接待人次	累计数	人次	M101
优化社会结构	优化城乡结构	行政区域面积	年末时点数	平方公里	M102
		林地面积	年末时点数	亩	M103
		当年退耕还林造林面积	年末时点数	亩	M104
		当年造林面积	年末时点数	亩	M105
		累计退耕还林造林面积	年末时点数	亩	M106
		累计造林面积	年末时点数	亩	M107
		退耕累计到位资金	累计数	万元	M108
		地区生产总值	全年发生数	万元	M109
	优化消费结构	退耕地特色经济林面积	年末时点数	亩	M110
		退耕地特色经济林产品产量	全年发生数	吨	M111
	优化收入结构	农村居民年人均纯收入	全年发生数	元/（人·年）	M112
		退耕农户户均林业收入	全年发生数	元/（（户·年）	M113
		继续享受补助的退耕地面积	年末时点数	亩	M114
		补助期满的退耕地面积	年末时点数	亩	M115

（续）

指标			说明	单位	代码
优化社会结构	优化收入结构	其中：已纳入生态效益补偿面积	年末时点数	亩	M116
		退耕补助到期的农户数	累计数	户	M117
		退耕地累计流转面积	累计数	亩	M118
完善社会服务功能	养老服务	森林康养接待人次	累计数	人次	M119
	扶贫救助	农村总户数	年末时点数	户	M120
		其中：贫困户数	年末时点数	户	M121
		其中：建档立卡贫困户数	年末时点数	户	M122
		农村总人口	年末时点数	人	M123
		其中：贫困户人口	年末时点数	人	M124
		其中：建档立卡贫困户人口	年末时点数	人	M125
		累计退耕农户数	累计数	户	M126
		其中：贫困户数	累计数	户	M127
		其中：建档立卡贫困户数	累计数	户	M128
		累计退耕人口	累计数	人	M129
		其中：贫困人口	累计数	人	M130
		其中：建档立卡贫困人口	累计数	人	M131
		退耕户生态护林员数量	年末时点数	人	M132
促进社会组织发展	新型林业经营主体	退耕大户数量	年末时点数	个	M133
		退耕大户经营面积	年末时点数	亩	M134
		退耕家庭林场数量	年末时点数	个	M135
		退耕家庭林场经营面积	年末时点数	亩	M136
		退耕合作社数量	年末时点数	个	M137
		加入退耕合作社的退耕农户数	年末时点数	户	M138
		退耕合作社经营退耕地面积	年末时点数	亩	M139
		“公司+基地+退耕户”数量	年末时点数	个	M140
		“公司+基地+退耕户”涉及林地面积	年末时点数	亩	M141
		“公司+基地+退耕户”带动退耕户数	年末时点数	户	M142
		“公司+合作社”数量	年末时点数	个	M143
		“公司+合作社”涉及林地面积	年末时点数	亩	M144
		“公司+合作社”带动退耕户数量	年末时点数	户	M145

注：填表说明与经济效益调查表相同。

4.2 社会效益评估方法

退耕还林还草工程社会效益物质量评估主要是从物质量的角度对退耕还林还草区域退耕还林还草形成的各项社会服务功能进行定量评估；价值量评估是指从货币价值量的角度对退耕还林还草区域退耕还林还草形成的社会服务功能价值进行定量评估。

社会事业是指关系人民群众基本生活质量和共同利益的公共事业，其最主要的特征是公众性、公用性、公益性和非营利性。退耕还林还草发展社会事业功能主要体现为劳动就业、素质提升、文化教育、旅游事业等四个方面，测度指标为：退耕吸纳就业、退耕转移劳动力、退耕培训、生态教育基地、生态文化作品和生态旅游。

社会结构是指社会各要素按照一定的秩序形成的相对稳定的关系。退耕还林还草优化社会结构功能主要体现为优化城乡结构、消费结构和收入结构等三个方面，测度指标为：乡村绿化美化贡献、退耕投资贡献、特色经济林产品消费、退耕还林收入。

按照国际发展趋势和惯例，广义的社会服务包括：养老服务、救助服务、灾害救援服务、优抚安置服务、教育服务、医疗服务、住房服务、文体服务和就业服务等。退耕还林还草完善社会服务功能主要体现在扶贫救助方面，测度指标为：覆盖贫困人口、吸纳生态护林员数量。

社会组织是人们为了有效地达到特定目标，按照一定的宗旨、制度、系统建立起来的共同活动集体。退耕还林还草促进社会组织发展主要体现为促进新型林业经营主体发展，测度指标为：新型林业经营主体规模、退耕新型林业经营主体带动农户数。

4.2.1 社会效益物质量计算方法

退耕还林还草工程形成的社会效益物质量包括发展社会事业、优化社会结构、完善社会服务功能、促进社会组织发展4项功能9项内容14个监测指标，社会效益总物质量分别为各工程县相应指标数值之和，其计算方法见表4-2。

值得注意的是，退耕还林还草发展社会事业中的退耕转移劳动力数量、生态旅游接待人次这2项测度指标，需要按照退耕还林还草工程对这2项事业的贡献程度进行调整折算，即需乘以相应的退耕还林还草贡献系数。发展社会事业中的退耕转移劳动力数量、生态旅游接待人次两项测度指标贡献系数的具体计算公式如下：

发展社会事业2项指标贡献系数：

①退耕转移劳动力数量=Σ各县本年农村外出务工人数×退耕对劳动力转移的贡献系数

其中：退耕对劳动力转移贡献系数参照林业就业率系数，退耕对劳动力转移的贡献系

表4-2　退耕还林还草工程社会效益物质量计算公式

指标			计算公式和参数说明
发展社会事业	劳动就业	退耕吸纳就业	=Σ各县退耕吸纳就业人数　单位：万人
		退耕转移劳动力	=Σ各县本年农村外出务工人数×退耕对劳动力转移的贡献系数　单位：万人
	素质提升	退耕培训	=Σ（退耕技能培训人次+退耕就业培训人次+退耕政策宣讲听讲人次）　单位：万人
	文化教育	生态教育基地	=Σ（各县生态教育基地数量+各县生态展示基地数量+各县生态体验基地数量）　单位：个 =Σ（各县生态教育基地接待人次+各县生态展示基地接待人次+各县生态体验基地接待人次）　单位：万人次
		生态文化作品	=Σ（各县退耕文化作品展示数量+各县退耕文化作品演出数量+各县退耕文化作品出版数量）　单位：个
	旅游事业	生态旅游	=Σ各县生态旅游接待人次×退耕对生态旅游贡献系数　单位：亿人次
优化社会结构	优化城乡结构	乡村绿化美化贡献	=退耕还林面积÷造林面积
		退耕投资贡献	=Σ各县退耕工程投资额　单位：亿元
	优化消费结构	特色经济林产品消费	=Σ各县特色经济林产品消费量　单位：万
	优化收入结构	退耕还林收入	=Σ（各县退耕农户户均林业收入×各县累计退耕户）　单位：亿元
完善社会服务	扶贫救助	覆盖贫困人口	=Σ各县累计参与退耕还林贫困人口数量　单位：万人
		吸纳生态护林员	=Σ各县退耕吸纳生态护林员数量　单位：万人
促进社会组织发展	新型林业经营主体	新型林业经营主体规模	=Σ（各县退耕大户数量+各县退耕家庭林场数量+各县退耕合作社数量+各县退耕林业公司数量）　单位：万个 =Σ（各县退耕大户经营面积+各县退耕家庭林场经营面积+退耕合作社经营面积+各县退耕林业公司经营面积）　单位：万亩
		退耕新型林业经营主体带动农户	=Σ（各县加入林业专业合作社退耕农户数量+"各县公司+基地+退耕户"带动退耕户数量+各县"公司+合作社"带动退耕户数量）　单位：万户

数取值为0.09。

②生态旅游接待人次=Σ各县生态旅游接待人次×退耕对生态旅游贡献系数

其中：退耕对生态旅游贡献系数参照陈文汇等（2012）计算的生态旅游贡献系数，取值为0.7244。

4.2.2 社会效益价值量计算方法

退耕还林还草工程形成的社会效益价值量包括发展社会事业、优化社会结构、完善社会服务功能、促进社会组织发展4项功能9项内容14个监测指标，社会效益总价值量分别为各工程县相应指标数值之和，其计算方法见表4-3。

表4-3 退耕还林还草工程社会效益价值量计算公式

指标			计算公式和参数说明
发展社会事业	劳动就业	退耕吸纳就业	=Σ（各县退耕农民平均工资性收入×各县退耕直接就业人数）×退耕森林就业增加系数+Σ各县退耕就近就业人数×人均外出打工交通费、住宿费、维稳费 单位：亿元
		退耕转移劳动力	=Σ（各县转移劳动力数量×退耕对劳动力转移的贡献系数×平均打工工资水平） 单位：亿元
	素质提升	退耕培训	=Σ（各县耕技能培训累计费用+各县退耕政策宣讲听讲累计费用+各县退耕就业培训累计费用） 单位：亿元
	文化教育	生态教育基地	=Σ各县退耕教育（展示、体验）基地接待人次×人均文化教育投入 单位：亿元
		生态文化作品	=Σ（各县退耕文化作品展示数量×定价+各县退耕文化作品演出数量×票价+各县退耕文化作品出版数量×定价） 单位：亿元
	旅游事业	生态旅游	=Σ各县生态旅游产值×退耕对生态旅游贡献系数×森林旅游产业带动系数 单位：亿元
优化社会结构	优化城乡结构	乡村绿化美化贡献	=Σ绿化健康惠及人口数×0.3×人均医疗费用 =Σ（各县乡村人口数+养老服务接待人次/4）×0.3×人均医疗费用 单位：亿元
		退耕投资贡献	=Σ各县退耕工程总投资（可比价格）×退耕工程投资乘效系数 单位：亿元
	优化消费结构	特色经济林产品消费	=Σ各县消费特色经济林产品人数×0.13×人均医疗费用 =Σ（各县人口之和×0.2）×0.13×人均医疗费用 单位：亿元
	优化收入结构	退耕还林收入	=Σ各县农户家庭退耕地林业收入 单位：亿元

（续）

指标			计算公式和参数说明
完善社会服务	退耕扶贫	覆盖贫困人口	=Σ各县贫困户退耕面积×退耕补助标准×退耕工程投资乘效系数=Σ（各县退耕面积×贫困户退耕面积平均占比）×退耕补助标准×退耕工程投资乘效系数 单位：亿元
		吸纳生态护林员	=Σ（各省生态护林员数量与各省退耕地面积和林地总面积比值）×生态护林员财政补助标准 单位：亿元
促进社会组织发展	新型林业经营主体	退耕新型林业经营主体规模	=Σ各省新型林业经营主体退耕林业产值×新型林业经营主体带动系数 单位：亿元
		退耕新型林业经营主体带动农户	=Σ（各县社会稳定价值+各县技术推广价值）=Σ各县退耕新型林业经营主体带动退耕农户数量×人均维稳费用+Σ各县退耕新型林业经营主体带动退耕农户面积×平均林业技术推广费用 单位：亿元

值得注意的是，退耕还林还草工程形成的社会效益的各项测度指标价值量中，退耕培训、生态文化作品、退耕还林收入3项测度指标价值量为各县相应指标数值之和，其余社会效益的11项测度指标需在各项物质量价值计算的基础上，按照退耕还林还草工程的贡献程度进行折算，即需要乘以相应的退耕还林还草贡献系数。这11项指标的贡献系数具体计算公式如下：

（1）发展社会事业4项指标贡献系数

①退耕吸纳就业价值=Σ（各县退耕农民平均工资性收入×各县退耕直接就业人数）×退耕森林就业增加系数+Σ各县退耕就近就业人数×人均外出打工交通费、住宿费、维稳费之和

其中，退耕农民平均工资性收入：参照中国农村统计年鉴2019、中国综合社会调查数据2017等的农民平均工资性收入，取值为5000元/年；退耕森林就业增加系数：参照世界银行测度的森林就业增加系数取值范围2.2～4.2，取中间值3.2；人均外出打工交通费、住宿费、维稳费之和：参照中国农村统计年鉴2019、中国综合社会调查数据2017等估算，取值1000元。

②退耕转移劳动力价值=Σ各县转移劳动力数量×退耕对劳动力转移的贡献系数×平均打工工资水平

其中，退耕对劳动力转移的贡献系数：参照林业就业率系数，取值0.09；平均打工工资水平：参照中国统计年鉴2019，结合退耕区多为贫困区和退耕区转移的劳动力只有部分是退耕转移的情况进行折算，取值25000元/年。

③生态教育基地服务价值=Σ各县退耕教育（展示、体验）基地接

待人次×人均文化教育投入

人均文化教育投入：根据典型基地经验数据估算，取值为100元。

④生态旅游价值=Σ各县生态旅游产值×退耕对生态旅游贡献系数×森林旅游产业带动系数

其中，退耕对生态旅游贡献系数：参照陈文汇等（2012）计算的生态旅游贡献系数，取值为0.7244；森林旅游产业带动系数：参照2000—2011年我国森林旅游产业带动系数区间值3.58～5.97，取中间值4.78。

（2）优化社会结构3项指标贡献系数

①乡村绿化美化贡献价值=Σ绿化健康惠及人口数×0.3×人均医疗费用=Σ（各县乡村人口数+养老服务接待人次/4）×0.3×人均医疗费用

其中，0.3×人均医疗费用：根据德国推行森林康养与医疗费用关系数据，德国在推行森林康养项目后，国家医疗费用总支付减少了30%；人均医疗费用：参照中国统计年鉴2019，并结合退耕区多为贫困区的情况，取值600元。

②退耕投资贡献价值=Σ各县退耕工程总投资（可比价格）×退耕工程投资乘效系数

退耕工程投资乘效系数：参照朱晓霞（2008）计算的中国长期投资乘数值，取值1.33。

③特色经济林产品价值=Σ各县消费特色经济林产品人数×0.13×人均医疗费用=Σ（各县人口×0.2）×0.13×人均医疗费用

其中，消费特色经济林产品人数：参照专业文献和农村调查数据，以“退耕县人口×折算系数0.2”替代；0.13×人均医疗费用：根据中国科技报的报道，在20多项长寿秘诀中，与饮食健康有关的占4～6项，膳食营养对健康的作用仅次于遗传，健康贡献率为13%，远大于医疗因素的作用；人均医疗费用：参照中国统计年鉴2019，取值为600元。

（3）完善社会服务功能2项指标贡献系数

①覆盖贫困人口价值=Σ各县贫困户退耕面积×退耕补助标准×退耕工程投资乘效系数=Σ各县退耕面积×贫困户退耕面积平均占比×退耕补助标准×退耕工程投资乘效系数

其中，贫困户退耕面积：参照全国贫困户退耕面积占总退耕面积比例，平均占比为0.6；退耕补助标准：参照财政部等八部门发布的《关于扩大新一轮退耕还林还草规模的通知》，按退耕还林每亩补助1500元，5年内发放完毕，计算年补助为300元；退耕工程投资乘效系数：参照朱晓霞（2008）计算的中国长期投资乘数值，取值1.33。

②吸纳生态护林员价值=Σ（各省生态护林员数量与各省退耕地面积和林地总面积比值）×生态护林员财政补助标准

生态护林员财政补助标准：参照国家实际到位财政补助折算，取值为7600元/年。

（4）促进社会组织发展2项指标贡献系数

①新型林业经营主体规模价值=Σ各省新型林业经营主体退耕林业产值×新型林业经营主体带动系数

退耕新型林业经营主体带动系数=带动的退耕户退耕地面积÷新型林业经营主体经营面积。

②退耕新型林业经营主体带动农户价值=Σ（各县社会稳定价值+各县技术推广价值）=Σ各县退耕新型林业经营主体带动退耕农户数量×人均维稳费用+Σ各县退耕新型林业经营主体带动退耕农户面积×平均林业技术推广费用

人均维稳费用、平均林业技术推广费用参照中国农村统计年鉴2019以及相关文献，分别取值500元和100元。

4.3 社会效益物质量评估结果

4.3.1 社会效益物质量评估总结果

在退耕还林还草形成的发展社会事业物质量指标中，劳动就业方面，退耕吸纳就业总人数为840.39万人，退耕转移劳动力总人数为8535.91万人；素质提升方面，退耕培训累计1.52亿人次；文化教育方面，拥有生态教育基地1844个，生态教育基地接待1.22亿人次，演出、展出、出版生态文化作品共计18.49万个；生态旅游方面，接待游客17.06亿人次。

在退耕还林还草形成的优化社会结构物质量指标中，优化城乡结构方面，乡村绿化美化贡献度为0.37，退耕投资贡献212.23亿元；优化消费结构方面，特色经济林产品消费量为1777.90万吨；优化收入结构方面，退耕林业总收入达1052.53亿元。

在退耕还林还草形成的完善社会服务物质量指标中，覆盖贫困人口2132.05万人，共吸纳生态护林员39.47万人。

在退耕还林还草形成的促进组织发展物质量指标中，退耕新型林业经营主体14.78万个，经营面积达2615.60万亩，共带动211.45万户农户（表4-4）。

4.3.1.1 发展社会事业物质量评估结果

（1）劳动就业。在劳动就业指标中，退耕吸纳就业人数最多的省（自治区、直辖市、生产建设兵团）是四川，为118.39万人；其后依次是云南、河北、贵州、湖南，分别为102.28万人、98.52万人、92.21万人、84.58万人；四川、云南、河北、贵州和湖南五省退耕吸纳就业人数之和占总退耕吸纳就业人数的59.02%；其余均少于50万人。退耕转移劳动力人数最多的省（自治区、直辖市、生产建设兵团）同样是四川，为1143.72万人；其后依次是河南、湖南、贵州，分别为963.95万人、838.44万人、741.61万人；四川、河南、湖南、贵州四省退耕转移劳动力之和占总量的43.20%；其余均少于600万人。

（2）**素质提升。**在素质提升指标中，退耕培训人数最多的省（自治区、直辖市、生产建设兵团）是陕西，为6339.84万人，占全部退耕培训人数的41.83%；四川、重庆、湖南的退耕培训人数依次位于1000万～2000万人；其余均少于1000万人。

（3）**文化教育。**在文化教育指标中，生态教育基地数量最多的省（自治区、直辖市、生产建设兵团）新疆，为402个，占总量的21.80%；其后依次是湖北、湖南、河南，分别为276个、228个、202个，三省生态教育基地数量之和占总量的38.00%；其余均低于150个。生态教育基地接待人次最多的省（自治区、直辖市、生产建设兵团）是河南，为3917.25万人次，占总接待人次的32.01%；湖北、河北、四川的生态教育基地接待人次依次位于1000万～2000万人；其余均不足1000万人。演出、展示、出版生态文化作品最多的省（自治区、直辖市、生产建设兵团）是河南，共有生态文化作品12.11万个，占总量的65.50%；其次是湖北和重庆，分别为2.81万个和1.57万个；其余生态文化作品之和仅占总量的10.81%。

（4）**旅游事业。**在旅游事业指标中，接待生态旅游人次最多的省（自治区、直辖市、生产建设兵团）是四川，为8.40亿人次，占总人次的49.24%；其后依次是湖南、贵州和湖北，分别为1.53亿人次、1.42亿人次、1.34亿人次，三省接待生态旅游人次之和占总人次的四分之一；其余均低于1亿人次。

4.3.1.2 优化社会结构物质量评估结果

（1）**优化城乡结构。**在优化城乡结构指标中，乡村绿化美化贡献度最高的省（自治区、直辖市、生产建设兵团）是云南，为0.86；新疆生产建设兵团、贵州、新疆的乡村绿化美化贡献度依次位于0.6～0.9，其余均在0.5以下。退耕投资总额最高的省（自治区、直辖市、生产建设兵团）是贵州，为48.05亿元，占投资总额的22.64%；其次是云南省，为39.64亿元，占投资总额的18.68%；重庆、山西、内蒙古、新疆、陕西、甘肃的退耕投资依次位于10亿～20亿元；其余均不足10亿元。

（2）**优化消费结构。**在优化消费结构指标中，特色经济林产品消费量最高的省（自治区、直辖市、生产建设兵团）是四川，为290.12万吨；其后依次为甘肃、陕西和河北，分别是239.90万吨、239.23万吨、210.78万吨，四川、甘肃、陕西、河北四省消费量之和占总量的55.12%。

表4-4　退耕还林还草地区各省级区域退耕地还林社会效益物质量

省级区域	发展社会事业							优化社会结构				完善社会服务		促进社会组织发展		
	劳动就业		素质提升	文化教育			旅游事业	优化城乡结构		优化消费结构	优化收入结构	扶贫救助		新型林业经营主体		
				生态教育基地										新型林业经营主体规模		
	退耕吸纳就业（万人）	退耕转移劳动力（万人）	退耕培训（万人次）	生态教育基地数量（个）	生态教育基地接待人次（万人次）	生态文化作品（个）	生态旅游（亿人次）	乡村绿化美化贡献（亿元）	退耕投资贡献（亿元）	特色经济林产品消费（万吨）	退耕林业收入（亿元）	覆盖贫困人口（万人）	吸纳生态护林员数量（万人）	新型林业经营主体数量（万个）	新型林业经营主体经营面积（万亩）	退耕新型林业经营主体带动农户（万户）
北京	1.28	0.74	0.38	0.00	0.00	0.00	0.00	0.00	0.09	1.44	0.06	0.00	0.00	0.02	0.79	0.01
天津	0.00	0.00	0.00	0.00	0.00	0.00	0.00	0.00	0.00	0.00	0.00	0.00	0.00	0.00	0.00	0.00
河北	98.52	259.40	302.62	38.00	1358.18	2128.00	0.44	0.00	3.17	210.78	35.76	45.51	2.13	0.25	33.52	2.09
山西	29.12	114.80	88.40	9.00	30.46	1237.00	0.06	0.34	16.61	13.04	26.57	79.51	0.85	0.21	198.42	2.33
内蒙古	5.76	88.07	124.20	1.00	0.80	1.00	0.06	0.24	16.33	5.84	20.41	41.26	1.36	0.05	3.98	0.03
辽宁	22.83	61.57	74.96	3.00	4.50	1.00	0.02	0.17	0.86	0.14	9.80	309.85	0.00	0.02	1.98	0.03
吉林	6.40	65.10	137.42	0.00	0.00	0.00	0.00	0.00	0.78	1.52	3.64	1.02	0.04	0.00	2.42	0.01
黑龙江	2.26	97.00	23.87	3.00	0.23	6.00	0.01	0.08	1.00	0.92	2.55	1.18	0.25	0.53	35.36	0.38
安徽	23.48	518.79	122.47	123.00	148.88	23.00	0.23	0.00	0.36	6.23	25.87	38.17	0.48	0.30	34.81	4.61
江西	21.54	584.66	86.36	55.00	905.06	714.00	0.34	0.00	0.48	29.92	19.02	23.23	0.64	2.30	109.64	0.93

（续）

省级区域	发展社会事业						优化社会结构					完善社会服务		促进社会组织发展		
	劳动就业		素质提升	文化教育			旅游事业	优化城乡结构		优化消费结构	优化收入结构	扶贫救助		新型林业经营主体		
				生态教育基地										新型林业经营主体规模		
	退耕吸纳就业（万人）	退耕转移劳动力（万人）	退耕培训（万人次）	生态教育基地数量（个）	生态教育基地接待人次（万人次）	生态文化作品（个）	生态旅游（亿人次）	乡村绿化美化贡献（亿元）	退耕投资贡献（亿元）	特色经济林产品消费（万吨）	退耕林业收入（亿元）	覆盖贫困人口（万人）	吸纳生态护林员数量（万人）	新型林业经营主体数量（万个）	新型林业经营主体经营面积（万亩）	退耕新型林业经营主体带动农户（万户）
河南	39.89	963.95	483.26	202.00	3917.25	121127.00	0.48	0.04	0.85	71.78	29.81	22.64	2.21	2.60	94.12	5.66
湖北	44.26	514.25	613.29	276.00	1765.39	28083.00	1.34	0.11	4.43	137.94	79.25	155.58	3.59	0.53	82.28	11.77
湖南	84.58	838.44	1121.49	228.00	683.43	6657.00	1.53	0.06	2.39	83.99	146.82	153.41	1.65	1.44	140.27	11.56
广西	35.52	308.33	286.16	59.00	20.53	253.00	0.30	0.00	2.34	100.38	14.98	39.49	1.23	0.42	46.79	0.24
海南	2.83	1.79	15.36	1.00	0.63	9.00	0.01	0.00	0.00	3.51	1.27	3.11	0.09	0.04	5.85	0.09
重庆	24.63	436.17	1495.50	95.00	475.51	15734.00	0.48	0.30	19.45	94.83	85.42	68.08	2.96	0.51	481.61	13.84
四川	118.39	1143.72	1910.14	113.00	1699.81	49.00	8.40	0.27	8.09	290.12	233.46	272.33	3.86	0.95	173.46	18.02
贵州	92.21	741.61	759.38	102.00	525.87	25.00	1.42	0.77	48.05	53.78	79.39	202.77	6.24	0.95	377.19	74.09
云南	102.28	487.74	516.69	19.00	28.38	140.00	0.77	0.86	39.64	26.92	58.47	219.37	4.77	0.52	232.43	58.88
西藏	3.00	0.00	0.00	0.00	0.00	0.00	0.00	0.00	1.79	0.00	0.00	0.00	0.00	0.00	0.00	0.00

（续）

省级区域	发展社会事业							优化社会结构				完善社会服务		促进社会组织发展		
	劳动就业		素质提升	文化教育			旅游事业	优化城乡结构		优化消费结构	优化收入结构	扶贫救助		新型林业经营主体		
				生态教育基地										新型林业经营主体规模		
	退耕吸纳就业（万人）	退耕转移劳动力（万人）	退耕培训（万人次）	生态教育基地数量（个）	生态教育基地接待人次（万人次）	生态文化作品（个）	生态旅游（亿人次）	乡村绿化美化贡献（亿元）	退耕投资贡献（亿元）	特色经济林产品消费（万吨）	退耕林业收入（亿元）	覆盖贫困人口（万人）	吸纳生态护林员数量（万人）	新型林业经营主体数量（万个）	新型林业经营主体经营面积（万亩）	退耕新型林业经营主体带动农户（万户）
陕西	36.74	245.50	6339.84	80.00	369.12	2436.00	0.49	0.20	13.14	239.23	77.65	134.57	2.68	0.71	117.70	4.95
甘肃	25.96	283.17	272.23	21.00	36.75	6006.00	0.39	0.12	11.59	239.90	59.06	235.62	2.32	0.50	188.54	1.15
青海	1.84	62.87	18.25	5.00	126.22	0.00	0.10	0.00	1.57	1.13	9.62	18.85	0.28	0.06	25.79	0.12
宁夏	3.57	129.15	34.35	5.00	2.00	0.00	0.02	0.02	2.77	0.30	4.24	18.27	0.93	0.03	5.39	0.04
新疆	9.61	585.53	281.75	402.00	131.42	5.00	0.16	0.65	15.44	109.25	20.37	48.03	0.91	1.72	165.21	0.40
新疆兵团	3.86	3.56	48.33	4.00	5.50	300.00	0.01	0.82	1.02	55.00	9.07	0.18	0.00	0.11	58.05	0.23
总计	840.39	8535.91	15156.70	1844.00	12235.91	184934.00	17.06	0.37	212.23	1777.90	1052.53	2132.05	39.47	14.78	2615.60	211.45

（3）**优化收入结构。**在优化收入结构指标中，退耕林业收入最高的省（自治区、直辖市、生产建设兵团）是四川，为233.46亿元，占总量的22.18%；其次是湖南，为146.82亿元，占总量的13.95%；重庆、贵州、湖北、陕西、甘肃和云南退耕还林收入依次位于50亿～100亿元；其余均在50亿元以下。

4.3.1.3 **完善社会服务物质量评估结果**

（1）**扶贫救助。**在扶贫救助指标中，覆盖贫困人口最广的省（自治区、直辖市、生产建设兵团）是辽宁，为309.85万人；其后依次是四川、甘肃、云南、贵州，分别为272.33万人、235.62万人、219.37万人和202.77万人，辽宁、四川、甘肃、云南、贵州五省覆盖贫困人口之和占总数的58.14%；其余均低于200万人。

（2）**吸纳生态护林员。**吸纳生态护林员人数最多的省（自治区、直辖市、生产建设兵团）是贵州，为6.24万人；其后依次是云南、四川、湖北，分别为4.77万人、3.86万人、3.59万人，贵州、云南、四川、湖北四省吸纳生态护林员人数之和占总人数的46.77%；其余均低于3万人。

4.3.1.4 **促进社会组织发展物质量评估结果**

（1）**新型林业经营主体。**在新型林业经营主体指标中，新型林业经营主体数量最多的省（自治区、直辖市、生产建设兵团）是河南，为2.60万个；其次是江西，为2.30万个；新疆和湖南新型林业经营主体均依次位于1万～2万人；其余均低于1万人，占新型林业主体总数的45.40%。新型林业经营主体经营面积最大的省（自治区、直辖市、生产建设兵团）是重庆，为481.61万亩，占总量的18.41%；其次是贵州，为377.19万亩，占总量的14.42%；云南、山西、甘肃、四川、新疆五省区新型林业经营主体经营面积依次位于150万～250万亩；其余均低于150万亩。

（2）**退耕新型林业经营主体带动农户。**在退耕新型林业经营主体带动农户指标中，数量最多的省（自治区、直辖市、生产建设兵团）是贵州，共带动农户74.09万户，占总量的35.04%；其次是云南，为58.88万户，占总量的27.85%；其余均在20万户以下。

4.3.2 长江中上游地区社会效益物质量评估

（1）**发展社会就业。**长江中上游地区在退耕还林还草形成的发展社会事业物质量指标中，劳动就业方面，退耕吸纳就业总人数为511.37万人，退耕转移劳动力总人数为5265.38万人，分别占全国退耕还林工程的60.85%、61.69%；素质提升方面，退耕培训累计6625.32万人次，占全国退耕还林工程的43.71%；文化教育方面，拥有生态教育基地1011个，生态教育基地接待6232.33万人次，演出、展出、出版生态文化作品共计5.14万个，分别占全国退耕还林工程的54.83%、50.93%、27.81%；生态旅游方面，接待游客

14.51亿人次，占全国退耕还林工程的85.05%。

（2）优化社会结构。本区域在退耕还林还草形成的优化社会结构物质量指标中，优化城乡结构方面，乡村绿化美化贡献度为0.51，是全国退耕还林工程贡献度的1.39倍，退耕投资122.89亿元，占全国退耕还林工程的57.90%；优化消费结构方面，特色经济林产品消费量为723.73万吨，占全国退耕还林工程的40.71%；优化收入结构方面，退耕林业总收入达727.70亿元，占全国退耕还林工程的69.14%。

（3）完善社会服务。本区域在退耕还林还草形成的完善社会服务物质量指标中，覆盖贫困人口1132.94万人，共吸纳生态护林员24.19万人，分别占全国退耕还林工程的53.14%、61.29%。

（4）促进社会组织发展。本区域在退耕还林还草形成的促进组织发展物质量指标中，退耕新型林业经营主体7.50万个，经营面积达1631.69万亩，共带动193.70万户农户，分别占全国退耕还林工程的50.74%、62.38%、91.61%（表4-5）。

4.3.2.1 **发展社会事业物质量评估结果**

（1）劳动就业。本区域在劳动就业指标中，退耕吸纳就业人数最多的省（直辖市）是四川，为118.39万人；其后是云南，为102.28万人；四川、云南两省退耕吸纳就业人数之和占本区域总退耕吸纳就业人数的43.15%；其余均少于100万人。退耕转移劳动力人数最多的省（直辖市）同样是四川，为1143.72万人；其后依次是湖南、贵州，分别为838.44万人、741.61万人；四川、湖南、贵州三省退耕转移劳动力之和占总量的51.73%；其余均少于600万人。

（2）素质提升。本区域在素质提升指标中，退耕培训人数最多的省（直辖市）是四川，为1910.14万人；其后依次是重庆、湖南，分别为1495.50万人、1121.49万人；其余均少于1000万人。

（3）文化教育。本区域在文化教育指标中，生态教育基地数量最多的省（直辖市）是湖北，为276个；其后是湖南为228个，两省生态教育基地数量之和占本区域生态教育基地总量的49.85%；其余均低于150个。生态教育基地接待人次最多的省（直辖市）是湖北，为1765.39万人次；其次是四川，为1699.81万人次，两省生态教育基地接待人次占本区域接待总量的55.60%；其余均不足1000万人次。演出、展示、出版生态文化作品最多的省（直辖市）同样是湖北，共有生态文化作品2.81万个，占本区域生态文化作品总量的54.61%；其次是重庆和湖南，分别为1.57万个和0.67万个；其余生态文化作品之和仅占本区域生态文化作品总量的1.85%。

（4）旅游事业。本区域在旅游事业指标中，接待生态旅游人次最多的省（直辖市）是四川，为8.40亿人次，占本区域总人次的57.89%；其后依次是湖南、贵州和湖北，分别为1.53亿人次、1.42亿人次、1.34亿人次；其余均低于1亿人次。

表4-5 退耕还林还草长江中上游地区各省级区域退耕地还林社会效益物质量

指标				安徽	江西	湖北	湖南	重庆	四川	贵州	云南	总计
发展社会事业	劳动就业	退耕吸纳就业（万人）		23.48	21.54	44.26	84.58	24.63	118.39	92.21	102.28	511.37
		退耕转移劳动力（万人）		518.79	584.66	514.25	838.44	436.17	1143.72	741.61	487.74	5265.38
	素质提升	退耕培训（万人次）		122.47	86.36	613.29	1121.49	1495.50	1910.14	759.38	516.69	6625.32
	文化教育	生态教育基地	生态教育基地数量（个）	123.00	55.00	276.00	228.00	95.00	113.00	102.00	19.00	1011.00
			生态教育基地接待人次（万人次）	148.88	905.06	1765.39	683.43	475.51	1699.81	525.87	28.38	6232.33
		生态文化作品（个）		23.00	714.00	28083.00	6657.00	15734.00	49.00	25.00	140.00	51425.00
	旅游事业	生态旅游（亿人次）		0.23	0.34	1.34	1.53	0.48	8.40	1.42	0.77	14.51
优化社会结构	优化城乡结构	乡村绿化美化贡献（亿元）		0.00	0.00	0.11	0.06	0.30	0.27	0.77	0.86	2.37
		退耕投资贡献（亿元）		0.36	0.48	4.43	2.39	19.45	8.09	48.05	39.64	122.89
	优化消费结构	特色经济林产品消费（万吨）		6.23	29.92	137.94	83.99	94.83	290.12	53.78	26.92	723.73
	优化收入结构	退耕林业收入（亿元）		25.87	19.02	79.25	146.82	85.42	233.46	79.39	58.47	727.70
完善社会服务	扶贫救助	覆盖贫困人口（万人）		38.17	23.23	155.58	153.41	68.08	272.33	202.77	219.37	1132.94
		吸纳生态护林员数量（万人）		0.48	0.64	3.59	1.65	2.96	3.86	6.24	4.77	24.19
促进社会组织发展	新型林业经营主体	新型林业经营主体规模	新型林业经营主体数量（万个）	0.30	2.30	0.53	1.44	0.51	0.95	0.95	0.52	7.50
			新型林业经营主体经营面积（万亩）	34.81	109.64	82.28	140.27	481.61	173.46	377.19	232.43	1631.69
		退耕新型林业经营主体带动农户（万户）		4.61	0.93	11.77	11.56	13.84	18.02	74.09	58.58	193.70

4.3.2.2 优化社会结构物质量评估结果

（1）**优化城乡结构**。在优化城乡结构指标中，本区域乡村绿化美化贡献度最高的省（直辖市）是云南，为0.86；其次是贵州为0.77；其余均在0.5以下。退耕投资总额最高的省（直辖市）是贵州，为48.05亿元；其后依次是云南、重庆，分别为39.64亿元、19.45亿元，三省退耕投资之和占本区域投资总额的87.18%；其余均不足10亿元。

（2）**优化消费结构**。本区域在优化消费结构指标中，特色经济林产品消费量最高的省（直辖市）是四川，为290.12万吨；其后是湖北，为137.94万吨，两省消费量之和占本区域特色经济林产品消费总量的59.15%；其余均低于100万吨。

（3）**优化收入结构**。本区域在优化收入结构指标中，退耕林业收入最高的省（直辖市）是四川，为233.46亿元；其次是湖南，为146.82亿元，两省退耕林业收入之和占本区域退耕林业收入总量的52.26%；其余均在100亿元以下。

4.3.2.3 完善社会服务物质量评估结果

扶贫救助。本区域在扶贫救助指标中，覆盖贫困人口最广的前三省（直辖市）是四川、云南、贵州，分别为272.33万人、219.37万人和202.77万人，三省覆盖贫困人口之和占本区域覆盖贫困人口总量的61.30%；其余均低于200万人。本区域吸纳生态护林员人数最多的省（直辖市）是贵州，为6.24万人；其后依次是云南、四川，三省吸纳生态护林员人数之和占本区域吸纳生态护林员总量的61.47%。

4.3.2.4 促进社会组织发展物质量评估结果

（1）**新型林业经营主体**。本区域在新型林业经营主体指标中，新型林业经营主体数量最多的省（直辖市）是江西，为2.30万个；其次是湖南，为1.44万人；其余均低于1万人，占本区域新型林业主体总量的50.13%。新型林业经营主体经营面积最大的省（直辖市）是重庆，为481.61万亩，占本区域新型林业经营主体经营面积总量的29.52%；其次是贵州，为377.19万亩，占本区域新型林业经营主体经营面积总量的23.12%；其余均低于250.00万亩。

（2）**退耕新型林业经营主体带动农户**。本区域在退耕新型林业经营主体带动农户指标中，数量最多的省（直辖市）是贵州，共带动农户74.09万户，占本区域带动农户总量的38.25%；其次是云南，为58.88万户，占本区域带动农户总量的30.40%；其余均在20万户以下。

4.3.3 黄河中上游地区社会效益物质量评估

（1）**发展社会就业**。本区域在退耕还林还草形成的发展社会事业物质量指标中，劳动就业方面，退耕吸纳就业总人数为133.55万人，退耕转移劳动力总人数为1670.29万人，分别占全国退耕还林工程的15.89%、19.57%；素质提升方面，退耕培训累计7201.98万人次，占全国退耕还林工程的47.52%；文化教育方面，拥有生态教育基地317个，生态教育基地接待4479.80万人次，演出、展出、出版生态文化作品共计13.08万个，分别占全国退耕还林工程的17.19%、36.61%、70.73%；生态旅游方面，接待游客1.52亿人次，占全国退耕还林工程的8.91%。

（2）**优化社会机构**。本区域在退耕还林还草形成的优化社会结构物质量指标中，优化城乡结构方面，乡村绿化美化贡献度为0.19，是全国退耕还林工程贡献度的13.86%；退耕投资43.76亿元，占全国退耕还林工程的20.62%；优化消费结构方面，特色经济林产品消费量为565.08万吨，占全国退耕还林工程的31.78%；优化收入结构方面，退耕林业总收入达202.71亿元，占全国退耕还林工程的19.26%。

（3）**完善社会服务**。本区域在退耕还林还草形成的完善社会服务物质量指标中，覆盖贫困人口491.19万人，共吸纳生态护林员8.34万人，分别占全国退耕还林工程的23.04%、21.13%。

（4）**促进社会组织发展**。本区域在退耕还林还草形成的促进组织发展物质量指标中，退耕新型林业经营主体4.08万个，经营面积达624.57万亩，共带动14.21万户农户，分别占全国退耕还林工程的27.60%、23.88%、6.72%（表4-6）。

4.3.3.1 **发展社会事业物质量评估结果**

（1）**劳动就业**。本区域在劳动就业指标中，退耕吸纳就业人数最多的省是河南，为39.89万人，占本区域总退耕吸纳就业人数的29.87%；其后依次为陕西、山西、甘肃、青海。退耕转移劳动力人数最多的省同样是河南，为963.95万人，占本区域总退耕吸纳就业人数的57.71%；其余均少于500万人。

（2）**素质提升**。本区域在素质提升指标中，退耕培训人数最多的省是陕西，为6339.84万人，占本区域退耕培训总人数的88.03%；其余均少于500万人。

（3）**文化教育**。本区域在文化教育指标中，生态教育基地数量最多的省是河南，为202个；其后是陕西为80个，两省生态教育基地数量之和占本区域生态教育基地总量的88.96%；其余均低于50个。生态教育基地接待人次最多的省同样是河南，为3917.25万人次，占本区域生态教育基地接待人次的87.44%；其后依次为陕西、青海、甘肃、山西。演出、展示、出版生态文化作品最多的省依然是河南，共有生态文化作品12.11万个，占本区域生态文化作品总量的92.60%；其余生态文化作品之和不足1万个。

（4）**旅游事业**。本区域在旅游事业指标中，接待生态旅游人次最多的省是陕西，为0.49亿人次；其后依次是河南、甘肃，分别为0.48亿人次、0.39亿人次，三省接待生态旅游人次占本区域总人次的89.47%。

表4-6 退耕还林还草黄河中上游地区各省级区域退耕地还林社会效益物质量

指标				山西	河南	陕西	甘肃	青海	总计
发展社会事业	劳动就业	退耕吸纳就业（万人）		29.12	39.89	36.74	25.96	1.84	133.55
		退耕转移劳动力（万人）		114.80	963.95	245.50	283.17	62.87	1670.29
	素质提升	退耕培训（万人次）		88.40	483.26	6339.84	272.23	18.25	7201.98
	文化教育	生态教育基地	生态教育基地数量（个）	9.00	202.00	80.00	21.00	5.00	317.00
			生态教育基地接待人次（万人次）	30.46	3917.25	369.12	36.75	126.22	4479.80
		生态文化作品（个）		1237.00	121127.00	2436.00	6006.00	0.00	130806.00
	旅游事业	生态旅游（亿人次）		0.06	0.48	0.49	0.39	0.10	1.52
优化社会结构	优化城乡结构	乡村绿化美化贡献（亿元）		0.34	0.04	0.20	0.12	0.00	0.70
		退耕投资贡献（亿元）		16.61	0.85	13.14	11.59	1.57	43.76
	优化消费结构	特色经济林产品消费（万吨）		13.04	71.78	239.23	239.90	1.13	565.08
	优化收入结构	退耕林业收入（亿元）		26.57	29.81	77.65	59.06	9.62	202.71
完善社会服务	扶贫救助	覆盖贫困人口（万人）		79.51	22.64	134.57	235.62	18.85	491.19
		吸纳生态护林员数量（万人）		0.85	2.21	2.68	2.32	0.28	8.34
促进社会组织发展	新型林业经营主体	新型林业经营主体规模	新型林业经营主体数量（万个）	0.21	2.60	0.71	0.50	0.06	4.08
			新型林业经营主体经营面积（万亩）	198.42	94.12	117.70	188.54	25.79	624.57
		退耕新型林业经营主体带动农户（万户）		2.33	5.66	4.95	1.15	0.12	14.21

4.3.3.2 优化社会结构物质量评估结果

（1）**优化社会结构**。在本区域优化城乡结构指标中，本区域乡村绿化美化贡献度最高的省是山西，为0.34；其次是陕西为0.20；其余均在0.15以下。退耕投资总额最高的省是山西，为16.61亿元；其后依次是陕西、甘肃，分别为13.14亿元、11.59亿元，三省退耕投资之和占本区域投资总额的94.47%；其余均不足10亿元。

（2）**优化消费结构**。本区域在优化消费结构指标中，特色经济林产品消费量最高的省是甘肃，为239.90万吨；其后是陕西，为239.23万吨，两省消费量之和占本区域特色经济林产品消费总量的84.79%；其余均低于100万吨。

（3）**优化收入结构**。本区域在优化收入结构指标中，退耕林业收入最高的省是陕西，为77.65亿元；其次是甘肃，为59.06亿元，两省退耕林业收入之和占本区域退耕林业收入总量的67.44%；其余均在50亿元以下。

4.3.3.3 完善社会服务物质量评估结果

扶贫救助。本区域在扶贫救助指标中，覆盖贫困人口最广的前三省是甘肃、陕西、山西，分别为235.62万人、134.57万人和79.51万人，三省覆盖贫困人口之和占本区域覆盖贫困人口总量的91.55%；其余均低于50万人。本区域吸纳生态护林员人数最多的省是陕西，为2.68万人；其后依次是甘肃、河南，三省吸纳生态护林员人数之和占本区域吸纳生态护林员总量的86.45%。

4.3.3.4 促进社会组织发展物质量评估结果

（1）**新型林业经营主体**。本区域在新型林业经营主体指标中，新型林业经营主体数量最多的省是河南，为2.60万个，占本区域新型林业主体总量的63.73%；其余均低于1万个。新型林业经营主体经营面积最大的省是山西，为198.42万亩，占本区域新型林业经营主体经营面积总量的31.77%；其次是甘肃，为188.54万亩，占本区域新型林业经营主体经营面积总量的30.19%；其余均低于150万亩。

（2）**退耕新型林业经营主体带动农户**。本区域在退耕新型林业经营主体带动农户指标中，数量最多的省是河南，共带动农户5.66万户，占退耕新型林业经营主体带动农户总量的39.83%；其次是陕西，为4.95万户，占本区域带动农户总量的34.83%；其余之和不足5万户。

4.3.4 三北风沙区社会效益物质量评估

（1）**发展社会事业**。本区域在退耕还林还草形成的发展社会事业物质量指标中，劳动就业方面，退耕吸纳就业总人数为122.60万人，退耕转移劳动力总人数为1066.45万人，分别占全国退耕还林工程的14.59%、12.49%；素质提升方面，退耕培训累计791.63万人次，占全国退耕还林工程的5.22%；文化教育方面，拥有生态教育基地450个，生态教育基地接待1497.90万人次，演出、展出、出版生态文化作品共计2434个，分别占全国退耕还林工程的24.40%、12.24%、1.32%；生态旅游方面，接待游客0.69亿人次，占全国退耕还林工程的4.04%。

（2）优化社会结构。本区域在退耕还林还草形成的优化社会结构物质量指标中，优化城乡结构方面，乡村绿化美化贡献度为0.31，接近全国退耕还林工程的贡献度，退耕投资38.82亿元，占全国退耕还林工程的18.29%；优化消费结构方面，特色经济林产品消费量为382.61万吨，占全国退耕还林工程的21.52%；优化收入结构方面，退耕林业总收入达89.91亿元，占全国退耕还林工程的8.54%。

（3）完善社会服务。本区域在退耕还林还草形成的完善社会服务物质量指标中，覆盖贫困人口153.25万人，共吸纳生态护林员5.33万人，分别占全国退耕还林工程的7.19%、13.50%。

（4）促进组织发展。本区域在退耕还林还草形成的促进组织发展物质量指标中，退耕新型林业经营主体2.18万个，经营面积达266.94万亩，共带动2.80万户农户，分别占全国退耕还林工程的14.75%、10.21%、1.32%（表4-7）。

4.3.4.1 发展社会事业物质量评估结果

（1）劳动就业。本区域在劳动就业指标中，退耕吸纳就业人数最多的省（自治区、直辖市、生产建设兵团）是河北，为98.52万人，占本区域总退耕吸纳就业人数的80.36%；其余均低于10万人。退耕转移劳动力人数最多的省（自治区、直辖市、生产建设兵团）是新疆，为585.53万人，占本区域总退耕吸纳就业人数的54.90%；其余均少于500万人。

（2）素质提升。本区域在素质提升指标中，退耕培训人数最多的前三省（自治区、直辖市、生产建设兵团）依次是河北、新疆、内蒙古，分别为302.62万人、281.75万人、124.20万人，占本区域退耕培训总人数的89.51%；其余均少于100万人。

（3）文化教育。本区域在文化教育指标中，生态教育基地数量最多的省（自治区、直辖市、生产建设兵团）是新疆，为402个，占本区域生态教育基地总量的89.33%；其余均低于50个。生态教育基地接待人次最多的省（自治区、直辖市、生产建设兵团）是河北，为1358.18万人次，占本区域生态教育基地接待人次的90.67%；其余之和不足150万人次。演出、展示、出版生态文化作品最多的省（自治区、直辖市、生产建设兵团）同样是河北，共有生态文化作品2128个，占本区域生态教育基地总量的87.43%；其余生态文化作品之和不足500个。

（4）旅游事业。本区域在旅游事业指标中，接待生态旅游人次最多的省（自治区、直辖市、生产建设兵团）是河北，为0.44亿人次；其后是新疆，为0.16亿人次；其余均低

表4-7　退耕还林还草三北风沙区各省级区域退耕地还林社会效益物质量

指标				北京	天津	河北	内蒙古	宁夏	新疆	新疆兵团	总计
发展社会事业	劳动就业	退耕吸纳就业（万人）		1.28	0.00	98.52	5.76	3.57	9.61	3.86	122.60
		退耕转移劳动力（万人）		0.74	0.00	259.40	88.07	129.15	585.53	3.56	1066.45
	素质提升	退耕培训（万人次）		0.38	0.00	302.62	124.20	34.35	281.75	48.33	791.63
	文化教育	生态教育基地	生态教育基地数量（个）	0.00	0.00	38.00	1.00	5.00	402.00	4.00	450.00
			生态教育基地接待人次（万人次）	0.00	0.00	1358.18	0.80	2.00	131.42	5.50	1497.90
		生态文化作品（个）		0.00	0.00	2128.00	1.00	0.00	5.00	300.00	2434.00
	旅游事业	生态旅游（亿人次）		0.00	0.00	0.44	0.06	0.02	0.16	0.01	0.69
优化社会结构	优化城乡结构	乡村绿化美化贡献（亿元）		0.00	0.00	0.00	0.24	0.02	0.65	0.82	1.73
		退耕投资贡献（亿元）		0.09	0.00	3.17	16.33	2.77	15.44	1.02	38.82
	优化消费结构	特色经济林产品消费（万吨）		1.44	0.00	210.78	5.84	0.30	109.25	55.00	382.61
	优化收入结构	退耕林业收入（亿元）		0.06	0.00	35.76	20.41	4.24	20.37	9.07	89.91
完善社会服务功能	扶贫救助	覆盖贫困人口（万人）		0.00	0.00	45.51	41.26	18.27	48.03	0.18	153.25
		吸纳生态护林员数量（万人）		0.00	0.00	2.13	1.36	0.93	0.91	0.00	5.33
促进社会组织发展	新型林业经营主体	新型林业经营主体规模	新型林业经营主体数量（万个）	0.02	0.00	0.25	0.05	0.03	1.72	0.11	2.18
			新型林业经营主体经营面积（万亩）	0.79	0.00	33.52	3.98	5.39	165.21	58.05	266.94
		退耕新型林业经营主体带动农户（万户）		0.01	0.00	2.09	0.03	0.04	0.40	0.23	2.80

于0.1亿人次。

4.3.4.2 **优化社会结构物质量评估结果**

（1）优化城乡结构。本区域在优化城乡结构指标中，乡村绿化美化贡献度最高的省（自治区、直辖市、生产建设兵团）是新疆生产建设兵团，为0.82；其次是新疆为0.65；其余均在0.5以下。退耕投资总额最高的省（自治区、直辖市、生产建设兵团）是内蒙古，为16.33亿元；其后是新疆，为15.44亿元，两省退耕投资之和占本区域投资总额的81.84%；其余均不足5亿元。

（2）优化消费结构。本区域在优化消费结构指标中，特色经济林产品消费量最高的省（自治区、直辖市、生产建设兵团）是河北，为210.78万吨；其后是新疆，为109.25万吨，两省消费量之和占本区域特色经济林产品消费总量的83.64%；其余均低于100万吨。

（3）优化收入结构。本区域在优化收入结构指标中，退耕林业收入最高的省（自治区、直辖市、生产建设兵团）是河北，为35.76亿元；其后依次是内蒙古、新疆，分别为20.41亿元、20.37亿元，三省退耕林业收入之和占本区域退耕林业收入总量的85.13%；其余均在10亿元以下。

4.3.4.3 **完善社会服务物质量评估结果**

扶贫救助。本区域在扶贫救助指标中，覆盖贫困人口最广的前三省（自治区、直辖市、生产建设兵团）是新疆、河北、内蒙古，分别为48.03万人、45.51万人和41.26万人，三省覆盖贫困人口之和占本区域覆盖贫困人口总量的87.96%；其余均低于20万人。本区域吸纳生态护林员人数最多的省（自治区、直辖市、生产建设兵团）是河北，为2.13万人；其后是内蒙古，为1.36万人，两省吸纳生态护林员人数之和占本区域吸纳生态护林员总量的65.48%；其余均低于1万人。

4.3.4.4 **促进社会组织发展物质量评估结果**

（1）新型林业经营主体。本区域在新型林业经营主体指标中，新型林业经营主体数量最多的省（自治区、直辖市、生产建设兵团）是新疆，为1.72万个，占本区域新型林业主体总量的78.90%；其余均低于1万个。新型林业经营主体经营面积最大的省（自治区、直辖市、生产建设兵团）同样是新疆，为165.21万亩，占本区域新型林业经营主体经营面积总量的61.89%；其后依次是新疆生产建设兵团和河北，分别为58.05万亩、33.52万亩；其余均低于10万亩。

（2）退耕新型林业经营主体带动农户。本区域在退耕新型林业经营主体带动农户指标中，数量最多的省（自治区、直辖市、生产建设兵团）是河北，共带动农户2.09万户，占本区域带动农户总量的74.64%；其余之和不足1万户。

4.3.5 其他地区社会效益物质量评估

（1）**发展社会事业**。本区域在退耕还林还草形成的发展社会事业物质量指标中，劳动就业方面，退耕吸纳就业总人数为72.84万人，退耕转移劳动力总人数为533.79万人，分别占全国退耕还林工程的8.67%、6.25%；素质提升方面，退耕培训累计537.77万人次，占全国退耕还林工程的3.55%；文化教育方面，拥有生态教育基地66个，生态教育基地接待25.89万人次，演出、展出、出版生态文化作品共计269个，分别占全国退耕还林工程的3.58%、0.21%、0.15%；生态旅游方面，接待游客0.34亿人次，占全国退耕还林工程的1.99%。

（2）**优化社会结构**。本区域在退耕还林还草形成的优化社会结构物质量指标中，优化城乡结构方面，乡村绿化美化贡献度为0.13，近似为全国退耕还林工程贡献度的4.95%，退耕投资6.77亿元，占全国退耕还林工程的3.19%；优化消费结构方面，特色经济林产品消费量为106.47万吨，占全国退耕还林工程的5.99%；优化收入结构方面，退耕林业总收入达32.24亿元，占全国退耕还林工程的3.06%。

（3）**完善社会服务**。本区域在退耕还林还草形成的完善社会服务物质量指标中，覆盖贫困人口354.65万人，共吸纳生态护林员1.61万人，分别占全国退耕还林工程的16.63%、4.08%。

（4）**促进组织发展**。本区域在退耕还林还草形成的促进组织发展物质量指标中，退耕新型林业经营主体1.01万个，经营面积达92.40万亩，共带动0.75万户农户，分别占全国退耕还林工程的6.83%、3.53%、0.35%（表4-8）。

4.3.5.1 发展社会事业物质量评估结果

（1）**劳动就业**。本区域在劳动就业指标中，退耕吸纳就业人数最多的省（自治区）是广西，为35.52万人；其后是辽宁，为22.83万人，两省退耕吸纳就业人数之和占本区域总退耕吸纳就业人数的80.11%；其余均低于10万人。退耕转移劳动力人数最多的省（自治区）是广西，为308.33万人，占本区域总退耕吸纳就业人数的57.76%；其余均少于100万人。

（2）**素质提升**。本区域在素质提升指标中，退耕培训人数最多的省（自治区）是广西，为286.16万人；其后是吉林，为137.42万人，二省退耕培训人数之和占本区域退耕培训总人数的78.77%；其余均少于100万人。

（3）**文化教育**。本区域在文化教育指标中，生态教育基地数量最多的省（自治区）是广西，为59个，占本区域生态教育基地总量的89.39%；其余之和不足10个。生态教育基地接待人次最多的省（自治区）同样是广西，为20.53万人次，占本区域生态教育基地接待人次的79.30%；其余之和不足10万人次。演出、展示、出版生态文化作品最多的省（自

表4-8　退耕还林还草其他地区各省级区域退耕地还林社会效益物质量

指标				辽宁	吉林	黑龙江	广西	海南	西藏	总计
发展社会事业	劳动就业	退耕吸纳就业（万人）		22.83	6.40	2.26	35.52	2.83	3.00	72.84
		退耕转移劳动力（万人）		61.57	65.10	97.00	308.33	1.79	0.00	533.79
	素质提升	退耕培训（万人次）		74.96	137.42	23.87	286.16	15.36	0.00	537.77
	文化教育	生态教育基地	生态教育基地数量（个）	3.00	0.00	3.00	59.00	1.00	0.00	66.00
			生态教育基地接待人次（万人次）	4.50	0.00	0.23	20.53	0.63	0.00	25.89
		生态文化作品（个）		1.00	0.00	6.00	253.00	9.00	0.00	269.00
	旅游事业	生态旅游（亿人次）		0.02	0.00	0.01	0.30	0.01	0.00	0.34
优化社会结构	优化城乡结构	乡村绿化美化贡献（亿元）		0.17	0.00	0.08	0.00	0.00	0.00	0.25
		退耕投资贡献（亿元）		0.86	0.78	1.00	2.34	0.00	1.79	6.77
	优化消费结构	特色经济林产品消费（万吨）		0.14	1.52	0.92	100.38	3.51	0.00	106.47
	优化收入结构	退耕林业收入（亿元）		9.80	3.64	2.55	14.98	1.27	0.00	32.24
完善社会服务功能	扶贫救助	覆盖贫困人口（万人）		309.85	1.02	1.18	39.49	3.11	0.00	354.65
		吸纳生态护林员数量（万人）		0.00	0.04	0.25	1.23	0.09	0.00	1.61
促进社会组织发展	新型林业经营主体	新型林业经营主体规模	新型林业经营主体数量（万个）	0.02	0.00	0.53	0.42	0.04	0.00	1.01
			新型林业经营主体经营面积（万亩）	1.98	2.42	35.36	46.79	5.85	0.00	92.40
		退耕新型林业经营主体带动农户（万户）		0.03	0.01	0.38	0.24	0.09	0.00	0.75

治区）依旧是广西，共有生态文化作品253个，占本区域生态文化作品总量的94.05%；其余生态文化作品之和不足20个。

（4）**旅游事业。**本区域在旅游事业指标中，接待生态旅游人次最多的省（自治区）是广西，为0.3亿人次，占本区域总人次的88.24%；其余接待生态旅游人次之和不足0.1亿人次。

4.3.5.2 优化社会结构物质量评估结果

（1）**优化城乡结构。**本区域在优化城乡结构指标中，乡村绿化美化贡献度最高的省（自治区）是辽宁，为0.17；其余均在0.1以下。退耕投资总额最高的省（自治区）是广西，为2.34亿元；其后是西藏，为1.79亿元，两省退耕投资之和占本区域投资总额的61.00%；其余均低于1.5亿元。

（2）**优化消费结构。**本区域在优化消费结构指标中，特色经济林产品消费量最高的省（自治区）是广西，为100.38万吨，占本区域特色经济林产品消费总量的94.28%；其余均低于10万吨。

（3）**优化收入结构。**本区域在优化收入结构指标中，退耕林业收入最高的省（自治区）是广西，为14.98亿元；其后是辽宁为9.80亿元，两省退耕林业收入之和占本区域退耕林业收入总量的76.86%；其余均在5亿元以下。

4.3.5.3 完善社会服务物质量评估结果

扶贫救助。本区域在扶贫救助指标中，覆盖贫困人口最广的省（自治区）是辽宁，为309.85万人，占本区域覆盖贫困人口总量的87.37%；其余均低于50万人。本区域吸纳生态护林员人数最多的省（自治区）是广西，为1.23万人，占本区域吸纳生态护林员总量的76.40%；其余均低于1万人。

4.3.5.4 促进社会组织发展物质量评估结果

（1）**新型林业经营主体。**本区域在新型林业经营主体指标中，新型林业经营主体数量最多的省（自治区）是黑龙江，为0.53万个；其次是广西，为0.42万个，两省新型林业经营主体数量之和占本区域新型林业主体总数的94.06%。新型林业经营主体经营面积最大的省（自治区）同样是广西，为46.79万亩；其后是黑龙江，为35.36万亩；其余均低于10万亩。

（2）**退耕新型林业经营主体带动农户。**本区域在退耕新型林业经营主体带动农户指标中，数量最多的省（自治区）是黑龙江，共带动农户0.38万户，占本区域带动农户总量的50.67%；其余之和不足0.5万户。

4.4 社会效益价值量评估结果

4.4.1 社会效益价值量评估总结果

退耕还林还草工程社会效益价值量评估是指从货币价值量的角度对退耕还林还草工程提供的服务进行定量评估，其评估结果是为货币值。退耕还林还草形成的社会效益总价值量为7326.96亿元，相当于2018年全国林业总产值的9.61%（表4-10）。分项看，退耕还林还草形成的发展社会事业价值量为4474.20亿元，占总社会效益价值量的61.07%；优化社会结构价值量为2479.59亿元，占总社会效益价值量的33.84%；完善社会服务功能价值量为62.26亿元，占总社会效益价值量的0.85%；促进社会组织发展价值量为310.91亿元，占总社会效益价值量的4.24%。分地区看，退耕还林还草形成的社会效益价值量最高的省（自治区、直辖市、生产建设兵团）是四川，为966.83亿元，占总社会效益价值量的13.20%；其次是湖北、重庆，分别为718.34亿元和715.78亿元，分别占总社会效益价值量的9.80%和9.77%；贵州、湖南、河南、云南、河北、陕西、江西、安徽、甘肃、新疆、广西的社会效益价值量依次位于200亿～700亿元；其余均低于200亿元（图4-2）。

评估结果表明：退耕还林还草工程实施带动的生态旅游产业的发展一定程度上拉动了社会效益价值量的增加（龙美等，2020）。各地区退耕还林还草工程社会效益价值量的高低与其生态旅游价值量大小表现基本一致，生态旅游价值量较大的重庆、湖北、贵州，其退耕还林还草工程生态效益总价值量也相对较高（表4-9）。除此之外，退耕还林还草工程引发的劳动就业结构的改变也在很大程度上影响着退耕还林还草工程社会效益的发挥。

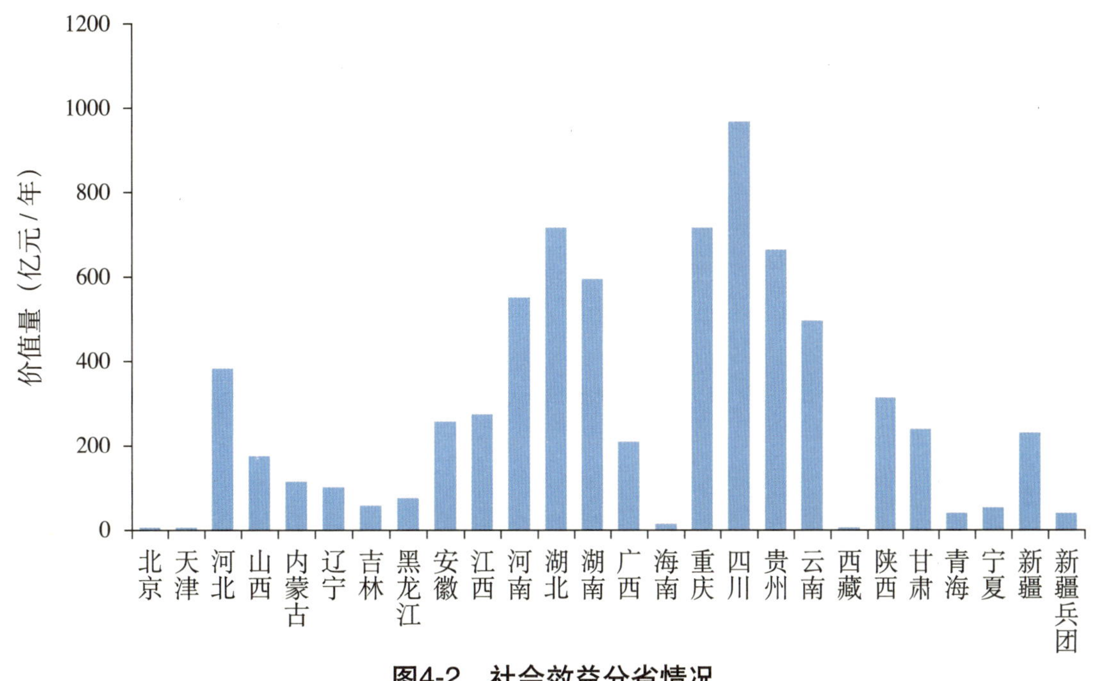

图4-2　社会效益分省情况

表4-9　退耕还林还草地区各省级区域退耕地还林社会效益价值量

单位：亿元

省级区域	发展社会事业					优化社会结构					完善社会服务功能		促进社会组织发展	
	劳动就业		素质提升	文化教育		旅游事业	优化城乡结构		优化消费结构	优化收入结构	扶贫救助		新型林业经营主体	
	退耕吸纳就业	退耕转移劳动力	退耕培训	生态教育基地	生态文化作品	生态旅游	乡村绿化美化贡献	退耕投资贡献	特色经济林产品消费	退耕林业收入	覆盖贫困人口	吸纳生态护林员数量	新型林业经营主体规模	退耕新型林业经营主体带动农户
北京	2.18	0.17	0.31	0.00	0.00	0.00	1.56	0.11	3.36	0.06	0.00	0.00	0.56	0.00
天津	0.00	0.00	0.07	0.00	0.00	0.00	1.56	0.01	2.44	0.00	0.00	0.00	0.00	0.00
河北	167.48	58.37	0.07	13.58	0.00	2.65	72.14	4.22	11.84	35.76	0.00	0.42	16.82	0.29
山西	49.50	25.83	0.00	0.30	0.00	0.21	26.50	22.10	6.13	26.57	3.29	0.16	15.92	0.10
内蒙古	9.80	19.82	0.29	0.01	0.00	0.87	20.89	21.72	3.96	20.41	3.30	0.07	13.66	0.00
辽宁	38.82	13.85	0.06	0.05	1.50	0.08	15.55	1.14	6.79	9.80	4.72	0.00	10.42	0.00
吉林	10.88	14.65	0.98	0.00	0.00	0.00	15.94	1.03	4.20	3.64	0.00	0.00	8.59	0.00
黑龙江	3.84	21.83	1.28	0.00	0.00	0.02	23.23	1.33	5.85	2.55	0.17	0.01	13.94	0.10
安徽	39.92	116.73	0.30	1.49	0.01	5.51	44.77	0.48	9.93	25.87	0.00	0.05	11.71	0.38
江西	36.62	131.55	0.13	9.05	0.00	0.75	54.49	0.64	7.28	19.02	0.00	0.03	16.87	0.35
河南	67.81	216.89	0.00	39.17	0.01	66.35	95.41	1.13	15.04	29.81	1.81	0.37	18.79	0.72

（续）

省级区域	发展社会事业						优化社会结构				完善社会服务功能		促进社会组织发展	
	劳动就业		素质提升	文化教育		旅游事业	优化城乡结构		优化消费结构	优化收入结构	扶贫救助		新型林业经营主体	
	退耕吸纳就业	退耕转移劳动力	退耕培训	生态教育基地	生态文化作品	生态旅游	乡村绿化美化贡献	退耕投资贡献	特色经济林产品消费	退耕林业收入	覆盖贫困人口	吸纳生态护林员数量	新型林业经营主体规模	退耕新型林业经营主体带动农户
湖北	75.25	115.71	0.58	17.65	0.17	291.15	107.72	5.89	9.25	79.25	2.00	0.38	12.00	1.34
湖南	143.79	188.65	0.02	6.83	2.34	4.12	72.36	3.17	10.79	146.82	0.32	0.15	16.64	1.65
广西	60.39	69.37	0.26	0.21	0.00	1.77	38.60	3.12	7.74	14.98	0.00	0.07	14.08	0.07
海南	4.81	0.40	0.00	0.01	0.00	0.00	6.15	0.00	1.47	1.27	0.00	0.01	2.59	0.02
重庆	41.88	98.14	0.60	4.76	0.09	408.78	35.49	25.86	4.87	85.42	2.69	0.94	5.35	0.91
四川	201.27	257.34	0.19	17.00	0.00	76.55	128.71	10.76	13.07	233.46	3.92	0.26	22.65	1.65
贵州	156.75	166.86	0.04	5.26	0.00	85.85	74.92	63.90	5.65	79.39	7.85	1.38	13.10	2.63
云南	173.88	109.74	0.48	0.28	0.00	5.78	52.63	52.72	7.58	58.47	12.74	0.29	18.17	3.23
西藏	5.10	0.00	0.00	0.00	0.00	0.00	0.00	2.38	0.55	0.00	0.00	0.00	0.00	0.00
陕西	62.46	55.24	0.46	3.69	0.03	37.65	36.37	17.48	6.05	77.65	3.09	0.47	12.68	0.57
甘肃	44.14	63.71	0.61	0.37	0.00	1.00	36.53	15.41	4.13	59.06	4.28	0.40	11.97	0.11

（续）

省级区域	发展社会事业					优化社会结构					完善社会服务功能		促进社会组织发展	
	劳动就业		素质提升	文化教育		旅游事业	优化城乡结构		优化消费结构	优化收入结构	扶贫救助		新型林业经营主体	
	退耕吸纳就业	退耕转移劳动力	退耕培训	生态教育基地	生态文化作品	生态旅游	乡村绿化美化贡献	退耕投资贡献	特色经济林产品消费	退耕林业收入	覆盖贫困人口	吸纳生态护林员数量	新型林业经营主体规模	退耕新型林业经营主体带动农户
青海	3.14	14.15	0.26	1.26	0.00	0.00	6.02	2.08	0.95	9.62	0.00	0.02	5.21	0.02
宁夏	6.07	29.06	0.12	0.02	0.00	0.39	5.83	3.69	1.08	4.24	0.02	0.35	2.82	0.03
新疆	16.33	131.74	0.72	1.31	0.00	0.00	17.18	20.54	3.94	20.37	5.44	0.08	11.97	0.32
新疆兵团	6.57	0.80	1.03	0.06	0.00	0.07	0.24	1.36	0.03	9.07	0.71	0.00	19.72	0.09
总计	1428.68	1920.60	8.86	122.36	4.15	989.55	989.55	282.27	153.97	1052.56	56.35	5.91	296.33	14.58

以四川为例，其生态效益价值量低于前述地区，但退耕吸纳就业价值量和退耕转移劳动力价值量均居于首位，且拉开较大差距，这使得四川的社会效益价值量最高。

4.4.1.1 **发展社会事业价值量评估结果**

退耕还林还草形成的发展社会事业价值量为4474.20亿元，其中退耕吸纳就业价值量为1428.68亿元，占发展社会事业价值量的31.93%；退耕转移劳动力价值量为1920.60亿元，占发展社会事业价值量的42.93%；退耕培训价值量为8.86亿元，占发展社会事业价值量的0.20%；生态教育基地价值量为122.36亿元，占发展社会事业价值量的2.73%；生态文化作品价值量为4.15亿元，占发展社会事业价值量的0.09%；生态旅游价值量为989.55亿元，占发展社会事业价值量的22.12%（图4-3）。

（1）**退耕吸纳就业。**在退耕吸纳就业指标中，退耕吸纳就业价值量最高的省（自治区、直辖市、生产建设兵团）是四川，为201.27亿元；云南、河北、贵州和湖南退耕吸纳就业价值量依次位于100亿～200亿元，四川、云南、河北、贵州和湖南五省退耕吸纳就业价值量之和占退耕吸纳就业总价值量的59.02%；其余均低于100亿元。

（2）**退耕转移劳动力。**在退耕转移劳动力指标中，退耕转移劳动力价值量最高的省（自治区、直辖市、生产建设兵团）是四川，为257.34亿元；其后依次是河南、湖南、贵州，分别为216.89亿元、188.65亿元、166.86亿元，四川、河南、湖南、贵州四省退耕转移劳动力价值量之和占该项总价值量的43.20%；其余均不足150亿元。

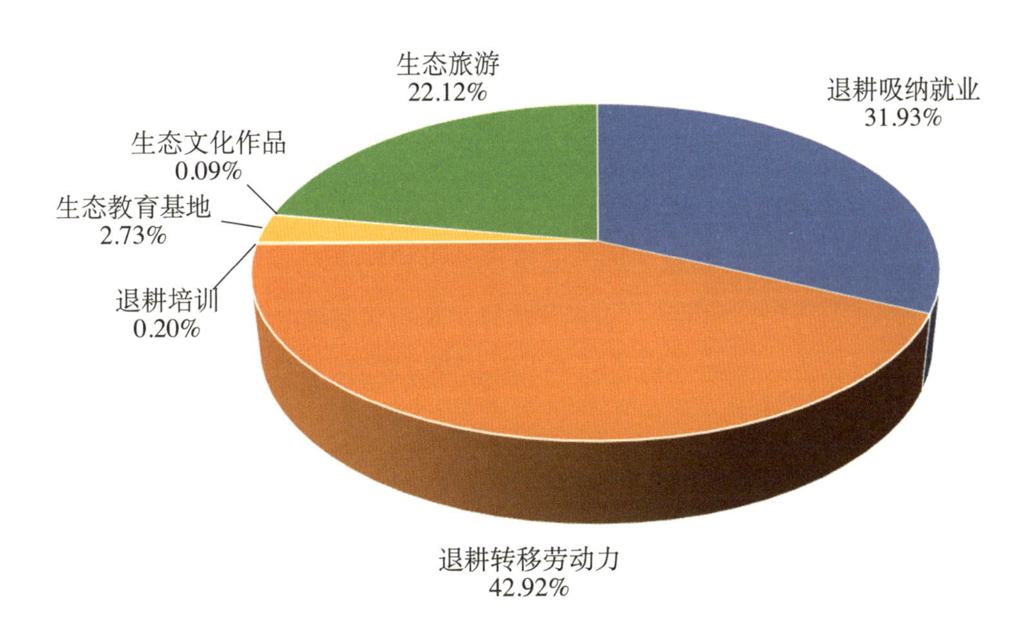

图4-3　发展社会事业价值量

（3）**退耕培训**。在退耕培训指标中，退耕培训价值量最高的省（自治区、直辖市、生产建设兵团）是黑龙江，为1.28亿元，占退耕培训总价值量的14.38%；其次是新疆生产建设兵团，为1.03亿元，占退耕培训总价值量的11.57%；吉林、新疆、甘肃、重庆和湖北退耕培训价值量依次位于0.5亿～1亿元；其余均低于0.5亿元。

（4）**生态教育基地**。在生态教育基地指标中，生态教育基地价值量最高的省（自治区、直辖市、生产建设兵团）是河南，为39.17亿元，占生态教育基地总价值量的32.01%；其次是湖北和四川，分别为17.65亿元、17.00亿元，分别占生态教育基地总价值量的14.42%、13.89%；河北、江西、湖南、贵州生态教育基地价值量依次位于5亿～15亿元；其余地区生态教育基地价值量小于5亿元。

（5）**生态文化作品**。在生态文化作品指标中，生态文化作品价值量最高的省（自治区、直辖市、生产建设兵团）是湖南，为2.34亿元；其次是辽宁，为1.50亿元，湖南和辽宁生态文化作品价值量之和占生态文化作品总价值量的92.31%；其余均在0.5亿元以下。

（6）**生态旅游**。在生态旅游指标中，生态旅游价值量最高的省（自治区、直辖市、生产建设兵团）是重庆，为408.78亿元，占生态旅游总价值量的41.31%；其次是湖北，为291.15亿元，占生态旅游总价值量的29.42%；贵州、四川、河南生态旅游价值依次位于50亿～100亿元；其余均低于50亿元。

4.4.1.2 优化社会结构价值量评估结果

退耕还林还草形成的优化社会结构价值量为2479.59亿元，其中乡村绿化美化贡献价值量为990.79亿元，占优化社会结构价值量的39.96%；退耕投资贡献价值量为282.27亿元，占优化社会结构价值量的11.38%；特色经济林产品消费价值量为153.97亿元，占优化社会结构价值量的6.21%；退耕还林收入价值量为1052.56亿元，占优化社会结构价值量的42.45%（图4-4）。

（1）**乡村绿化美化贡献**。在乡村绿化美化贡献指标中，乡村绿化美化贡献价值量最高的省（自治区、直辖市、生产建设兵团）是四川，为128.71亿元；其次是湖北，为107.72亿元，四川、湖北两省乡村绿化美化贡献价值量之和占该项总价值量的23.86%；河南、贵州、湖南、河北、江西、云南乡村绿化美化贡献价值量依次位于50亿～100亿元；其余均在50亿元以下。

（2）**退耕投资贡献**。在退耕投资贡献指标中，退耕投资贡献价值量最高的省（自治区、直辖市、生产建设兵团）是贵州省，为63.90亿元，占退耕投资贡献总价值量的22.64%；其次是云南，为52.72亿元，占退耕投资贡献总价值量的18.68%；重庆、山西、内蒙古、新疆、陕西、甘肃、四川退耕投资贡献价值量依次位于10亿～50亿元；其余均低于10亿元。

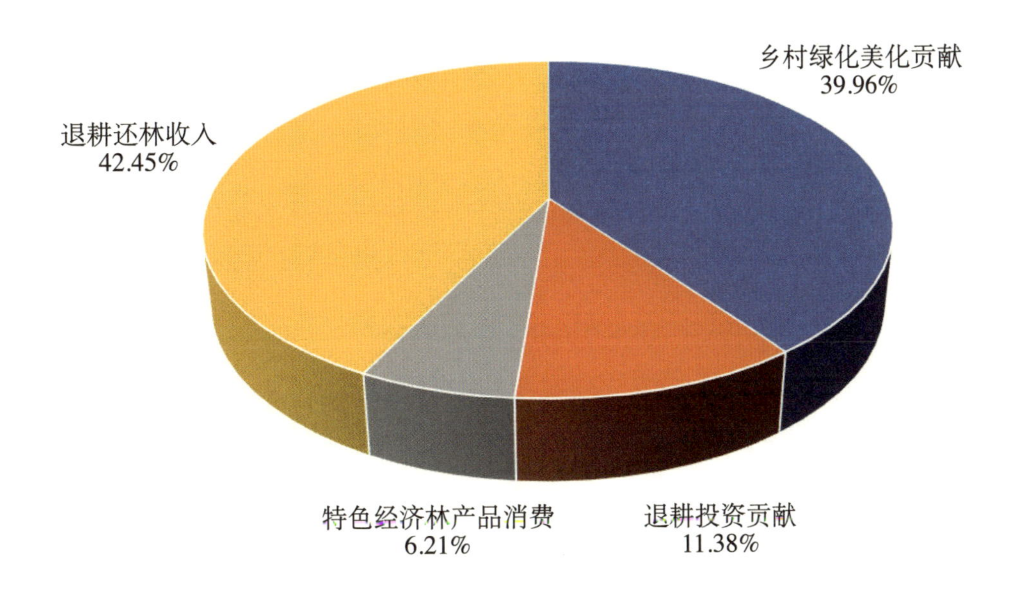

图4-4　优化社会结构价值量

(3) **特色经济林产品消费。**在特色经济林产品消费指标中，特色经济林产品消费价值量最高的省（自治区、直辖市、生产建设兵团）是河南，为15.04亿元；其后依次是四川、河北、湖南，分别为13.07亿元、11.84亿元和10.79亿元，河南、四川、河北、湖南四省特色经济林产品消费价值量之和占该项总价值量的32.96%；其余均不足10亿元。

(4) **退耕还林收入。**在退耕还林收入指标中，退耕还林收入价值量最高的省（自治区、直辖市、生产建设兵团）是四川，为233.46亿元，占退耕还林收入总价值量的22.18%；其次是湖南省，为146.82亿元，占退耕还林收入总价值量的13.95%；重庆、贵州、湖北、陕西、甘肃和云南退耕还林收入价值量依次位于50亿～100亿元；其余均低于50亿元。

4.4.1.3 **完善社会服务价值量评估结果**

退耕还林还草形成的完善社会服务价值量为62.26亿元，其中覆盖贫困人口价值量为56.35亿元，占完善社会服务价值量的90.51%；吸纳生态护林员生态价值量为5.91亿元，占完善社会服务价值量的9.49%（图4-5）。

(1) **覆盖贫困人口。**在覆盖贫困人口指标中，覆盖贫困人口价值量最高的省（自治区、直辖市、生产建设兵团）是云南，为12.74亿元；其次是贵州和新疆，分别为7.85亿

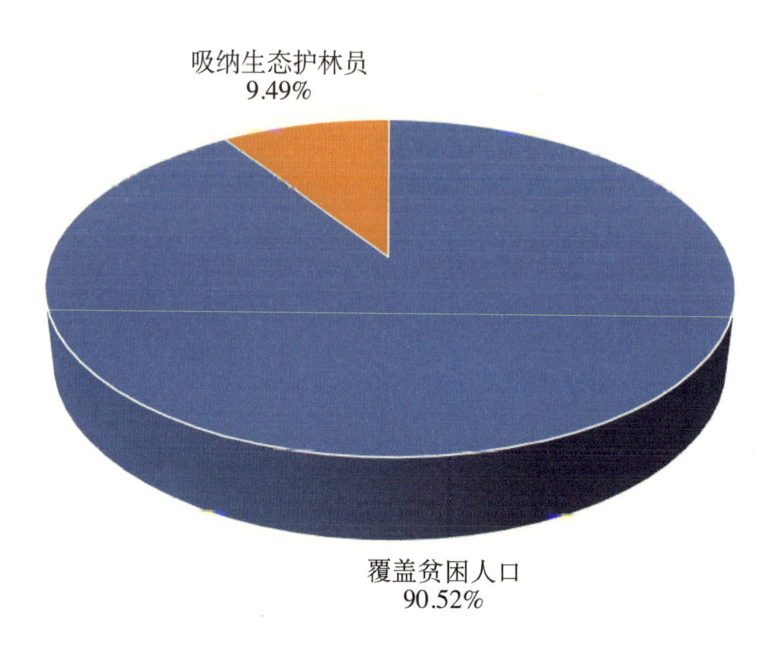

图4-5　完善社会服务价值量

元、5.44亿元，云南、贵州和新疆覆盖贫困人口价值量之和占该项总价值量的46.19%；其余均在5亿元之下。

（2）**吸纳生态护林员**。在吸纳生态护林员指标中，吸纳生态护林员价值量最高的省（自治区、直辖市、生产建设兵团）是贵州，为1.38亿元，占吸纳生态护林员总价值量的23.27%；其次是重庆，为0.94亿元，占吸纳生态护林员总价值量的15.85%；其余均低于0.5亿元。

4.4.1.4 促进社会组织发展价值量评估结果

退耕还林还草形成的促进社会组织发展价值量为310.92亿元，其中退耕新型林业经营主体规模价值量为296.33亿元，占促进社会组织发展价值量的95.31%；退耕新型林业经营主体带动农户价值量为14.58亿元，占促进社会组织发展价值量的4.69%（图4-6）。

（1）**退耕新型林业经营主体规模**。在退耕新型林业经营主体规模指标中，退耕新型林业经营主体规模价值量最高的省（自治区、直辖市、生产建设兵团）是四川，为22.65亿元；退耕新型林业经营主体规模价值量位于15亿～20亿元依次为新疆生产建设兵团、河南、云南、江西、河北、湖南、山西，上述八个省（自治区、直辖市、生产建设兵团）退耕新型林业经营主体规模价值量之和占该项总价值量的49.13%；其余均低于15亿元。

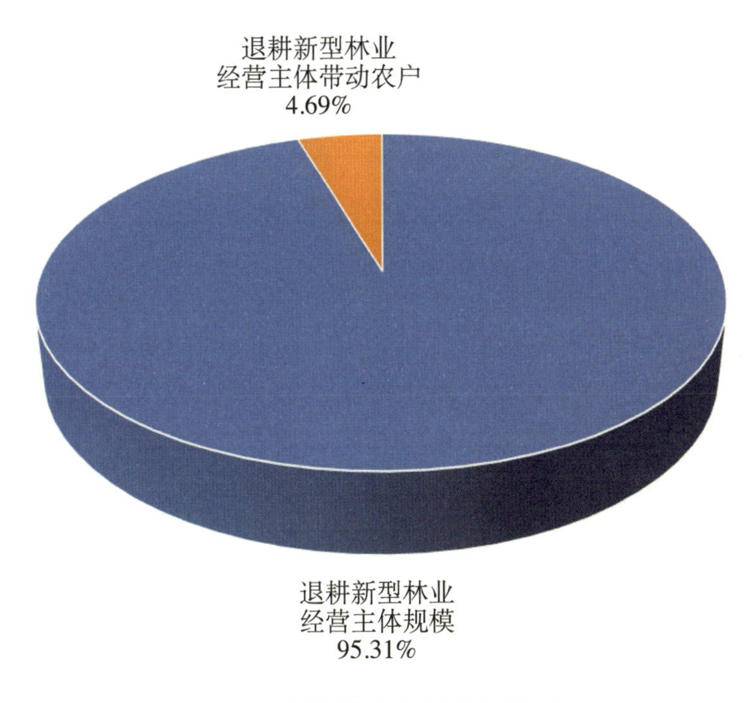

图4-6　促进社会组织发展价值量

（2）**退耕新型林业经营主体带动农户。**在退耕新型林业经营主体带动农户指标中，退耕新型林业经营主体带动农户价值量最高的省（自治区、直辖市、生产建设兵团）是云南，为3.23亿元，占退耕新型林业经营主体带动农户总价值量的22.12%；其次是贵州，为2.63亿元，占退耕新型林业经营主体带动农户总价值量的18.01%；湖南、四川及湖北退耕新型林业经营主体带动农户价值量依次位于1亿～2亿元；其余均小于1亿元。

4.4.2 长江中上游地区社会效益价值量评估

长江中上游地区退耕还林还草形成的社会效益总价值量为4692.10亿元，相当于全国退耕工程的64.04%。分项看，退耕还林还草形成的发展社会事业价值量为2999.84亿元，占本区域总社会效益价值量的63.93%；优化社会结构价值量为1530.63亿元，占本区域总社会效益价值量的32.62%；完善社会服务功能价值量为33.00亿元，占本区域总社会效益价值量的0.70%；促进社会组织发展价值量为128.63亿元，占本区域总社会效益价值量的2.74%。分地区看，退耕还林还草形成的社会效益价值量最高的省（直辖市）是四川，为966.83亿元，占本区域总社会效益价值量的20.61%；其次是湖北、重庆，分别为718.34亿元和715.78亿元，分别占本区域总社会效益价值量的15.31%和15.26%；贵州、湖南、云南、江西、安徽的社会效益价值量依次位于200亿～700亿元（图4-7，表4-10）。

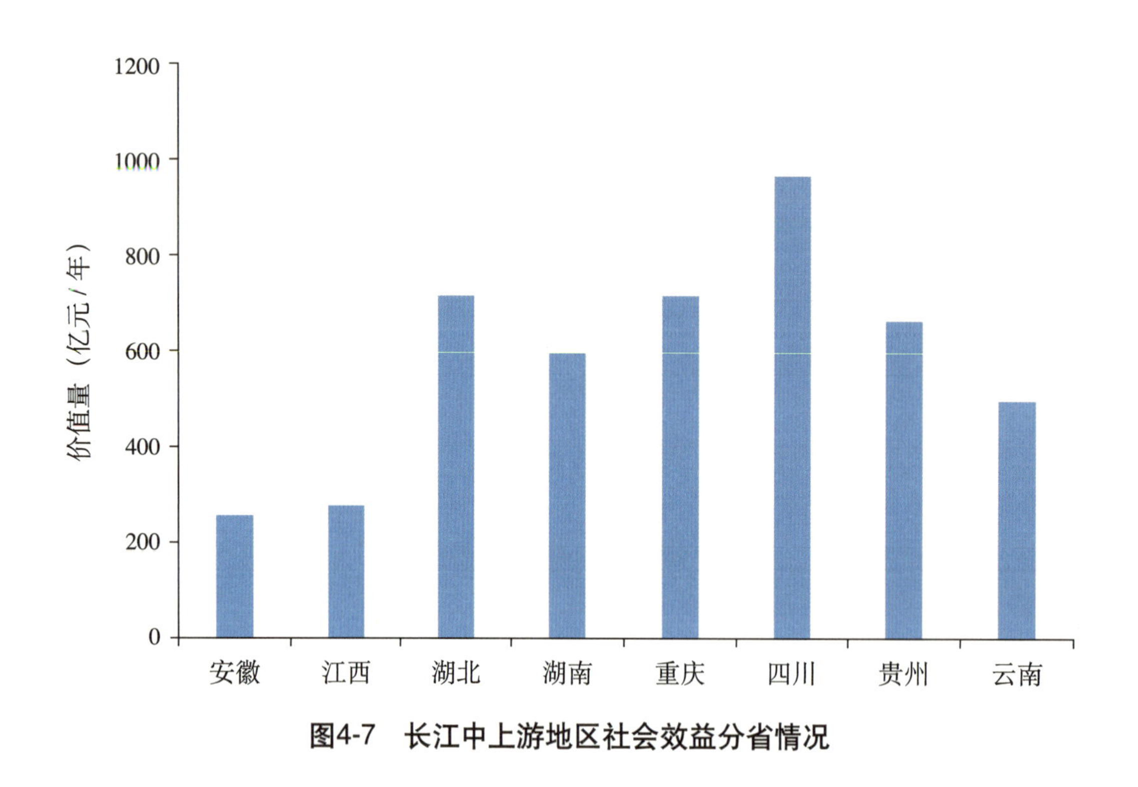

图4-7　长江中上游地区社会效益分省情况

4.4.2.1 **发展社会事业价值量评估结果**

长江中上游地区退耕还林还草形成的发展社会事业价值量为2999.84亿元，其中退耕吸纳就业价值量为869.36亿元，占本区域发展社会事业价值量的28.98%；退耕转移劳动力价值量为1184.72亿元，占本区域发展社会事业价值量的39.49%；退耕培训价值量为2.34亿元，占本区域发展社会事业价值量的0.08%；生态教育基地价值量为62.32亿元，占本区域发展社会事业价值量的2.08%；生态文化作品价值量为2.61亿元，占本区域发展社会事业价值量的0.09%；生态旅游价值量为878.49亿元，占本区域发展社会事业价值量的29.28%（图4-8）。

（1）**退耕吸纳就业。**本区域在退耕吸纳就业指标中，退耕吸纳就业价值量最高的省（直辖市）是四川，为201.27亿元；其后依次是云南、贵州，分别为173.88亿元、156.75亿元，三省退耕吸纳就业价值量之和占本区域退耕吸纳就业总价值量的61.18%；其余均低于150亿元。

（2）**退耕转移劳动力。**本区域在退耕转移劳动力指标中，退耕转移劳动力价值量最高的省（直辖市）是四川，为257.34亿元；其后依次是湖南、贵州，分别为188.65亿元、166.86亿元，三省退耕转移劳动力价值量之和占本区域退耕转移劳动力总价值量的51.73%；其余均不足150亿元。

表4-10 退耕还林还草长江中上游地区各省级区域退耕地还林社会效益价值量

单位：亿元

指标			安徽	江西	湖北	湖南	重庆	四川	贵州	云南	总计
发展社会事业	劳动就业	退耕吸纳就业	39.92	36.62	75.25	143.79	41.88	201.27	156.75	173.88	869.36
		退耕转移劳动力	116.73	131.55	115.71	188.65	98.14	257.34	166.86	109.74	1184.72
	素质提升	退耕培训	0.30	0.13	0.58	0.02	0.60	0.19	0.04	0.48	2.34
	文化教育	生态教育基地	1.49	9.05	17.65	6.83	4.76	17.00	5.26	0.28	62.32
		生态文化作品	0.01	0.00	0.17	2.34	0.09	0.00	0.00	0.00	2.61
	旅游事业	生态旅游	5.51	0.75	291.15	4.12	408.78	76.55	85.85	5.78	878.49
优化社会结构	优化城乡结构	乡村绿化美化贡献	44.77	54.49	107.72	72.36	35.49	128.71	74.92	52.63	571.09
		退耕投资贡献	0.48	0.64	5.89	3.17	25.86	10.76	63.90	52.72	163.42
	优化消费结构	特色经济林产品消费	9.93	7.28	9.25	10.79	4.87	13.07	5.65	7.58	68.42
	优化收入结构	退耕林业收入	25.87	19.02	79.25	146.82	85.42	233.46	79.39	58.47	727.70
完善社会服务功能	扶贫救助	覆盖贫困人口	0.00	0.00	2.00	0.32	2.69	3.92	7.85	12.74	29.52
		吸纳生态护林员数量	0.05	0.03	0.38	0.15	0.94	0.26	1.38	0.29	3.48
促进社会组织发展	新型林业经营主体	新型林业经营主体规模	11.71	16.87	12.00	16.64	5.35	22.65	13.10	18.17	116.49
		退耕新型林业经营主体带动农户	0.38	0.35	1.34	1.65	0.91	1.65	2.63	3.23	12.14

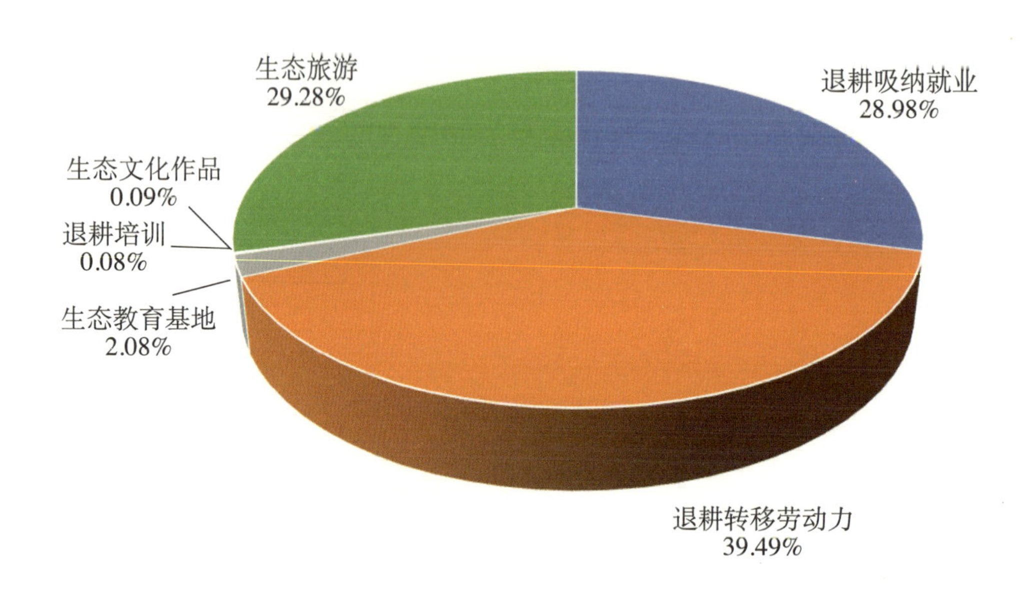

图4-8　长江中上游地区发展社会事业价值量

（3）**退耕培训。**本区域在退耕培训指标中，退耕培训价值量最高的省（直辖市）是重庆，为0.60亿元，占本区域退耕培训总价值量的25.64%；其次是湖北，为0.58亿元，占本区域退耕培训总价值量的24.79%；其余均低于0.5亿元。

（4）**生态教育基地。**本区域在生态教育基地指标中，生态教育基地价值量最高的省（直辖市）是湖北，为17.65亿元，占本区域生态教育基地总价值量的28.32%；其次是四川，为17.00亿元，占本区域生态教育基地总价值量的27.28%；江西、湖南、贵州生态教育基地价值量依次位于5亿～10亿元；其余地区生态教育基地价值量小于5亿元。

（5）**生态文化作品。**本区域在生态文化作品指标中，生态文化作品价值量最高的省（直辖市）是湖南，为2.34亿元，占本区域生态文化作品总价值量的89.66%；其余均在0.5亿元以下。

（6）**生态旅游。**本区域在生态旅游指标中，生态旅游价值量最高的省（直辖市）是重庆，为408.78亿元，占本区域生态旅游总价值量的46.53%；其次是湖北，为291.15亿元，占本区域生态旅游总价值量的33.14%；其余均低于100亿元。

4.4.2.2 **优化社会结构价值量评估结果**

长江中上游地区退耕还林还草形成的优化社会结构价值量为1530.63亿元，其中乡村绿化美化贡献价值量为571.09亿元，占本区域优化社会结构价值量的37.31%；退耕投资贡献价值量为163.42亿元，占本区域优化社会结构价值量的10.68%；特色经济林产品消费价值量为68.42亿元，占本区域优化社会结构价值量的4.47%；退耕还林收入价值量为727.70亿元，占本区域优化社会结构价值量的47.54%（图4-9）。

（1）**乡村绿化美化贡献。**本区域在乡村绿化美化贡献指标中，乡村绿化美化贡献价值量最高的省（直辖市）是四川，为128.71亿元；其次是湖北，为107.72亿元，两省乡村绿化美化贡献价值量之和占本区域乡村绿化美化贡献总价值量的41.40%；其余均在100亿元以下。

（2）**退耕投资贡献。**本区域在退耕投资贡献指标中，退耕投资贡献价值量最高的省（直辖市）是贵州，为63.90亿元，占本区域退耕投资贡献总价值量的39.10%；其次是云南，为52.72亿元，占本区域退耕投资贡献总价值量的32.26%；其余均低于50亿元。

（3）**特色经济林产品消费。**本区域在特色经济林产品消费指标中，特色经济林产品消费价值量最高的省（直辖市）是四川，为13.07亿元；其后是湖南，为10.79亿元，两省特色经济林产品消费价值量之和占本区域该项总价值量的34.87%；其余均不足10亿元。

（4）**退耕还林收入。**本区域在退耕还林收入指标中，退耕还林收入价值量最高的省（直辖市）是四川，为233.46亿元，占本区域退耕还林收入总价值量的32.08%；其次是湖南，为146.82亿元，占本区域退耕还林收入总价值量的20.18%；其余均低于100亿元。

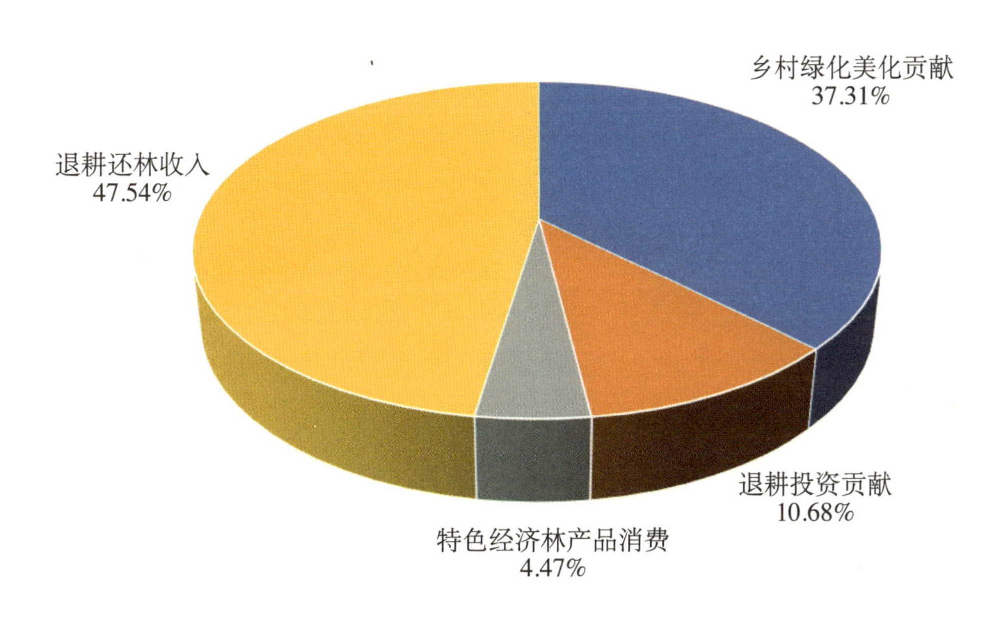

图4-9　长江中上游地区优化社会结构价值量

4.4.2.3 **完善社会服务价值量评估结果**

长江中上游地区退耕还林还草形成的完善社会服务价值量为33.00亿元，其中覆盖贫困人口价值量为29.52亿元，占本区域完善社会服务价值量的89.45%；吸纳生态护林员价值量为3.48亿元，占本区域完善社会服务价值量的10.55%（图4-10）。

（1）**覆盖贫困人口。**本区域在覆盖贫困人口指标中，覆盖贫困人口价值量最高的省（直辖市）是云南，为12.74亿元；其次是贵州为7.85亿元，两省覆盖贫困人口价值量之和占本区域该项总价值量的69.75%；其余均在5亿元之下。

（2）**吸纳生态护林员。**本区域在吸纳生态护林员指标中，吸纳生态护林员价值量最高的省（直辖市）是贵州，为1.38亿元，占本区域吸纳生态护林员总价值量的39.66%；其次是重庆，为0.94亿元，占本区域吸纳生态护林员总价值量的27.01%；其余均低于0.5亿元。

4.4.2.4 **促进社会组织发展价值量评估结果**

长江中上游地区退耕还林还草形成的促进社会组织发展价值量为128.63亿元，其中退耕新型林业经营主体规模价值量为116.49亿元，占本区域促进社会组织发展价值量的90.56%；退耕新型林业经营主体带动农户价值量为12.14亿元，占本区域促进社会组织发展价值量的9.44%（图4-11）。

（1）**退耕新型林业经营主体规模。**本区域在退耕新型林业经营主体规模指标中，退

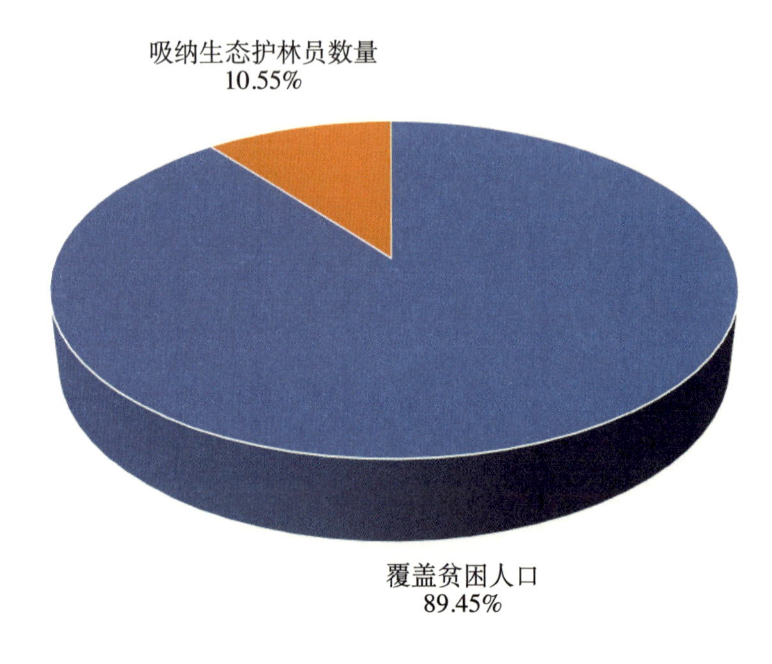

图4-10 长江中上游地区完善社会服务价值量

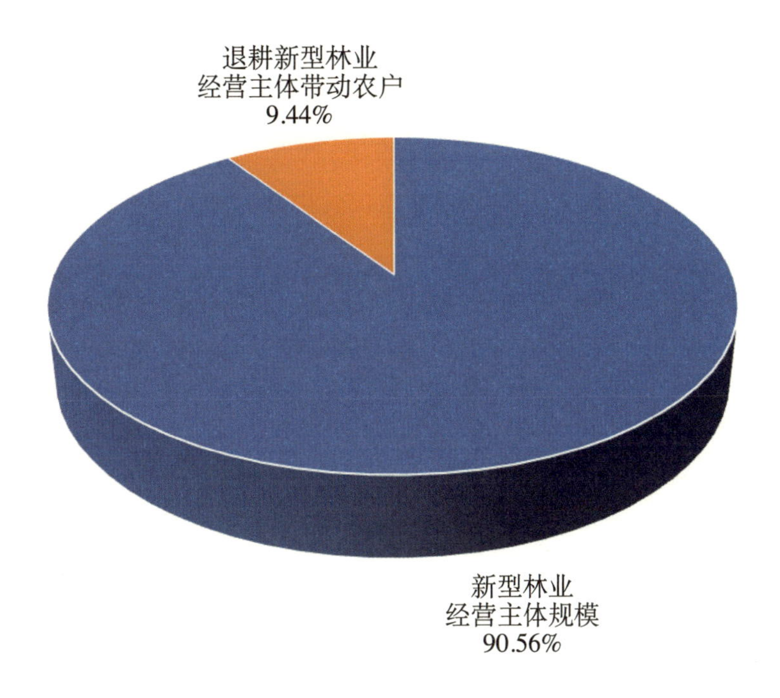

图4-11 长江中上游地区促进社会组织发展价值量

耕新型林业经营主体规模价值量最高的省（直辖市）是四川，为22.65亿元；退耕新型林业经营主体规模价值量位于15亿～20亿元的依次为云南、江西、湖南，上述四个省（直辖市）退耕新型林业经营主体规模价值量之和占本区域该项总价值量的63.81%；其余均低于15亿元。

（2）退耕新型林业经营主体带动农户。本区域在退耕新型林业经营主体带动农户指标中，退耕新型林业经营主体带动农户价值量最高的省（直辖市）是云南，为3.23亿元，占本区域退耕新型林业经营主体带动农户总价值量的26.61%；其次是贵州，为2.63亿元，占本区域退耕新型林业经营主体带动农户总价值量的21.66%；湖南、四川及湖北退耕新型林业经营主体带动农户价值量依次位于1亿～2亿元；其余均小于1亿元。

4.4.3 黄河中上游地区社会效益价值量评估

黄河中上游地区退耕还林还草形成的社会效益总价值量为1328.26亿元，相当于全国退耕工程的18.13%。分项看，退耕还林还草形成的发展社会事业价值量为754.24亿元，占本区域总社会效益价值量的56.78%；优化社会结构价值量为494.04亿元，占本区域总社会效益价值量的37.19%；完善社会服务功能价值量为13.89亿元，占本区域总社会效益价值量的1.05%；促进社会组织发展价值量为66.09亿元，占本区域总社会效益价值量的4.98%。分地区看，退耕还林还草形成的社会效益价值量最高的省是河南，为553.31亿元，占本区域总社会效益价值量的41.66%；其次是陕西、甘肃，分别为313.89亿元和241.72亿元，分别占本区域总社会效益价值量的23.63%和18.20%；山西、青海的社会效益价值量在200亿元以下（图4-12，表4-11）。

4.4.3.1 **发展社会事业价值量评估结果**

黄河中上游地区退耕还林还草形成的发展社会事业价值量为754.24亿元，其中退耕吸纳就业价值量为227.05亿元，占本区域发展社会事业价值量的30.10%；退耕转移劳动力价值量为375.82亿元，占本区域发展社会事业价值量的49.83%；退耕培训价值量为1.33亿元，占本区域发展社会事业价值量的0.18%；生态教育基地价值量为44.79亿元，占本区域发展社会事业价值量的5.94%；生态文化作品价值量为0.04亿元，占本区域发展社会事业价值量的0.01%；生态旅游价值量为105.21亿元，占本区域发展社会事业价值量的13.95%（图4-13）。

（1）**退耕吸纳就业**。本区域在退耕吸纳就业指标中，退耕吸纳就业价值量最高的省是河南，为67.81亿元；其次是陕西，为62.46亿元，两省退耕吸纳就业价值量之和占本区域退耕吸纳就业总价值量的57.38%；其余均低于50亿元。

（2）**退耕转移劳动力**。本区域在退耕转移劳动力指标中，退耕转移劳动力价值量最高的省是河南，为216.89亿元，占本区域退耕转移劳动力总价值量的57.71%；其后依次为甘肃、陕西、山西、青海，均在100亿元以下。

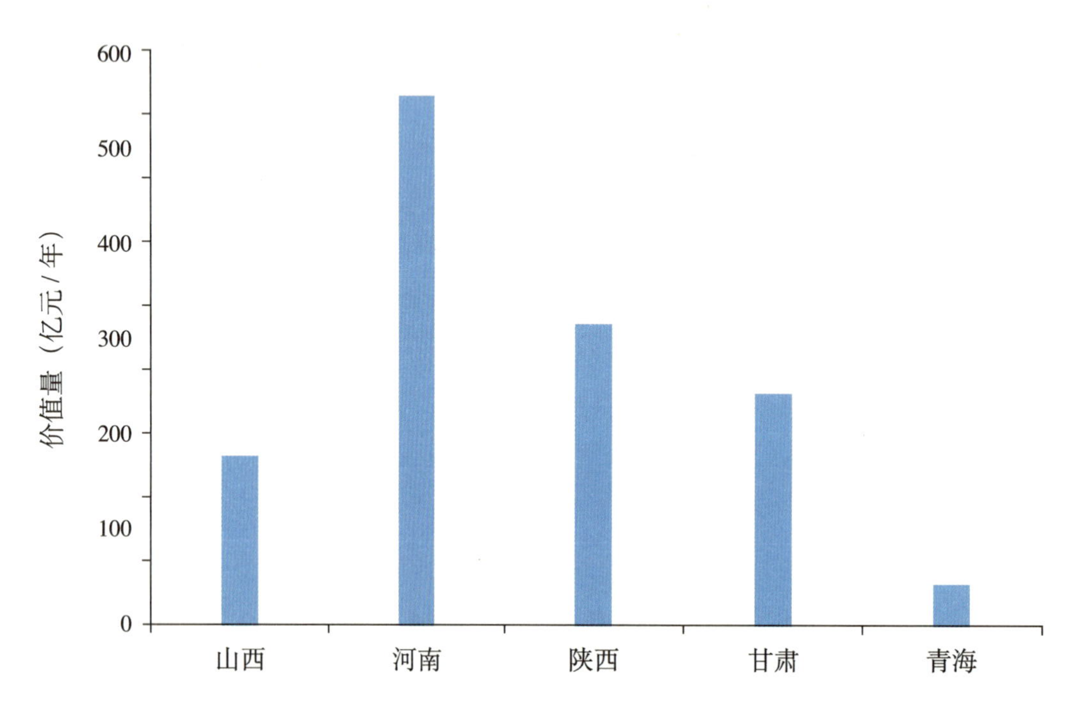

图4-12　黄河中上游地区社会效益分省情况

表4-11 退耕还林还草黄河中上游地区各省级区域退耕地还林社会效益价值量

单位：亿元

指标			山西	河南	陕西	甘肃	青海	总计
发展社会事业	劳动就业	退耕吸纳就业	49.50	67.81	62.46	44.14	3.14	227.05
		退耕转移劳动力	25.83	216.89	55.24	63.71	14.15	375.82
	素质提升	退耕培训	0.00	0.00	0.46	0.61	0.26	1.33
	文化教育	生态教育基地	0.30	39.17	3.69	0.37	1.26	44.79
		生态文化作品	0.00	0.01	0.03	0.00	0.00	0.04
	旅游事业	生态旅游	0.21	66.35	37.65	1.00	0.00	105.21
		乡村绿化美化贡献	26.50	95.41	36.37	36.53	6.02	200.83
优化社会结构	优化城乡结构	退耕投资贡献	22.10	1.13	17.48	15.41	2.08	58.20
	优化消费结构	特色经济林产品消费	6.13	15.04	6.05	4.13	0.95	32.30
	优化收入结构	退耕林业收入	26.57	29.81	77.65	59.06	9.62	202.71
完善社会服务功能	扶贫救助	覆盖贫困人口	3.29	1.81	3.09	4.28	0.00	12.47
		吸纳生态护林员数量	0.16	0.37	0.47	0.40	0.02	1.42
促进社会组织发展	新型林业经营主体	新型林业经营主体规模	15.92	18.79	12.68	11.97	5.21	64.57
		退耕新型林业经营主体带动农户	0.10	0.72	0.57	0.11	0.02	1.52

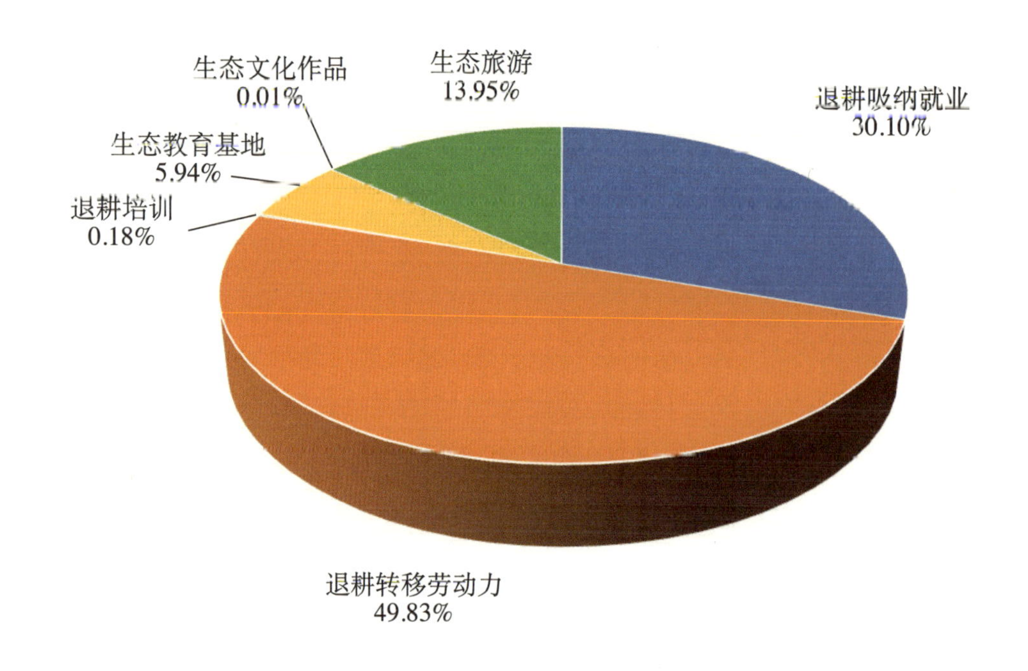

图4-13　黄河中上游地区发展社会事业价值量

（3）**退耕培训。**本区域在退耕培训指标中，退耕培训价值量最高的省是甘肃，为0.61亿元，占本区域退耕培训总价值量的45.86%；其后依次是陕西、青海，分别为0.46亿元、0.26亿元；其余均为0。

（4）**生态教育基地。**本区域在生态教育基地指标中，生态教育基地价值量最高的省是河南，为39.17亿元，占本区域生态教育基地总价值量的87.45%；其后依次为陕西、青海、甘肃、山西，均小于5亿元。

（5）**生态文化作品。**本区域在生态文化作品指标中，生态文化作品价值量最高的省是陕西，为0.03亿元，占本区域生态文化作品总价值量的75%；其次是河南，为0.01亿元；其余均为0。

（6）**生态旅游。**本区域在生态旅游指标中，生态旅游价值量最高的省是河南，为66.35亿元，占本区域生态旅游总价值量的63.06%；其次是陕西，为37.65亿元，占本区域生态旅游总价值量的35.79%；其余均低于5亿元。

4.4.3.2 **优化社会结构价值量评估结果**

黄河中上游地区退耕还林还草形成的优化社会结构价值量为494.04亿元，其中乡村绿化美化贡献价值量为200.83亿元，占本区域优化社会结构价值量的40.65%；退耕投资贡献价值量为58.2亿元，占本区域优化社会结构价值量的11.78%；特色经济林产品消费价值量为32.3亿元，占本区域优化社会结构价值量的6.54%；退耕还林收入价值量为202.71亿元，占本区域优化社会结构价值量的41.03%（图4-14）。

（1）**乡村绿化美化贡献。**本区域在乡村绿化美化贡献指标中，乡村绿化美化贡献价值量最高的省是河南，为95.41亿元；其后依次是甘肃、陕西，分别为36.53亿元、36.37亿元，三省乡村绿化美化贡献价值量之和占本区域乡村绿化美化贡献总价值量的83.81%；其余均在30亿元以下。

（2）**退耕投资贡献。**本区域在退耕投资贡献指标中，退耕投资贡献价值量最高的省是山西，为22.1亿元，占本区域退耕投资贡献总价值量的37.97%；其次是陕西，为17.48亿元，占本区域退耕投资贡献总价值量的30.03%；其余之和不足20亿元。

（3）**特色经济林产品消费。**本区域在特色经济林产品消费指标中，特色经济林产品消费价值量最高的省是河南，为15.04亿元，占本区域该项总价值量的46.56%；其余均不足10亿元。

（4）**退耕还林收入。**本区域在退耕还林收入指标中，退耕还林收入价值量最高的省是陕西，为77.65亿元，占本区域退耕还林收入总价值量的38.31%；其次是甘肃，为59.06亿元，占本区域退耕还林收入总价值量的29.14%；其余均低于50亿元。

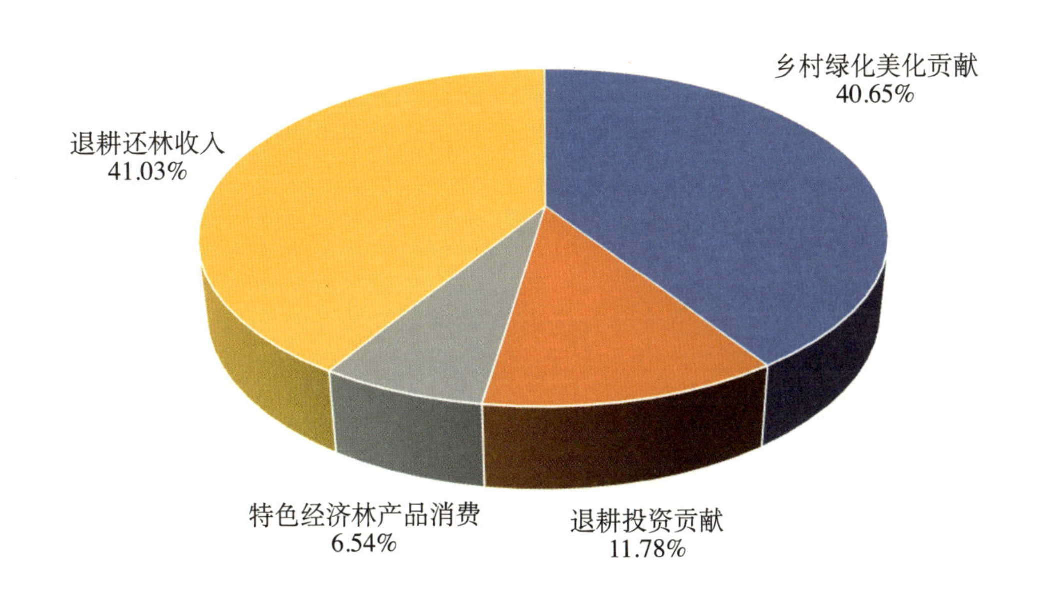

图4-14 黄河中上游地区优化社会结构价值量

4.4.3.3 完善社会服务价值量评估结果

黄河中上游地区退耕还林还草形成的完善社会服务价值量为13.89亿元，其中覆盖贫困人口价值量为12.47亿元，占本区域完善社会服务价值量的89.78%；吸纳生态护林员价值量为1.42亿元，占本区域完善社会服务价值量的10.22%（图4-15）。

（1）**覆盖贫困人口**。本区域在覆盖贫困人口指标中，覆盖贫困人口价值量最高的省是甘肃，为4.28亿元；其次是山西，为3.29亿元，两省覆盖贫困人口价值量之和占本区域该项总价值量的60.71%；其余之和不足5亿元。

（2）**吸纳生态护林员**。本区域在吸纳生态护林员指标中，吸纳生态护林员价值量最高的省是陕西，为0.47亿元，占本区域吸纳生态护林员总价值量的33.10%；其次是甘肃，为0.4亿元，占本区域吸纳生态护林员总价值量的28.17%；其后为河南、山西、青海，依次位于0.02亿～0.4亿元。

4.4.3.4 促进社会组织发展价值量评估结果

黄河中上游地区退耕还林还草形成的促进社会组织发展价值量为66.09亿元，其中退耕新型林业经营主体规模价值量为64.57亿元，占本区域促进社会组织发展价值量的97.70%；退耕新型林业经营主体带动农户价值量为1.52亿元，占本区域促进社会组织发展价值量的2.30%（图4-16）。

（1）**退耕新型林业经营主体规模**。本区域在退耕新型林业经营主体规模指标中，退

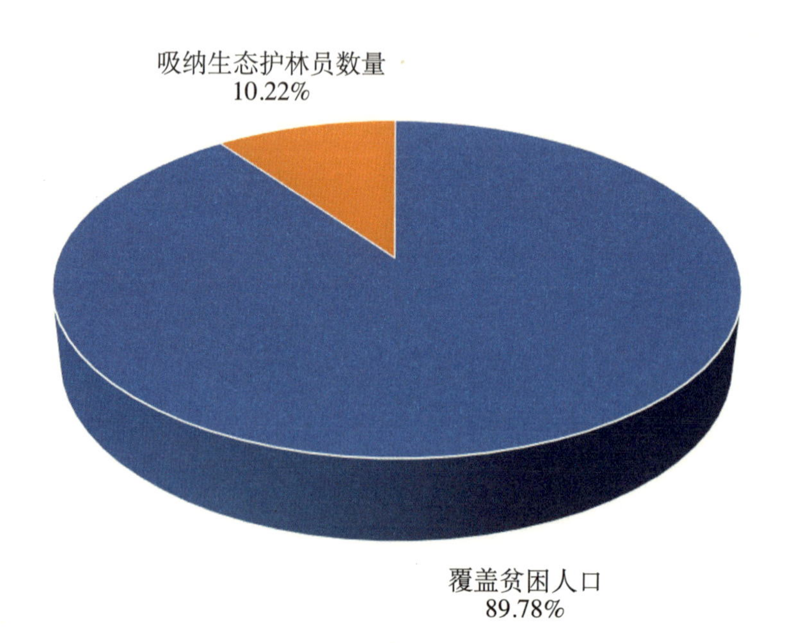

图4-15 黄河中上游地区完善社会服务价值量

耕新型林业经营主体规模价值量最高的省是河南，为18.79亿元；其次是山西，为15.92亿元，两省新型林业经营主体规模价值量之和占本区域该项总价值量的53.76%；其余均低于15亿元。

（2）**退耕新型林业经营主体带动农户。**本区域在退耕新型林业经营主体带动农户指标中，退耕新型林业经营主体带动农户价值量最高的省是河南，为0.72亿元，占本区域退耕新型林业经营主体带动农户总价值量的47.37%；其次是陕西，为0.57亿元，占本区域退耕新型林业经营主体带动农户总价值量的37.50%；其余均小于0.5亿元。

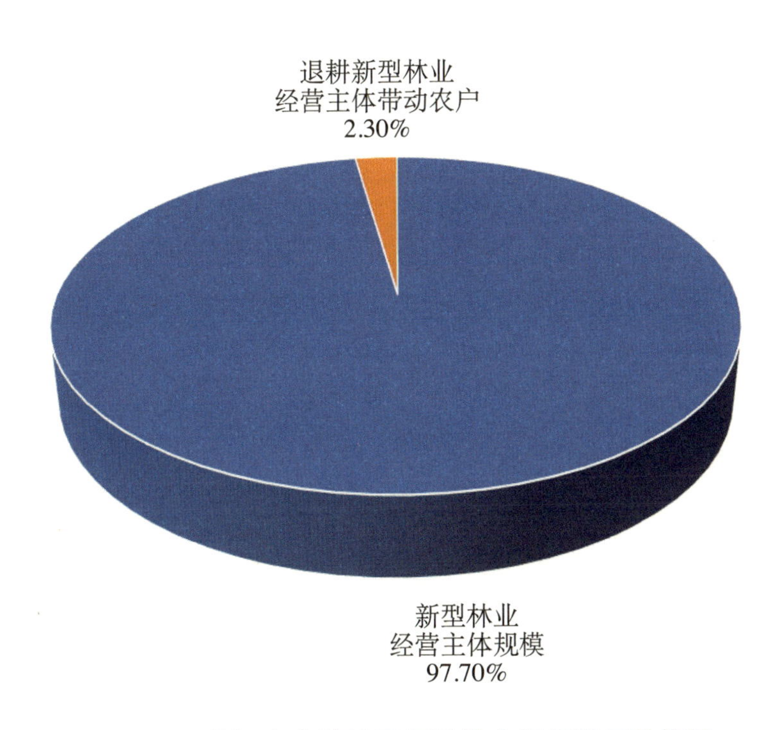

图4-16　黄河中上游地区促进社会组织发展价值量

4.4.4 三北风沙区社会效益价值量评估

三北风沙区退耕还林还草形成的社会效益总价值量为834.34亿元，相当于全国退耕工程的11.39%。分项看，退耕还林还草形成的发展社会事业价值量为469.96亿元，占本区域总社会效益价值量的56.34%；优化社会结构价值量为287.61亿元，占本区域总社会效益价值量的34.47%；完善社会服务功能价值量为10.39亿元，占本区域总社会效益价值量的1.25%；促进社会组织发展价值量为66.38亿元，占本区域总社会效益价值量的7.96%（表4-12）。分地区看，退耕还林还草形成的社会效益价值量最高的省（自治区、直辖市、生产建设兵团）是河北，为383.64亿元，占本区域总社会效益价值量的45.98%；其次是新疆、内蒙古，分别为229.94亿元和114.8亿元，分别占本区域总社会效益价值量的27.56%和13.76%；宁夏、新疆生产建设兵团、北京、天津的社会效益价值量依次在100亿元以下（图4-17）。

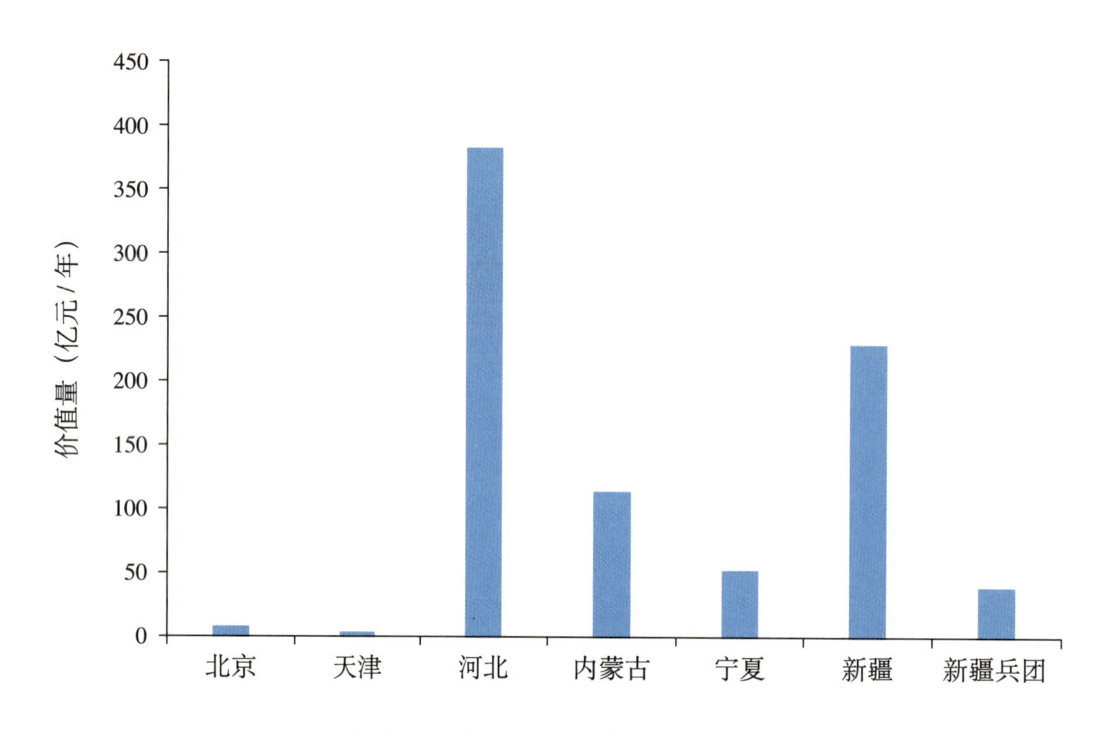

图4-17　三北风沙区社会效益分省情况

4.4.4.1 **发展社会事业价值量评估结果**

三北风沙区退耕还林还草形成的发展社会事业价值量为469.96亿元，其中退耕吸纳就业价值量为208.43亿元，占本区域发展社会事业价值量的44.35%；退耕转移劳动力价值量为239.96亿元，占本区域发展社会事业价值量的51.06%；退耕培训价值量为2.61亿元，占本区域发展社会事业价值量的0.56%；生态教育基地价值量为14.98亿元，占本区域发展社会事业价值量的3.19%；生态文化作品价值量为0；生态旅游价值量为3.98亿元，占本区域发展社会事业价值量的0.86%（图4-18）。

（1）**退耕吸纳就业。**本区域在退耕吸纳就业指标中，退耕吸纳就业价值量最高的省（自治区、直辖市、生产建设兵团）是河北，为167.48亿元，占本区域退耕吸纳就业总价值量的80.35%；其余均低于20亿元。

（2）**退耕转移劳动力。**本区域在退耕转移劳动力指标中，退耕转移劳动力价值量最

表4-12　退耕还林还草三北风沙区各省级区域退耕地还林社会效益价值量

单位：亿元

指标			北京	天津	河北	内蒙古	宁夏	新疆	兵团	总计
发展社会事业	劳动就业	退耕吸纳就业	2.18	0.00	167.48	9.80	6.07	16.33	6.57	208.43
		退耕转移劳动力	0.17	0.00	58.37	19.82	29.06	131.74	0.80	239.96
	素质提升	退耕培训	0.31	0.07	0.07	0.29	0.12	0.72	1.03	2.61
	文化教育	生态教育基地	0.00	0.00	13.58	0.01	0.02	1.31	0.06	14.98
		生态文化作品	0.00	0.00	0.00	0.00	0.00	0.00	0.00	0.00
	旅游事业	生态旅游	0.00	0.00	2.65	0.87	0.39	0.00	0.07	3.98
		乡村绿化美化贡献	1.56	1.56	72.14	20.89	5.83	17.18	0.24	119.40
优化社会结构	优化城乡结构	退耕投资贡献	0.11	0.01	4.22	21.72	3.69	20.54	1.36	51.65
	优化消费结构	特色经济林产品消费	3.36	2.44	11.84	3.96	1.08	3.94	0.03	26.65
	优化收入结构	退耕林业收入	0.06	0.00	35.76	20.41	4.24	20.37	9.07	89.91
完善社会服务功能	扶贫救助	覆盖贫困人口	0.00	0.00	0.00	3.30	0.02	5.44	0.71	9.47
		吸纳生态护林员数量	0.00	0.00	0.42	0.07	0.35	0.08	0.00	0.92
促进社会组织发展	新型林业经营主体	新型林业经营主体规模	0.66	0.00	16.82	13.66	2.82	11.97	19.72	65.65
		退耕新型林业经营主体带动农户	0.00	0.00	0.29	0.00	0.03	0.32	0.09	0.73

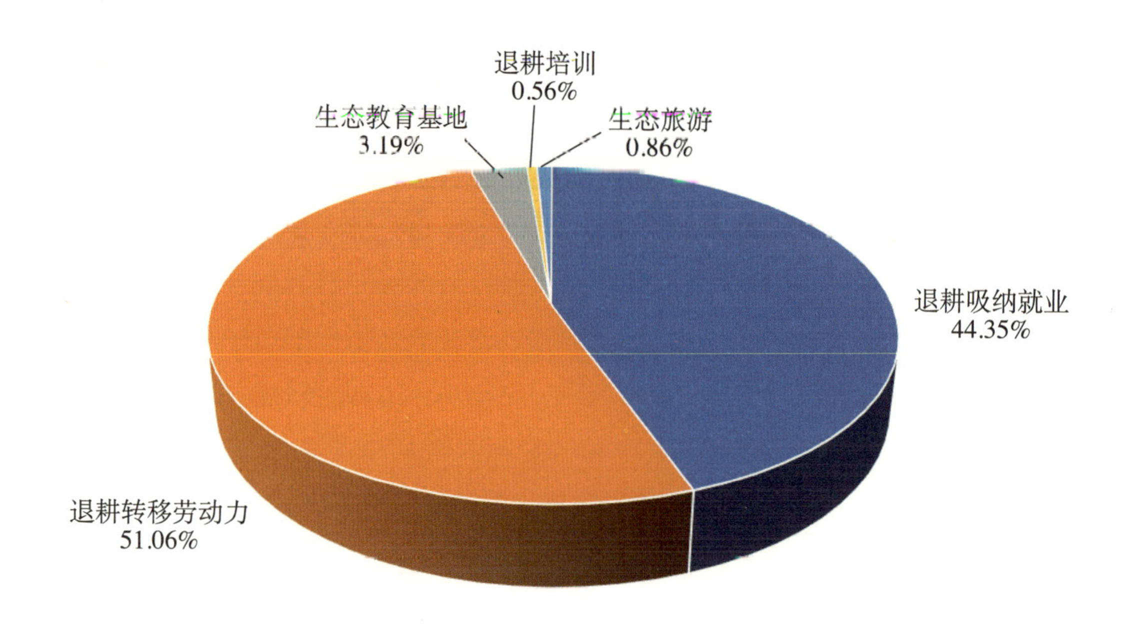

图4-18　三北风沙区发展社会事业价值量

高的省（自治区、直辖市、生产建设兵团）是新疆，为131.74亿元；其次是河北，为58.37亿元，两省退耕转移劳动力价值量之和占本区域退耕转移劳动力总价值量的79.23%；其余均低于50亿元。

（3）**退耕培训。**本区域在退耕培训指标中，退耕培训价值量最高的省（自治区、直辖市、生产建设兵团）是新疆生产建设兵团，为1.03亿元；其后是新疆，为0.72亿元，两省退耕培训价值量之和占本区域退耕培训总价值量的67.05%；其余均低于0.5亿元。

（4）**生态教育基地。**本区域在生态教育基地指标中，生态教育基地价值量最高的省（自治区、直辖市、生产建设兵团）是河北，为13.58亿元，占本区域生态教育基地总价值量的90.65%；其余均小于5亿元。

（5）**生态旅游。**本区域在生态旅游指标中，生态旅游价值量最高的省（自治区、直辖市、生产建设兵团）是河北，为2.65亿元，占本区域生态旅游总价值量的66.58%；其余之和不足2亿元。

4.4.4.2 优化社会结构价值量评估结果

三北风沙区退耕还林还草形成的优化社会结构价值量为287.61亿元，其中乡村绿化美化贡献价值量为119.4亿元，占本区域优化社会结构价值量的41.51%；退耕投资贡献价值量为51.65亿元，占本区域优化社会结构价值量的17.96%；特色经济林产品消费价值量为

26.65亿元，占本区域优化社会结构价值量的9.27%；退耕还林收入价值量为89.91亿元，占本区域优化社会结构价值量的31.26%（图4-19）。

（1）**乡村绿化美化贡献。**本区域在乡村绿化美化贡献指标中，乡村绿化美化贡献价值量最高的省（自治区、直辖市、生产建设兵团）是河北，为72.14亿元；其后依次是内蒙古、新疆，分别为20.89亿元、17.18亿元，三省乡村绿化美化贡献价值量之和占本区域乡村绿化美化贡献总价值量的92.30%；其余均在10亿元以下。

（2）**退耕投资贡献。**本区域在退耕投资贡献指标中，退耕投资贡献价值量最高的省（自治区、直辖市、生产建设兵团）是内蒙古，为21.72亿元，占本区域退耕投资贡献总价值量的42.05%；其次是新疆，为20.54亿元，占本区域退耕投资贡献总价值量的39.77%；其余之和不足10亿元。

（3）**特色经济林产品消费。**本区域在特色经济林产品消费指标中，特色经济林产品消费价值量最高的省（自治区、直辖市、生产建设兵团）是河北，为11.84亿元，占本区域该项总价值量的44.43%；其余均不足5亿元。

（4）**退耕还林收入。**本区域在退耕还林收入指标中，退耕还林收入价值量最高的省（自治区、直辖市、生产建设兵团）是河北，为35.76亿元；其次是内蒙古、新疆，分别为20.41亿元、20.37亿元，三省退耕还林收入价值量之和占本区域退耕还林收入总价值量的85.13%；其余均低于10亿元。

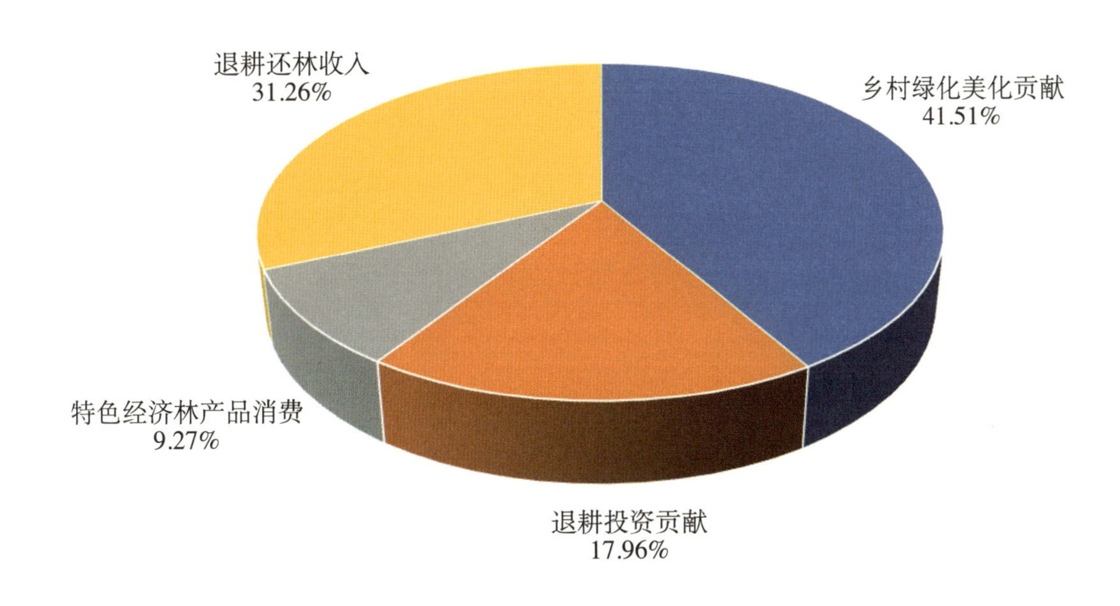

图4-19　三北风沙区优化社会结构价值量

4.4.4.3 **完善社会服务价值量评估结果**

三北风沙区退耕还林还草形成的完善社会服务价值量为10.39亿元，其中覆盖贫困人口价值量为9.47亿元，占本区域完善社会服务价值量的91.15%；吸纳生态护林员价值量为0.92亿元，占本区域完善社会服务价值量的8.85%（图4-20）。

（1）**覆盖贫困人口**。本区域在覆盖贫困人口指标中，覆盖贫困人口价值量最高的省（自治区、直辖市、生产建设兵团）是新疆，为5.44亿元；其次是内蒙古，为3.3亿元，两省覆盖贫困人口价值量之和占本区域该项总价值量的92.29%；其余之和不足1亿元。

（2）**吸纳生态护林员**。本区域在吸纳生态护林员指标中，吸纳生态护林员价值量最高的省（自治区、直辖市、生产建设兵团）是河北，为0.42亿元，占本区域吸纳生态护林员总价值量的45.65%；其次是宁夏，为0.35亿元，占本区域吸纳生态护林员总价值量的38.04%；其后为新疆、内蒙古，分别为0.08亿元、0.07亿元；其余均为0。

4.4.4.4 **促进社会组织发展价值量评估结果**

三北风沙区退耕还林还草形成的促进社会组织发展价值量为66.38亿元，其中退耕新型林业经营主体规模价值量为65.65亿元，占本区域促进社会组织发展价值量的98.90%；退耕新型林业经营主体带动农户价值量为0.73亿元，占本区域促进社会组织发展价值量的1.10%（图4-21）。

（1）**退耕新型林业经营主体规模**。本区域在退耕新型林业经营主体规模指标中，退耕新型林业经营主体规模价值量最高的省（自治区、直辖市、生产建设兵团）是新疆生产建设兵团，为19.72亿元；其次是河北，为16.82亿元，两省新型林业经营主体规模价值量之和占本区域该项总价值量的55.66%；其余均低于15亿元。

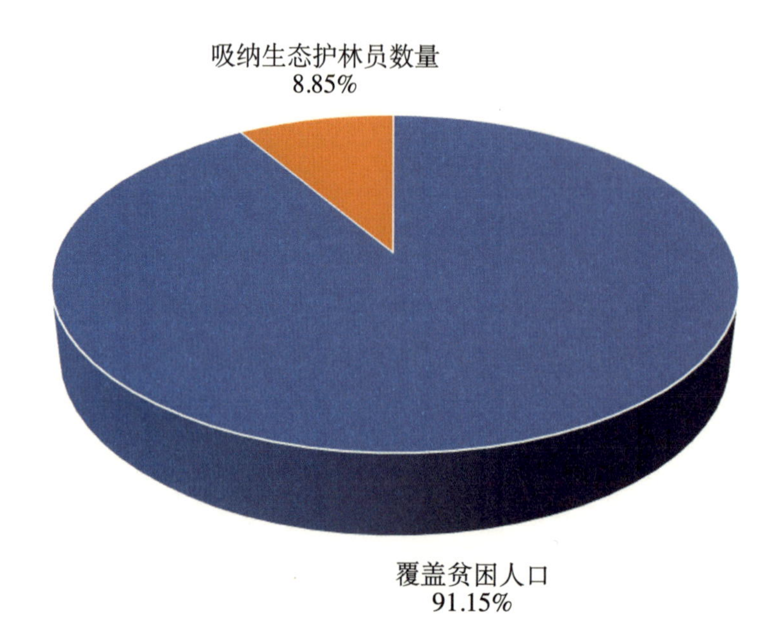

图4-20 三北风沙区完善社会服务价值量

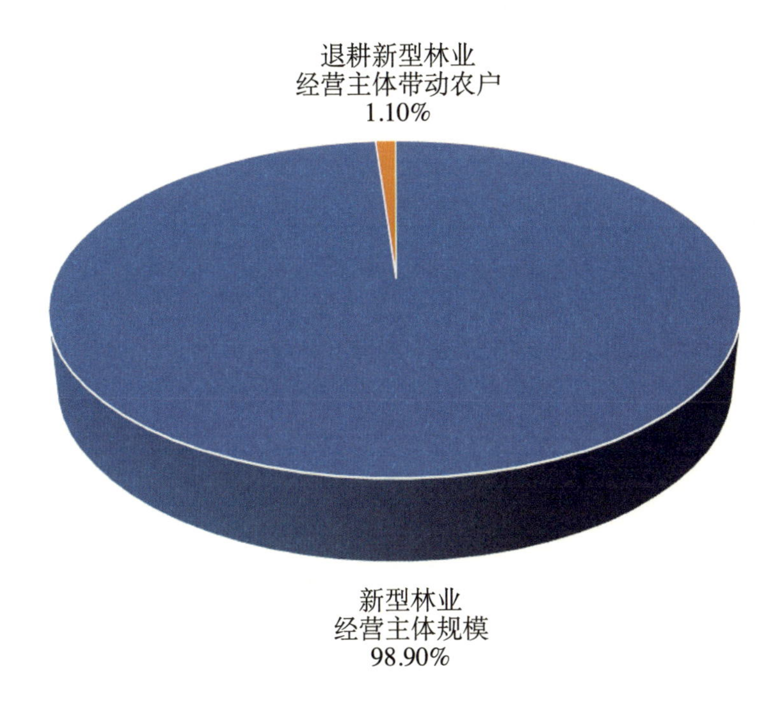

图4-21 三北风沙区促进社会组织发展价值量

（2）**退耕新型林业经营主体带动农户。**本区域在退耕新型林业经营主体带动农户指标中，退耕新型林业经营主体带动农户价值量最高的省（自治区、直辖市、生产建设兵团）是新疆，为0.32亿元，占本区域退耕新型林业经营主体带动农户总价值量的43.84%；其次是河北，为0.29亿元，占本区域退耕新型林业经营主体带动农户总价值量的39.73%；其余均小于0.1亿元。

4.4.5 其他地区社会效益价值量评估

其他地区退耕还林还草形成的社会效益总价值量为472.26亿元，相当于全国退耕工程的6.44%。分项看，退耕还林还草形成的发展社会事业价值量为250.16亿元，占本区域总社会效益价值量的52.97%；优化社会结构价值量为167.31亿元，占本区域总社会效益价值量的35.43%；完善社会服务功能价值量为4.98亿元，占本区域总社会效益价值量的1.05%；促进社会组织发展价值量为49.81亿元，占本区域总社会效益价值量的10.55%（表4-13）。分地区看，退耕还林还草形成的社会效益价值量最高的省（自治区）是广西，为210.66亿元，占本区域总社会效益价值量的44.61%；其次是辽宁、黑龙江，分别为102.78亿元和74.15亿元，分别占本区域总社会效益价值量的21.76%和15.70%；吉林、海南、西藏的社会效益价值量依次在60亿元以下（图4-22）。

表4-13　退耕还林还草其他各省级区域退耕地还林社会效益价值量

单位：亿元

指标			辽宁	吉林	黑龙江	广西	海南	西藏	总计
发展社会事业	劳动就业	退耕吸纳就业	38.82	10.88	3.84	60.39	4.81	5.10	123.84
		退耕转移劳动力	13.85	14.65	21.83	69.37	0.40	0.00	120.10
	素质提升	退耕培训	0.06	0.98	1.28	0.26	0.00	0.00	2.58
	文化教育	生态教育基地	0.05	0.00	0.00	0.21	0.01	0.00	0.27
		生态文化作品	1.50	0.00	0.00	0.00	0.00	0.00	1.50
	旅游事业	生态旅游	0.08	0.00	0.02	1.77	0.00	0.00	1.87
		乡村绿化美化贡献	15.55	15.94	23.23	38.60	6.15	0.00	99.47
优化社会结构	优化城乡结构	退耕投资贡献	1.14	1.03	1.33	3.12	0.00	2.38	9.00
	优化消费结构	特色经济林产品消费	6.79	4.20	5.85	7.74	1.47	0.55	26.60
	优化收入结构	退耕林业收入	9.80	3.64	2.55	14.98	1.27	0.00	32.24
完善社会服务功能	扶贫救助	覆盖贫困人口	4.72	0.00	0.17	0.00	0.00	0.00	4.89
		吸纳生态护林员数量	0.00	0.00	0.01	0.07	0.01	0.00	0.09
促进社会组织发展	新型林业经营主体	新型林业经营主体规模	10.42	8.59	13.94	14.08	2.59	0.00	49.62
		退耕新型林业经营主体带动农户	0.00	0.00	0.10	0.07	0.02	0.00	0.19

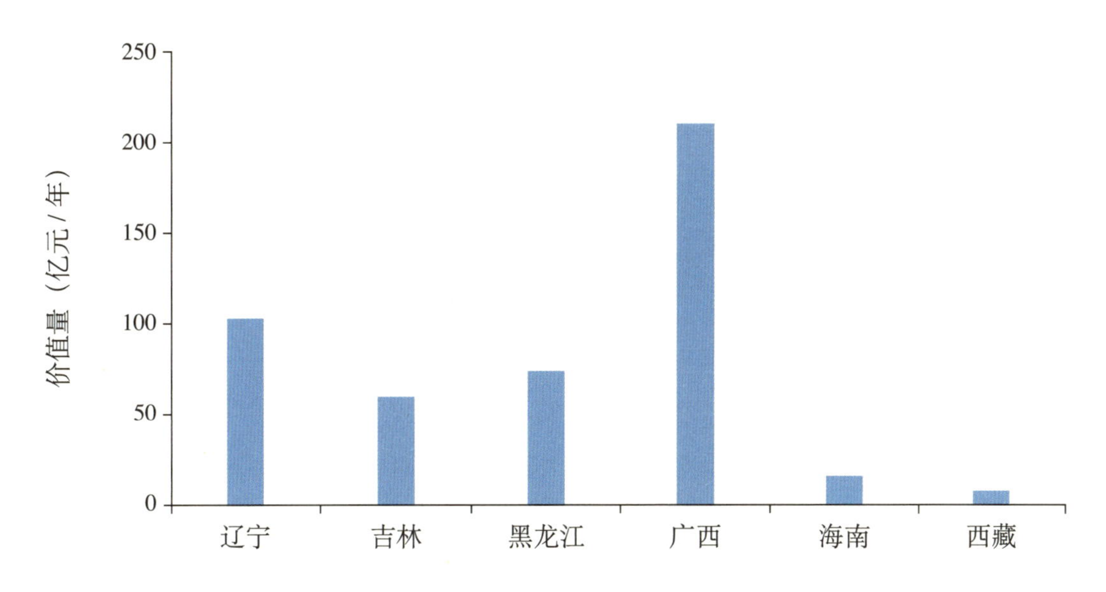

图4-22　其他地区社会效益分省情况

4.4.5.1 **发展社会事业价值量评估结果**

其他地区退耕还林还草形成的发展社会事业价值量为250.16亿元，其中退耕吸纳就业价值量为123.84亿元，占本区域发展社会事业价值量的49.50%；退耕转移劳动力价值量为120.10亿元，占本区域发展社会事业价值量的48.01%；退耕培训价值量为2.58亿元，占本区域发展社会事业价值量的1.03%；生态教育基地价值量为0.27亿元，占本区域发展社会事业价值量的0.11%；生态文化作品价值量为1.50亿元，占本区域发展社会事业价值量的0.60%；生态旅游价值量为1.87亿元，占本区域发展社会事业价值量的0.75%（图4-23）。

（1）**退耕吸纳就业。**本区域在退耕吸纳就业指标中，退耕吸纳就业价值量最高的省（自治区）是广西，为60.39亿元；其次是辽宁，为38.82亿元，两省退耕吸纳就业价值量之和占本区域退耕吸纳就业总价值量的80.11%；其余均低于20亿元。

（2）**退耕转移劳动力。**本区域在退耕转移劳动力指标中，退耕转移劳动力价值量最高的省（自治区）是广西，为69.37亿元；其次是黑龙江，为21.83亿元，两省退耕转移劳动力价值量之和占本区域退耕转移劳动力总价值量的75.94%；其余均低于20亿元。

（3）**退耕培训。**本区域在退耕培训指标中，退耕培训价值量最高的省（自治区）是黑龙江，为1.28亿元，占本区域退耕培训总价值量的49.61%；其余均低于1亿元。

（4）**生态教育基地。**本区域在生态教育基地指标中，生态教育基地价值量最高的省（自治区）是广西，为0.21亿元，占本区域生态教育基地总价值量的77.78%；其余之和不足0.1亿元。

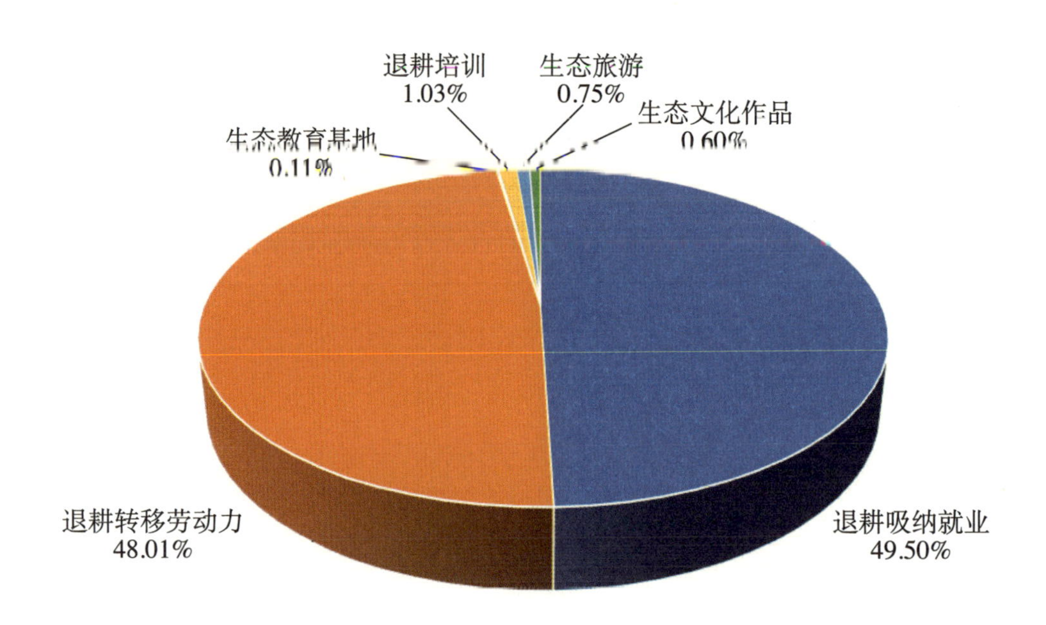

图4-23　其他地区发展社会事业价值量

（5）生态文化作品。本区域在生态文化作品指标中，生态文化作品价值量全部来源于辽宁，为1.5亿元；其余均为0。

（6）生态旅游。本区域在生态旅游指标中，生态旅游价值量最高的省（自治区）是广西，为1.77亿元，占本区域生态旅游总价值量的94.65%；其余之和为0.1亿元。

4.4.5.2 **优化社会结构价值量评估结果**

其他地区退耕还林还草形成的优化社会结构价值量为167.31亿元，其中乡村绿化美化贡献价值量为99.47亿元，占本区域优化社会结构价值量的59.45%；退耕投资贡献价值量为9亿元，占本区域优化社会结构价值量的5.38%；特色经济林产品消费价值量为26.6亿元，占本区域优化社会结构价值量的15.90%；退耕还林收入价值量为32.24亿元，占本区域优化社会结构价值量的19.27%（图4-24）。

（1）乡村绿化美化贡献。本区域在乡村绿化美化贡献指标中，乡村绿化美化贡献价值量最高的省（自治区）是广西，为38.6亿元；其后是黑龙江，为23.23亿元，两省乡村绿化美化贡献价值量之和占本区域乡村绿化美化贡献总价值量的62.16%；其余均在20亿元以下。

（2）退耕投资贡献。本区域在退耕投资贡献指标中，退耕投资贡献价值量最高的省（自治区）是广西，为3.12亿元，占本区域退耕投资贡献总价值量的34.67%；其次是西

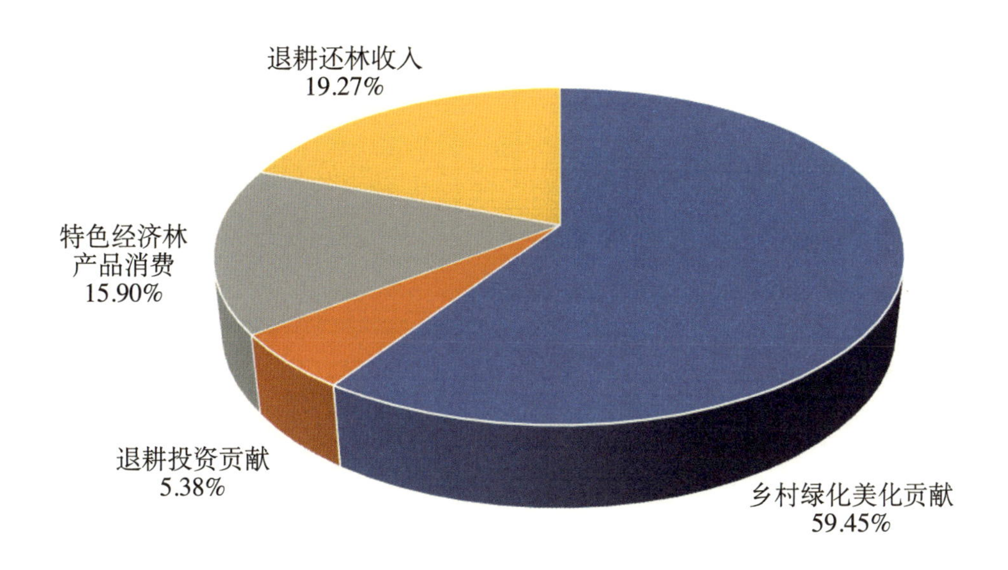

图4-24 其他地区优化社会结构价值量

藏，为2.38亿元，占本区域退耕投资贡献总价值量的26.44%；其余之和不足5亿元。

（3）**特色经济林产品消费。**本区域在特色经济林产品消费指标中，特色经济林产品消费价值量最高的省（自治区）是广西，为7.74亿元；其后依次是辽宁、黑龙江，分别为6.79亿元、5.85亿元，三省特色经济林产品消费价值量之和占本区域该项总价值量的76.62%；其余均不足5亿元。

（4）**退耕还林收入。**本区域在退耕还林收入指标中，退耕还林收入价值量最高的省（自治区）是广西，为14.98亿元；其次是辽宁，为9.8亿元，两省退耕还林收入价值量之和占本区域退耕还林收入总价值量的76.86%；其余均低于5亿元。

4.4.5.3 **完善社会服务价值量评估结果**

其他地区退耕还林还草形成的完善社会服务价值量为4.98亿元，其中覆盖贫困人口价值量为4.89亿元，占本区域完善社会服务价值量的98.19%；吸纳生态护林员价值量为0.09亿元，占本区域完善社会服务价值量的1.81%（图4-25）。

（1）**覆盖贫困人口。**本区域在覆盖贫困人口指标中，覆盖贫困人口价值量最高的省（自治区）是辽宁，为4.72亿元，占本区域该项总价值量的96.52%；其次是黑龙江，为0.17亿元；其余均为0。

（2）**吸纳生态护林员。**本区域在吸纳生态护林员指标中，吸纳生态护林员价值量最

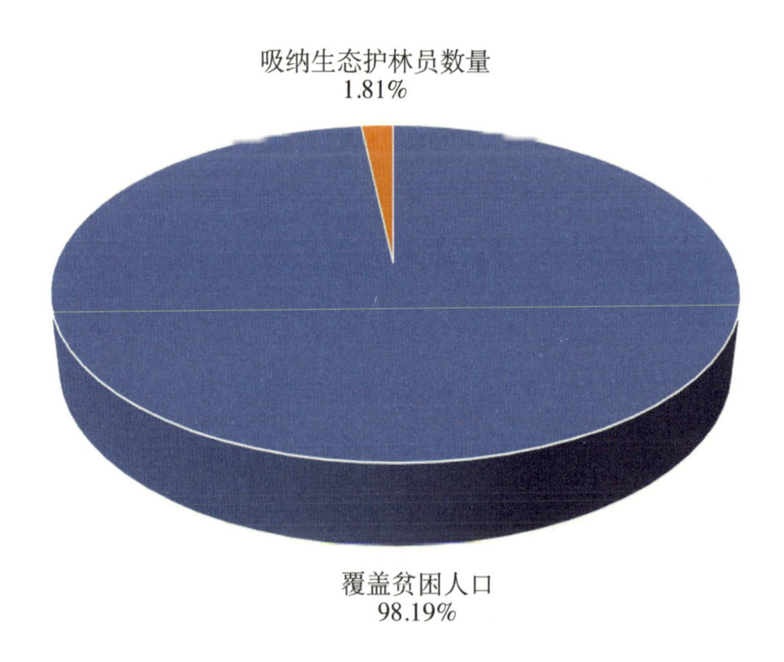

图4-25　其他地区完善社会服务价值量

高的省（自治区）是广西，为0.07亿元，占本区域吸纳生态护林员总价值量的77.78%；其次是黑龙江、海南，均为0.1亿元；其余均为0。

4.4.5.4 促进社会组织发展价值量评估结果

其他地区退耕还林还草形成的促进社会组织发展价值量为49.81亿元，其中退耕新型林业经营主体规模价值量为49.62亿元，占本区域促进社会组织发展价值量的99.62%；退耕新型林业经营主体带动农户价值量为0.19亿元，占本区域促进社会组织发展价值量的0.38%（图4-26）。

（1）退耕新型林业经营主体规模。本区域在退耕新型林业经营主体规模指标中，退耕新型林业经营主体规模价值量最高的省（自治区）是广西，为14.08亿元；其次是黑龙江、辽宁，分别为13.94亿元、10.42亿元，三省新型林业经营主体规模价值量之和占本区域该项总价值量的77.47%；其余均低于10亿元。

（2）退耕新型林业经营主体带动农户。本区域在退耕新型林业经营主体带动农户指标中，退耕新型林业经营主体带动农户价值量最高的省（自治区）是黑龙江，为0.1亿元，占本区域退耕新型林业经营主体带动农户总价值量的52.63%；其次是广西、海南，分别为0.07亿元、0.02亿元；其余均为0亿元（表4-4）。

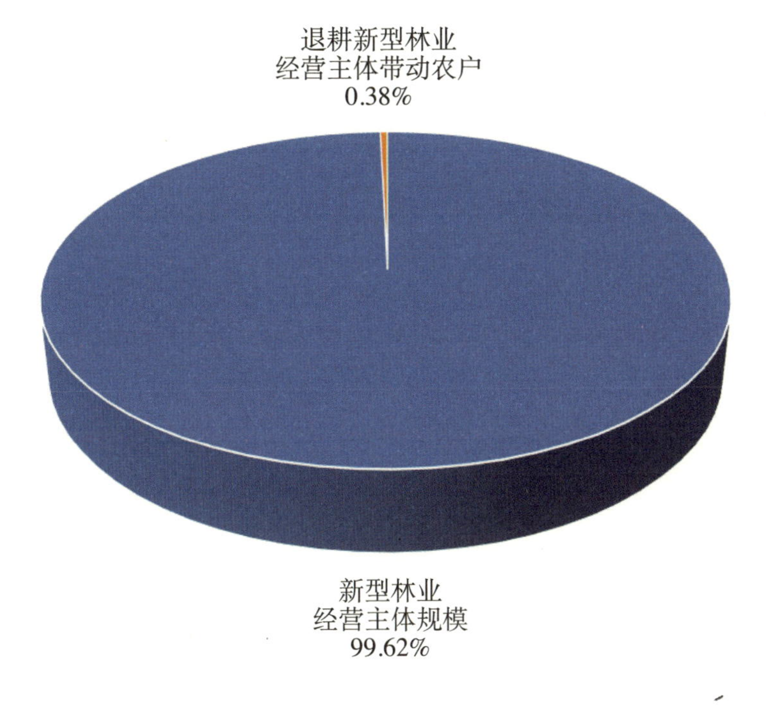

图4-26　其他地区完善社会服务价值量

第五章 综合效益评估结果分析

退耕还林工程综合效益，主要包括通过退耕还林工程的实施产生的改善生态环境、控制水土流失等生态服务功能的生态效益，以及通过退耕还林工程的展开及各项配套政策、措施的实施，对地方经济和社会发展所产生的积极的、有效的经济效益和社会效益，因此生态效益、社会效益和经济效益之和可以表征退耕还林工程综合效益。

5.1 森林综合效益与三大效益

森林是陆地生态系统的主体，是人类赖以生存和发展的重要物质基础，森林在维护生态平衡和国土安全中处于其他任何生态系统都无可替代的主体地位，具有多种综合效益。森林的水平分布广、占有空间大、成分复杂、结构稳定。与其他植被相比，森林固定太阳能的效率最高，生产率和生物量最大。森林生物通过生理代谢、生化反应、物理和机械作用，调节、制约和改善林内的环境条件，直接或间接地影响与森林相近的其他生物群落和生态环境。

5.1.1 森林综合效益及其分类

森林综合效益是指森林生物群体在物质生产、能量贮备等生长演化过程中所产生的森林价值，及其对周围环境的影响所表现的环境价值。森林综合效益也就是常说的森林多种效益，森林能够调节气候、保持水土，防止、减轻旱涝、风沙、冰雹等自然灾害；森林还有净化空气、消除噪音等功能；同时森林是生物多样化的基础，是天然的动植物园，哺育着各种飞禽走兽和生长着多种珍贵林木和药材。森林资源结构复杂、形态各异，决定了它功能效益的多样性。为了方便理解和监测评估，人们习惯将森林综合效益进行简化并分类，常用的分类法有二元分类法和多元分类法。

二元分类法也称二元对立分类法，如英国学者将森林的效益分为两类：一是有市场交换的内部效益，仅指木材的经济收获；二是无市场价格的外部效益，包括与环境有关的外部效益和与环境无关的外部效益。美国在森林经营中，按商品效能把森林分为商品（效益）林和非商品（效益）林。巴西按生产效能把林业分生产（效益）林和非生产（效益）林。南非、智利等人工林大国，将森林分为人工林和非人工林。在我国，作为《森林法》五大林种分类的补充，二元对立分类也日益走上舞台，如森林分类经营将森林分为商品林与公益林。前一轮退耕还林也按效益分为经济（效益）林和生态（效益）林，并采取不同的补助标准和年限。

多元分类法，是指森林本身及其对多种相关环境因素影响的效益，如森林本身的木材、果品等有经济效益，森林对气候（气温、降水）、水文（蒸发、降水、径流）、土壤（固沙、固土、肥力、厚度）、生物（植物、动物、微生物等多样性）等自然环境的要素和自然灾害等方面的效益。如我们常说的森林有经济收益，森林能涵养水源、保护土壤、防风固沙、增加生物多样性，森林有文化、游憩、康养等效益。苏联按森林效益影响的重要环节来分类，把森林效益分为5类：本身的经济收益，对气候的影响、对水文的影响、对土壤的影响和对生物产的影响，并据此提示出森林的五大效益：经济、气候、水文、土壤、生物效益。

5.1.2 森林三大效益

我国林业工作者在长期的实践中，把森林的综合效益划分为三大效益，即生态、经济和社会效益。经济效益也称直接效益，主要提供下列物质和能源的效益：木材、能源、食物、化工原料、医药资源、物种基因资源。生态效益也称生态服务，由于森林生态系统对环境（生物与非生物）的调节作用而产生的有利于人类和生物种群生息、繁衍的效益。主要包括调节气候、涵蓄水源、保持水土见森林水文作用)、防风固沙、减少旱灾、洪灾、虫灾等自然灾害、改良土壤。社会效益表现为森林对人类生存、生育、居住、活动以及在人的心理、情绪、感觉、教育等方面所产生的作用。社会效益难与生态效益截然分开。

早年美国学者把森林公益效能分为三类：①与生命支持系统生态服务或生态系统服务，它包括森林对水源、土壤、营养物质、生物、大气和净化污染物质的贡献；②与人类活动相关的社会价值，它包括生理效益、心理效益、文化效益、审美效益和社会关系等；③经济效益，它包括现在的生产性利用、消耗性利用和非消耗性利用效益，以及将来利用的选择效益和与利用无关的存在效益。

在中国比较流行的森林三大效益分类，可以说是二元对立分类法的延伸，按照森林与自然关系，森林效益分为生态效益（自然关系）和社会效益（人的关系）两类。经济现象是社会现象之一，但由于经济效益特别重要，因此，又将经济效益从社会效益中独立出来，这样就形成生态、经济、社会三大效益。

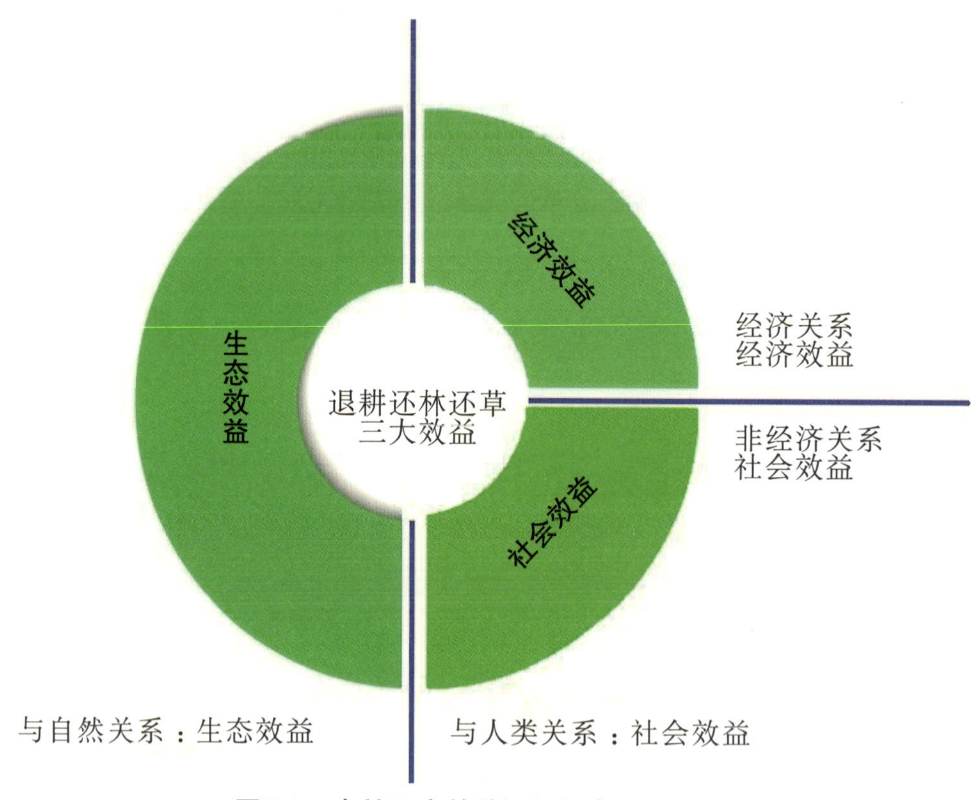

图5-1　森林三大效益逻辑组合图

当然，森林三大效益划分也可以说是多元分类法的结果，是森林在经济、人类和自然三个重要层面上的形成的经济、社会和生态效益。

5.2 退耕还林还草综合效益分析

本报告是第一个对全国退耕还林还草综合效益进行监测评估的报告。作为中国重要的林草资源，退耕还林还草的综合效益无疑是巨大的，效益的类型也是多样化的。我们选择了10个类别43个指标来评估退耕还林还草的综合效益（其中生态效益选择了3个评估类别7个评估内容18个指标、经济效益选择了3个评估类别11个指标，社会效益选择了4个评估类别9个评估内容14个指标），比较全面地反映了工程建设的生态、经济和社会效益价值，评估结果足以代表退耕还林还草的综合效益。

5.2.1 综合效益结构分析

本报告是首个对全国退耕还林还草生态、经济和社会三大效益进行综合评估的报告，结果表明：2019年，全国退耕还林还草综合效益为24050.46亿元/年，是中央财政累计投入资金（5174.00亿元）的4.65倍，充分表明退耕还林还草工程低投入高收益的特征。退耕还林工程综合效益中，生态效益14168.64亿元/年，占综合效益的58.92%；经济效益2554.86亿元/年，占综合效益的10.62%；社会效益7326.96亿元/年，占综合效益的30.46%（图5-2）。

根据评估结果，2019年退耕还林还草总价值24050.46亿元/年，生态效益价值最大，其次是社会效益，最后是经济效益。生态效益和社会效益价值之和，占总评估价值的89.38%，与党中央、国务院对退耕还林还草生态治理工程的定位完全吻合，也与社会各界生态工程、德政工程、民心工程的称谓完全吻合。

全国退耕还林工程综合效益的空间分布特征如图5-3、表5-1所示，四川退耕还林工程综合效益最大，为3023.91亿元，占总综合效益价值量的12.57%；其次为重庆、贵州、湖南和云南，每年退耕还林工程综合效益均在1600.00亿～2300.00亿元；湖北、河北、陕西、河南、甘肃和内蒙古每年退耕还林工程综合效益均在1000.00亿～1500.00亿元；其余省（自治区、直辖市）和新疆建设生产兵团每年退耕还林工程综合效益均小于950.00亿元。

全国退耕还林工程综合效益中，生态效益、社会效益和经济效益的占比呈现出明显的地区差异，但大多数工程省（自治区、直辖市）综合效益中均为生态效益价值最高，所占比例在40%～90%（图5-4）。内蒙古自治区的生态效益价值量占比最高，这主要与退耕还林三个林种的面积比例相关，内蒙古退耕还林工程的主要林种为生态林和灌木林，面积占比为98.01%，有利于生态效益的发挥。安徽省的生态效益价值量占比最低，是由于其退耕还林工程对劳动力转移、生态旅游发展及乡村绿化美化的贡献度较高，产生了较高

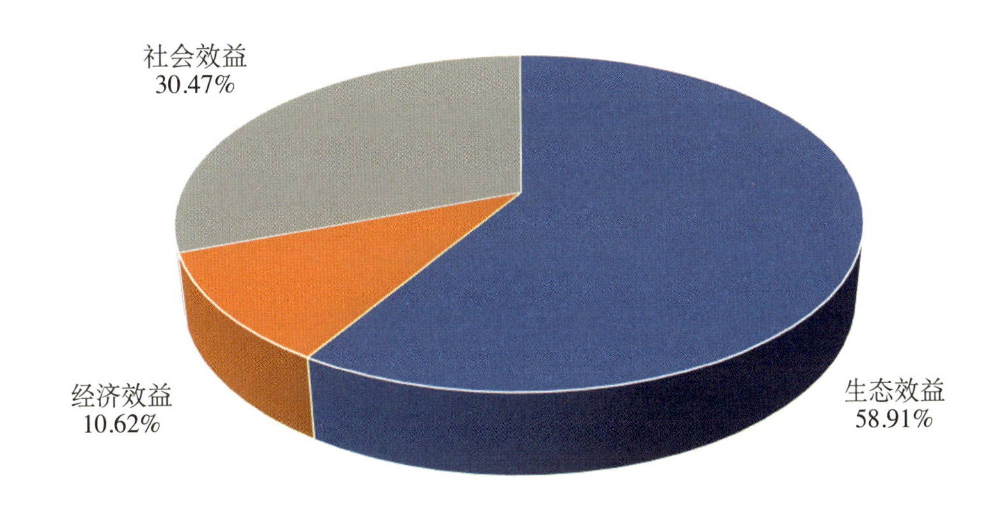

图5-2　退耕还林还草生态效益、社会效益和经济效益占比

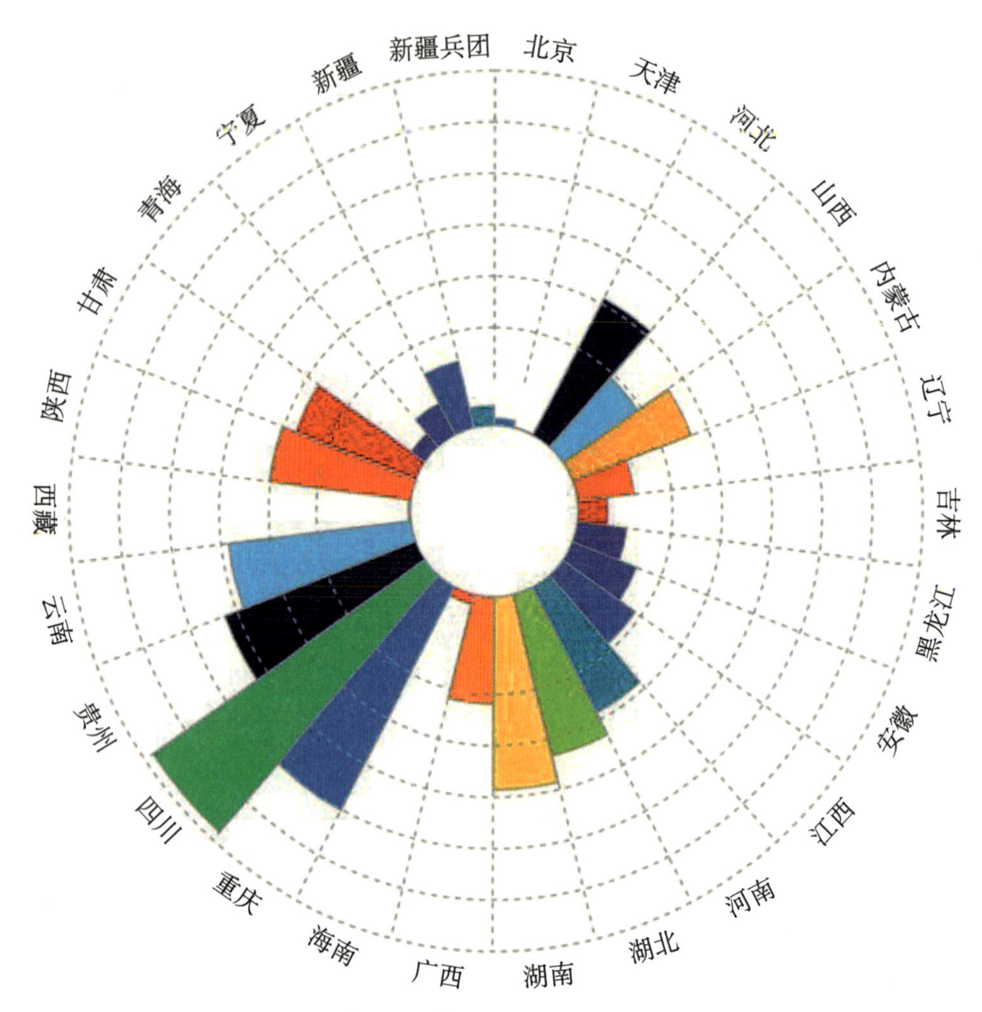

图5-3 各工程省退耕还林工程综合效益

表5-1 各工程省退耕还林工程综合效益

序号	工程省	综合效益（亿元/年）	序号	工程省	综合效益（亿元/年）
1	北京	62.09	14	广西	940.25
2	天津	10.16	15	海南	91.08
3	河北	1360.03	16	重庆	2220.18
4	山西	815.38	17	四川	3023.91
5	内蒙古	1146.81	18	贵州	1877.81
6	辽宁	519.33	19	云南	1691.74
7	吉林	270.83	20	西藏	19.30
8	黑龙江	452.50	21	陕西	1319.08
9	安徽	620.94	22	甘肃	1184.43
10	江西	795.12	23	青海	153.24
11	河南	1241.26	24	宁夏	310.70
12	湖北	1456.97	25	新疆	597.47
13	湖南	1697.18	26	新疆兵团	172.67

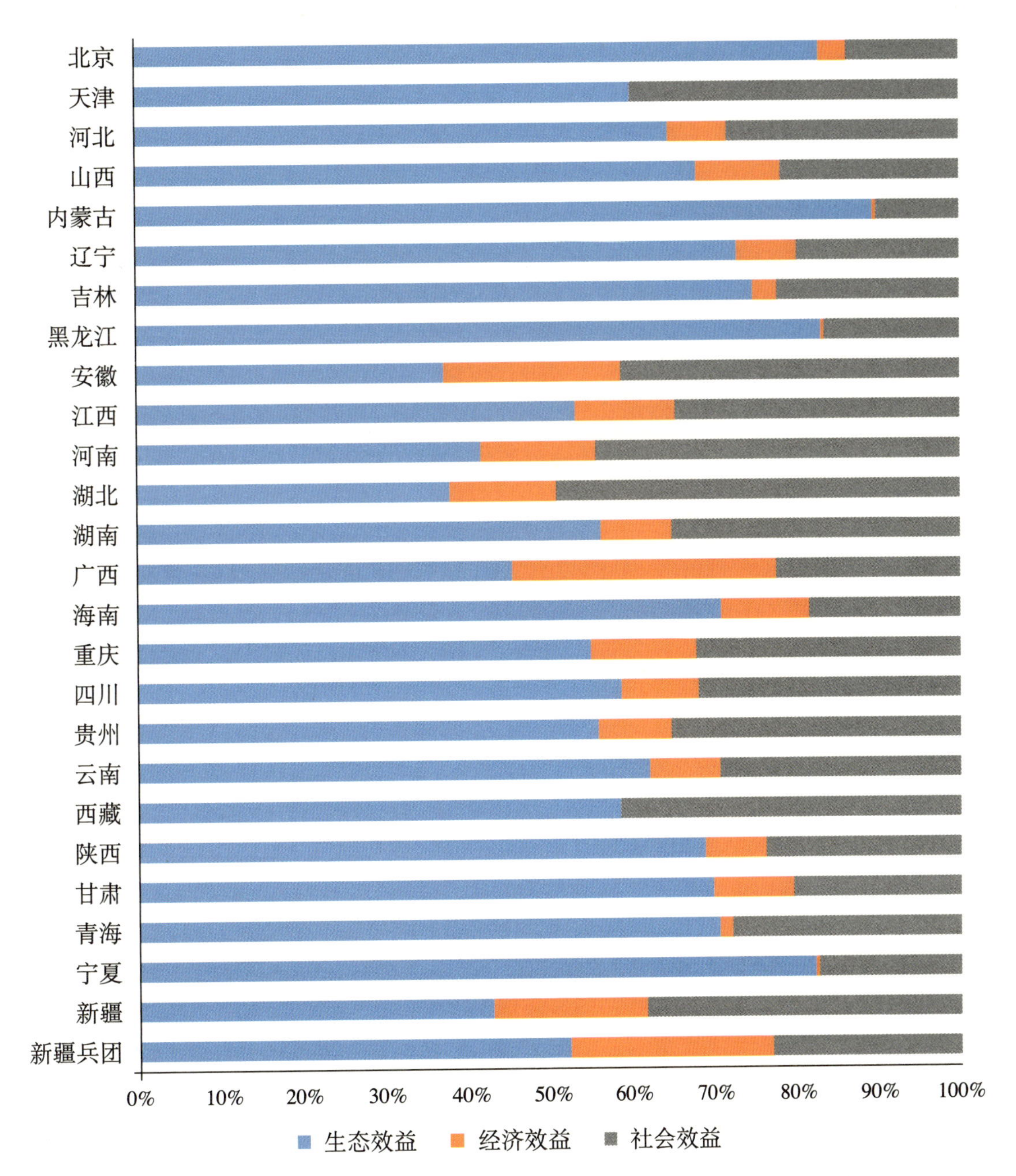

图5-4　各工程省退耕还林还草生态效益、社会效益和经济效益占比

的社会效益。总体而言，退耕还林工程综合效益受生态效益、经济效益、社会效益的共同影响，例如云南、贵州和湖南，云南生态效益价值最高，但贵州和湖南由于退耕转移劳动力人数（占退耕转移劳动力总人数的18.51%）及退耕林业收入较高（占退耕林业总收入的21.49%，产生了较高的社会经济价值，因而两省综合效益价值均高于云南省。由此可见，退耕还林工程既要充分发挥出退耕还林还草修复和改善生态环境的效用，又要大力发展林业经济，推动社会发展，使生态效益、经济效益和社会效益稳步提升。为充分理解退耕还林工程综合效益的特征，促进退耕还林还草高质量发展，实现综合效益最大化，还需要进一步分析其生态效益特征、经济效益特征和社会效益特征。

5.2.2 综合效益比较分析

我国已成为全球森林资源增长最多、最快的国家，生态状况得到了明显改善，森林资源保护和发展步入了良性发展的轨道，而退耕还林工程对此功不可没。全国第九次森林资源清查结果显示，全国现有森林面积2.2亿公顷，森林蓄积量175.6亿立方米，实现了30年来连续保持面积、蓄积量的“双增长”。截至2019年底，全国累计实施退耕还林还草5.15亿亩，合0.35亿公顷，占全国现有森林面积的15.91%，对实现林业三增长以及全球增绿意义重大。据美国国家航空航天局2019年研究结果，2000—2017年我国绿色净增长面积占全球净增长面积的25%，其中植树造林占42%，而退耕还林还草占同期营造林的40.5%，为世界增绿、增加森林碳汇、应对气候变化作出了巨大贡献。

本报告2019年退耕还林还草总价值24050.46亿元，将该结果与三次中国森林资源核算研究结果进行比较分析（表5-2）。

2009年，基于第七次中国森林资源清查数据、生态监测数据和权威机构公布的社会公共资源数据，全国林地资源实物量3.04亿公顷，林木资源实物量149.13亿立方米，森林资源核算评估结果为：全国森林资源总价值25.00万亿元，其中林地林木资产总价值为14.99万亿元（其中林地资产5.52万亿、林木资产9.47万亿）、生态服务价值达10.01万亿元/年（中国森林生态服务功能评估项目组，2010）。

2014年，基于第八次中国森林资源清查数据、生态监测数据和权威机构公布的社会公共资源数据，全国林地资源实物量3.10亿公顷，林木资源实物量160.74亿立方米，森林资源核算评估结果为：全国森林资源总价值33.97万亿元，其中林地林木资产总价值为21.29万亿元（其中林地资产7.64万亿、林木资产13.65万亿）、生态服务价值达12.68万亿元（中国森林资源核算研究项目组，2015）。

根据国家林业和草原局2021年3月21日《中国森林资源核算研究》成果新闻发布会，国家林业和草原局联合国家统计局组织开展了“中国森林资源核算”研究，基于第九次中国森林资源清查数据、生态监测数据和权威机构公布的社会公共资源数据，林地资源实物量3.24亿公顷，林木资源实物量185.05亿立方米，森林资源核算评估结果为：全国森林资源总价值全国森总价值44.03万亿元，其中全国森林林地林木资产总价值为25.05万亿元（林地资产9.54万亿元，林木资产15.52万亿元）、生态服务价值达15.88万亿元/年、文化价值约为3.10万亿元/年（国家林业和草原局，2021）。

表5-2　退耕还林还草综合效益监测评估和中国森林资源核算研究比较分析

项目	分项	评估结果（亿元/年）
全国退耕还林还草综合效益监测评估（2019）	综合价值	24050.46
	生态价值	14168.64
	社会价值	7326.96
	经济价值	2554.86
中国森林资源核算研究（2004—2008）	总价值	250000
	林地林木	149900
	生态价值	100100
中国森林资源核算研究（2009—2013）	总价值	339700
	林地林木	212900
	生态价值	126800
中国森林资源核算研究（2014—2018）	总价值	440300
	林地林木	250500
	生态价值	158800
	文化价值	31000

5.2.3 综合效益耦合分析

退耕还林工程生态效益、经济效益、社会效益之间既相互促进又相互制约，是耦合发展的关系。首先将省级区域退耕还林工程生态效益、经济效益、社会效益价值量分别进行相关性分析表明，生态效益与经济效益价值量（图5-5）、生态效益与社会效益价值量（图5-6）、经济效益与社会效益价值量（图5-7）均呈正相关关系，表明退耕还林工程综合效益价值量之间是互相促进、协同增长的。这是由于退耕还林工程的实施有效的增加了森林面积（生态林、经济林、灌木林），在发挥森林生态服务功能的同时，大力发展林下经济、木材生产等林业产业发展，培育了地区新的经济增长点，同时带动了与退耕还林工程相关的社会性事业的发展。

退耕还林工程综合效益之间的协同耦合，一方面是由于退耕还林工程生态效益、经济效益和社会效益均与退耕还林工程实施面积有着直接或间接的关系，总体而言，面积越大，综合效益越高。此外，三种植被恢复模式和三个林种的面积比例，在一定程度上决定了三大效益的比例，封山育林恢复模式、生态林面积占比越高，生态效益越高，经济林面

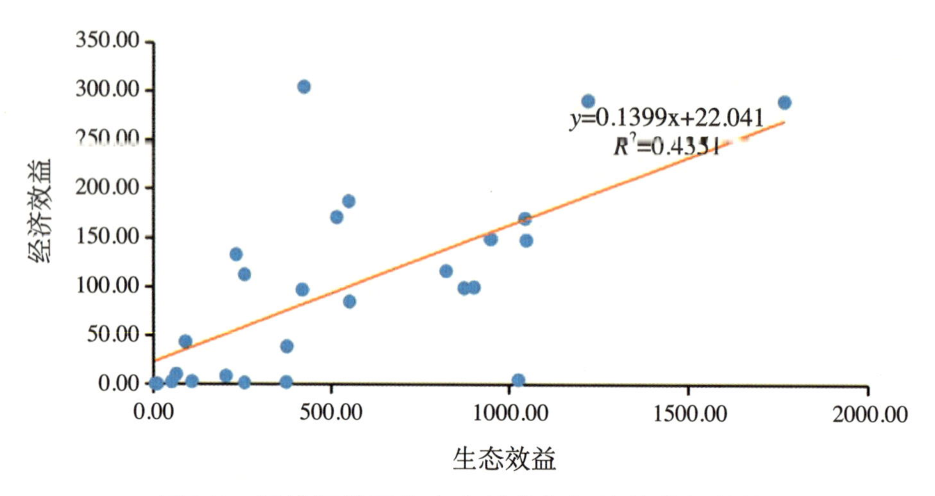

图5-5　退耕还林还草生态效益与经济效益相关性

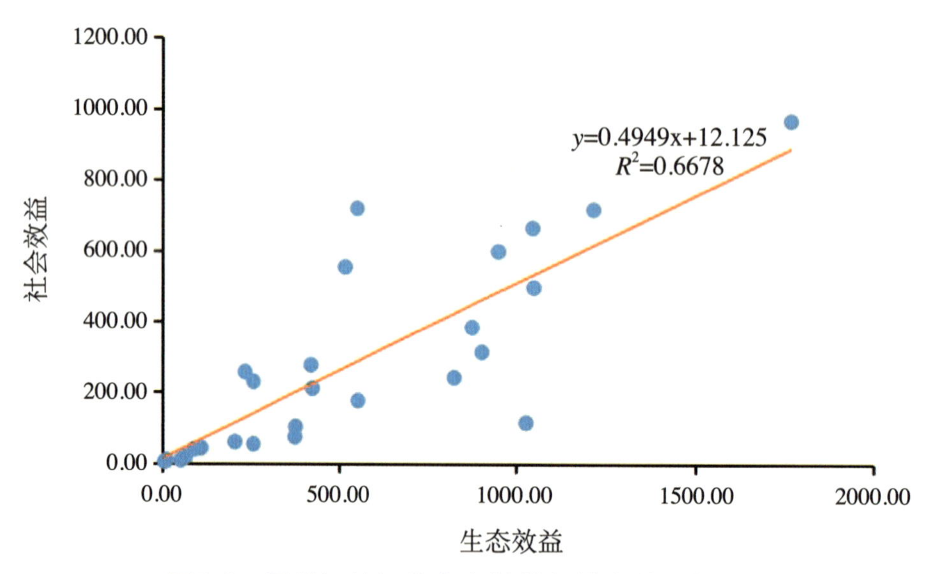

图5-6　退耕还林还草生态效益与社会效益相关性

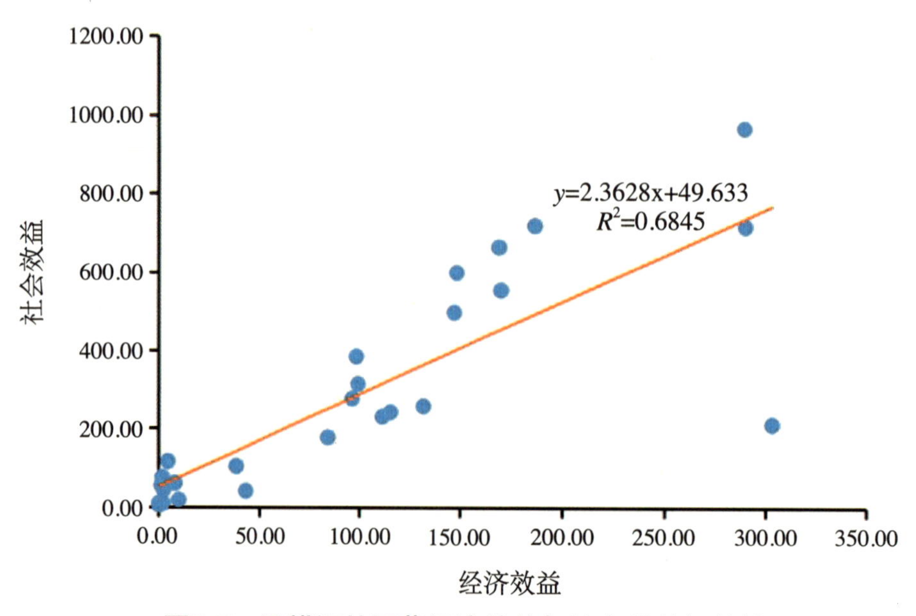

图5-7　退耕还林还草经济效益与社会效益相关性

积越高，经济效益越高。另一方面是由于生态效益、经济效益和社会效益之间的内在联系，生态效益的提高通过改善自然环境条件促进经济效益的发展，而生态效益和经济效益的提高会吸纳、转移劳动力，发展社会事业、优化城乡结构、消费结构和收入结构、完善社会服务功能的同时促进产生新型林业经营主体进而提高社会效益。

不同省级区域退耕还林工程综合效益间的耦合协调关系，可以通过耦合度和耦合协调度模型进行分析。首先需要建立综合效益耦合协调关系评价指标体系，本报告选取可以反映退耕还林工程生态效益、经济效益、社会效益物质量监测指标，作为综合评价模型指标体系，并对指标体系数据进行标准化处理，以消除量纲和数量级之间的不同（表5-3）。采用熵权法分析各指标间的关联度和各指标的信息量以确定指标权重，这在一定程度上避免了因主观意愿而带来的赋值误差。

表5-3 退耕还林工程综合效益耦合评价指标体系

目标层	系统层	指标层	熵值	熵权
退耕还林工程综合效益协调耦合关系评价	生态效益	固土	0.918	0.0081
		保氮	0.863	0.0136
		保磷	0.912	0.0087
		保钾	0.895	0.0104
		保有机质	0.873	0.0126
		氮固持	0.886	0.0112
		磷固持	0.868	0.0131
		钾固持	0.835	0.0163
		涵养水源	0.864	0.0135
		固碳	0.898	0.0101
		释氧	0.896	0.0103
		提供负离子	0.890	0.0109
		吸收气体污染物	0.889	0.011
		滞尘	0.915	0.0084
		滞纳TSP	0.915	0.0084
		滞纳PM_{10}	0.765	0.0233
		滞纳$PM_{2.5}$	0.764	0.0233
		防风固沙	0.715	0.0282

（续）

目标层	系统层	指标层	熵值	熵权
退耕还林工程综合效益协调耦合关系评价	经济效益	经济林采集	0.849	0.0149
		木材采运	0.679	0.0318
		竹材采运	0.670	0.0327
		林下菌类、粮食、蔬菜	0.652	0.0344
		林下树苗	0.779	0.0219
		林下养鸡、鸭、鹅	0.753	0.0245
		林下养猪、牛、羊	0.774	0.0224
		林下养蜂	0.810	0.0188
		木材加工	0.687	0.031
		林产化学产品制造	0.649	0.0348
		退耕木本油料、果蔬、茶饮料等加工制造	0.756	0.0241
		森林药材加工	0.700	0.0297
		林业生产服务	0.771	0.0227
		林业专业技术服务	0.879	0.012
		生态旅游与森林康养	0.703	0.0294
	社会效益	退耕吸纳就业	0.842	0.0156
		退耕转移劳动力	0.860	0.0139
		退耕培训	0.717	0.028
		生态教育基地	0.762	0.0236
		生态教育基地接待人次	0.708	0.0289
		生态文化作品	0.541	0.0455
		生态旅游	0.685	0.0312
		乡村绿化美化贡献	0.766	0.0232
		退耕投资贡献	0.779	0.0219
		特色经济林产品消费	0.791	0.0207
		退耕林业收入	0.822	0.0176
		覆盖贫困人口	0.823	0.0175
		吸纳生态护林员	0.842	0.0157
		新型林业经营主体	0.809	0.0189
		退耕新型林业经营主体经营规模	0.825	0.0174
		退耕新型林业经营主体带动农户	0.658	0.0339

通过全国退耕还林工程综合效益耦合分析，不同省级区域退耕还林工程生态效益、经济效益和社会效益的耦合度值存在明显差异，耦合度越大说明该区域生态、经济、社会之间的相互作用越大。整体来看，全国省级区域的耦合度值均值为0.52，表明生态、经济、社会之间的耦合度整体处于颉颃阶段。具体而言，湖北、重庆、四川、贵州、湖南、陕西、江西、河南、安徽、云南的耦合度值相对较高，均处于磨合阶段，其余省级区域处于，低水平耦合或颉颃阶段。

全国退耕还林工程综合效益耦合协调状态整体处于中、低度协调耦合，表明退耕还林工程生态效益、经济效益和社会效益处于不平衡发展的状态。这主要是由于生态效益过高，经济效益和社会效益相对较低。为改善这种不平衡发展的状态，在保护和提高退耕还林工程生态效益的同时，要依托退耕还林工程大力发展农牧业资源和生态旅游和生态康养产业，带动区域社会发展。

表5-4 全国退耕还林工程综合效益耦合协调度

省级区域	耦合度	耦合强度	耦合协调度	耦合协调程度
北京	0.25	低水平耦合	0.114	低度协调耦合
天津	0.295	低水平耦合	0.101	低度协调耦合
河北	0.505	磨合阶段	0.327	低度协调耦合
山西	0.51	磨合阶段	0.293	低度协调耦合
内蒙古	0.319	颉颃阶段	0.241	低度协调耦合
辽宁	0.34	颉颃阶段	0.19	低度协调耦合
吉林	0.41	颉颃阶段	0.145	低度协调耦合
黑龙江	0.349	颉颃阶段	0.175	低度协调耦合
安徽	0.623	磨合阶段	0.264	低度协调耦合
江西	0.635	磨合阶段	0.325	低度协调耦合
河南	0.634	磨合阶段	0.424	中度协调耦合
湖北	0.744	磨合阶段	0.447	中度协调耦合
湖南	0.68	磨合阶段	0.47	中度协调耦合
广西	0.488	颉颃阶段	0.39	低度协调耦合
海南	0.35	磨合阶段	0.148	低度协调耦合
重庆	0.713	磨合阶段	0.492	中度协调耦合
四川	0.706	磨合阶段	0.599	中度协调耦合

（续）

省级区域	耦合度	耦合强度	耦合协调度	耦合协调程度
贵州	0.694	磨合阶段	0.555	中度协调耦合
云南	0.614	磨合阶段	0.45	中度协调耦合
西藏	0.239	低水平耦合	0.106	低度协调耦合
陕西	0.656	磨合阶段	0.477	中度协调耦合
甘肃	0.563	磨合阶段	0.374	低度协调耦合
青海	0.454	颉颃阶段	0.139	低度协调耦合
宁夏	0.524	磨合阶段	0.175	低度协调耦合
新疆	0.442	颉颃阶段	0.302	低度协调耦合
兵团	0.453	颉颃阶段	0.188	低度协调耦合

5.2.4 综合效益驱动力分析

退耕还林工程综合效益是多因素综合作用的结果，且各个因素对其影响程度不同，作用机制复杂。本评估报告分别分析了政策因素、社会经济因素、自然环境因素对全国退耕还林工程综合效益的驱动作用。通过该分析，可明确各因素对退耕还林工程综合效益的作用，有助于充分理解退耕还林工程生态效益时空格局形成与演变的内在机制，为进一步提升退耕还林工程综合效益提供依据和参考。

5.2.4.1 政策的驱动作用分析

退耕还林工程是我国迄今为止政策性最强、投资量最大、涉及面广、工作程序多、群众参与程度高的一项宏大生态建设工程。退耕还林工程综合效益与退耕还林工程实施面积密切相关，植被恢复面积是决定生态服务功能强弱的直接影响因子。政策是退耕还林工程综合效益的关键驱动力，没有强有力的政策支持，退耕还林植被恢复面积和质量难以保证，退耕地复耕状况难以控制，退耕还林工程综合效益难以持续增长，尤其是生态效益，一旦出现毁林、复耕等严重情况，则退耕还林工程的生态效益可能会显著降低甚至完全丧失。因此，只有强有力的政策支撑才能实现“退得下，还得上，能致富，不反弹”的目标，切实做到稳得住不复耕，实现工程综合效益的持续增长。

自退耕还林工程启动以来，为保证这项林业重点生态建设工程的顺利实施和健康发展从国务院到国家各相关部门，从地方各级政府到具体实施管理部门，先后系统地制定和出台了一系列的规章制度，对退耕还林工程的技术、补助、管理等做了明确具体的政策规定，形成了相对完整的政策体系。国家政策体系主要包括综合性政策、补助兑现管理政策、工程实施管理政策；地方政策体系主要包括年度实施方案与作业设计的编制和审批、工程管理和检查验收、档案管理方面、粮款兑现、工程监管方面。国家政策与地方政策构成的完整退耕还林政策体系影响着退耕还林工程的实施范围、生态林与经济林比例、树种选择和植被配置方式、造林模式、种苗供应方式、植被管护和配套保障措施等各个方面。这些方面的各个因素均会对退耕还林森林生态系统的结构与功能产生直接或间接影响，进而影响到退耕还林工程的生态效益、经济效益和社会效益。目前，我国生态文明建设正处于关键阶段，退耕还林还草作为生态修复、提升碳汇的有力措施，面临着巩固已有成果和继续扩大的双重任务，提出全面提质增效，全力推进高质量发展的退耕还林还草政策，以更好地适应党和国家工作全局的需要。退耕还林还草高质量发展之路必将充分发挥其生态效益、经济效益和社会效益，进而提升其综合效益。

因此，政策是退耕还林工程综合效益关键的基础驱动力，对全国退耕还林工程综合效益的影响全面而深入。

5.2.4.2 社会经济因素的驱动作用分析

社会经济因素对退耕还林工程综合效益的驱动作用主要表现在两个方面。第一，社会经济条件是退耕还林工程开展的基础；第二，社会经济效益与生态效益均为退耕还林工程的主要目标，二者相互促进协调发展。

首先，社会经济条件是退耕还林工程开展的基础。随着改革开放的不断深入，我国综合国力显著增强，财政收入大幅度增长，为大规模开展退耕还林奠定了坚实的经济基础和物质基础。同时，中国改革开放政策不仅使国民经济保持持续、快速、稳健发展，而且在实现建立现代市场经济体系的目标方面取得了重大进展，并给社会生活各个层面带来了许多重大而深远的变革，在投资项目的选择及战略取向方面，从过去单纯追求财务及经济目标，转变为经济、社会、环境全面协调可持续发展，这种转变为退耕还林工程实施奠定了社会经济基础。正是因为有了这样的社会经济基础，退耕还林工程才得以实施。

其次，社会经济效益与生态效益均为退耕还林工程的主要目标，二者相互促进协调发展。退耕还林工程既是生态工程，又是扶贫工程和富民工程。《中华人民共和国退耕还林条例》指出退耕还林应与调整农村产业结构、发展农村经济，防治水土流失、保护和建 设基本农田、提高粮食单产，加强农村能源建设，实施生态移民相结合。退耕还林规划应当与国民经济和社会发展规划、农村经济发展总体规划、土地利用总体规划相衔接，与环境保护、水土保持、防沙治沙等规划相协调。中央和地方政府希望通过退耕还林工程，在改善生态环境的同时，能够促进土地利用结构、就业结构和产业结构的合理调整，促进退耕区林业和畜牧业以及其他相关产业的发展，形成农林牧家各业相互促进的局面，不断提高退耕地区的经济实力，不断提高退耕农户的人均收入和生活质量（李晓峰，2009）。

退耕还林所取得社会经济效益不仅有利于“生态脱贫”和区域经济发展，而且对生态效益的增长具有促进作用。获得经济效益后，农民退耕还林意愿增强，更利于退耕还林工程的实施，同时也有利于退耕还林林地的科学管理，从而可以有效地驱动退耕还林工程生态效益的提升。综合以上对退耕还林工程综合效益分析可以看出，退耕还林工程实现了社会经济生态三大效益协调发展，社会经济效益与生态效益相互促进。

5.2.4.3 **自然环境因素的驱动作用分析**

自然环境因素是退耕还林工程综合效益的重要驱动力，主要是通过影响树木生长代谢过程、森林结构、森林生态系统能量流动与物质循环等方式驱动退耕还林工程生态效益时空格局的演变。自然环境要素对全国退耕还林工程生态效益的驱动作用主要表现在生态效益增减和生态效益区域分异性两个方面。自然环境因素是森林生长的基础，因此良好的自然环境可以有效促进森林群落植被的生长、能量流动及养分循环，从而增加其生态效益，而恶劣的自然生态环境会限制森林群落植被的生长，严重的自然灾害甚至会摧毁退耕林分，从而减少其生态效益。

自然环境因素对生态效益地理分异性的驱动作用较为复杂，是不同区域自然环境要素的差异与退耕地森林植被群落相互作用的过程。温度、平均降水量和植被覆盖度是影响退耕还林工程生态效益的主要驱动因素。中国温度和降水分布表现为从北到南、从西到东逐渐升高/增多的趋势，这主要是由于纬度变化和水陆位置变化引起。植物生长与温度和水分关系密切，温度适宜，降水充沛的区域，植物生长良好，其植被覆盖度较高，主要是因为：温度越高，植物的蒸腾速率越大，促进体内养分的吸收，进而增加生物量的积累；在水分充足的前提下，温度越高，蒸腾速率加快，植物气孔处于完全打开的状态，增强植物的呼吸作用，为光合作用提供充足的二氧化碳；温度还调控植物叶片淀粉的降解和运转，以及糖分和蛋白质之间的转化，进而起到控制叶片光合作用速率的作用。林木生长越快，其生态服务功能越强，生态效益越高。

地形地貌也是影响退耕还林工程生态效益的重要因素，尤其是坡度和坡向对退耕还林营造林的影响，有研究表明，土壤侵蚀最严重的地域发生在坡度为10～25度的农业用地上，一定坡度条件下对农田和多季作物的土壤侵蚀的百分比相同，农田土壤侵蚀中，耕地水土流失占到86.2%，在发生水土流失的耕地当中，小于5度的坡耕地占到22.5%，5～10度坡耕地占到20.3%，大于10度的坡耕地占到57.1%。在小于5度的坡耕地当中，约有6%的耕地遭遇到较强[5000～8000吨/（平方千米·年）]或极强[8000～15000吨/（平方千米·年）]的侵蚀，然而，在25度以上坡耕地，遭受的较强或极强的土壤侵蚀超过了总耕地面积的42%，我国退耕还林工程主要针对25度以上的坡耕地进行退耕还林，因此坡度和坡向驱动着退耕还林工程的生态效益。

除此以外，2米高年均风速、土地生产力和土壤有机质也是影响退耕还林工程生态效益的主要驱动因素，尤其是对于北方沙化土地而言。研究表明，植物通过三种方式阻止地表风蚀或风沙活动：覆盖部分地表，使被覆盖部分免受风力作用；分散地表以上一定高度内的风动显从而减弱到达地表的风动量；拦截运动沙粒促其沉积。退耕还林工程的实施能够有效防治土壤风蚀，同时促进自然景观恢复。在新疆、甘肃、青海和宁夏，降雨量小于300毫米，气候干旱，风沙较多，这些地区防风固沙功能随风蚀等级增强呈现增大的趋势。新疆东部、甘肃西部和内蒙古西部等地区的风速大于6.0米／秒的天数均超过了60天，且这些地区的沙尘暴灾害严重，根据40多年来的中强和特强沙尘暴的频数分布，新疆和田地区、吐鲁番地区和甘肃河西走廊均属干沙尘暴频发区。此外，该区遍布荒漠和沙地，这些因素都决定该地区退耕还林工程能够在干旱的自然条件下，将潜在的防护功能最大化。

因此气候、地形地貌和土壤等自然环境条件对于退耕还林工程综合效益的充分发挥有着不可估量的作用，掌握其中的机理机制对于提质增效，走高质量发展之路，促进退耕还林工程生态效益，乃至综合效益的提升具有重要意义。

5.3 生态效益分析

根据评估结果，全国退耕还林还草每年产生的生态效益总价值量为14168.64亿元，相当于中央总投入的近3倍。20年来，退耕还林还草工程带来了巨大的生态效益，为建设生态文明和美丽中国创造了良好的生态条件。

5.3.1 生态效益结构分析

退耕还林还草7类生态功能的价值为14168.64亿元/年，其中价值量最大的是涵养水源（4630.22亿元/年），占生态价值的32.68%；第二是净化大气环境（3101.75亿元/年），占生态价值的21.89%；第三是固碳释氧（2230.16亿元/年），占生态价值的15.74%；第四是生物多样性保护（2067.47亿元/年），占生态价值的14.59%；第五是保育土壤（1298.51亿元/年），占生态价值的9.17%；第六是森林防护（654.35亿元/年），占生态价值的4.62%；第七是林木养分固持（186.17亿元/年），占生态价值的1.31%（图5-8）。可见，退耕还林还草生态效益以涵养水源功能最大、其次是净化大气环境功能，固碳释氧功能位居第三，其他依次为生物多样性保护、保育土壤、森林防护和林木养分固持功能，这充分体现了全国退耕

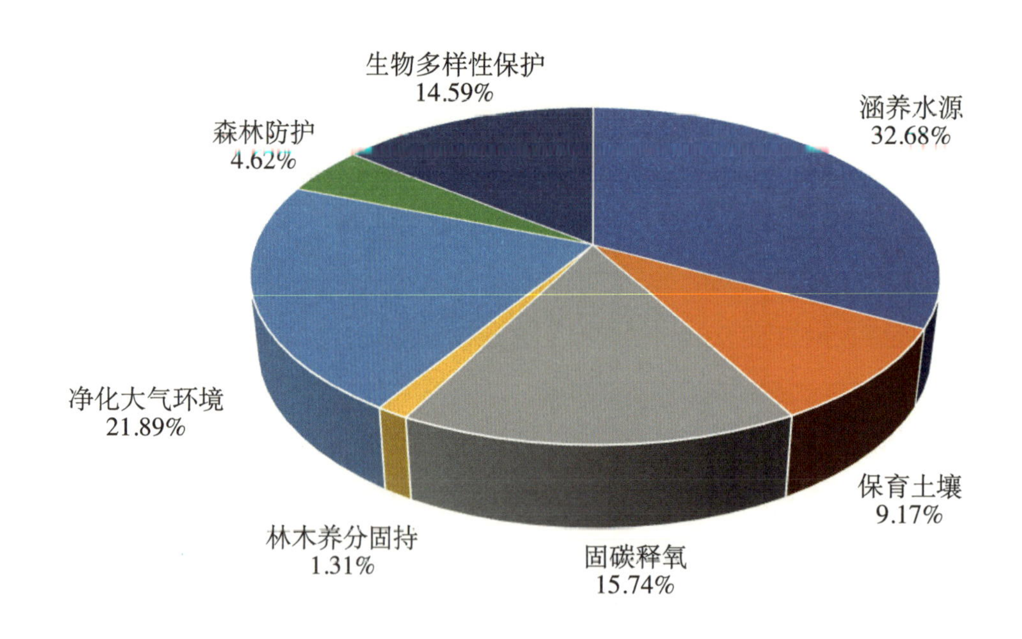

图5-8　全国退耕还林工程各项生态效益价值量比例

还林工程生态效益以“绿色水库”“氧吧库”“碳库”和生物基因库等为优势功能的特点，有利于生态修复，实现“十四五”持续改善生态环境的目标，同时增加人类福祉。

5.3.2 生态效益比较分析

本报告评估的退耕还林还草生态效益为14168.64亿元/年，将其与历次退耕还林工程生态效益评估结果和中国森林资源核算结果进行比较分析。

5.3.2.1 历次退耕还林工程森林生态效益评估结果比较

退耕还林工程生态效益监测自2012年正式启动，至今已完成了6个监测评估报告（表5-5）。报告通过“数据说话”，评估工程建设成效、总结发现经验、查找工程建设中的薄弱环节，对全面掌握和科学评估全国退耕还林还草的效益及动态变化，更好地服务党中央、国务院和主管部门决策，促进退耕还林还草成果巩固，推动退耕还林还草高质量发展具有十分重要的意义。

（1）2013年6个重点监测省份退耕还林工程监测评估

2013年，退耕办对退耕还林工程效益监测工作进行了深入调查研究，制定并印发了《退耕还林工程生态效益监测评估技术标准与管理规范》，对河北、辽宁、湖北、湖南、云南、甘肃6个重点监测省份，从保育土壤、养分固持、涵养水源、固碳释氧、净化大气及生物多样性保护等方面开展监测评估，标志着退耕还林效益监测进入了新的阶段。

评估结果表明，截至2013年底，退耕还林工程6个重点监测省份生态效益的物质量为：涵养水源183.27亿立方米/年，固土2.04亿吨/年，保肥444.05万吨/年，固定二氧化碳1397.00万吨/年，释放氧气3214.90万吨/年，林木积累营养物质40.20万吨/年，提供空气负离子5452.62×10^{22}个/年，吸收污染物102.00万吨/年，滞尘1404.24亿千克/年。

按照2013年现价评估，退耕还林工程重点监测省份每年生态效益价值量总和为4502.39亿元，其中，价值量最大的是涵养水源，价值量为2109.48亿元/年，占生态价值的46.85%；第二是生物多样性保护，价值量为896.69亿元/年，占生态价值的19.92%；第三是固碳释氧，价值量为593.65亿元/年，占生态价值的13.19%；第四是保育土壤，价值量为486.09亿元/年，占生态价值的10.08%；第五是净化大气环境，价值量为344.68亿元/年，占生态价值的7.66%；第六是林木积累营养物质，价值量为71.80亿元/年，占生态价值的1.59%（国家林业局，2014）。

（2）2014年长江、黄河中上游流经省份退耕还林工程生态效益监测评估

2014年，新一轮退耕还林还草开始实施，退耕办对长江、黄河中上游山西、内蒙古、江西、河南、湖北、湖南、重庆、四川、贵州、云南、陕西、甘肃和宁夏共13个省份退耕还林工程生态效益进行了监测评估，并增加了森林防护功能、滞纳TSP和滞纳$PM_{2.5}$等监测指标。

评估结果表明，截至2014年底，长江黄河中上游流经的13个省份退耕还林工程生态效益物质量为：涵养水源307.31亿立方米/年，固土4.47亿吨/年，保肥1524.33万吨/年，固碳3448.54万吨/年，释氧8175.71万吨/年，林木积累营养物质79.42万吨/年，提供空气负离子6620.86×10^{22}个/年，吸收空气污染物248.33万吨/年，滞尘3.22亿吨/年（其中，吸滞TSP2.58亿吨/年，吸滞$PM_{2.5}$1288.69万吨/年），防风固沙1.79亿吨/年。

按照2014年现价评估，长江、黄河中上游流经省份退耕还林工程每年产生的生态效益总价值量为10071.50亿元，其中，价值量最大的是涵养水源，价值为3680.28亿元，占生态价值的36.54%；第二是净化大气环境，价值为1919.77亿元，占生态价值的19.06%；第三是固碳释氧，价值为1560.21亿元，占生态价值的15.49%；第四是生物多样性保护，价值为1444.87亿元，占生态价值的14.35%；第五是保育土壤，价值为941.76亿元，占生态价值的9.35%；第六是森林防护，价值为381.25亿元，占生态价值的3.79%；第七是林木积累营

养物质，价值为143.36亿元，占生态价值的1.42%（国家林业局，2015）。

（3）2015年北方沙化地区10个省区退耕还林工程生态效益监测评估

2015年，对北方沙化土地和严重沙化土地退耕还林工程生态效益开展监测评估，范围包括河北、山西、内蒙古、辽宁、吉林、黑龙江、陕西、甘肃、宁夏、新疆10个省区，并且进一步细化监测评估指标，增加了滞尘功能，分为滞纳TSP、滞纳PM_{10}和滞纳$PM_{2.5}$。

评估结果表明，截至2015年底，北方沙化土地退耕还林工程10个省区物质量为：防风固沙91918.66万吨/年，提供负离子136447.51 × 10^{20}个/年、吸收污染物41.39万吨/年，滞纳TSP4250.71万吨/年，固碳339.15万吨/年，释氧726.78万吨/年，涵养水源91554.64万立方米/年，固土11667.07万吨/年，保肥445.48万吨/年，林木积累营养物质12.22万吨/年。

按照2015年现价评估，价值量评估结果为：10个省区每年产生的生态价值为1263.07亿元。其中，价值最大的是森林防护，价值为440.33亿元，占生态价值的39.20%；第二是净化大气环境，价值为377.95亿元，占生态价值的33.65%；第三是固碳释氧，价值为126.46亿元，占生态价值的11.26%；第四是涵养水源，价值为91.88亿元，占生态价值的8.18%；第五是保育土壤，价值为65.51亿元，占生态价值的5.83%；第六是林木积累营养物质，价值为21.06亿元，占生态价值的1.88%（国家林业局，2016）。

（4）2016年全国退耕还林生态效益监测评估

2016年对全国25个省份（北京、天津、河北、山西、内蒙古、辽宁、吉林、黑龙江、安徽、江西、河南、湖北、湖南、广西、海南、重庆、四川、贵州、云南、西藏、陕西、甘肃、青海、宁夏、新疆）和新疆生产建设兵团的前一轮退耕还林还草生态效益进行监测评估，是首次对全国退耕还林生态效益进行评估。

评估结果表明，截至2016年，我国前一轮退耕还林25个工程省（自治区、直辖市）和新疆生产建设兵团物质量为涵养水源385.23亿立方米/年，固土63355.50万吨/年，保肥2650.28万吨/年，固碳4907.85万吨/年，释氧11690.79万吨/年，林木积累营养物质107.53万吨/年，提供空气负离子8389.38 × 10^{22}个/年，吸收空气污染物314.83万吨/年，滞尘47616.42万吨/年，防风固沙71225.85万吨/年。

按照2016年现价评估，全国退耕还林工程产生的生态效益总价值量为13824.49亿元/年。其中，涵养水源功能的价值最大，为4489.98亿元，占生态价值的32.48%；第二是净化大气环境，价值为3438.06亿元，占生态价值的24.87%；第三是固碳释氧，价值为2198.93亿元，占生态价值的15.91%；第四是生物多样性保护，价值为1802.44亿元，占生态价值的13.04%；第五是保育土壤，价值为1145.98亿元，占生态价值的8.29%；第六是森林防护，价值为605.62亿元，占生态价值的4.38%；第七是林木积累营养物质，价值为143.48亿元，占生态价值的1.04%（国家林业局，2018）。

（5）2017年对14个集中连片特困地区退耕还林工程生态效益监测评估

2017年，对退耕还林工程14个集中连片特困地区（六盘山区、秦巴山区、武陵山区、乌蒙山区、滇桂黔石漠化区、滇西边境山区、大兴安岭南麓山区、燕山太行山区、吕梁山区、大别山区、罗霄山区、西藏区、四省藏区、南疆四地州）生态和经济社会效益进行了评估，是首次对退耕还林还草综合效益进行评估，但本次评估的经济和社会效益以定性为主。

评估结果表明，截至2017年，14个集中连片特困地区退耕还林工程物质量为：涵养水源175.69亿立方米/年，固土25069.42万吨/年，保肥970.44万吨/年，固碳2135.07万吨/年，释氧5090.06万吨/年，林木积累营养物质40.16万吨/年，提供空气负离子4229.75×10^{22}个/年，吸收空气污染物145.59万吨/年，滞尘19841.98万吨/年，防风固沙20795.78万吨/年。

按照2017年现价评估，14个集中连片特困地区退耕还林工程每年产生的生态效益总价值量为5601.21亿元。其中，涵养水源1659.05亿元，净化大气环境1193.41亿元，生物多样性保护1003.07亿元，固碳释氧791.53亿元，保育土壤615.04亿元，森林防护261.91亿元，林木积累营养物质77.20亿元（国家林业局，2019）。

（6）2019年全国退耕还林还草综合效益监测评估

2019年，对全国25个工程省和新疆生产建设兵团的退耕还林还草生态经济和社会三大效益进行评估，结果表明：2019年退耕还林还草生态效益每年高达14168.64亿元，其中涵养水源440.05亿立方米/年、固碳（释氧）5570.26（13266.82）万吨/年、净化大气环境54019.09万吨/年、防风固沙和83725.00万吨/年、固土70943.55万吨/年、保肥2890.70万吨/年、林木养分固持121.34万吨/年。

按照2019年现价评估，生态效益总价值量为14168.64亿元，其中价值量最大的是涵养水源4630.22亿元/年，占生态价值的32.68%；第二是净化大气环境3101.75亿元/年，占生态价值的21.89%；第三是固碳释氧2230.16亿元/年，占生态价值的15.74%；第四是生物多样性保护2067.47亿元/年，占生态价值的14.59%；第五是保育土壤1298.51亿元/年，占生态价值的9.16%；第六是森林防护654.35亿元/年，占生态价值的4.62%；第七是林木养分固持186.17亿元/年，占生态价值的1.31%。这充分体现了全国退耕还林工程生态效益以“绿色水库”“氧吧库”和“碳库”、生物基因库等为优势功能的特点（国家林业和草原局，2021）。

表5-5　退耕还林还草历次监测评估的生态效益比较结果

项目	生态效益（亿元/年）
2013年6省退耕还林生态效益监测评估	4502.39
2014年长江、黄河中上游13个省区退耕还林生态效益监测评估	10071.50
2015年北方沙化地区10个省区退耕还林生态效益监测评估	1263.07
2016年全国退耕还林生态效益监测评估	13824.49
2017年对14个集中连片特困地区退耕还林还草生态效益监测评估	5601.21
2019年全国退耕还林还草综合效益监测评估	14168.64

5.3.2.2 与中国森林资源核算结果比较

国家林业局从2004年开始启动中国森林资源核算研究。2009年，基于第七次全国森林资源清查数据、生态监测数据和权威机构公布的社会公共资源数据进行中国森林资源价值核算，结果表明全国森林资源价值25.00万亿元，其中林地林木资产总价值为14.99万亿元、生态服务价值达10.01万亿元/年（表5-6）（中国森林生态服务功能评估项目组，2010）。

2014年，依据第八次全国森林资源清查数据、生态监测数据和权威机构公布的社会公共资源数据进行中国森林资源价值核算，结果表明全国森林资源价值33.97万亿元，其中林地林木资产总价值为21.29万亿元、生态服务价值达12.68万亿元（其中涵养水源3.18万亿元、保育土壤2.00万亿元、固碳释氧1.07万亿元、净化大气环境1.18万亿元、农田防护与防风固沙0.05万亿元、生物多样性保护4.33万亿元、森林游憩0.85万亿元）（中国森林资源核算研究项目组，2015）。

根据国家林业和草原局2021年3月21日《中国森林资源核算研究》成果新闻发布会（基于第九次森林资源清查数据、生态监测数据和权威机构公布的社会公共资源数据进行中国森林资源价值核算），全国森林资源总价值44.03万亿元，其中全国森林林地林木资产总价值为25.05万亿元、生态服务功能（包括森林涵养水源、保育土壤、固碳释氧、林木养分固持、净化大气环境、森林防护、生物多样性保护、森林康养等服务功能8类24个评价指标）价值达15.88万亿元/年（表5-6）、文化价值（包括8项一级指标、22项二级指标、53项指标因子的森林文化价值评估指标体系）约为3.10万亿元/年（国家林业和草原局，2021）。

表5-6　本监测评估与3次中国森林资源核算的生态价值比较结果

项目	生态效益（亿元/年）
全国退耕还林还草综合效益监测评估（2019）	14168.64
中国森林资源核算研究（2004—2008）	100100
中国森林资源核算研究（2009—2013）	126800
中国森林资源核算研究（2014—2018）	158800

5.3.3 生态效益特征分析

退耕还林还草生态效益以涵养水源功能最大，其次是净化大气环境功能，固碳释氧功能位居第三，其他依次为生物多样性保护、保育土壤、森林防护和林木养分固持功能，这充分体现了全国退耕还林工程生态效益以“绿色水库”“氧吧库”和“碳库”为优势功能的特点，有利于生态修复，实现“十四五”持续改善生态环境的目标，同时增加人类福祉。因此，进一步分析退耕还林工程水土保持、净化大气环境、固碳释氧和防风固沙等生态功能的特征。

5.3.3.1 水土保持功能特征分析

水土保持是对水资源和土地资源两种自然资源的保护、改良和合理利用。水土流失是指在水力、风力、重力等外营力以及人类活动作用下，水土资源和土地生产力遭受的破坏和损失。森林作为陆地生态系统的主体，通过对降水再分配、削减雨点动能、增加地表粗糙率、调节径流、改善水质、固持土壤和保持土壤养分等方式减少土壤水力侵蚀，发挥水土保持的功能，在削洪蓄洪、减少水土流失和荒漠化防治等方面具有重要意义（曹云等，2006；Bouma，2014）。

退耕还林工程的实施旨在充分利用森林的水土保持功能，解决我国生态脆弱区所面临的水土流失加剧、生态环境恶化问题。2020年，全国退耕还林工程水土保持生态效益价值量为6114.9亿元/年，共占总价值量的41.84%，与2016年的40.77%相比有所增加（国家林业局，2016），是全国水土流失治理总投资（886.3亿元）的6.9倍（水利部，2019）。由此可见，退耕还林工程发挥的水土保持功能生态效益依然处于主导地位，且呈可持续发展的状态，这与工程建设的初衷一致，充分达到了预期目的。

全国退耕还林工程水土保持生态效益中涵养水源功能价值量所占比重最大，达到了32.68%，涵养水源总量达440.05亿立方米/年，相当于三峡水库蓄水深度达到78.33米时的库容量，即总库容（393.00亿立方米）的1.12倍，也相当于全国生活用水量871.70亿立方米（水利部，2019）的50.48%，充分发挥了调节径流、涵养水源的绿色水库功能，在缓解水资源短缺方面具有不可替代的作用。全国退耕还林工程保育土壤功能价值量占总价值比重为9.16%，共固土70943.55万吨/年，相当于减少全国水土流失面积（271.08万平方千米）的11.79%，水力侵蚀面积（113.47万平方千米）的28.15%，有效减少了全国的水土流失（水利部，2020）。全国退耕还林工程保肥总量达2890.70万吨/年，相当于2019年全国耕地化肥实用量（5403.6万吨）的53.49%。因此，退耕还林工程对于减少水土流失面积，保护水土资源具有重要意义。

全国退耕还林工程水土保持功能生态效益的空间格局，整体上呈西南地区东部最大，西北地区东部、东北地区北部和华中地区次之，西北地区西部和西南地区西部最小的特征，且各工程省水土保持功能生态效益高低与其退耕面积大小基本一致，即面积越大，水土保持生态效益越高。此外，水土保持功能生态效益还与气候因素密切相关，气候通过降雨量直接或间接的影响森林的水土保持功能，例如内蒙古退耕还林面积位居第一，退耕面积是四川的1.39倍，但其涵养水源物质量仅为四川的52.80%，这主要是由于内蒙古属于水资源强约束地区，四川大部分区域年降水量在1000毫米以上，而内蒙古大部分区域年均降水量不足400毫米，若采取合适的森林经营措施（如在树木生长水分临界期灌溉以提高森林质量）可能会提高其水土保持功能，进而提高生态效益。

此外，退耕还林工程的三种植被恢复模式和三个林种类型同样是造成其水土保持功能差异的重要因素。就全国退耕还林工程而言，三种植被恢复模式退耕地还林、宜林荒山荒地造林和封山育林水土保持生态效益占比分别为42.59%、47.64和9.77%，由此可见退耕地还林和封山育林恢复模式的水土保持功能较好。除资源面积差异的影响外（占比分别为41.11%、49.32%、9.57%），退耕地在人为经营管理（施肥）下土壤养分含量高，森林质量更高（李正才等，2005）；封山育林属于天然林，植被种群丰富多样、土壤中根系呈立体结构，因而退耕地还林和封山育林模式的森林水土保持功能更加显著（师贺雄，2016）。例如，湖北（3.64%）和河南（3.44%）退耕还林还草面积占比相近，而湖北省退耕地还林和封山育林模式占比（43.50%）较河南（34.98%）高，因此湖北水土保持生态效益（247.12亿元/年）显著高于河南（174.53亿元/年）（图5-9）。

全国退耕还林工程三个林种类型生态林、经济林和灌木林资源面积占比为57.61%、20.14%和22.26%，水土保持功能生态效益占比分别为68.88%、16.20%和14.91%，由此可见，生态林的水土保持功能显著高于经济林和灌木林，这是由于生态林主要选择根系发达、蓄水固土能力强、改良土壤效果较好的阔叶树种，且生态林常常形成复层林地结构，具有良好的保持水土功能（陈丽华，2008）。例如，四川（6.82%）和贵州（6.86%）退耕还林还草面积占比相近，而四川生态林占比（74.03%）较贵州（65.07%）高，因而其水土保持生态效益（247.12亿元/年）显著高于贵州（174.53亿元/年），是贵州省的2.27倍（图5-10）。

退耕还林工程的核心需求是改善生态环境，减少洪涝灾害及水土流失，尤其是全国重要生态系统保护和修复区（包括生态脆弱区和生态屏障区）中的长江中上游地区和黄河中上游地区，二者是退耕还林工程的核心区域，均面临着水土流失严重的生态问题。位于长江和黄河中上游地区的省份涵养水源物质量为345.77亿立方米/年，占总涵养水源物质量的78.58%，较2014年增加了38.46亿立方米/年，固土物质量48892.57万吨/年，占总固土物质量的68.92%，较2014年增加了4241.8亿立方米/年，相当于减少长江和黄河流域水土流失面积（60.57万平方千米）的38.39%，水力侵蚀面积（51.63万平方千米）的45.03%。由此

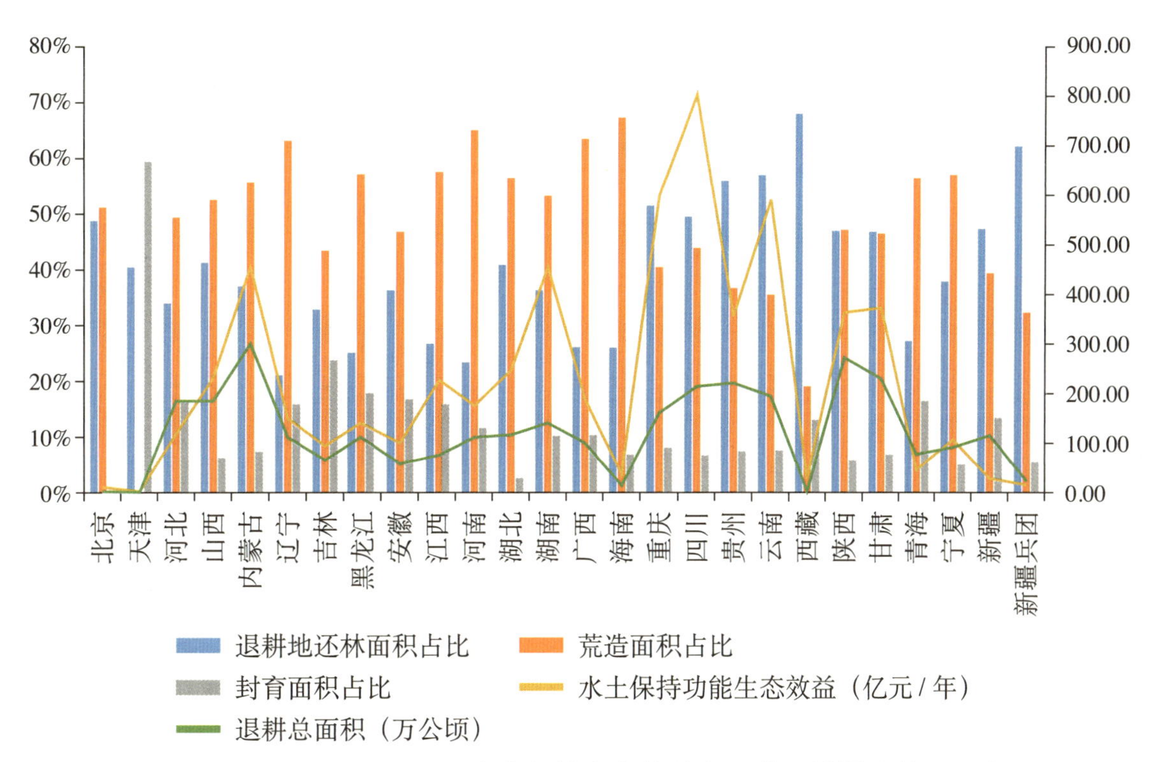

图5-9 退耕还林工程面积、水土保持生态效益和三种退耕模式的面积占比

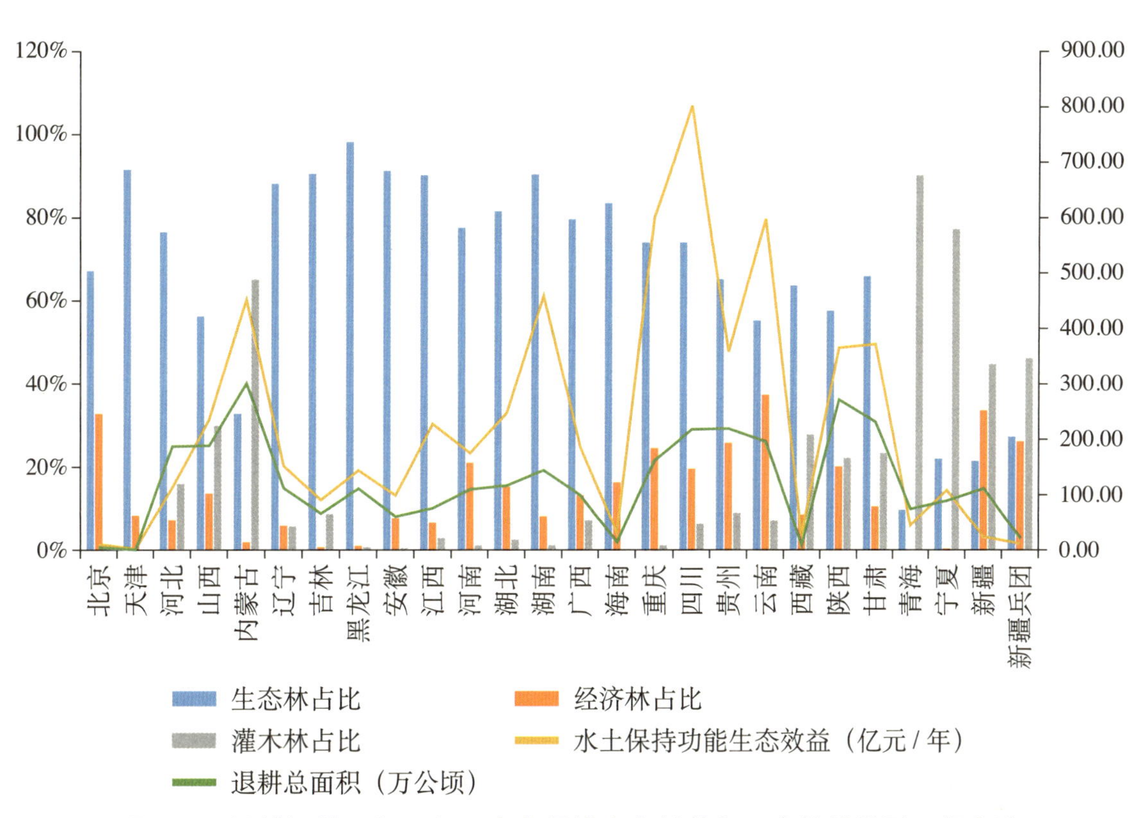

图5-10 退耕还林工程面积、水土保持生态效益和三个林种类型面积占比

可见，长江和黄河中上游地区退耕还林工程的水土保持生态效益明显提升，在缓解长江和黄河中上游地区的水土流失问题中发挥着重要作用，与该区域的生态效益需求相吻合。此外，黄河流域生态保护和高质量发展国家战略充分肯定了退耕还林工程建设在缓解黄河中上游地区的生态环境恶化趋势方面发挥的作用，并将延续以退耕还林还草为主的生态恢复措施，加快完善生态补偿政策，以保护黄河流域基底生态环境。

退耕还林工程的实施，很大程度上减少了水土流失，但就目前现状而言，一方面由于降水和温度、地形地貌、土壤结构和林种组成等因子影响，另一方面由于造林面积分布不均、密度大，且后期缺乏科学的森林抚育和管理制度，导致森林质量不高，进而使得全国退耕还林工程生态效益没有得到充分发挥。此外，重点生态系统保护和修复重大工程区域的水土流失和土壤侵蚀状况仍然严重，仍需增加该区域植被建设。因此，针对以上问题，除有针对性的增加重点生态系统保护和修复重大工程区域造林面积和丰富适应区域本底生态的树种选择外，建议增加退耕区林草层次结构与多样性，结合妥善的森林抚育措施（例如加强林地施肥、对土地进行松土除草、抚育采伐、透光抚育等措施），使退耕还林工程实施区域的生态效益得到充分发挥，以实现“十四五”改善生态环境和巩固退耕还林工程成果的目标，为区域乃至全国的社会经济可持续发展提供生态环境基础。

5.3.3.2 净化大气环境功能特征分析

森林是净化大气环境的氧吧库，能够有效吸收空气中的污染物、滞纳颗粒物、提供负离子、降低噪音和降温增湿，显著降低大气污染程度，世界上许多国家都采用植树造林的方法提高空气质量（Chen et al.，2016）。我国“十四五”规划和2035年远景目标纲要明确指出，要加强城市大气质量达标管理，推进细颗粒物（$PM_{2.5}$）和臭氧（O_3）协同控制，地级及以上城市$PM_{2.5}$浓度下降10%，有效遏制O_3浓度增长趋势，基本消除重污染天气。对于退耕还林工程而言，退耕还林实施区域森林的净化大气环境功能显著，在生态效益评估价值量分布中，净化大气环境功能所占比重为21.89%，仅次于涵养水源功能，总价值为3101.75亿元/年，相当于北京市2020年GDP的8.59%，对于“十四五”规划和2035年远景目标中的城市质量达标管理，消除重污染天气目标的实现具有重要意义。

全国退耕还林工程生态效益提供负离子9822.94×10^{22}个/年，最高为陕西（1019.75×10^{22}个/年），四川（895.18×10^{22}个/年）和贵州（877.09×10^{22}个/年）位居其次；吸收污染物物质量最高依次为贵州（36.14万吨/年），陕西（33.83万吨/年）、内蒙古（32.78万吨/年）和四川（32.5万吨/年）；滞纳TSP总物质量为43207.32万吨/年，滞纳$PM_{2.5}$和PM_{10}量分别为1560.80万吨/年和3902.43万吨/年。各工程省滞尘和滞纳TSP物质量排序一样，均为贵州、四川、内蒙古和陕西最大；各工程省滞纳PM_{10}和$PM_{2.5}$物质量排序表现一致，贵州滞纳PM_{10}和$PM_{2.5}$物质量最高，其次为四川、内蒙古、陕西和湖南。

上述结果表明各工程省的净化大气环境功能生态效益具有差异性，退耕还林面积大且空气湿润的地区（陕西、四川、内蒙古和贵州），净化大气环境功能生态效益较高。这是由于植物通过叶片尖端放电、光电效应和光合生理过程产生的空气负离子具有杀菌、降尘和清洁空气等功效（王薇和余庄，2013），而森林覆盖率越高，负离子的含量越高（冯鹏飞等，2015；曹建新等，2017），且空气负离子浓度与空气相对湿度呈指数递增关系（韦朝领等，2006）。此外，森林植被净化大气环境的能力还受林分类型、植物属性、季节和大气颗粒物浓度等因素的制约（唐茜，2019）。一般而言，阔叶混交林较针阔混交林和针叶林的滞尘能力强，叶面积大的树种比叶面积小的滞尘能力强，秋季比春季的滞尘能力强（唐茜，2019）。滞纳空气颗粒物的能力，单位面积针叶林树种高于阔叶树种，这是由于针叶树种气孔排列紧密，气孔密度大于阔叶树种，表面粗糙度高于阔叶树种，而且能够分泌油脂（张维康等，2015）。因此，在以降低大气环境中空气颗粒物含量为主要生态功能需求的省份，在其未来的退耕还林工程建设中，应考虑针叶林为主导的森林生态系统。

此外，对比全国主要城市空气质量情况发现，退耕还林工程滞纳颗粒物功能在空间上与各工程省（省会城市）污染物排放存在一定的不对称性，例如河北的净化大气环境功能生态效益最高，但其省会城市石家庄的PM_{10}和$PM_{2.5}$的年平均浓度依然较高，分别为118微克/立方米（PM_{10}年平均浓度排名第一）和63微克/立方米（$PM_{2.5}$年平均浓度排名第一）（图5-11）。造成这样结果的原因是大气颗粒物浓度受多种因素影响，退耕还林工程实施区一般远离城市，而大气颗粒物却离城市很近，二者在空间距离上明显存在差异。在《退

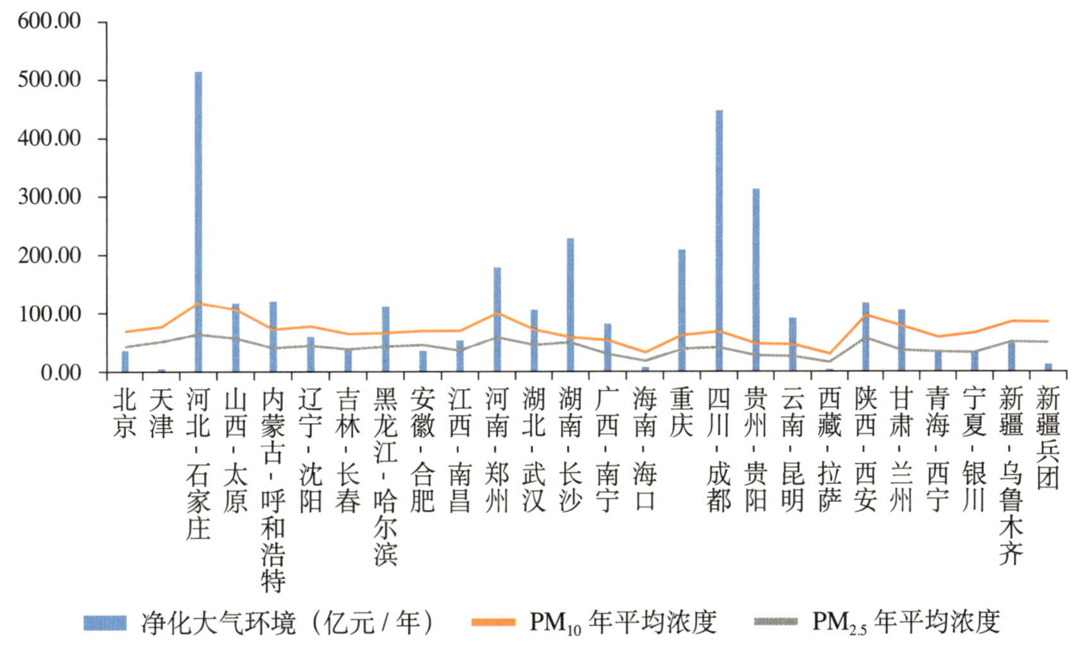

图5-11　各工程省净化大气环境生态效益及其省会城市PM_{10}、$PM_{2.5}$年平均浓度

耕还林工程生态效益监测国家报告2016》《退耕还林工程生态效益监测国家报告2017》及《陕西省森林与湿地生态系统治污减霾功能研究》中同样发现类似的情况。这种不对称性在一定程度上是可以协调的，建议在污染物较高的城市圈增加退耕还林等植被恢复工程，或在污染物迁移路径上建立阻隔带等措施。

总而言之，退耕还林工程的实施改善了大气环境，未来仍需继续发挥并提高其净化大气环境生态功能，以实现“十四五”地级及以上城市$PM_{2.5}$浓度下降10%，基本消除重污染天气的城市质量管理目标，提高人民生活质量与幸福指数，并有助于建立森林大气环境动态评价、监测和预警体系，为各级政府部门决策和政策制定及时提供科学依据。

5.3.3.3 固碳释氧功能特征分析

森林作为陆地生态系统中最大的碳库，具有降低大气中温室气体浓度、减缓全球气候变暖的作用，许多国家都在利用森林固碳释氧功能应对气候变化。据报道，截至2019年底，我国碳排放强度比2015年下降18.2%，提前完成“十三五”约束性目标任务，同时提前完成向国际社会承诺的2020年目标。“十四五”提出我国力争2030年前实现碳达峰，2060年前实现碳中和的重大战略决策，事关中华民族永续发展和构建人类命运共同体。为实现碳达峰、碳中和的战略目标，既要实施碳强度和碳排放总量双控制，同时要提升生态系统碳汇能力。

2020年，全国退耕还林工程固碳总量为5570.26万吨/年，占我国森林全口径碳汇量（4.34亿吨/年）的12.83%，折算成二氧化碳为20424.29万吨，相当于吸收了全国2018年二氧化碳排放量（100亿吨）的2.04%，显著发挥了碳中和作用（Wang et al., 2012；Wang et al., 2013；王兵等，2021）。由此说明，退耕还林工程对于增加森林碳汇、减缓气候变化以及全球生态文明建设具有重要意义。

全国退耕还林工程固碳释氧功能生态效益的空间格局，整体上呈现出西南地区东部较高，西北地区西部和西南地区西部较低，其余地区中等的特征。不同工程省退耕还林固碳释氧功能存在较大差异，这是由于森林的固碳量受其林龄结构、气候条件、立地条件、年净生产力和人为干扰等因素综合影响。在森林的各龄级中，中龄林的固碳速度最大，成熟林和过熟林由于其生物量基本停止增长，其碳素的吸收与释放达到平衡，即达到碳中性状态（Wang et al.，2014）。全国退耕还林区域的绝大多数林分处于中幼龄阶段，生长旺盛，具有较强的固碳能力且呈可持续增长的趋势，较2016年，固碳量增加了662.41万吨/年，增幅为13.50%。气候中的水热条件和水分条件是决定森林生产力水平的主导因素，适宜的温度和降水能够促进植物生长，增加植物生产力和生物量，进而促进森林固碳（刘世荣等，1998）；地形通过影响温度、降水、光照、热量、径流和土壤性质等，在一定程度上影响森林植被类型的分布状况和生长情况（包括生物量、树高和胸径、立木密度等），从而影响森林固碳（王效科，2019）。自然状态下，随着海拔的升高，森林生态系统地上部分生物量呈降低趋势，森林固碳能力下降。林火干扰和经营干扰会破坏森林的结构和功能，从而改变森林的碳固定、分配和循环，并影响与大气间的气体交换（刘魏魏等，2016）。

此外，退耕还林工程的三种植被恢复模式和三个林种类型同样是造成其固碳释氧功能差异的重要因素。就全国退耕还林工程而言，三种植被恢复模式退耕地还林、宜林荒山荒地造林和封山育林资源面积占比分别为41.11%、49.32%和9.57%，固碳释氧功能生态效益占比分别为41.67%、48.56%和9.78%，由此可见退耕地还林和荒山荒地造林模式的固碳释氧功能较好，这是由于退耕地还林和荒山荒地造林均属于营造林，且处于中幼龄林阶段，固碳释氧能力较强。例如，湖北（3.64%）和河南（3.44%）退耕还林还草面积占比相近，而湖北省退耕地还林和荒山荒地造林模式占比（97.38%）较河南（88.38%）高，因此湖北固碳释氧功能生态效益（107.08亿元/年）显著高于河南（87.75亿元/年）（图5-12）。

全国退耕还林工程三个林种类型生态林、经济林和灌木林资源面积占比为57.61%、20.14%和22.26%，固碳释氧功能生态效益占比分别为68.75%、15.46%和15.79%，由此可见，生态林的固碳释氧功能显著高于经济林和灌木林，这是由于生态林主要为乔木树种，

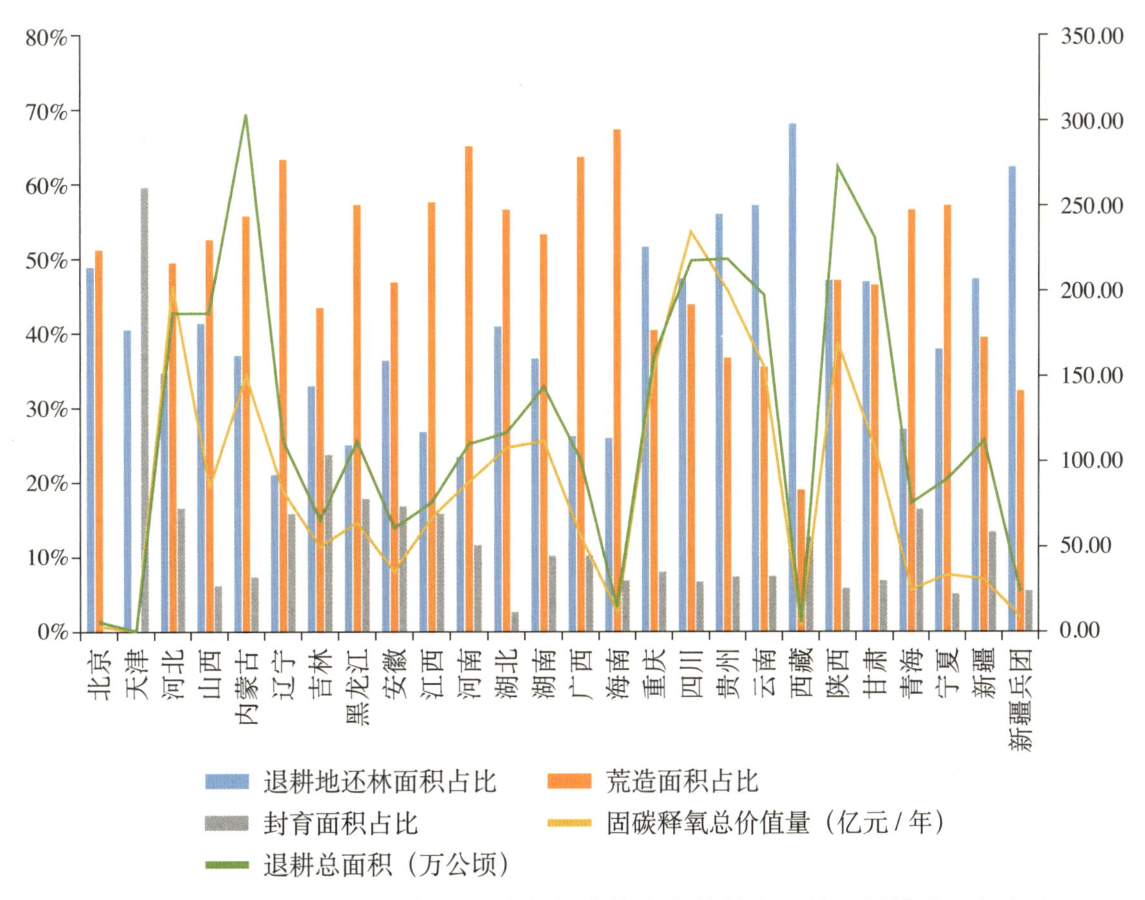

图5-12 退耕还林工程面积、固碳释氧功能生态效益和三种退耕模式面积占比

乔木树种的固碳能力显著高于经济林树种和灌木树种，且生态林常常形成复层林地结构，因而固碳释氧功能生态效益较高。例如，四川（6.82%）和贵州（6.86%）退耕还林还草面积占比相近，而四川生态林占比（74.03%）较贵州（65.07%）高，因而其固碳释氧功能生态效益（234.29亿元/年）显著高于贵州（201.22亿元/年）（图5-13）。

总体来看，退耕还林工程的实施使得大量的耕地和荒山荒地成为森林，成为一个重要的碳汇，有效增加了森林碳汇，但相对全国碳排放而言，固碳释氧功能增加碳汇的量偏少，全国2019年能源消耗总量为487000万吨标准煤（中国统计年鉴，2020），利用碳排放转换系数（国家发展和改革委员会能源研究所，2003）换算可知全国2019年碳排放量为364081.57万吨，而全国退耕还林工程固碳量仅为5570.26万吨/年，相差甚远，且随着我国经济快速发展，在未来能源需求量还会持续增加，经济发展与能源消费增加碳排放的矛盾还将继续扩大。尽管随着时间的推移，退耕还林工程的固碳功能将会增加，但退耕还林工程仍需进一步提高和保护森林碳汇。对于退耕还林工程而言，人为选择在一定程度上决定了各项生态效益价值量间的比例关系，除增加植被恢复面积和丰富造林树种外，还可通过人工抚育和科学经营，提高森林质量，提高土壤碳库，增加退耕还林工程的固碳释氧生态效益。这对落实林业“三增”（森林面积、蓄积量和生态系统服务功能三增长）、实现“十四五”碳达峰、碳中和目标以及应对全球气候变化发挥着巨大作用。

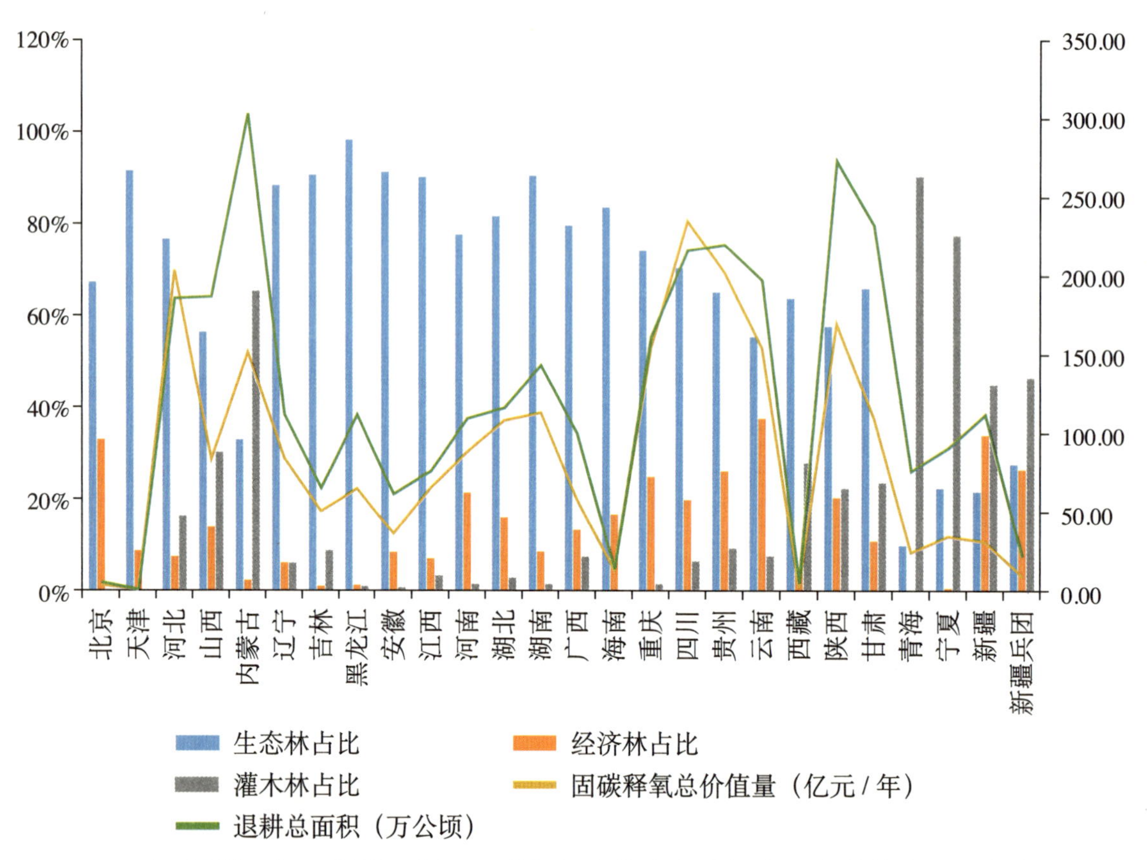

图5-13　退耕还林工程总面积、固碳释氧功能生态效益和三个林种类型面积占比

5.3.3.4 防风固沙功能特征分析

森林能够通过降低风速和改变风向等方式发挥防风固沙的屏障作用，对减少沙尘暴及其造成的损害、改善空气质量和土地荒漠化防治等方面具有重要意义。森林防风固沙的机理主要包括以下几个方面：植被覆盖地表使被覆盖部分免受风力作用；植被增加了地表粗糙度，当运动气流通过植被覆盖的地表时，植被部分分解运动气流的剪应力，分散了地面上一定高度内的风动量，减弱到达地面的风力作用，从而削弱风的强度和挟沙能力，拦截沙粒运动，使其沉积，减少土壤流失和风沙危害；植被通过根系固结表层土壤，改善土壤结构，提高土壤抗蚀能力。植被的特征如密度、覆盖度、高度、宽度、形状以及排列方式之间的差异会产生不同的影响作用，加强植被覆盖是防御土壤风沙侵蚀的有效措施。

土地荒漠化和沙化严重威胁着我国的生态环境安全，全国荒漠化土地总面积为261.16万平方千米，占国土面积的27.20%；沙化土地面积为172.12万平方千米，占国土面积的17.93%（国家林业局，2015b）。据研究表明，我国境内源区主要有内蒙古东部的苏尼特盆地或浑善达克沙地中西部、阿拉善盟中蒙边境地区（巴丹吉林沙漠）、新疆南疆的塔克拉玛干沙漠和北疆的库尔班通古特沙漠。沙尘暴发生后，大致分三路向京津地区移动。北路从二连浩特、浑善达克沙地西部、朱日和地区开始，经四子王旗、化德、张北、张家口、宣化等地到达京津。西北路从内蒙古的阿拉善的中蒙边境、乌特拉、河西走廊等地区开始，经贺兰山地区、毛乌素沙地或乌兰布和沙漠、呼和浩特、大同、张家口等地，到达京津。西路从哈密或芒崖开始，经河西走廊、银川或西安、大同或太原等地，到达京津。2021年3月，我国遭遇两次强沙尘暴天气过程，间隔时间不到半个月，其中3月13～18日的沙尘天气过程为近10年最强。2021年以来，我国沙尘范围涉及超20个省份，最南界影响到浙江北部。沙尘影响还在继续，据中央气象台预报，受冷空气影响，4月15日，我国北方地区又出现一次沙尘天气过程，京津冀自西向东都受到沙尘天气影响。强沙尘暴过程发生后，大部分地区PM_{10}浓度超过2000微克/立方米，能见度300～800米，严重影响了沙尘暴涉及区域的空气质量和人民生活，同时也造成了人员伤亡和严重的财产损失，这表明仍需增强我国森林防风固沙生态功能以应对荒漠化。

退耕还林工程通过增加森林覆盖率增强防风固沙生态功能，2020年，全国退耕还林工程防风固沙总物质量为83725.00万吨/年，森林防护总价值654.35亿元/年，相当于长江年输沙量（10500万吨）的7.97倍，黄河年输沙量（16800万吨）的4.98倍（水利部，2020）。由此可见，退耕还林工程的实施充分发挥了固定风沙的作用，显示出巨大的防风固沙效益，有效减少了西北地区风沙对农田和植被的侵害。

退耕还林工程森林防护生态效益地理分异明显，呈现集中分布的空间特征，与全国土地荒漠化和沙化面积大的省份具有一致性。防风固沙物质量最大的为新疆（31146.53万吨/年），其次是新疆生产建设兵团、河北、陕西、内蒙古和甘肃，上述区域防风固沙物质量显著高于其余退耕还林工程省，占防风固沙总物质量的86.46%。一方面是由于上述工程省防风固沙林面积大，另一方面也与当地风力侵蚀强度等因子有关。与2015年相比，北方严重沙化土地退耕还林工程防风固沙生态效益物质量增加了7818.98万吨/年，增幅为11.51%，表明退耕还林工程防风固沙功能呈增强趋势。

在全国重要生态系统保护与修复区中，对防风固沙的森林防护功能需求较高的区域集中于三北风沙区，也是我国防风治沙的关键地带，其生态保护和修复对保障北方生态安全、改善全国生态环境质量具有重要意义。三北风沙区横跨内蒙古、甘肃和新疆，包括内蒙古防沙屏障带、河西走廊防沙屏障带和塔里木防沙屏障带，是重要的防风固沙屏障功能区，其面临的主要生态问题是林草植被质量远低于全国平均水平，风沙危害严重，水土流失面积和沙化土地面积较大等。该区域三个工程省的防风固沙功能物质量为52664.4万吨/年，占比为62.90%，防风固沙功能生态效益突出且与区域生态需求一致。此外，据沙尘暴强度变化趋势预测，我国北方防沙屏障带防风固沙功能效应最好的应是内蒙古防沙带（张照营，2017），因此退耕还林工程应重点加强内蒙古防风固沙屏障带的森林建设。

总体而言，退耕还林工程减少了土壤风蚀面积，缓解了土地荒漠化继续恶化的趋势。我国“十四五”规划指出土地荒漠化和沙化防治是改善生态环境的目标之一，“十四五”期间需要完成重要生态系统保护和修复重点工程区域的930万公顷的沙化土地治理任务，且立地条件更差，治理难度更大。退耕还林工程作为荒漠化和沙化治理的有效措施，其任务任重而道远，要重点加强重要生态系统保护和修复重点工程区域的林草植被建设，助力实现“十四五”减少沙化土地面积的目标，有效遏制土地沙化，构筑起我国北方生态安全屏障，实现“生态、民生和经济”平衡驱动模式，从而在世界范围内为荒漠化防治做出有益贡献。

5.4 经济效益分析

退耕还林工程不仅是一项生态工程，也是退耕群众脱贫致富奔小康的富民工程，有效带动了地区经济发展，促进了农民群众增收及精准脱贫。根据评估结果，退耕还林还草产生的经济效益总价值（2554.93亿元）占综合效益总价值的10.62%（表5-7），每亩经济效益为496.10元/年（每公顷7441.54元/年）。退耕还林工程经济效益整体偏低，这是由于退耕还林还草工程主要集中于陡坡耕地、严重沙化耕地等生态环境脆弱的区域，立地条件较差，经济效益没有得到充分发挥。同时，从侧面反映了退耕还林工程经济效益具有极大的增长空间，尤其是林业经济和林产品加工，林业经济和林产品加工的发展又会促进林业生产服务、技术服务及生态旅游和森林康养服务的发展。因此，退耕还林工程经济效益的提升有赖于第一产业、第二产业和第三产业的互相促进、协同发展。

表5-7　退耕还林还草经济效益

产业类型	指标	经济效益（亿元）	比例
第一产业	经济林采集	842.22	32.96%
	木材与竹材	187.06	7.32%
	林下种植	366.31	14.34%
	林下养殖	87.46	3.42%
	小计	1483.05	58.05%
第二产业	木材加工	349.92	13.70%
	林产化学产品制造	63.74	2.49%
	退耕木本油料、果蔬、茶饮料等加工制造	203.63	7.97%
	森林药材加工	37.24	1.46%
	小计	654.53	25.62%
第三产业	林业生产服务	111.57	4.37%
	林业专业技术服务	29.87	1.17%
	生态旅游及森林康养服务	275.84	10.80%
	小计	417.28	16.33%
总计	—	2554.86	100.00%

5.4.1 经济效益结构分析

在退耕还林还草2554.86亿元的总经济效益价值中，其中价值量最大的是第一产业1483.05亿元，占总经济效益价值量的58.05%；其次是第二产业654.53亿元，占总经济效益价值量的25.62%；最后是第三产业417.28亿元，占总经济效益价值量的16.33%（图5-14）。可见，退耕还林还草以资源培育为主的产业成效突出，为第二、第三产业发展提供了基础。整体看，退耕还林产生的经济效益主要集中在第一产业，第二、三产业占比较低。这与退耕还林还草工程的本质特征密不可分。因此，本节针对退耕还林还草三大产业经济效益进行分析。

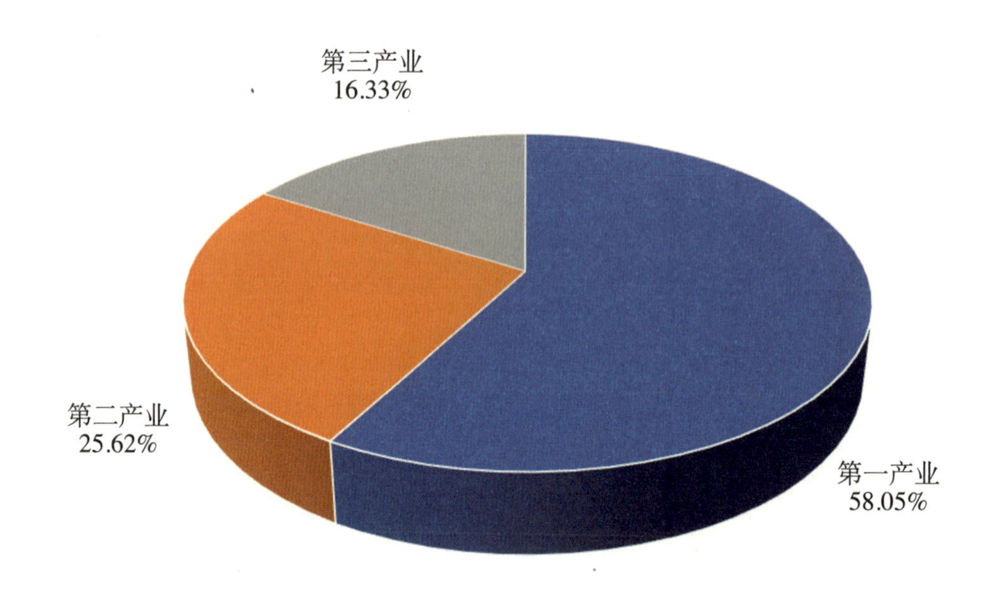

图5-14　全国退耕还林工程各项经济效益价值量比例

5.4.2 经济效益区域分析

将25个退耕工程省（自治区、直辖市）和生产建设兵团划分为四大区域，形成的经济效益价值量由大到小依次为长江中上游地区、黄河中上游地区、其他地区、三北风沙区。其中，长江中上游地区退耕还林还草形成的经济效益总价值量为1460.40亿元，占总经济效益的57.16%；黄河中上游地区经济效益总价值量为472.30亿元，占总经济效益的18.49%；其他地区经济效益总价值量为361.29亿元，占总经济效益的14.14%；三北风沙区经济效益总价值量为260.87亿元，占总经济效益的10.21%（图5-15）。

长江中上游地区是我国最大河流长江、最大水库三峡水库、南水北调中线工程源头区以及洞庭湖、鄱阳湖等重要河湖水库的集水区，对长江流域的水源涵养和水土保持起着

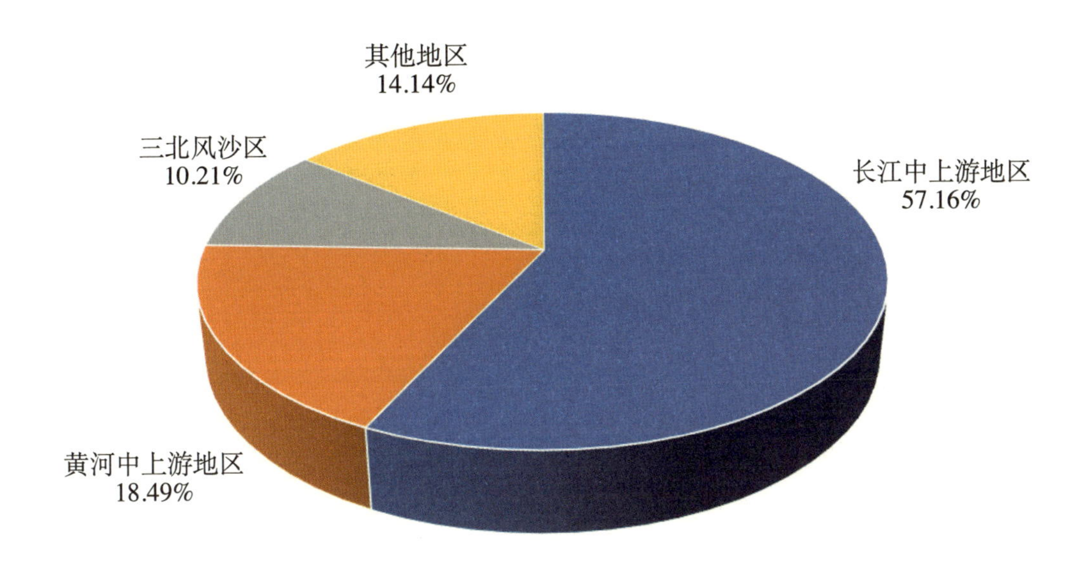

图5-15　四大区域经济效益价值量比例

极为重要的作用。本区人口密度大，人均耕地少，历史上毁林开荒严重，25度以上坡耕地分布广、面积大、开垦时间长、复种指数高。陡坡耕种，使该区成为我国水土流失最为严重的地区之一，严重威胁中下游江河湖库等水利设施的安全运行和广大人民生命财产的安全，也在一定程度上减少了生物多样性，并使森林景观破碎化，严重影响森林多种效益的充分发挥。长江中上游地区整体经济价值效益构成以第一产业为主，第三产业次之（图5-16）。本区域第一产业价值量为843.59亿元，占总经济效益的33.02%；第二产业价值量为275.26亿元，占总经济效益的10.77%；第三产业价值量为341.55亿元，占总经济效益的13.37%。

黄河中上游地区海拔相对较低，多在1000～2000米，山体坡度也较缓，但流域内分布着大范围的黄土和沙化土地，水土流失严重，特别黄土高原丘陵沟壑，植被稀少，雨量集中且多暴雨，黄土质地松散，沟壑纵横深切，陡坡耕地多，耕作制度不合理，抗蚀能力弱，造成了严重的水土流失。本区农耕地比重过大、陡坡耕地多，土地利用不合理，而且荒山荒坡较多，是我国水土流失最严重的区域，是黄河泥沙的主要来源地，生态状况亟待改善。黄河中上游地区整体经济价值效益构成仍以第一产业为主，但不同省份间产业构成比例差异较大（图5-17）。本区域第一产业价值量为255.98亿元，占总经济效益的10.02%；第二产业价值量为148.53亿元，占总经济效益的5.81%；第三产业价值量为67.79亿元，占总经济效益的2.65%。

三北风沙区历史上曾是森林茂密、草原肥美的富庶之地，由于种种人为和自然力的作用，使这里的植被遭到破坏，沙进人退现象突出。生态区位有京津风沙源区、科尔沁沙地、古尔班通古特沙漠和塔克拉玛干沙漠周边地区。区域内分布着八大沙漠、四大沙地，从新疆一直延伸到黑龙江，形成了一条万里风沙线。本区风沙危害十分严重，木料、燃

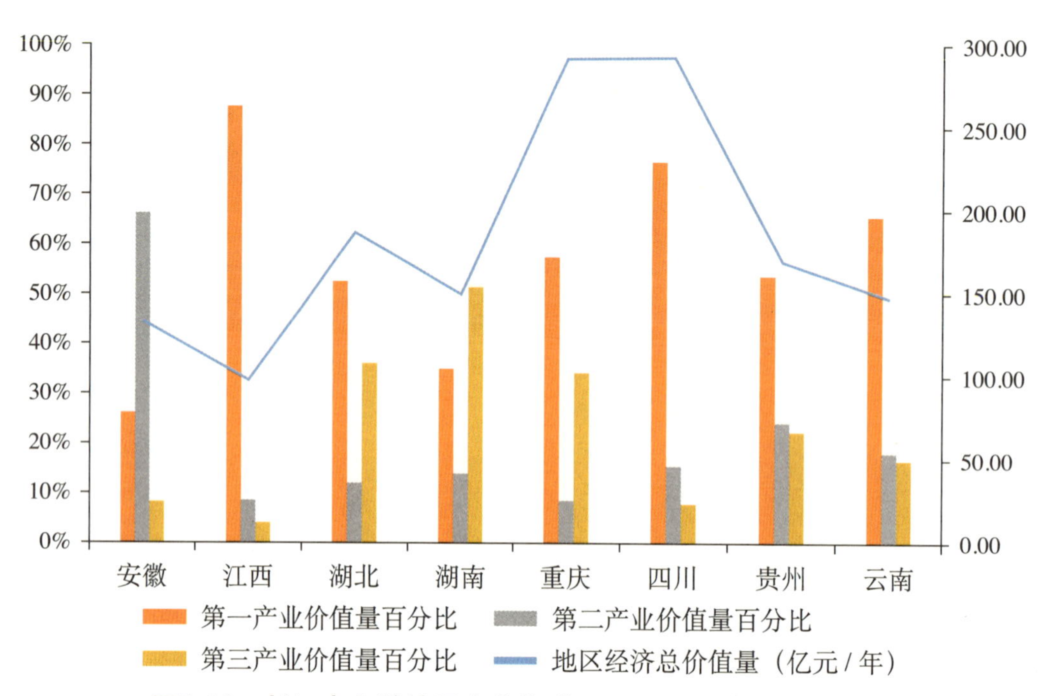

图5-16　长江中上游地区产业构成项百分比和地区经济产值

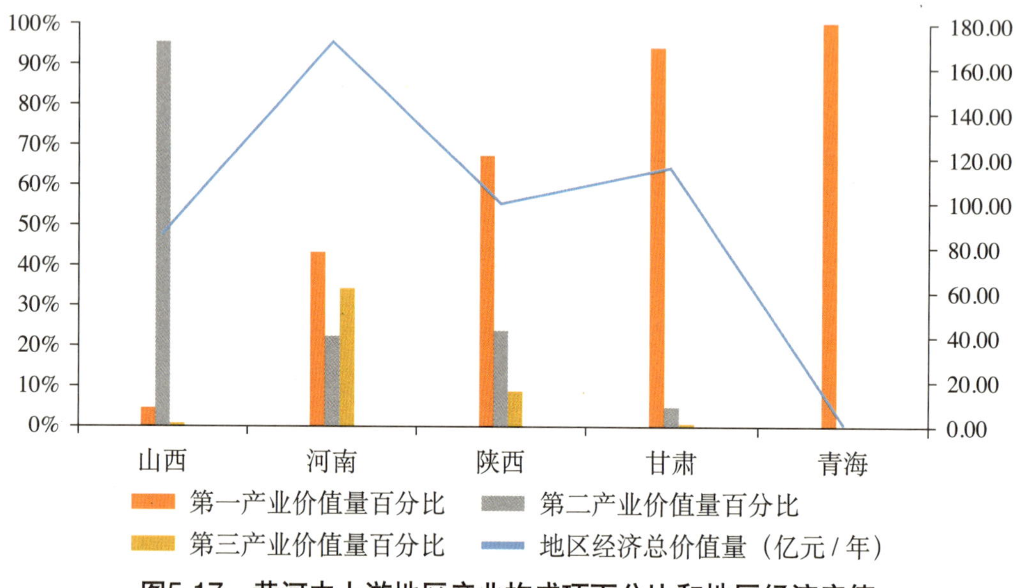

图5-17　黄河中上游地区产业构成项百分比和地区经济产值

料、肥料、饲料俱缺，农业生产低而不稳。对严重风沙地退耕还林还草，特别是在沙漠边缘地区有计划地营造带、片、网相结合的防护林体系，阻止沙漠扩张，是改变农牧生产条件的一项战略措施。三北风沙区第一产业成效显著，二、三产业效益较低（图5-18）。本区域第一产业价值量为221.05亿元，占总经济效益的8.65%；第二产业价值量为35.85亿

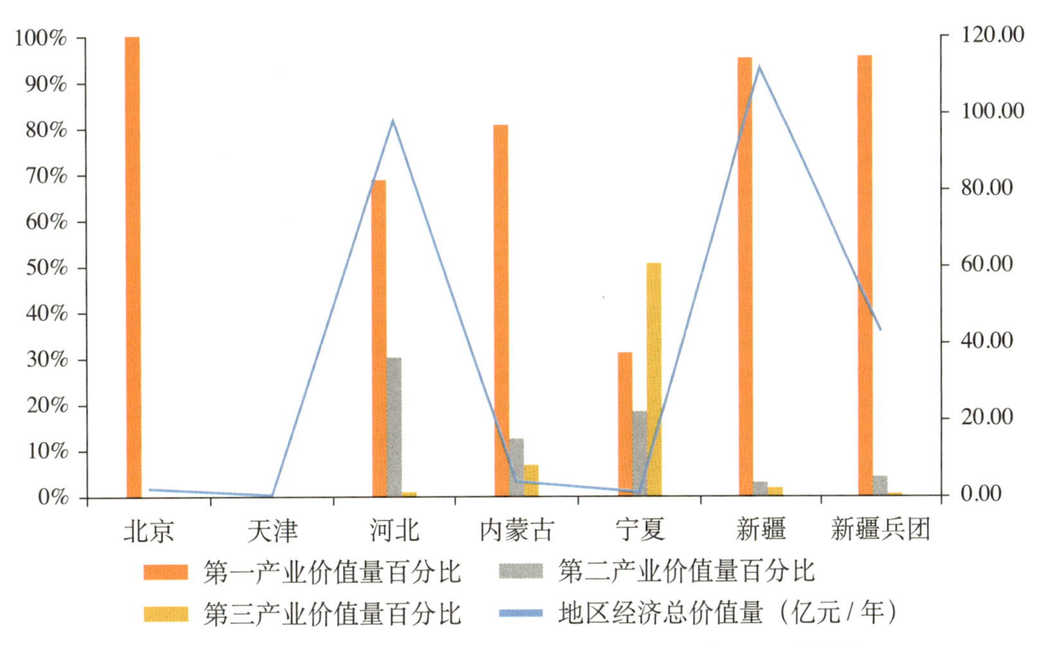

图5-18　三北风沙区产业构成项百分比和地区经济产值

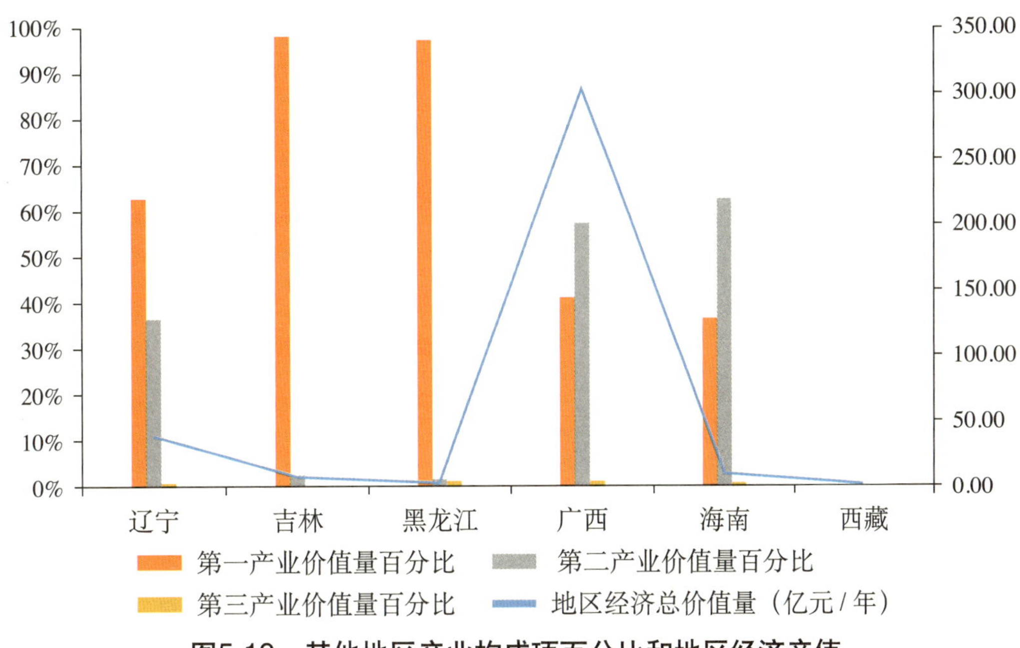

图5-19　其他地区产业构成项百分比和地区经济产值

元，占总经济效益的1.40%；第三产业价值量为3.97亿元，占总经济效益的0.16%。

其他地区类型较多，生态区位有号称“世界屋脊”和“第三极”青藏高原，是亚洲许多大河发源地，全球气候变化特别敏感区；有按年流量为中国第二大河流的珠江流域广西段，地处西江干流及红水河流域；有祖国南疆海南省及热带雨林地区；有我国重要的大兴安岭森林生态功能区、长白山森林生态功能区、松辽平原黑土地保育区等。其他地区整体经济价值效益构成以一二产业为主，第三产业占比极低（图5-19）。本区域第一产业价值量为162.43亿元，占总经济效益的6.36%；第二产业价值量为194.89亿元，占总经济效益的7.63%；第三产业价值量为3.97亿元，占总经济效益的0.16%。

5.4.3 经济效益比较分析

本报告评估的退耕还林还草经济价值2554.86亿元，单位经济价值每公顷7441.54元。这个经济价值量是否科学合理，我们不妨与国内相关评估结果进行比较分析，特别是与2008年、2012年和2021年三次中国森林资源核算研究的比较分析。

国家林业局从2004年开始依托中国林业科学研究院启动中国森林资源核算研究。2008年、2012年、2018年，中国林科院结合全国森林资源清查第7次、8次、9次数据和权威机构公布的社会公共资源数据，三次核算评估的全国林地林木价值分别为14.99万亿元、21.29万亿元、25.05万亿元，每公顷林地林木价值分别为4.93万元、6.87万元、7.73万元，极大的高于退耕还林每公顷7441.54元的价值。林地价值量巨大，本报告没有计算退耕还林地的价值，因此，合理的比较应该扣除林地的价值，扣除后三次核算评估的全国林木价值分别为9.47万亿元、13.65万亿元、15.52万亿元，每公顷林木价值分别为3.12万元、4.40万元、4.79万元，仍明显高于退耕还林每公顷7441.54元的经济价值，说明退耕还林时间短、林分质量仍达不到全国森林的平均水平（中国森林生态服务功能评估项目组，2010；中国森林资源核算研究项目组，2015；国家林业和草原局，2021）。

在国家林业和草原局退耕组织开展的6次监测评估中，2017年和2019年是生态、经济和社会三大效益综合评价。2017年对退耕还林工程14个集中连片特困地区林业经济效益进行了评估，其林业产业总产值1492.44亿元/年，退耕还林面积1256.94万公顷，每公顷林业产业价值11873.6元/年（国家林业和草原局，2019）。从单位经济价值上看，略高于本报告的评估结果。从部分单项指标对比来看，2017年的林下种植和林下养殖产值分别达到434.3亿元和690.1亿元（国家林业和草原局，2019），按单位面积分别为每公顷3455.22元/年、5490.32元/年；本次评估的林下种植和林下养殖产值分别为366.30亿元和87.45亿元，折算为每公顷1063.59元/年和253.92元/年，低于集中连片特困地区评估结果，这可能与不是所有地区都适宜发展林下种植与林下养殖有关。2017年集中连片特困地区监测县的森林旅游收入为3471亿元（国家林业局和草原，2019），本次评估进一步测算了退耕工程带来的森林旅游收入，最终结果为275.88亿元。

2020年，中国科学院地理所对退耕还林还草综合效益进行了评估，其中经济效益4783.82亿元/年，折合每公顷经济效益为13746.61元/年，是本次评估结果的近两倍。中国科学院地理所采用的参照联合国森林评估的经验公式，实质上是对森林价值的评价，由于退耕还林时间短，林分还达不到森林的平均质量，所以评估结果较低。

2003年，余新晓等估算了我国森林生物资源直接经济价值为1920.23亿元/年（其中林木、林副产品价值1787.21亿元/年，森林游憩价值133.02亿元/年），每公顷森林生态系统年平均直接经济价值为1449.23元/年。与余新晓等（2003）的测算结果相比，退耕还林还草工程每公顷经济价值明显高于全国水平，一方面有指标体系的原因，另一方面也与评估时间较早有关。

退耕还林还草工程与“天保”工程、京津风沙源工程同属于我国重点生态工程。其中，“天保”工程于1998年启动，以从根本上遏制生态环境恶化，保护生物多样性，促进社会、经济的可持续发展为宗旨，工程的重点对象为分布于东北、西北和西南的黑龙江、甘肃、青海、四川和云南等10个省（自治区、直辖市）归国家所有的成片天然林林区。京津风沙源工程于2002年启动，是为固土防沙，减少京津沙尘天气而出台的一项针对京津周边地区土地沙化的治理措施。根据2005年国家林业重点生态工程社会经济效益监测报告显示，上述重点生态工程均产生了显著的经济效益，以对林业产值促进作用来看，天保工程>京津风沙源工程>退耕还林还草工程，林业产值年均增长率分别为16.23%、15.83%和9.94%。从对农民收入贡献来看，截至2003年，36个天保县农民管护人员的年平均工资为2840元，比同期全国农民纯收入高218元；1999—2003年间，100个退耕县退耕补助对低收入退耕农户人均纯收入的贡献，最高年份达到38.79%；京津风沙源治理工程19个样本村监测结果显示，2003年农民人均纯收入为1527.96元，较比2000年增长26.93%（国家林业局经济发展研究中心，2005）。

5.4.4 经济效益特征分析

退耕还林工程不仅是一项生态工程，也是退耕群众脱贫致富奔小康的富民工程，有效带动了地区经济发展，促进了农民群众增收及精准脱贫。根据评估结果，退耕还林还草产生的经济效益总价值（2554.86亿元）占综合效益总价值的10.62%（表5-2），每亩经济效益为496.10元/年（每公顷7441.54元/年）。退耕还林工程经济效益整体偏低，这是由于退耕还林还草工程主要集中于陡坡耕地、严重沙化耕地等生态环境脆弱的区域，立地条件较差，经济效益没有得到充分发挥。同时，从侧面反映了退耕还林工程经济效益具有极大的增长空间，尤其是林业经济和林产品加工，林业经济和林产品加工的发展又会促进林业生产服务、技术服务及生态旅游和森林康养服务的发展。因此，退耕还林工程经济效益的提升有赖于第一产业、第二产业和第三产业的互相促进、协同发展。

5.4.4.1 第一产业特征分析

第一产业成效突出。在第一产业中，经济林采集产生经济价值842.22亿元，占总经济效益的32.96%；林下种植产生经济价值366.31亿元，占总经济效益的14.34%。根据评估结果，退耕还林还草有力助推了农民脱贫致富。截至2020年，全国4100万退耕农户户均累计获得国家补助资金近9000元。同时，退耕后农民增收渠道不断拓宽，后续产业增加了经营性收入，林地流转增加了财产性收入，外出务工增加了工资性收入，农民收入更加稳定多样。国家统计局数据显示，2007—2016年，退耕农户人均可支配收入年均增长率比全国农村居民平均水平高1.8个百分点。退耕还林还草还极大促进了农村产业结构调整。实施退耕还林还草工程，退下的是贫瘠的低产坡耕地，增加的是绿色的金山银山，促进了粮食生产由广种薄收向精耕细作转变，农业结构由以粮为主向多种经营转变。国家统计局数据显示，与1998年相比，2017年退耕还林工程区谷物单产比非工程区多增长9个百分点，工程区粮食作物播种面积和粮食产量分别增长10%和40%，而非工程区分别下降21%和7%。同时，各地依托退耕还林培育森林旅游等新型业态，绿水青山正在变成老百姓的金山银山。

新一轮退耕还林工程充分尊重了农户意愿，不再限定还生态林与经济林比例，退耕农户对选择退耕还经济林或退耕还生态林具有充分决策自主权（张朝辉和刘怡彤，2021）。经济林树种不仅具有生态功能，还具有周期短、经济效益高等特点，在这一政策引导下，退耕农户更倾向于栽种经济林，由图5-20可以看出大部分地区经济林采集价值在第一产业价值中均占主体地位。林下种植、林下养殖以及木材和竹材产出受自然资源条件约束较大，故分布比例存在显著地区差异。例如森林资源丰富的广西和海南，其木材和竹材采运价值占第一产业产值比例较高，分别为65.02%和60.40%。

5.4.4.2 第二产业特征分析

第二产业发展很快。退耕还林产生的总经济效益为2554.86亿元，其中第二产业产生经济效益654.53亿元，占总经济效益的25.62%，说明依靠退耕还林还草的加工利用业发展很快。退耕还林工程导致的一个必然结果是农村劳动力向第二产业和第三产业转移，产业结构发生变化（康继霞，2021）。由于新一轮退耕还林不再强调生态林和经济林比例，在退耕农户拥有更多的自主选择权的情况下，退耕还经济林已成为主导，进而带动林副产品加工等第二产业的发展（谢晨等，2016；王鹏朝和罗永猛，2021）。在第二产业中，木材加工产生经济价值349.92亿元，占总经济效益的13.70%；退耕木本油料、果蔬、茶饮料等加工制造产生经济价值203.63亿元，占总经济效益的7.97%。

木材加工是林业资源重要的利用方式，目前，我国木材加工产业已基本形成五大木材加工产业集群带：东北木材加工产业集群带、长三角木材加工产业集群带、珠三角木材加工产业集群带、环渤海木材加工产业集群带和中西部木材加工产业集群带（王兆君等，2014）。由图5-21可以看出，木材加工集群带地区木材加工制造比例都相对较高，最早形

100%
90%
80%
70%
60%
50%
40%
30%
20%
10%
0%
250.00
200.00
150.00
100.00
50.00
0.00
北京
天津
河北
山西
内蒙古
辽宁
吉林
黑龙江
安徽
江西
河南
湖北
湖南
广西
海南
重庆
四川
贵州
云南
西藏
陕西
甘肃
青海
宁夏
新疆
新疆兵团
经济林采集价值百分比
林下种植价值百分比
林下养殖价值百分比
木材和竹材采运价值百分比
第一产业产值价值量（亿元 / 年）

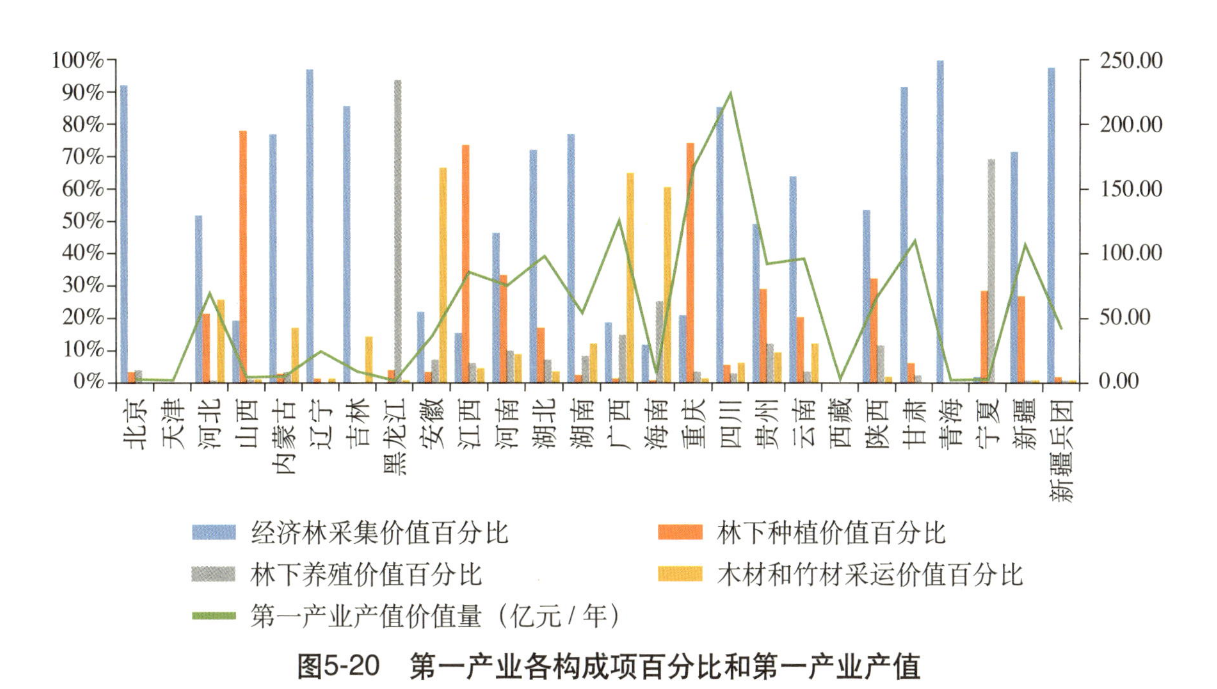

图5-20 第一产业各构成项百分比和第一产业产值

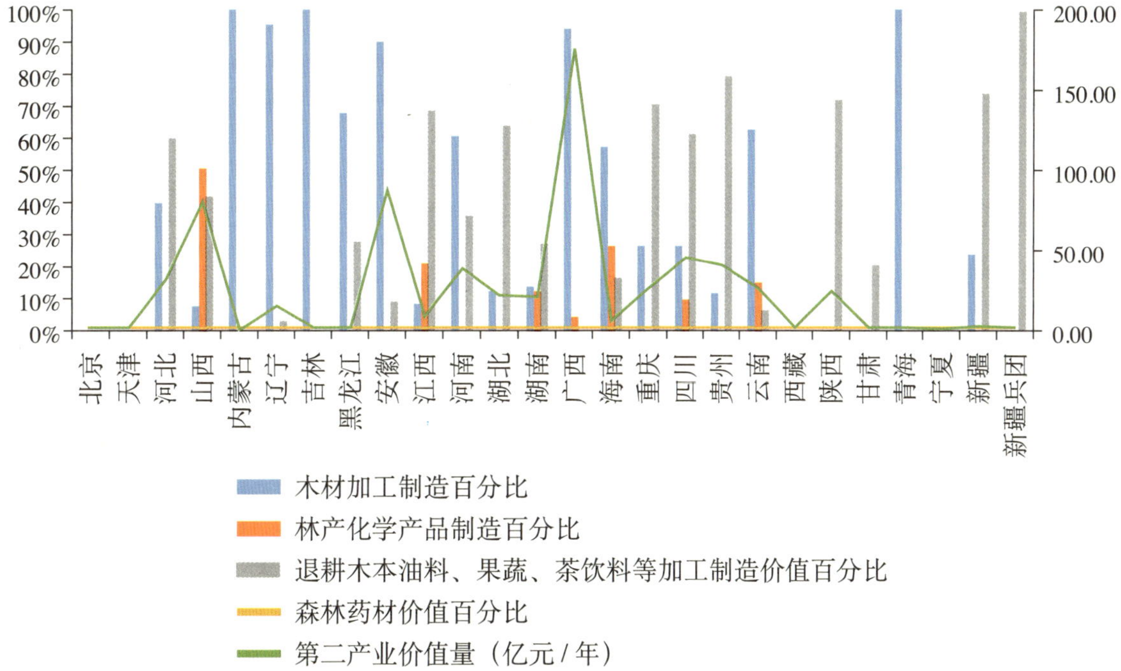

100%
90%
80%
70%
60%
50%
40%
30%
20%
10%
0%
200.00
150.00
100.00
50.00
0.00
北京
天津
河北
山西
内蒙古
辽宁
吉林
黑龙江
安徽
江西
河南
湖北
湖南
广西
海南
重庆
四川
贵州
云南
西藏
陕西
甘肃
青海
宁夏
新疆
新疆兵团
木材加工制造百分比
林产化学产品制造百分比
退耕木本油料、果蔬、茶饮料等加工制造价值百分比
森林药材价值百分比
第二产业价值量（亿元 / 年）

图5-21 第二产业各构成项百分比和第二产业产值

成的东北木材加工产业集群带中，黑龙江、吉林和辽宁木材加工制造价值比例均占第二产业价值量六成以上；占比第二的是退耕木本油料、果蔬、茶饮料等加工制造价值，这与退耕还经济林的主导趋势相符。

5.4.4.3 第三产业特征分析

第三产业初步显现。退耕还林还草产生的总经济效益为2554.86亿元，第三产业产生经济效益417.28亿元，占经济效益总价值的16.33%，说明依托退耕还林还草形成的服务业也有了一定规模。退耕还林还草工程有效解放了农村劳动力，使得部分劳动力向非农部门转移（王鹏朝和罗永猛，2021）。同时退耕还林还草工程形成了生态旅游、森林康养等一系列后续产业，劳动力的转移也为第三产业的发展注入了新的动力（吕晓璐和何家理，2019）。在第三产业中，生态旅游与森林康养服务产生经济价值275.84亿元，占总经济效益的10.80%；林业生产服务产生经济价值111.57亿元，占总经济效益的4.37%。

伴随着生态修复，退耕还林还草工程也带动了生态旅游业的繁荣。由图5-22可以看出：第三产业价值量主要靠生态旅游及森林康养产业带动，如第三产业价值量高的省份重庆和湖南，其生态旅游及森林康养价值量所占比重都比较高，分别为96.44%和76.21%。

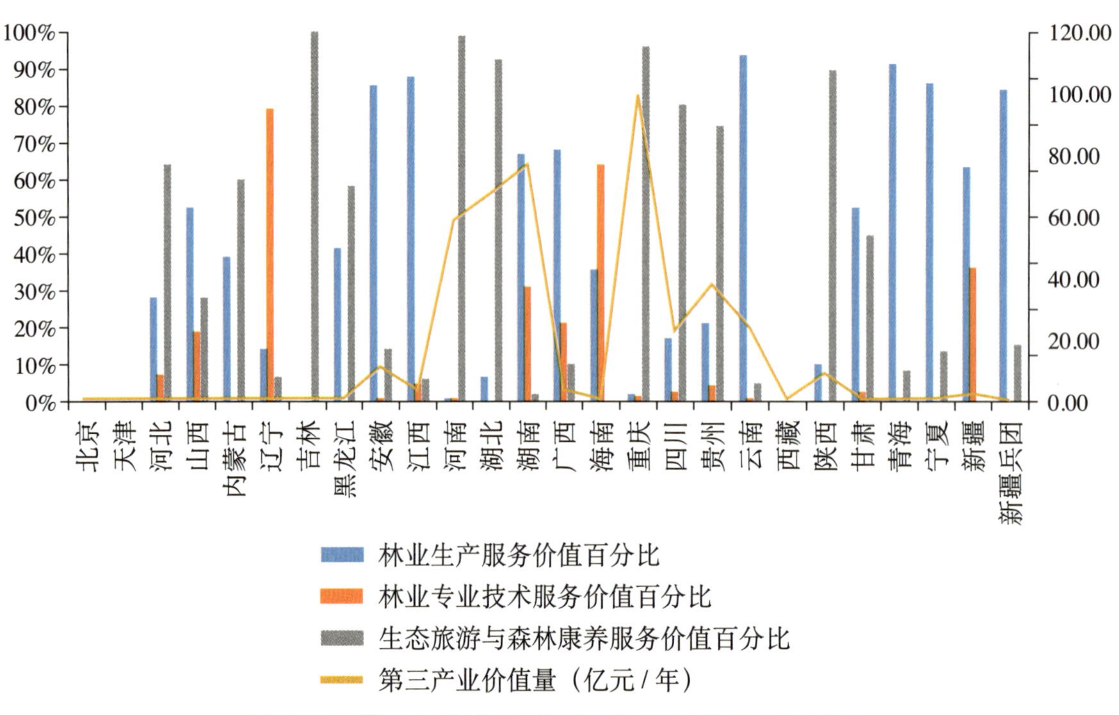

图5-22 第三产业各构成项百分比和第三产业产值

5.5 社会效益分析

退耕还林还草不仅是一项生态工程，也是一项德政工程。根据评估结果，退耕还林带来的社会效益总价值达7326.96亿元（表5-8），占综合效益价值的34.46%，相当于生态效益总价值量的51.71%。从单位面积看，到2019年底累计完成退耕还林5.15亿亩（0.34亿公顷），每亩社会效益为1422.71元/年（每公顷21340.72/年）。退耕还林还草社会效益比经济效益要高2倍多，说明退耕还林还草的社会影响确实比较大。

表5-8 退耕还林还草工程社会效益价值量

指标类型		指标	社会效益（亿元）	占比
发展社会事业	劳动就业	退耕吸纳就业	1428.68	19.5
		退耕转移劳动力	1920.60	26.21
	素质提升	退耕培训	8.86	0.12
	文化教育	生态教育基地	122.36	1.67
		生态文化作品	4.15	0.06
	旅游事业	生态旅游	989.55	13.51
	小计	—	4474.20	61.06
优化社会结构	优化城乡结构	乡村绿化美化贡献	990.79	13.52
		退耕投资贡献	282.27	3.85
	优化消费结构	特色经济林产品消费	153.97	2.1
	优化收入结构	退耕还林收入	1052.56	14.37
	小计	—	2479.59	33.84
完善社会服务功能	退耕扶贫	覆盖贫困人口	56.35	0.77
		吸纳生态护林员	5.91	0.08
促进社会组织发展	新型林业经营主体	新型林业经营主体规模	296.33	4.04
		退耕新型林业经营主体带动农户	14.58	0.20
	小计	—	310.91	4.24

5.5.1 社会效益结构分析

在退耕还林还草7326.98亿元/年的总社会效益价值中，其中价值量最大的是发展社会事业4474.21亿元/年，占总社会效益价值量的61.07%；第二是优化社会结构价值量2479.55亿元/年，占总社会效益价值量的33.84%；第三是促进社会组织发展价值量为310.92亿元/年，占总社会效益价值量的4.24%；第四是完善社会服务功能价值量62.29亿元/年，占总社会效益价值量的0.85%（图5-23）。说明退耕还林还草工程在改善生态环境的同时，对推动社会的健康发展也起着重要作用。因此，本节针对退耕还林还草发展社会事业、优化社会结构、完善社会服务功能等社会效益进行分析。

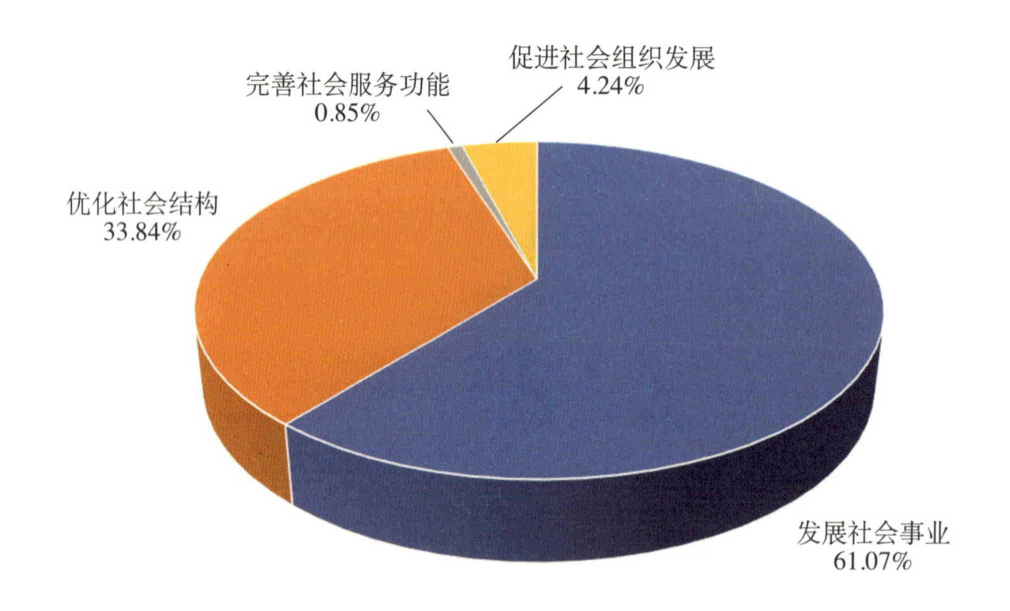

图5-23　全国退耕还林工程各项社会效益价值量比例

5.5.2 社会效益区域分析

社会效益价值量主要集中在长江中上游地区，其后依次为黄河中上游地区、三北风沙区、其他地区。其中，长江中上游地区退耕还林还草形成的社会效益总价值量为4692.10亿元，占总社会效益的64.04%；黄河中上游地区社会效益总价值量为1328.26亿元，占总社会效益的18.13%；三北风沙区社会效益总价值量为834.34亿元，占总社会效益的11.39%；其他地区社会效益总价值量为472.26亿元，占总社会效益的6.44%（图5-24）。

发展社会事业价值量在各区域社会效益价值总量占比均达到50%以上。其中，长江

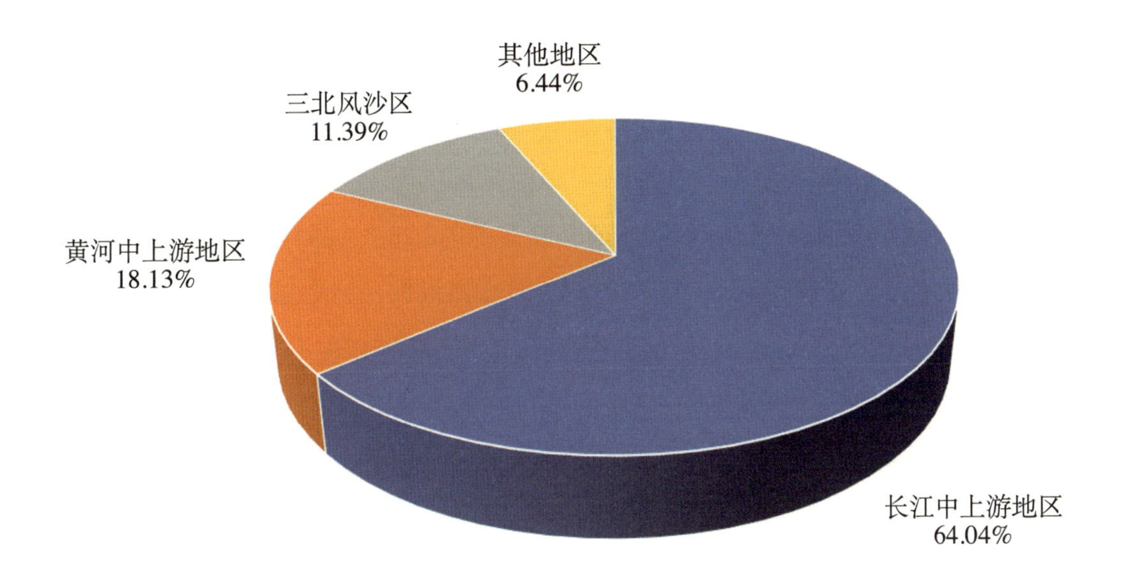

图5-24 四大区域经济效益价值量比例

中上游地区为2999.84亿元，占本区域社会效益的63.93%，占总社会效益的40.94%；黄河中上游地区为754.24亿元，占本区域社会效益的56.78%，占总社会效益的10.29%；三北风沙区为469.96亿元，占本区域社会效益的56.33%，占总社会效益的6.41%；其他地区为469.96亿元，占本区域社会效益的52.97%，占总社会效益的6.41%（图5-25）。

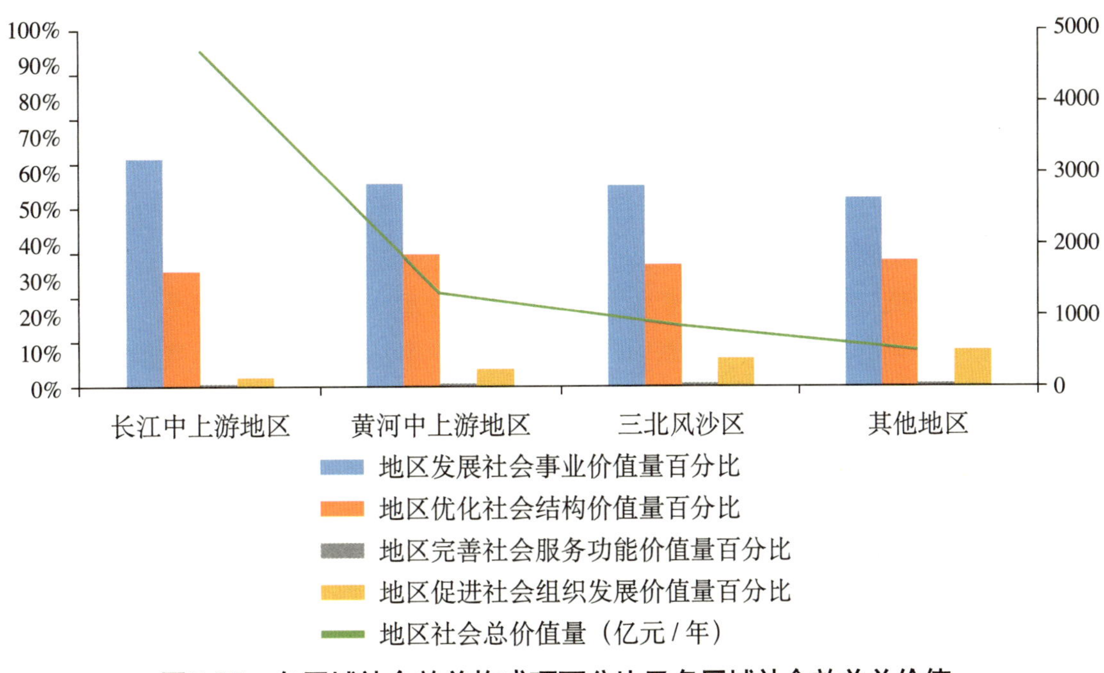

图5-25 各区域社会效益构成项百分比及各区域社会效益总价值

优化社会结构价值量在各区域社会效益价值总量占比均位于30%～40%。其中，长江中上游地区为1530.63亿元，占本区域社会效益的32.62%，占总社会效益的20.89%；黄河中上游地区为494.04亿元，占本区域社会效益的37.19%，占总社会效益的6.74%；三北风沙区为287.61亿元，占本区域社会效益的34.47%，占总社会效益的3.93%；其他地区为167.31亿元，占本区域社会效益的35.43%，占总社会效益的2.28%（图5-25）。

完善社会服务价值量在各区域社会效益价值总量占比最低，均不足2%。其中，长江中上游地区为33亿元，占本区域社会效益的0.70%，占总社会效益的0.45%；黄河中上游地区为13.89亿元，占本区域社会效益的1.05%，占总社会效益的0.19%；三北风沙区为10.39亿元，占本区域社会效益的1.25%，占总社会效益的0.14%；其他地区为4.98亿元，占本区域社会效益的1.05%，占总社会效益的0.07%（图5-25）。

促进社会组织发展价值量在各区域社会效益价值总量占比较低，位于2%～11%。其中，长江中上游地区为128.63亿元，占本区域社会效益的2.74%，占总社会效益的1.76%。黄河中上游地区为66.09亿元，占本区域社会效益的4.98%，占总社会效益的0.90%；三北风沙区为66.38亿元，占本区域社会效益的7.96%，占总社会效益的0.91%；其他地区为49.81亿元，占本区域社会效益的10.55%，占总社会效益的0.68%（图5-25）。

5.5.3 社会效益比较分析

本报告评估的退耕还林还草总社会效益7326.98亿元/年，折合平均每公顷社会效益价值21340.72元/年。这个社会价值量是否科学合理，我们不妨与国内相关评估结果进行比较分析。

现有研究报告中，多从定性角度对退耕还林还草工程的社会效益进行阐述。周红等（2003）从农村产业调整、土地利用调整、农民观念更新和贫困人口减少几个方面评价工程的社会效益，认为退耕还林工程改善了生态环境、改变了传统不合理的生产方式、使农民的观念发生变化，生活更加积极。肖编（2018）则认为退耕还林还草工程的社会效益可以通过退耕农户消费结构变化来体现，与退耕前对照，退耕农户的生活消费增长较文化教育消费比重在降低，反映出工程实施后生活水平不断改善。

国家林业局从2004年开始依托中国林业科学研究院于2008年、2012年、2018年三次开展了中国森林资源核算研究，但前两次没有核算森林的社会价值，2018年核算时首次评估出中国森林的文化价值为3.10万亿元，每公顷森林文化价值为9567元/年（国家林业和草原局，2021），低于本报告每公顷社会效益价值21340.72元/年，这是由于本报评估的社会价值评估更加全面，评估选取指标多，包括4个评估类别9个评估内容共14个指标。

2017年对14个集中连片特困地区退耕还林还草的社会效益评估，包括从促进精准扶贫、促进农民就业、促进新型林业经营主体发展、增进农村公平以及改变农户生产生活方式等五个方面（国家林业和草原局，2019）。在精准扶贫方面，约七成退耕还林还草工程任务投向集中连片特困地区，三成建档立卡贫困户参与退耕还林工程，以林脱贫的长效机制开始建立；在促进农民就业方面，退耕还林还草工程为农村人口创造大量的就业机会，促进了农民以林就业、非农就业，实现绿岗就业；在促进新型林业经营主体方面，主要通过专业合作、大户承建、预期流转的方式激励新型林业经营主体参与退耕还林还草工程；在增进农村公平方面，退耕还林还草任务均匀的在不同收入农户之间分配，让不同收入农户平等参与退耕还林工程，共同享受国家补助政策；在改变农户生产生活方式方面，工程改变了农民广种薄收的传统耕种方式，改变了农民思想观念，提高了农民的生态意识、市场竞争意识和科技创新意识。本报告将社会效益细化为4个评估类别9个评估内容共14个指标，并进行量化测算。其中退耕扶贫价值量为62.29亿元/年，促进劳动就业价值量为3349.24亿元/年，促进新型林业经营主体价值量为310.92亿元/年，创造退耕地林业收入1052.53亿元/年，素质提升和文化教育方面共产生社会效益135.45亿元/年。

2020年，中国科学院地理所对退耕还林还草综合效益进行了评估，其中社会效益7958.22亿元/年，平均每公顷22868.45元/年，单位面积退耕还林还草产生的社会效益价值与本报告评估结果较为一致。

2016年，刘越和姚顺波基于劳动参与的面板Probit模型和劳动供给的集群固定效应模型，就退耕还林还草工程、京津风沙源治理工程、天然林保护工程等六项林业重点工程对劳动力利用与转移的影响作了实证分析。研究结果表明：退耕还林工程、京津风沙源治理工程、野生动植物保护及自然保护区建设工程对农户的非农就业与提高非农劳动时间均表现出显著的促进作用；防护林工程的正向影响不明显，天然林保护工程和速生丰产用材林工程则起到一定的抑制作用。其中，退耕还林还草工程对劳动力利用转移的分析结果与本次评估结果相符。

5.5.4 社会效益特征分析

退耕还林产生的社会效益主要集中在发展社会事业和优化社会结构方面，完善社会服务功能和促进社会组织发展产生的社会效益较低，提升空间较大。退耕还林的社会效益具有较强的区域特征，各省应因地制宜，充分发挥比较优势，合理配置各项资源，使退耕还林的经济社会效益得到最大程度上的发挥。

5.5.4.1 发展社会事业特征分析

在社会效益中，发展社会事业产生社会效益4474.20亿元，占总社会效益的61.06%，其中，劳动就业产生社会效益3349.24亿元，占总社会效益的45.71%；旅游事业产生社会

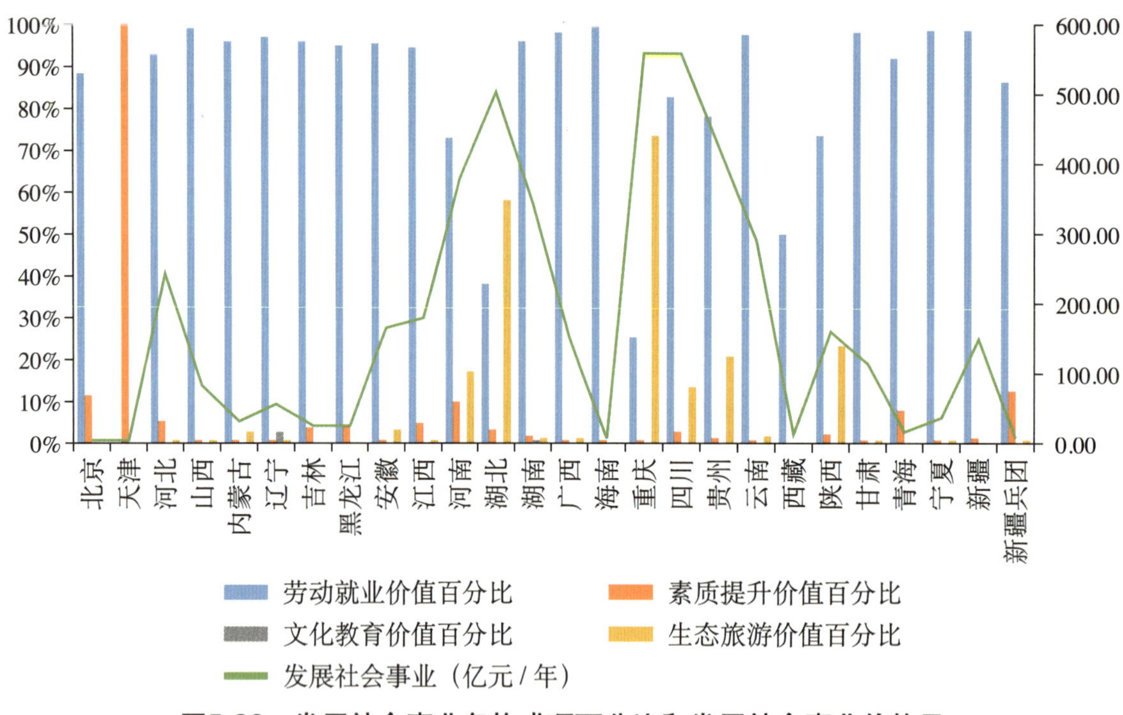

图5-26　发展社会事业各构成项百分比和发展社会事业价值量

效益989.55亿元，占总社会效益的13.51%。

退耕还林还草工程促使边际土地退出耕作，使得剩余劳动力从农业部门转移至其他部门，进而改变了农民的就业结构。胡霞（2005）对宁夏南部山区2000—2003年地区经济发展状况展开实证分析，结果表明退耕农户收入水平的增长幅度要高于未退耕农户51个百分点，并且退耕农户收入增长主要来源于外出务工收入的增长。退耕还林还草工程本质是一项生态工程，因此工程的实施具有很强的正外部性，推动了生态旅游、森林康养等绿色产业的发展。根据中国农业农村部发布的数据：2019年中国休闲农业和乡村旅游接待人数为32亿人，同比增长6.7%，营业收入8500亿元，同比增长6.3%，实现了绿水青山向金山银山的转化。图5-26直观地说明了在各工程区中，发展社会事业最重要的价值构成来源于劳动力就业，其次是生态旅游产业带来的价值量，二者价值量之和占总发展社会事业价值量的96.97%。

5.5.4.2 **优化社会结构特征分析**

在社会效益中，优化社会结构产生社会效益2479.59亿元，占总社会效益的33.84%；其中，优化城乡结构产生社会效益1273.06亿元，占总社会效益的17.37%；优化收入结构产生社会效益1052.56亿元，占总社会效益的14.37%。

农户参与退耕的行为决策主要是满足其生计需求、提升其生计能力的路径选择，获

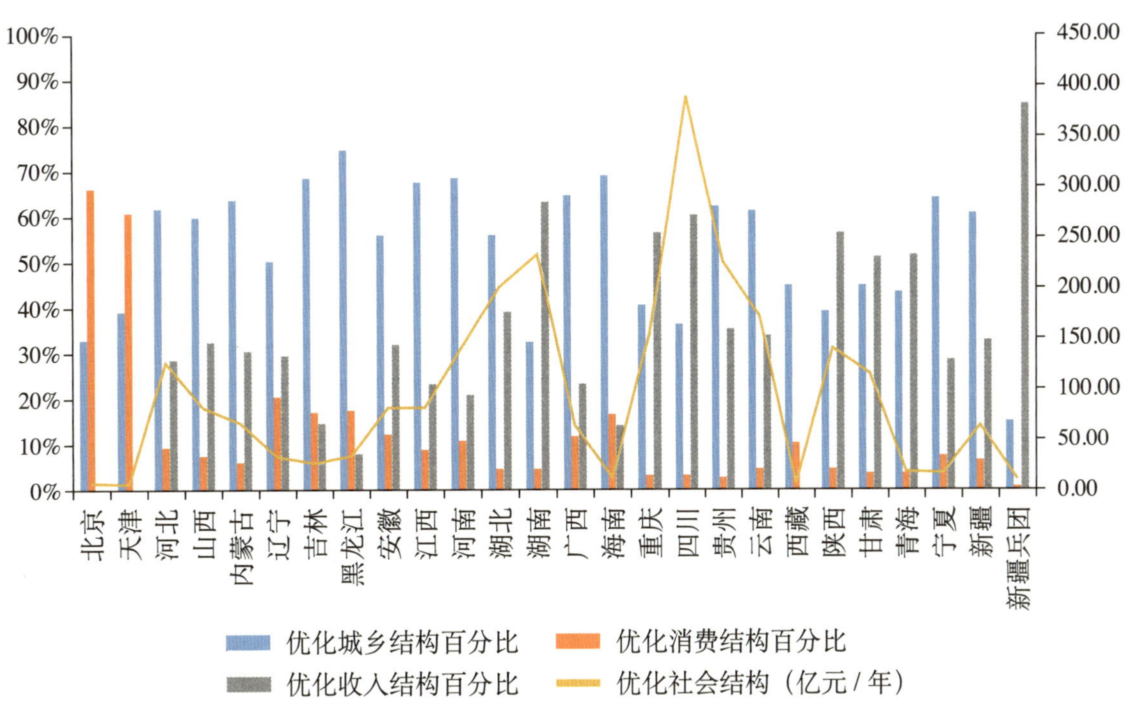

图5-27　优化社会结构各构成项百分比和优化社会结构价值量

得退耕补助是农户参与退耕的主要动力（张朝辉，2019）。2019年退耕工程总投资212.23亿元，其中种苗费46.92亿元、现金补助135.52亿元、完善政策补助29.79亿元，分别占总投资的22.11%、63.86%和14.03%。基于退耕还林还草工程建设以植树造林、森林抚育等为主要内容，其显著促进了农民以林就业。据国家林业重点工程社会经济效益监测结果显示，2017年样本县农民在退耕林地上的林业就业率为8.01%，比2013年增加了2.26个百分点。本次评估中，各退耕县农户家庭退耕地林业收入总和达到1052.53亿元。由图5-27可以看出，在优化社会结构方面，优化城乡结构价值量在各工程地区占比均较高，主要得益于国家对退耕还林还草工程大量资金的投入。

5.5.4.3 完善社会服务特征分析

在社会效益中，完善社会服务功能产生社会效益62.26亿元，占总社会效益的0.85%；即退耕扶贫产生社会效益62.26亿元，其中覆盖贫困人口产生社会效益价值量56.35亿元，吸纳生态护林员产生社会效益价值量5.91亿元。

退耕还林工程是一项重要的民生工程，也是一项重要的扶贫脱贫工程。国家林业重点工程社会经济效益监测结果显示：截至2017年，约七成工程任务投向集中连片特困地区，三成建档立卡贫困户参与退耕还林工程。谢晨等（2020）基于21个省1121户退耕农户在1998—2018年间6个退耕还林政策关键年份的面板数据评估退耕还林的动态减贫效应，结

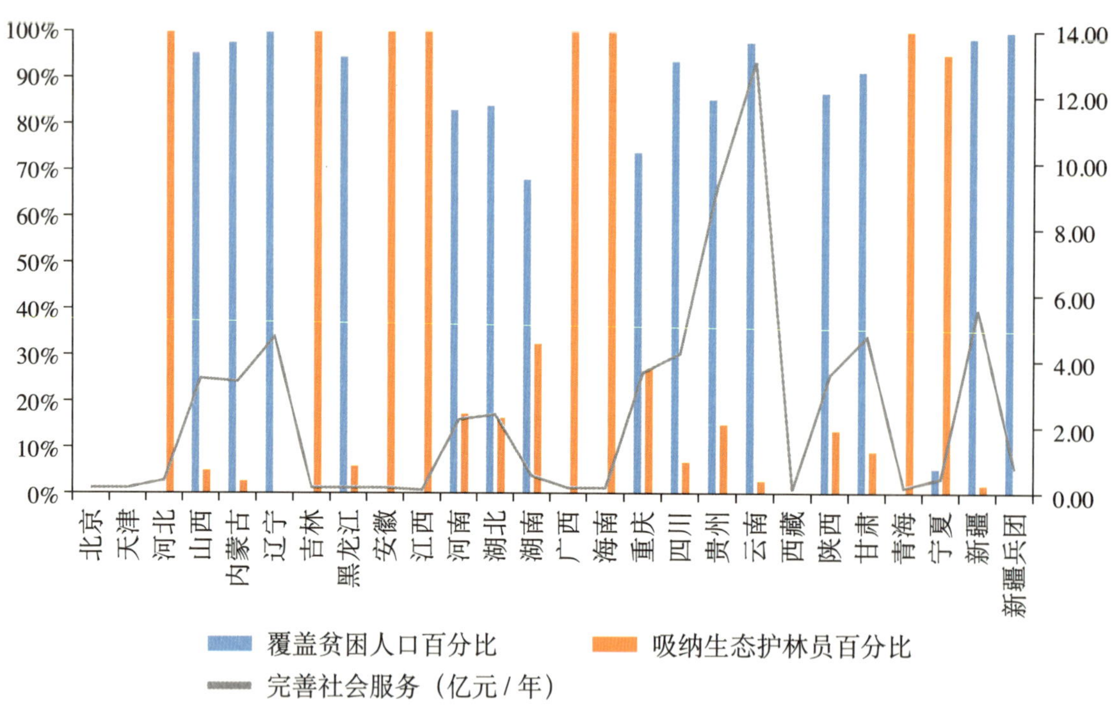

图5-28　完善社会服务各构成项百分比和完善社会服务价值量

果表明退耕还林从1998—2018年，农户收入贫困和多维贫困发生率均显著下降，退耕还林平均降低收入贫困发生率7.52个百分点，减贫贡献率接近30.00%。政策倾斜使得更多贫困人口享受退耕还林工程政策带来的优惠。由图5-28可以看出覆盖贫困人口和吸纳生态护林员的占比存在地区差异，森林资源丰富的地区如江西、广西、海南等，吸纳生态护林员价值量的占比非常高；而部分存在集中连片特困地区的省份，如黑龙江、云南、内蒙古等，则覆盖贫困人口价值量占比要远高于吸纳生态护林员价值量占比。

5.5.4.4 **促进社会组织发展特征分析**

在社会效益中，促进社会组织发展产生社会效益310.91亿元，占总社会效益的4.24%；即新型林业经营主体产生社会效益310.91亿元，其中退耕新型林业经营主体规模带来社会效益价值量为296.33亿元，退耕新型林业经营主体带动农户产生价值量14.58亿元。

在城镇化进程不断加快的背景下，培育新型林业经营主体将成为今后一个时期应对“三农”问题的有效途径。培育新型林业经营主体有助于促进退耕还林规模化发展、集约化经营，充分发挥工程建设整体效益。本次评估结果发现各退耕县新型林业经营主体经营面积达2615.60万亩，带动211.45万户农户，产生社会效益310.92亿元。从图5-29可以看出

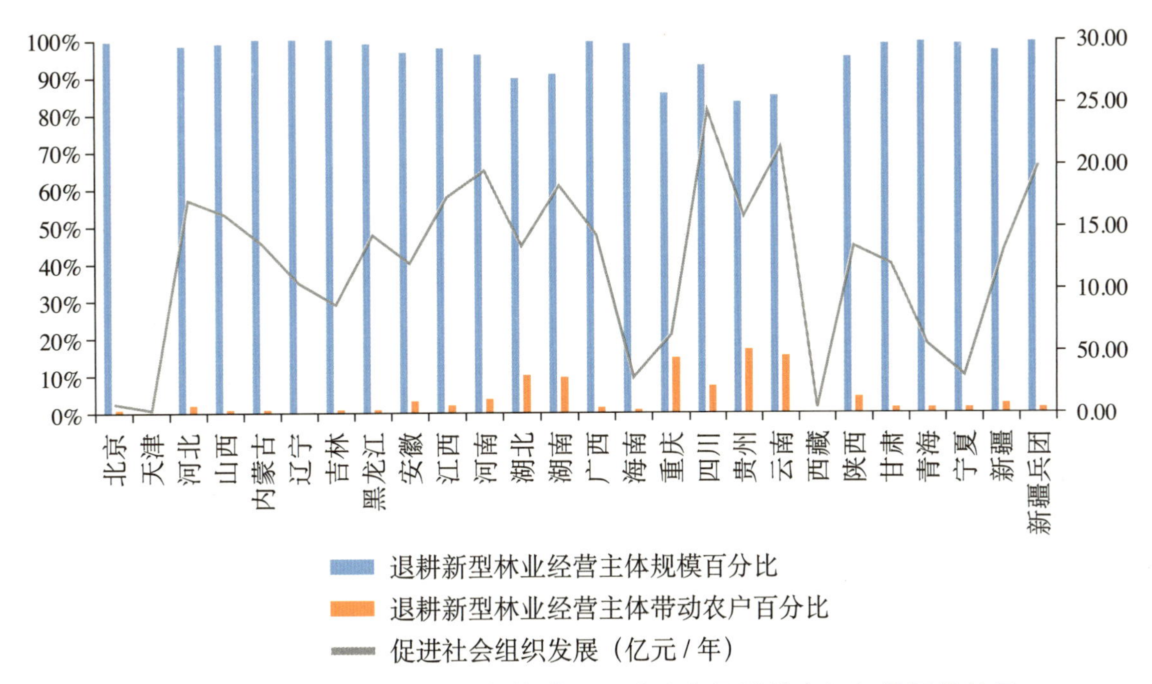

图5-29 促进社会组织发展各构成项百分比和促进社会组织发展价值量

促进社会组织发展的社会效益基本上都是由退耕新型林业经营主体规模的扩大带来的，退耕新型林业经营主体带动农户带来的效益微乎其微。

退耕还林还草成功树立了全球生态治理典范。实施大规模退耕还林还草在我国乃至世界上都是一项伟大创举，为增加森林碳汇、应对气候变化、参与全球环境治理作出了重要贡献。退耕还林还草工程已成为我国政府高度重视生态建设、积极履行国际公约的标志性工程，成为人类治理生态系统、建设生态文明、推动可持续发展的成功典范，得到全世界的高度赞誉。2019年2月，美国航空航天局称世界绿色的增加四分之一来自中国，并且植树造林占到了42%。毫无疑问，退耕还林还草工程功不可没。

第六章 政策建议

根据本评估报告可以看出，退耕还林还草生态、经济和社会效益巨大，许多工程区迈上了“青山绿水”的良性发展之路，是“绿水青山”真正变成“金山银山”的生动实践。为认真贯彻落实习近平生态文明思想，深入践行“绿水青山就是金山银山”理念，特别是习近平总书记关于坚持不懈开展退耕还林还草的指示精神，按照党的十九大提出的“加快生态文明体制改革”的精神和2021年4月中央办公厅、国务院办公厅《关于建立健全生态产品价值实现机制的意见》的要求，大力推动退耕还林还草高质量发展，进一步加强退耕还林还草监测工作，用好退耕还林还草监测结果。

6.1 推进退耕还林还草工程高质量发展

根据评估结果分析认为，推动退耕还林还草高质量发展是深入贯彻习近平总书记关于坚持不懈开展退耕还林还草重要指示，认真落实生态文明和美丽中国建设、实施乡村振兴重大战略部署的必然选择。为落实好习近平生态文明思想和2021年中央一号文件中共中央、国务院《关于全面推进乡村振兴加快农业农村现代化的意见》“巩固退耕还林还草成果，完善政策、有序推进”的要求，建议退耕还林还草工作要尽快完善政策，提高补助标准，巩固已有成果，制定退耕还林还草发展规划，有序推动退耕还林还草高质量发展，深入践行“绿水青山就是金山银山”理念。

6.1.1 完善政策，提高退耕还林还草补助标准

2016年国务院办公厅发布《关于健全生态保护补偿机制的意见》（国办发〔2016〕31号），明确规定“扩大新一轮退耕还林还草规模，逐步将25度以上陡坡地退出基本农田，纳入退耕还林还草补助范围”，“加大贫困地区新一轮退耕还林还草力度，合理调整基本农田保有量”。将退耕还林还草工程纳入国家生态保护补偿制度体系，是建立退耕还林还草长效机制的重要方式。但新一轮退耕补助和种苗补助少、补助年限短，对农户的吸引力

小。各地反映最强烈的问题就是新一轮退耕还林还草政策的补助标准低、补助年限短，对农户缺乏吸引力。第一轮的退耕补助两阶段总额生态林为2840元/亩、经济林为1775元/亩，新一轮退耕补助不分林种，一律是为1200元/亩，两轮政策间退耕补助减少了一半左右，考虑到物价上涨、免征农业税、地力补贴等因素，实际含金量下降更多，但是新一轮退耕补助金额不增反降，这对参与退耕还林还草工程、积极提供生态服务的农户不公平，也无法体现政府鼓励和支持的态度。

建议坚持生态惠民思想，本着群众利益无小事的原则，完善新一轮退耕还林还草相关政策，提高退耕还林还草补助标准。为保持国家政策的连续性，新一轮补助标准不宜低于前一轮；为不减少群众收入，新一轮补助标准要参考目前农村耕地地力补贴约150元/亩的水平，按70年的承包期、当前利率贴现的贴现值来确定；将符合条件的退耕还林还草纳入森林生态效益补偿、草原生态保护补助奖励等生态保护补偿政策范围，建立成果巩固的长效机制；研究制定引导社会资本、专业合作组织、金融资本参与退耕还林还草及相关产业发展的管理办法。

6.1.2 有序推进，尽快制定退耕还林还草发展规划

人民对良好生态的需求是退耕还林还草高质量发展的新动力。伴随着经济社会发展，老百姓过去盼温饱，现在盼环保，过去“求生存”，现在“求生态”，人民群众对干净的水、清新的空气、优美的生态环境等要求越来越高。“天育物有时，地生财有限。”14亿老百姓对优质生态产品的新需求既是对退耕还林还草质量提出了更高的要求，也是推动退耕还林还草事业发展的新动力。

目前我国仍有大量低质低效耕地，这是退耕还林还草高质量发展的新空间。根据第三次全国土地调查结果，全国还有不稳定耕地1.5亿多亩，其中云贵高原和黄土高原区25度以上坡耕地4900多万亩，内蒙古和辽宁、吉林、黑龙江林区、牧区开垦耕地4000多万亩，长江、黄河等河道湖泊范围内耕地3800多万亩，以及部分严重沙化耕地、石漠化耕地等，这些耕地急需退耕还林还草修复生态。

建议认真落实习近平总书记2020年4月在陕西考察时提出的“要坚持不懈开展退耕还林还草”的要求，在坚持耕地非粮化、非农化的前提下，妥善安排低质低效耕地退耕还林还草。建议依托第三次全国土地调查结果，统筹退耕还林还草与耕地保护政策，全面查清需要退耕地类、面积、分布，确保数据真实准确；依据国土空间规划和“三区三线”划定结果，结合重大国家战略和规划，对表对标，科学编制退耕还林还草高质量发展总体规划；按照新形势要求，广泛征求社会意见，修订《退耕还林条例》。

6.1.3 巩固成果，引领退耕还林还草高质量发展

退耕还林政策补助到期后，退耕农户收入将下降，极可能影响脱贫甚至导致返贫，也将直接影响退耕还林成果巩固。尤其是东北和西部一些高寒、干旱和风沙区，退耕还林没有适宜的经济性树种，生态林生长周期长，导致退耕国家补助期满后退耕农户从退耕还林中基本得不到收入。前一轮退耕还林绝大部分已经成林，亟待实施森林抚育、低效林改造、品种改良、培育林下经济、灌木平茬等提质增效措施，但由于现行退耕还林政策中，没有这部分政策安排和所需经费的投资渠道，使得这些工作无法有效开展，后续发展艰难。同时，退耕地征占、林权证发放等政策不明，各地执行的也不尽相同，影响了退耕还林成果巩固。

建议实施退耕还林提质增效专项，或者将其纳入现有的森林质量精准提升工程或者退化防护林修复工程，对前一轮退耕还林地中林分质量较差的林地实施森林抚育、低效林改造、品种改良、灌木平茬等措施，进一步巩固已有成果；聚焦发展退耕还林还草特色产业，大力培育林下经济、森林康养、休闲观光等新业态，推广成功技术模式和典型经验，发挥示范和引领作用。

6.2 加强退耕还林还草监测评估工作

退耕还林综合效益监测已经初具规模，取得了阶段性成果，但目前仍面临着一些问题，还有进一步提升的空间。一是获取退耕还林地生态数据的生态站数量不足，分布也不够合理，工作水平参差不齐，不利于生态效益监测结果更精准。二是社会经济效益监测缺少系统性的监测体系建设布局和多年数据的梳理挖掘。对于一些长期性、根本性的问题尚未进行深入探讨，定性分析居多。三是紧密结合工程实例的监测评估不足，难以帮助政府决策机构和基层退耕还林管理者、经营者量化不同树种、不同技术和经营模式的生态、社会和经济效益，从而导致直接指导具体退耕还林实践针对性不够强。四是生态和经济社会监测仍是相互独立的两个部分，应更好地有机结合起来。为此，需进一步推进退耕还林综合效益监测工作。

6.2.1 精心组织好退耕还林综合效益监测评价工作

退耕还林还草监测评估多年的经验表明，组织工作非常重要。2012年，由国家林业和草原局退耕办牵头，中国林业科学研究院森环森保所提供技术支撑，退耕还林工程生态效益监测正式启动，至今已经有八年的时间。每年的生态效益监测是退耕办与中国林业科学研究院专家团队共同确定监测内容和方案后，由中国林业科学研究院负责汇总整理数据并

撰写国家报告。在省级层面，退耕主管部门对本省监测工作负主责，省级林业科研院所负责本省监测工作的具体实施和本省监测数据的收集、提报工作。2002年8月局经研中心和计财司还启动了“退耕还林工程社会经济效益监测”项目，开始对退耕还林工程社会经济效益进行长期、连续的监测。到2020年，退耕还林工程社会经济效益监测已连续实施了19年，监测工作由局经研中心和计财司共同承担，由各省林业计财部门负责，在每个样本县安排一位监测员负责县、村、户三级数据的采集和提报。经过多年实践磨合，两套监测工作机制均运转良好，作用明显。2017年，为了开展集中连片特困地区综合效益监测，在退耕办的协调下，与国家统计局住户办建立了联系，正式确定了数据共享与合作研究意向。

2020年全国退耕还林综合效益监测评价工作，由国家林业和草原局退耕还林（草）工程管理中心统一组织实施。中国林业科学研究院和经研中心作为技术支撑单位，在方案拟定、数据填报汇总、指标测算分析、报告撰写等方面提供智力支持。评估工作要制定评估方案，要严格按照评估方案确定的内容、方法和要求，开展综合效益监测工作。根据评估方案，生态效益监测的主要内容是退耕还林地在保育土壤、养分固持、涵养水源、固碳释氧、净化大气、森林防护、生物多样性等七大方面提供的生态服务，涵盖23项指标。主要方法是对全国退耕还林工程进行生态功能监测分区后，采用生态连续清查体系，基于分布式测算方法和生态功能修正系数修正评估模型，对几套数据集进行耦合集成，从而对全国退耕还林生态效益物质量和价值量进行测算。经济效益监测主要关注退耕还林工程在第一、第二、第三产业三个方面的贡献，包括16个指标。社会效益监测的主要内容是退耕还林工程在发展社会事业、优化社会结构、完善社会服务功能和促进社会组织发展四个方面的作用，包括26个指标。这两部分主要通过与国家统计局住户办合作、向各省和县函调和实地调查走访、填写调查问卷的方式获取数据后，根据相关指标公式进行测算，形成全国退耕还林工程社会经济效益监测数据库和省级案例库。最终由生态、社会和经济三个部分结果综合形成全国退耕还林还草综合效益监测报告。

建议今后退耕还林还草综合效益评估工作，要进一步加强组织，制定方案。2020年退耕还林还草评估是所有工程省区生态、经济和社会三大效益综合评估，全口径、覆盖广、指标多，工作量大。今后的评估都是所有工程省区生态、经济和社会三大效益综合评估，要借鉴2019年的成功经验，精心组织，把工作完成好。要保证数据的真实性、准确性。这是一切监测评估工作的基本要求和根本保证，技术团队的同志在各省的数据填报的过程中就要积极开展指导工作，确保各省按照监测标准收集、填报数据。对于提交上来的数据要进行审核，对于明显有问题的数据要反馈给各省，让各省进行订正或说明情况。有关单位要密切沟通，通力合作，要定期或不定期地举行碰头会或视频会，及时解决监测工作中遇到的问题。

6.2.2 整合好有关生态、经济和社会效益监测评估资源

现在各行各业开展有关生态、经济和社会效益监测评估的站点单位很多，要整合资源，要加强与自然资源、科技、发展改革、财政、统计、院校等相关部门的联系，对于别的部门已调查获取的数据不搞重复劳动，积极协调获取符合需求的数据，主动分析、使用。要协同配合，监测评估的各个环节涉及的参与单位之间要积极配合，共同完成好监测工作。

监测是一项技术含量较高的工作，对于监测人员的素质水平也有较高的要求。从国家到地方都一贯重视监测人员的配备和培训。大部分省（自治区、直辖市）退耕主管部门都安排了专人负责生态效益监测工作。社会经济效益也由各省林业计财部门的专人负责。国家退耕办的生态效益监测“一年一训”已成为工作惯例。中国林业科学研究院和经研中心的专家都多次对各省的监测管理和技术人员进行授课和“手把手”式的指导，有效提高各省监测管理和技术水平。同时，各省着力加强对监测技术人员的培训，将监测培训班列入每年开展的固定任务，与工作实践紧密结合，探索人才培养的长效机制。通过退耕还林效益监测培养了一大批博士、硕士等专门人才，提升了科研管理人员的业务能力，积累了大量的科研成果，许多退耕还林监测人员也由此评定了正高、副高职称。

6.2.3 完善退耕还林还草综合监测评估标准

在多年的监测实践中，国家林业和草原局先后出台了1个国标《退耕还林工程建设效益监测评价》（GB/T 23233—2009）和2个行标《退耕还林工程生态效益监测与评估规范》（LY/T 2573—2016）、《退耕还林工程社会经济效益监测与评价指标》（LY/T 1757—2008），以及《退耕还林工程生态效益监测工作评价暂行办法》《全国退耕还林还草综合效益监测评价总体方案（试行）》等指导文件。这些文件和标准的发布从技术和管理上对监测工作提供了初步规范，有利于对各省的监测数据进行统一分析和统一管理，有利于对各省的监测工作落实情况开展评价，有利于进一步提高监测工作水平。目前，国标《退耕还林工程建设效益监测评价》的修订工作通过了国家标准化管理委员会答辩后正式立项，已经完成了修改稿及修改说明。行标《退耕还林工程社会经济效益监测与评价指标》也纳入了国家林业和草原局2021年修订计划。

建议充分利用国标和行标修订机会，进一步完善综合评估标准体系，把社会经济效益监测的内容纳入修订范围，还要预判今后一段时间内监测工作的发展需求，使新的国家标准具有一定的前瞻性，同时确保标准制定、修订工作科学规范，增加标准的科学性、规范性和可操作性。

6.2.4 加强退耕还林还草综合监测能力体系建设

自2012年开展退耕还林还草监测评估工作以来，已形成了基本的监测格局。生态效益监测站点主要以国家森林生态定位站网络系统为主体，包括108个国家生态定位站、230多个辅助观测点、8500多块固定样地，同时吸纳了69个省级退耕还林专项监测站收集的相关数据。社会经济效益监测数据主要来源于国家林业重点工程社会经济效益监测100个样本县和1000个样本农户调查。这100个样本县是前一轮退耕还林实施之初选定的工程任务量较大、工作基础较好的县。这些站点和样本县基本覆盖了所有工程省（自治区、直辖市），具有一定的代表性。

建议要进一步夯实退耕还林工程效益监测长远发展基础，加快推进监测保障体系建设。一方面要努力推进监测站点建设，争取新建一批国家级退耕专项生态站，遴选一批现有国家级生态站将其赋予退耕监测职责，扶持一批条件较好的省级退耕专项监测站使其达到监测国标的水准要求。另一方面要继续加强监测管理与技术人员培训，加大培训力度，让各地监测员尽快适应综合效益监测工作的要求，成为我们取得数据的有力保障。

6.2.5 编制《退耕还林还草综合效益监测站建设规划》

为全面掌握和科学评估全国退耕还林还草生的效益及动态变化，建立退耕还林还草效益监测长效机制，必须编制《退耕还林还草综合效益监测站建设规划》，以大力构建布局合理、管理规范、运行科学、协同高效的监测站体系。当前，退耕还林还草生态效益监测主要依托国家森林生态定位站网络系统，其中包括多个国家级生态站、辅助观测点、固定样地和省级退耕还林监测站的监测数据。但这些站点覆盖到退耕还林区的不多、与退耕还林还草结合不足、代表性不强、分布不够合理，工作水平也参差不齐。

建议通过编制和实施《退耕还林还草生态监测站建设规划（2021—2035）》，科学、有序推进监测站点和监测体系建设，不断提升退耕还林还草效益监测的整体水平，准确评价退耕还林还草综合效益。退耕还林还草生态效益评估需要长期跟踪研究以及翔实可靠的生态数据支撑。缺少退耕还林还草专门网络支撑，数据获取存在不稳定风险，监测工作协同性不强是当前退耕还林还草效益监测评价的重要短板弱项。通过科学规划、合理布局，建设一个覆盖所有退耕还林还草工程区、涵盖关键生态区域、包含主要退耕还林还草植被类型的专项生态效益监测网络，可稳定提供和积累更为丰富的数据和参数用于退耕还林还草生态效益评估，从而更加深入地了解退耕还林还草形成的林草生态系统的结构、功能、生态过程及恢复机制，为实施决策提供科技更加有力和科学的支撑。

6.3 搞好退耕还林还草监测成果的转化利用

要利用好已有的监测成果。2012年以来，已发布的5本退耕还林还草国家报告，凝聚了大家的心血和智慧，一定要通过各种媒体广泛宣传，使之家喻户晓，进一步扩大工程影响力。同时未来要把退耕还林工程中涌现的好的技术和经营模式作为重要选题，对它们的生态、社会和经济效益开展综合测评。监测工作者应下沉到退耕还林第一线，发掘各地在实践中创造的好的技术模式、好的管理机制，对各地今后的退耕还林工作给出直接的、可参考的模板，增强监测工作解决实际问题的能力。

6.3.1 共享信息，为政府决策提供参考

党和国家对退耕还林一贯高度重视。近几年的中央一号文件和政府工作报告都连续提到退耕还林工作。2020年4月，习近平总书记在陕西视察工作时再次明确指出"要坚持不懈的开展退耕还林还草"。国家对退耕还林的重视和巨大投入，带来的直观变化是显著的：天更蓝了，水更绿了，民更富了，但这些变化要用科学、客观的手段量化出来，要用"数据说话"，监测工作的作用是不可替代的。2020年5月，中共中央、国务院印发的《关于新时代推进西部大开发形成新格局的指导意见》中也指出要进一步加大退耕还林还草等重点生态工程实施力度。在各省陡坡耕地和严重沙化耕地的面积已基本做到了应退尽退的情况下，要深入落实中央指示精神，继续稳步推动退耕还林工程发展，还是要在地类方面有所突破。这需要拿出有说服力的切实证据，为党中央国务院的顶层设计和全局谋划提供重要的参考。退耕还林工程效益监测的结果正是这样一部退耕还林的"科学说明书"。

建议建立评估信息共享和上报制度，让退耕还林还草综合评估结果能及时送达财政、发改、自然资源等部门，及时上报中办、国办和国家领导，及时为国家决策服务。

6.3.2 结果分析，指导工程科学管理

退耕还林工程是最早开展生态、社会和经济效益监测的国家林业重点工程。多年来效益监测工作有效促进了退耕还林工程高质量发展。第一，效益监测工作的成果是对退耕还林工程产出效益的直接反映，是科学、系统衡量退耕还林生态、社会和经济效益的直接手段。第二，通过开展效益监测工作，掌握退耕还林工程的效益产出情况，间接反映工程建设质量。第三，通过开展效益监测工作对工程管理人员提出了更高的要求，倒逼进一步深化工程管理，实现管理精细化、科学化，是建立工程实施反馈机制的迫切需要。通过效益监测的量化结果加强干部考核，可以建立更为科学的考核评价体系。退耕还林监测工作是

提升林业工程治理能力的有益尝试，也是实现林业治理能力现代化的必由之路。

6.3.3 多方宣传，让监测结果家喻户晓

退耕还林工程涉及4100万农户、1.58亿农民的切身利益，他们和广大务林人一道为工程的实施付出了艰苦的努力。因此退耕还林工程不仅是一项生态修复工程，也是社会关注度极高的一项民生工程。认真做好生态效益监测工作，客观、真实地反映退耕还林工程建设的成就，正是回应社会关切的有力举措，是对人民群众的高度负责。这些年来，出版的监测国家报告，回答了人民群众最关心的工程建设成效和国家巨额投资的效益问题，就是用扎实的监测评估数据“向人民报账”。高度重视监测成果的广泛宣传，加深了公众对退耕工作的认知，很好地向社会公众普及了退耕还林，不断强化全社会支持退耕还林、维护退耕还林成果的认识自觉和行动自觉。

6.3.4 扩大外宣，提升国际形象

退耕还林为世界贡献了近5亿亩森林，每年产生综合效益24050.55亿元，达使中国成为近20年来最绿的国家，在我国生态治理国际履约方面做出了重要贡献，凸显我国负责任的大国地位。效益监测工作作为退耕还林工程的重要组成部分，也为世界绿色发展做出了重要贡献。在监测手段方面，社会经济效益监测利用制度优势，开拓性的在林业工程监测中采用了函调和实地调查相结合的方式；生态效益监测采用定位观测、野外试验相结合，开展了生态系统水、土、气、生等生态要素多个方面的监测研究，特别是净化大气功能中涵盖的吸滞TSP、$PM_{2.5}$、PM_{10}颗粒物等指标，在国际上处于领先地位，还首次提出“等效替代法则”和“权重当量平衡”两条原则和“应税污染物法”，确定退耕还林工程生态系统服务物质量向价值量转换的价格参数，创造性地回答了“绿水青山价值多少金山银山”。在监测规模方面，社会经济效益监测1000个农户的样本量在国际公认的样本量设置指导体系中被称为“完美”水平，远远领先林业发达国家的社会经济效益监测规模；生态效益监测单元覆盖到工程省的每一个县，同时考虑树种、林种、植被恢复类型和生态功能区等多种因素，有效解决森林生态系统结构复杂、森林类型较多、森林生态状况测算难度大、观测指标体系不统一和尺度转化困难的问题，是目前监测单元最多、最精细的林业监测之一。在监测成果方面，部分的监测研究成果被翻译成英文，联合国粮农组织、国际林业研究中心、澳大利亚国立大学等机构主动邀请监测人员介绍退耕还林综合效益监测成果，扩大的退耕还林的国际影响力。

参考文献

曹建新，张宝贵，张友杰，2017. 海滨、森林环境中空气负离子分布特征及其与环境因子的关系[J]. 生态环境学报，26(8)：1375-1383.

曹云，欧阳志云，郑华，等，2006. 森林生态系统的水文调节功能及生态学机制研究进展[J]. 生态环境，(06)：1360-1365.

陈丽华，鲁绍伟，张学培，等，2008. 晋西黄土区主要造林树种林地土壤水分生态条件分析[J]. 水土保持研究，(01)：79-82+86.

陈文汇，刘俊昌，许单云，2012. 基于投入产出模型的林业发展动态分析[J]. 林业经济问题，32(03)：236-242.

杜万光，王成，王茜，等，2018. 北京香山公园主要植被类型的夏季环境效应评价[J]. 林业科学，54(4)：155-164.

房瑶瑶，王兵，牛香，2015. 叶片表面粗糙度对颗粒物滞纳能力及洗脱特征的影响[J]. 水土保持学报，29(4)：110-115.

冯鹏飞，于新文，张旭，2015. 北京地区不同植被类型空气负离子浓度及其影响因素分析[J]. 生态环境学报，24(5)：818-824.

高淑桃，方玉媚，2008. 四川退耕农户自我发展模式及评价[J]. 农村经济(11)：55-58.

高嵩，2021. 秦州区退耕还林工程20周年效益综合评价[J]. 林业科技通讯(01)：34-36.

郭慧，2014. 森林生态系统长期定位观测台站布局体系研究[D]. 北京：中国林业科学研究院.

国家发展改革委，自然资源部，2020. 全国重要生态系统保护与修复重大工程总体规划(2021-2035年).

国家发展和改革委员会能源研究所，2003. 中国可持续发展能源暨碳排放情景分析[R].

国家林业局，2016. 森林生态系统长期定位观测方法(GB/T33027—2016)[S]. 北京：中国标准出版社.

国家林业局，2017. 森林生态系统观测指标体系(GB/T35377—2017)[S]. 北京：中国标准出版社.

国家林业局，2018. 退耕还林工程生态效益监测国家报告(2016) [M]. 北京：中国林业出版社.

国家林业和草原局，2020. 森林生态系统服务功能评估规范(GB/T38582—2020)[S]. 北京：中国标准出版社.

国家林业和草原局，中国森林资源核算研究成果新闻发布会. [EB/OL]. www.scio.gov.cn. [2021-3-12].

国家林业局，2014. 退耕还林工程生态效益监测国家报告(2013) [M]. 北京：中国林业出版社.

国家林业局，2015a. 退耕还林工程生态效益监测国家报告(2014) [M]. 北京：中国林业出版社.

国家林业局，2015b. 中国荒漠化和沙化状况公报. [EB/OL]. www.forestvy.gov.cn/main/58/20151229/832363.html [2021-3-21].

国家林业局，2016. 退耕还林工程生态效益监测国家报告(2015) [M]. 北京：中国林业出版社.

国家林业和草原局，2019. 退耕还林工程生态效益监测国家报告(2017) [M]. 北京：中国林业出版社.

国家林业局和草原局，2021. 森林生态系统长期定位观测研究站建设规范(GB/T40053—2021)[S]. 北京：中国标准出版社.

国家林业局经济发展研究中心，2005. 2005国家林业重点工程社会经济效益检测报告[M]. 北京：中国林业出版社.

国家统计局，2020. 中国统计年鉴(2019) [M]. 北京：中国统计出版社.

国家统计局，2020. 中国统计年鉴(2020) [M]. 北京：中国统计出版社.

侯元兆，王琦，1995. 中国森林资源核算研究[J]. 世界林业研究，(03)：51-56.

胡霞，2005. 退耕还林还草政策实施后农村经济结构的变化——对宁夏南部山区的实证分析[J]. 中国农村经济，(05)：63-70.

环境保护部，2008. 全国生态脆弱区保护规划纲要.

康继霞，2021. 退耕还林对农户劳动力就业的影响[J]. 现代农业研究，27(02)：131-132.

李世东，2016. 全球美丽国家发展报告2015 [M]. 北京：科学出版社.

李世东，2007. 世界重点生态工程研究[M]. 北京：科学出版社.

李世东，2004. 中国退耕还林研究[M]. 北京：科学出版社.

李世东，2006. 中国退耕还林优化模式研究[M]. 北京：中国环境出版社.

李正才，傅懋毅，杨校生，2005. 经营干扰对森林土壤有机碳的影响研究概述[J]. 浙江林学院学报，(04)：469-474.

刘丽萍，李淑艳，高岚，2005. 退耕还林政策中农户利益分析——以贵州省三个村镇为案例[J]. 绿色中国，(11)：41-43.

刘世荣，郭泉水，王兵，1998. 中国森林生产力对气候变化响应的预测研究[J]. 生态学报，(05)：32-37.

刘魏魏，王效科，逯非，等，2016. 造林再造林、森林采伐、气候变化、CO_2浓度升高、火灾和虫害对森林固碳能力的影响[J]. 生态学报，36(08)：2113-2122.

刘越，姚顺波，2016. 不同类型国家林业重点工程实施对劳动力利用与转移的影响[J]. 资源科学，38(01)：126-135.

龙美，2020. 浅谈退耕还林对经济发展的影响[J]. 农村实用技术，(05)：165.

吕晓璐，何家理，2019. 退耕还林后续产业形成条件对乡村振兴的借鉴意义——以陕西省安康市为例[J]. 湖北农业科学，58(04)：120-123.

秦伟春，姬学龙，魏浩男，等，2019. 宁夏罗山自然保护区不同林分水文调节功能初步研究[J]. 农业科学研究，40(04)：8-12.

师贺雄，2016. 长江、黄河中上游地区退耕还林工程生态效益特征及价值化研究[D]. 北京：中国林业科学研究院.

水利部，2019. 2018年全国水利发展统计公报[M]. 北京：中国水利水电出版社.

水利部，2020. 2019年中国水土保持公报[M]. 北京：中国水利水电出版社.

唐茜，2019. 重庆市森林的滞尘效应及净化大气功能[J]. 水土保持通报，39(05)：301-307.

王兵，2015. 森林生态连清技术体系构建与应用[J]. 北京林业大学学报，37(01)：1-8.

王兵，崔向慧，杨锋伟，2004. 中国森林生态系统定位研究网络的建设与发展[J]. 生态学杂志，(4)：84-91.

王兵，宋庆丰，2012. 森林生态系统物种多样性保育价值评估方法[J]. 北京林业大学学报，34(2)：155-160.

王兵，牛香，宋庆丰，2020 .中国森林生态系统服务评估及其价值化实现路径设计[J]. 环境保护，48(14)：28-36.

王兵，牛香，宋庆丰，2021. 基于全口径碳汇监测的中国森林碳中和能力分析[J].环境保护，49(16)：30-34.

王昊天，陈珂，2020. 辽西北生态脆弱区退耕还林工程综合效益评价研究[J]. 市场论坛，(08)：21-24+39.

王鹏朝，罗永猛，2021. 黔西北山区退耕还林效益显著 产业结构日趋合理[J]. 中国林业产业，(03)：24-27.
王薇，2014. 空气负离子浓度分布特征及其与环境因子的关系[J]. 生态环境学报，23(6)：979-984.
王薇，余庄，2013. 中国城市环境中空气负离子研究进展[J]. 生态环境学报，22(4)：705-711.
王效科，刘魏魏，2019. 影响森林固碳的因素[J]. 林业与生态，(3)，40-41.
魏轩，刘瑜，胡家彬，2020. 三峡水库实验性蓄水后荆江三口分流变化[J]. 人民长江，51(08)：99-103.
吴永彬，翟翠花，庄雪影，等，2010. 广东省肇庆市降香黄檀早期造林效果初报[J]. 广东林业科技，26(06)：36-40.
吴征镒，1980. 中国植被[M]. 北京：科学出版社.
吴中伦，1997. 中国森林[M]. 北京：中国林业出版社.
肖编，2018. 从社会效益角度探讨退耕还林工程的实施价值[J]. 南方农机，49(04)：196.
谢晨，王佳男，彭伟，等，2016. 新一轮退耕还林还草工程：政策改进与执行智慧——基于2015年退耕还林社会经济效益监测结果的分析[J]. 林业经济，38(03)：43-51+81.
杨亦民，徐静，2015. 基于森林资源清查的森林生态效益与社会效益估算[J]. 中南林业科技大学学报（社会科学版），9(03)：73-75+88.
余新晓，2003. 关于建立水土保持生态效益补偿制度的思考[C]//水土保持监督管理论文选编：235+237-239.
余新晓，鲁绍伟，靳芳，2005. 中国森林生态系统服务功能价值评估[J]. 生态学报，8：2096-2102.
张朝辉，刘怡彤，2021. 退耕农户营林决策影响因素研究[J]. 林业经济问题，41(03)：239-245.
张朝辉，2019. 农户退耕参与意愿的生成逻辑——经济理性或生态理性[J]. 林业经济问题，39(05)：449-456.
张维康，王兵，牛香，2015. 北京不同污染地区园林植物对空气颗粒物的滞纳能力[J]. 环境科学，36(7)：2381-2388.
张照营，2017. 北方防沙屏障带防风固沙生态系统服务功能变化评估[D]. 西安：长安大学.
赵玉涛，余新晓，鲁少波，等，2008. 退耕还林工程效益及社会影响[J]. 林业经济，(02)：21-23.
郑度，2008. 中国生态地理区域系统研究[M]. 北京：商务印书馆.
中国科学院地理所，2020，退耕还林还草发展战略研究报告，2020.
中国森林生态服务功能评估项目组，2010. 中国森林生态服务功能评估[M]. 北京：中国林业出版社.
中国森林资源核算研究项目组，2015. 中国森林资源核算研究[M]. 北京：中国林业出版社.
中华人民共和国国务院，2015. 全国主体功能区规划. 北京：人民出版社.
周红，缪杰，2003. 贵州省退耕还林工程阶段性评价研究[J]. 贵州林业科技，(04)：46-50.
Bouma J, 2014. Soil science contributions towards sustainable development goals and their implementation: Linking soil functions with ecosystem services [J]. Journal of Plant Nutrition and Soil Science, 177(2): 111-120.
Chen B, Li S N, Yang X B, et al., 2016. Pollution remediation by urban forests: $PM_{2.5}$ reduction in Beijing, China [J]. Polish Journal of Environmental Studies, 25(5): 1873-1881.
Niu X, Wang B, 2013. Assessment of forestecosystem services in China: A methodology[J]. Journal of Food, Agriculture & Environment, 11(3&4): 2249-2254.
Niu X, Wang B, Wei W J, 2013. Chinese forest ecosystem research network: A platform for observing and studying sustainable forestry[M]. Journal of Food, Agriculture & Environment, 11(2): 1008-1016.
Wang B, Wang D, Niu X, 2013. Past, present and future forest resources in China and the implications for carbon

sequestration dynamics[J]. Journal of Food Agriculture & Environment, 11(1): 801-806.

Wang B, Wei W J, Xing Z K, et al, 2012. Biomass carbon pools of Cunninghamia lanceolata (Lamb.) Hook. forests in subtropical China: Characteristics and potential[J]. Scandinavian Journal of Forest Research, 27(6), 545-560.

Wang D, Wang B, Niu X, 2014. Forest carbon sequestration in China and its benefit [J]. Scandinavian Journal of Forest Research, 29 (1): 51-59.

Zhang W K, Wang B, Niu X, 2015. Study on the adsorption capacities for airborne particulates of landscape plants in different polluted regions in Beijing (China) [J]. International Journal of Environmental Research and Public Health, 12: 9623-9638.